U0211676

卫星测控总体技术与工程实践

余 恒 郑 军 单长胜 著

哈尔滨工业大学出版社

内 容 简 介

随着我国航天事业的快速发展,卫星发射和在轨的数量迅猛增加,针对类型、轨道、用途各异的卫星系统,如何实现体系化论证、精准化测控,最大限度地发挥卫星效能是航天工程技术人员需要关注的首要问题。本书总结作者多年从事各种卫星型号测控工作的实践经验和研究成果,立足航天系统工程视角,在专题介绍卫星系统、测控技术、测控设备等原理知识的基础上,重点介绍卫星测控总体设计需要关注的关键问题,并从天基测控设计和卫星在轨测控管理应用两个方面进行了理论分析和实际算例计算。

本书可供从事卫星系统论证、总体设计、测控工程应用实现的工程技术人员和技术管理人员参考,也可作为从事航天测控相关工作的技术人员、高等院校相关专业师生的参考书。

图书在版编目(CIP)数据

卫星测控总体技术与工程实践/余恒,郑军,单长胜著.
—哈尔滨:哈尔滨工业大学出版社,2024.11
ISBN 978 - 7 - 5767 - 1773 - 0

Ⅰ.V556

中国国家版本馆 CIP 数据核字第 2025SX1774 号

策划编辑　薛　力
责任编辑　薛　力
封面设计　刘　乐
出版发行　哈尔滨工业大学出版社
社　　址　哈尔滨市南岗区复华四道街 10 号　邮编 150006
传　　真　0451 - 86414749
网　　址　http://hitpress.hit.edu.cn
印　　刷　哈尔滨博奇印刷有限公司
开　　本　787 mm×1 092 mm　1/16　印张 23　字数 603 千字
版　　次　2024 年 11 月第 1 版　2024 年 11 月第 1 次印刷
书　　号　ISBN 978 - 7 - 5767 - 1773 - 0
定　　价　169.00 元

前　言

随着我国航天事业的快速发展,发射和在轨的卫星数量迅猛增加,针对类型、轨道、用途各异的卫星系统,如何实现体系化论证、精准化测控,最大限度地发挥卫星效能是航天工程技术人员需要关注的首要问题。本书总结作者多年从事各种卫星型号测控工作的实践经验和研究成果,立足航天系统工程视角,在专题介绍卫星系统、测控技术、测控设备等原理知识基础上,重点介绍卫星测控总体设计需要关注的关键问题,并从天基测控设计和卫星在轨测控管理应用两个方面进行了理论分析和实际算例计算。本书可供从事卫星系统论证、总体设计、测控工程应用实现的工程技术人员和技术管理人员参考,也可作为从事航天测控相关工作的技术人员、高等院校相关专业师生的参考书。

全书包括 7 章。第 1 章主要从平台和载荷两个方面介绍了卫星系统的组成;第 2 章主要介绍了卫星测控遥测/遥控格式、轨道的基本概念和测量确定方法;第 3 章介绍了统一载波测控和扩频测控两种测控体制原理和设计实例;第 4 章从卫星测控总体视角,介绍了设计需要重点关注的频率确定、体制选择、链路计算、测定轨方式、天/地基测控选择、测控站选择、遥测/遥控格式设计和软件系统功能等问题;第 5 章介绍了中继卫星和通信卫星的两种天基测控技术,并分别提供了应用分析实例;第 6 章分别介绍了卫星在轨和寿命末期在测控管理方面需要关注的重难点问题,并介绍了地球静止轨道卫星、近地轨道卫星的轨道控制策略和方法;第 7 章在介绍我国卫星测控总体技术的基础上,分析了美国、欧洲部分国家等航天国家在卫星测控方面的工程实践情况。

由于本书涉及专业范围广、内容多、技术新,作者水平有限,书中难免有不足和疏漏之处,敬请读者朋友批评指正。

编　者

2024 年 5 月

目　　录

第1章　卫星基础知识

卫星通常由平台和有效载荷组成,平台是有效载荷的载体,有效载荷是为完成特定任务安装在卫星平台上的各类设备和仪器。

1.1　卫星平台

卫星平台为载荷提供安装空间、电源、环境、监视及控制等各种服务和保障条件,由测控、数管、结构、供配电、推进、控制和热控 7 个分系统组成。典型的卫星平台外形如图 1-1 所示,主要分自旋稳定卫星和三轴稳定卫星。其中自旋稳定卫星星体侧面贴满了太阳能电池片,如图 1-1(a)所示。卫星通过星体旋转稳定其在空间中的姿态,顶端的天线通过与星体旋转速度相同、方向相反的方式对地定向。早期的 DFH-2 通信卫星和气象卫星 FY-2 都是自旋稳定卫星。三轴稳定卫星姿态控制灵活,可以显著增加太阳能电池片面积。太阳能电池片通常安装在星体的两侧,既可以是双翼(图 1-1(b))、也可以是单翼(图 1-1(c))。大型三轴稳定卫星通常采用对地定向姿态控制模式,太阳帆板旋转跟踪太阳以提高能源采集效率;小型遥感三轴稳定卫星通常采用对日定向姿态控制模式,通过控制姿态使太阳帆板跟踪太阳,只有在对地观测和数传任务时采用姿态对地模式。表 1-1 是英国 Surrey 大学从质量、成本和研制周期 3 个方面提出的卫星分类标准。

表 1-1　Surrey 大学提出的卫星分类标准

分类	质量/kg	成本/百万美元	研制周期/年
大卫星	>1 000	>200	5~15
小卫星	500	40~80	2~3
小型卫星	250	20	2
微卫星	100	10	1.5
纳卫星	10	1	1
皮卫星	5	0.1	<1

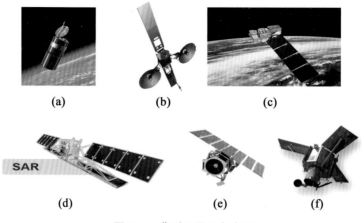

(a)   (b)   (c)

(d)   (e)   (f)

图 1-1　典型卫星平台外形

1.1.1　结构分系统

卫星结构是卫星的主体,它把卫星的各个分系统连接和组合形成一个完整的整体,提供支承、承受载荷和保障工作环境,并保持一定刚度和尺寸稳定性。卫星主要有下列三种结构。

1. 金属壳体结构

早期的卫星的金属壳体结构是硬壳式圆形结构,这是最简单、最原始的薄壁结构,如图 1-2 所示。因为早期运载火箭的运载能力有限,卫星尺寸不能做得太大,而对于同样的体积而言,在各种形状中以球形的表面积为最小,这样可以节省一些卫星表面结构材料的质量,从而减轻运载火箭的负担。

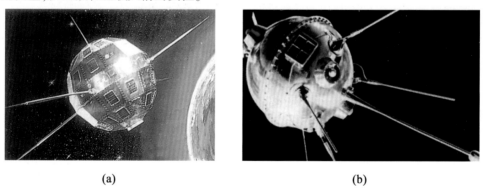

(a)   (b)

图 1-2　金属壳体结构卫星

2. 中心承力筒和板式结构

在金属壳体结构之后,发展了中心承力筒和板式结构,它们具有力学性能好、空间利用充分、承载能力宽和适应性好的特点。承力筒结构可以采用金属材料或复合材料,金属材料有铝合金、镁合金、镁铝合金和钛合金等,复合材料有碳纤维、蜂窝夹层等,具有结构质量小、刚度大的优点,图 1-3 画出了两颗通信卫星的中心承力筒和板式结构爆炸图。

卫星的各个分系统沿着中心承力筒或板式结构分布,通常推力剂容器放在承力筒中央,既利用了空间,又加强了承力筒的抗压能力。

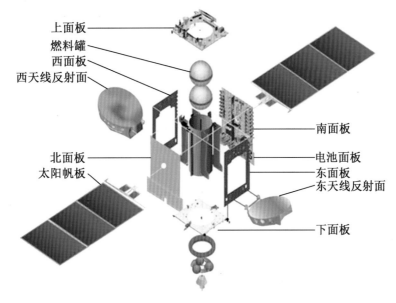

上面板
燃料罐
西面板
西天线反射面
北面板
太阳帆板
南面板
电池面板
东面板
东天线反射面
下面板

图 1-3　中心承力筒和板式结构爆炸图

3.杆系结构

杆系结构星体由一些支架结构组成,如图 1-4 所示,具有大尺寸、大跨度和空间利用率的特点,简单、组合方便,同时具有较高刚度的空间结构,因此杆系结构在航天器上得到了广泛的应用。

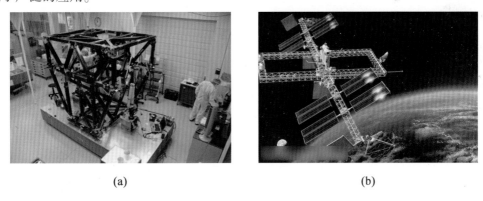

(a)　　　　　　　　　　　　　　　(b)

图 1-4　杆系结构

1.1.2　热控分系统

热控分系统完成卫星环境温度的测量和控制。卫星受太阳照射和内部仪器散热的影响,其受阳光直射面的温度可达 100 ℃ 以上,而与之对应的没有阳光照射的背面就会低至 -200 ℃ 左右,温差可达 300 ℃,而卫星内电子元器件的工作温度范围为 -50~50 ℃,

因此必须采取温度控制措施,确保卫星上所有仪器、设备及星体本身构件的温度都处在合理范围。

卫星热控分系统通常分为被动热控和主动热控,被动热控通常为热控涂层、热管、多层隔热组件,主动热控为电加热器。图1-5(a)中卫星外层覆盖了一种名叫聚酰亚胺的高性能聚合物材料与金属材料复合而成的薄膜。这种薄膜具有超强的耐热性能和超宽的温度使用范围,能忍耐-100~300 ℃的温度区间。除了外部蒙皮的保护,卫星内部的热控涂层和隔热材料能够最大限度地减少对太阳能的吸收,辐射出更多的热量。对于卫星内部的各种特殊仪器设备,通常使用隔热材料将其包裹起来,从而达到热控的目的。热管也是一种被动热控装置,它是通过工质蒸发、凝结等过程传递热量的元件,通过合理铺设热管可以实现卫星整体等温化(如图1-5(b)所示的铜导热带)。例如 DFH-4 卫星平台的通信舱南、北板,服务舱南、北电池板和仪器板内预埋热管,在其内表面粘贴外贴热管,构成热管网路。这些板的内表面除仪器和热管安装面外均喷 SR107 白漆,外表面粘贴 OSR 片或包覆多层隔热组件。如果卫星内部或外部热流变化大或温控要求高,需要在被动温控的基础上,增加主动热控,通常是加热器,它消耗电能产生热量,如图1-5(b)所示的主动加热器。

被动热控不需要地面管理,主动热控由星上自主管理或者地面根据需要发送遥控指令管理。例如卫星上处于休眠状态的液浮陀螺开启之前,必须提前把其附近的加热器打开加热,使其达到一定的工作温度后,才能启动正常工作。

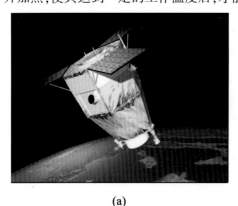
(a)

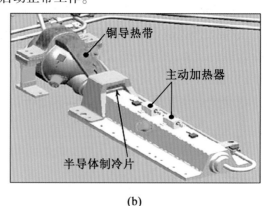
(b)

图1-5 卫星外部蒙皮和内部热控系统组成

1.1.3 控制分系统

卫星控制分系统完成卫星的姿态测量、控制卫星姿态指向目标和控制卫星运行在指定轨道或位置。控制分系统由姿态测量部件、控制计算和执行机构3个部分组成,如图1-6所示。

姿态测量部件测量卫星本体坐标系相对于某一基准坐标系的相对位置和角速度,以确定卫星的姿态;控制计算完成数据分析和计算的任务,依据卫星的姿态和接收的轨道控制指令指示执行机构工作;执行机构则根据控制器指令产生相应的控制力矩从而改变卫星的姿态和轨道,姿态测量部件和执行机构主要组成及功能具体如下。

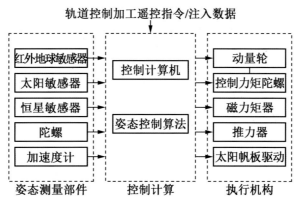

图 1-6　卫星控制分系统组成

1. 姿态测量部件

姿态测量部件完成卫星姿态测量,主要有红外地球敏感器、太阳敏感器、恒星敏感器、陀螺和加速度计。

(1)红外地球敏感器。

红外地球敏感器是一种借助于光学手段获取航天器相对于地球姿态信息的光学姿态敏感器,可以确定卫星与地球球心连线的矢量方向。地球敏感器通常采用二氧化碳吸收带($14\sim16\ \mu m$)作为工作波段,可以较为稳定地确定地球轮廓和辐射强度。地球敏感器由光学系统、探测器和处理电路组成,分为地平穿越式和辐射平衡式两种基本类型。

地平穿越式红外地球敏感器视场对地球做扫描运动,当视场扫到地平时,感受到的红外辐射功率发生急剧变化,发生变化时的扫描角是卫星姿态函数。图 1-7 是圆锥扫描红外地平仪原理图,该地平仪以安装在本体上的扫描装置的扫描轴为中心轴,视轴与此中心轴有一定的夹角,在敏感过程中,电机驱动视轴绕中心轴形成一锥面对地平圈进行扫描,将扫过地平圈的信息进行采集、处理以确定地平的矢量信息。如图 1-7(b)所示,穿越式地平仪敏感器自带的驱动机构使 4 个探头视场在地平边界往返摆动,当卫星变化时,测得的弦宽变化反映了卫星俯仰和滚动姿态角的变化。地球红外穿越式地球敏感器主要优点是扫描的视场范围大、易于敏感到地球且响应速度快,适用于三轴稳定的卫星。

辐射平衡式红外地球敏感器对地球边缘某些区域的辐射敏感并加以比较,以获取姿态信息,它没有活动部件,因此又称为静态地平仪。其工作原理类似于人的眼睛,利用典型的焦平面技术,将多个等间隔对称分布的探测器放在光学系统的焦平面上,通过探测器对投影在焦平面上地球红外图像的响应,来计算地球的方位。图 1-8 所示是 8 个视场的辐射热平衡式红外地球敏感器。在这些视场中,每个视场只接收来自地球特定区域的红外辐射,当卫星的姿态变化时,各探测器感测地球的面积随之变化,电信号从而也发生相应的变化。通过红外地球敏感器可以测量卫星的俯仰和滚动姿态。静态地球敏感器具有体积小、质量轻、功耗低、寿命长和抗震动等优点,适合作为新一代小型卫星姿态敏感器。表1-2列出了典型小卫星地球敏感器性能指标。

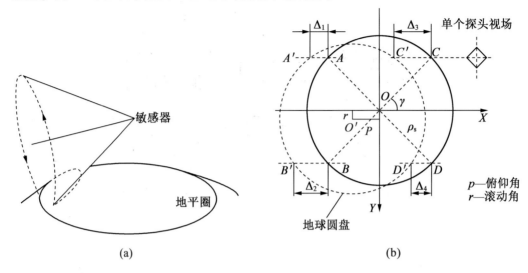

图1-7 圆锥扫描红外地平仪原理图

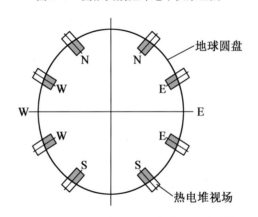

图1-8 8个视场的辐射热平衡式红外地球敏感器

表1-2 典型小卫星地球敏感器性能指标

产品名	生产厂家	质量/kg	精度/(°)
Static Earth Sun Senso r	Maryland Aerospace	0.033	0.25
Mini Digital HCI	Servo	0.050	0.75

(2)太阳敏感器。

太阳敏感器通过敏感太阳矢量的方位来确定太阳矢量在星体坐标中的方位,从而获取卫星相对于太阳的方位信息。太阳敏感器的构成主要包括3个部分:光学头部、传感器部分和信号处理部分。光学头部包括光学系统和探测器件,它利用光电转换功能实时获取星体相对太阳的姿态角度信息。光学头部可以采用狭缝、小孔、透镜、棱镜等各种器件;传感器部分可以采用光电池、CMOS 器件、码盘、光栅、光电二极管、线阵 CCD、面阵 CCD、APS、SMART 等各种器件;信号处理部分可采用分离电子元器件、单片机、可编程逻辑器件等。根据太阳敏感器所用的敏感元件不同,其工作原理略有区别,主要分狭缝式太阳敏感器和小孔成像式太阳敏感器两类。狭缝式太阳敏感器在自旋稳定卫星上得到广泛应用,其工作原理如图 1-9 所示,两个敏感单元分别由两个狭缝组件构成,每个敏感单元都有一个入射狭缝和一个与狭缝平行的硅光电池,当探测器自旋时,太阳光先后射入狭缝 1 和狭缝 2。由狭缝 1 输出的太阳脉冲基准信号可以计算出太阳光线与卫星自旋轴的夹角和自旋周期。狭缝式太阳敏感器结构简单,工作可靠,测量范围大,精度可达 $0.05°$。

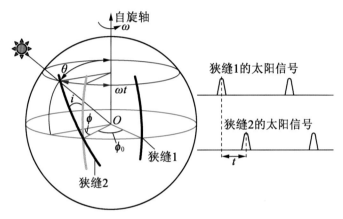

图 1-9　狭缝式太阳敏感器工作原理

小孔成像式太阳敏感器运用了光学小孔成像原理,如图 1-10 所示,太阳光通过敏感面上方的小孔投射,成像光斑投射到敏感面上,然后通过信息处理电路提取像光斑中心位置,由于光斑中心与太阳光矢量的角度有关,因此可以由光斑中心算出太阳入射角,由太阳入射角确定太阳矢量方向。

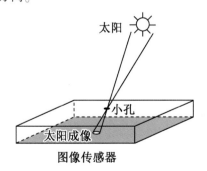

图 1-10　小孔成像式太阳敏感器工作原理

太阳敏感器有 3 种类型:模拟太阳敏感器、太阳指示敏感器和数字太阳敏感器。
①模拟太阳敏感器。
模拟太阳敏感器产生的输出信号为模拟信号,是星体相对太阳矢量方位(太阳角)的

连续函数,有几种不同的结构形式,大体上可分为 3 种类型:狭缝式、余弦式和差动式。

②太阳指示敏感器。

太阳指示敏感器又称为 0-1 式太阳敏感器,它以数字信号 1 或 0 表示太阳是否位于敏感器的视场内。它的结构最简单,可以是一个太阳电池片,一般用作保护器,如用来保护红外地球敏感器免受太阳光的影响。

③数字式太阳敏感器。

数字式太阳敏感器可以提供被测太阳角编码的输出信号,分为编码式太阳敏感器和阵列式太阳敏感器。编码式太阳敏感器工作原理是太阳光线通过一条狭缝射到有透明及不透明区的光刻码盘图案上,由其下面的光电池接收信号,再把信号处理成反映入射光线角度的二进制数码,如图 1-11 所示。在视场一定的条件下,码盘的分辨率取决于码盘码道的数量,码道数越多,分辨率越高。由于编码式太阳敏感器码盘的角度分辨率受太阳张角(约 0.53°)的限制,因此它的精度低于 0.5°。阵列式太阳敏感器的探测器采用阵列器件,常用多个敏感元排成一条直线的线列阵,太阳像落在线列阵上的位置代表太阳方位角。由于阵列器件中敏感元集成度较高,加上线路对信号的内插细分,阵列式太阳敏感器的精度可达到角秒级。

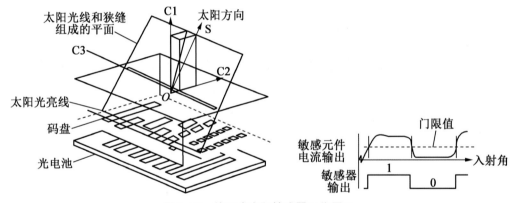

图 1-11　编码式太阳敏感器工作原理

由于太阳光源很强,太阳敏感器结构可以做得很简单,其功率要求也很小;太阳敏感器的视场很大,可以从几分乘几分到 128°×128°,而分辨率可以从几度到几角秒。由于具有上述结构简单、工作可靠、功耗低、质量小、视场范围大等特点,太阳敏感器成为航天器首选的姿态敏感器,几乎所有航天器都将其作为姿态测量部件。

表 1-3 列出了典型小卫星太阳敏感器性能指标。

表 1-3　典型小卫星太阳敏感器性能指标

产品名	生产厂家	质量/kg	精度/(°)
Fine(digital) Sun Sensor	New Space Systems	0.035	0.1
Analog Sun Detector	Adcole	0.068	0.75
CSS-01	Space Micro	0.014 1	5

（3）恒星敏感器。

恒星敏感器通过测量某些恒星的观测矢量在卫星星体坐标系中的方位及恒星亮度，再利用星历表得到这些恒星在惯性坐标系中的方位，经姿态确定算法计算卫星的姿态。恒星敏感器包括光学成像系统、探测器和电子组件 3 个基本部件，按其发展阶段可分为星扫描器、框架式星跟踪器和固定敏感头星敏感器，图 1-12 是恒星敏感器外形。

图 1-12　恒星敏感器外形

①星扫描器。

星扫描器又称星图仪，它带有一个狭缝视场，适用于自转卫星，其原理是卫星自转时，敏感器扫描天区，狭缝视场敏感恒星，处理电路检测恒星扫过的时间和敏感的星光能量，并根据先验知识、匹配识别等，测出卫星的姿态。由于它没有旋动部件，可靠性较高，但由于系统信噪比低，在工程实用中受到严重的限制，现已基本淘汰。

②框架式星跟踪器。

框架式星跟踪器的工作原理是导航星通过光学成像系统在敏感面上成像，处理电路检测出星像在视场中的位置及大小，根据检测结果驱动伺服机构使机械框架转动，将导航星的图像尽可能地保持在视场中心，最后根据识别星的信息和框架转角情况，来确定航天器的姿态。此种类型的星敏感器结构复杂，可靠性较差。

③固定敏感头星敏感器。

固定敏感头星敏感器类似星扫描器，不过它没有成像装置，是通过光学系统由光电转换器件敏感恒星，处理电路扫描搜索视场，来获取、识别导航星，进而确定航天器的姿态。这种类型的恒星敏感器视场呈锥形，易于确定星像的方位，且没有机械可动部件，因而可靠性高，获得了广泛的应用前景。

由于恒星的张角很小（如天狼星张角为 0.006 8°），可以认为是点光源目标，而且具有高精度的位置稳定性，因此恒星敏感器的测姿精度可以很高，中等精度的恒星敏感器精度达 10° 左右，高精度恒星敏感器可达 1° 或更高。表 1-4 列出了典型小卫星恒星敏感器性能指标。

表 1-4 典型小卫星恒星敏感器性能指标

产品名	生产厂家	质量/kg	精度/°
Rigel-L	Surrey Satellite Technology	2.2	25
Procyon	Surrey Satellite Technology	1.7	50
ST-16	Sinclain Interplanetary	0.12	74

（4）陀螺。

陀螺是一种具有高速旋转转子、利用动量守恒原理测量角速度或角位移的仪器，主要有液浮陀螺和激光陀螺，其中液浮陀螺将陀螺框架组件用高密度液体悬浮，利用阿基米德原理使浮液浮力完全克服重力，实现中性悬浮使其支承轴承卸载，从而获得高精度姿态偏差测量；激光陀螺利用环形激光器在惯性空间转动时正反两束光随转动而产生频率差的效应，来敏感物体相对于惯性空间的角速度或转角。激光陀螺寿命长、精度高。图 1-13 为机械陀螺和激光陀螺外形，表 1-5 列出了典型小卫星陀螺性能指标。

 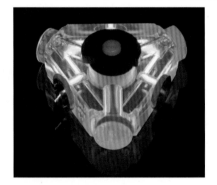

(a)机械陀螺　　　　　　　(b)激光陀螺

图 1-13　机械陀螺和激光陀螺外形

表 1-5　典型小卫星陀螺性能指标

产品名	生产厂家	类型	质量/kg	偏置稳定性/((°)·h)	随机漂移
MIRAS-01	Surrey Satellite Technology	3-axis MEMS	2.8	10	0.6
LN-200S	Northrop Grumman	3-axis FOG	0.75	1	0.1
ADIS16405	Analog Devices	3-axis MEMS	0.016	25	2.0

（5）加速度计。

加速度计是一种能够测量加速度的传感器，通常由质量块、阻尼器、弹性元件和敏感元件等组成，其工作原理示意图如图 1-14 所示。传感器在加速过程中，通过对质量块所受惯性力的测量得到的电压变化，利用牛顿第二定律计算获得加速度值。根据传感器敏感元件的不同，常见的加速度计包括电容式、电感式、应变式、压阻式和压电式等。通过计算还可以得到速度。图 1-15 所示为一个实用加速度计组成。

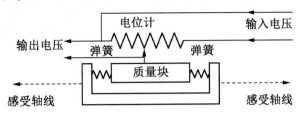

图 1-14 加速度计工作原理示意图

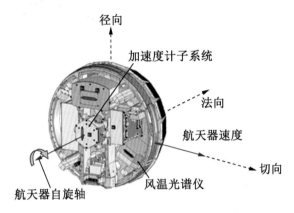

图 1-15 一个实用加速度计组成

在具体卫星姿态控制实现中,可以采用红外地球敏感器+太阳敏感器、恒星敏感器、恒星敏感器+陀螺、红外地球敏感器+陀螺等组合方式,实现卫星俯仰、滚动和偏航姿态不同精度要求的姿态测量,加速度计可以用于自旋卫星姿态章动测量和轨道控制的速度计算等。

2. 执行机构

卫星的执行机构是对航天器产生控制力矩的装置,它受控制器的控制,产生作用于航天器的力矩,卫星的执行机构可以是动量轮、控制力矩陀螺、磁力矩器、推力器或重力杆。

(1)动量轮。

动量轮利用"陀螺定轴性"和转速变化产生的反作用力矩来稳定或改变卫星的姿态,能为卫星提供精确的控制力矩,对其姿态进行准确修正。动量轮结构包括壳体组件、轮体、飞轮电机、轴承组件和控制线路。壳体组件隔离真空环境并提供合适气压工作环境。轮体的质量确保动量轮具有转动惯量。轴承组件是给动量轮一个能够绕着转动的轴,同时保持轴光滑,以便保持摩擦力为一个小量。轴承的稳定能为角动量矢量确定基准方向。图 1-16 是动量轮内部和外形图,表 1-6 列出了典型小卫星动量轮性能指标。

动量轮工作不需消耗工质,只需靠星上太阳能帆板提供的电能来补充能源,产生精确的连续变化控制力矩可以实现线性姿态控制。动量轮具有成本低、结构简单、寿命长和可靠性高等特点,因此已成为空间航天器姿态控制系统的主要执行机构。

11

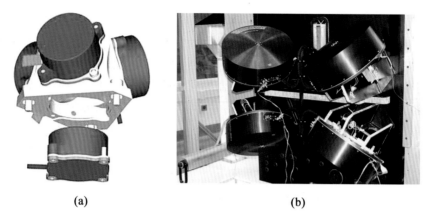

(a)　　　　　　　　　　　(b)

图 1-16　动量轮内部和外形图

表 1-6　典型小卫星动量轮性能指标

产品名	生产厂家	质量/kg	峰值力矩 /(N·m)	动量容量 /(N·ms)	耐辐射性/krad
10SP-M	Surrey Satellite Technology	0.96	0.011	0.42	5
100SPO	Surrey Satellite Technology	2.6	0.11	1.5	5
RW-0.03	Sinclair Interplanetary	0.185	0.002	0.04	20

（2）控制力矩陀螺。

控制力矩陀螺通过改变高速旋转的陀螺飞轮转轴方向,使控制力矩陀螺产生角动量交换,从而改变卫星的角速度及姿态,它由定常转速的动量飞轮、支撑飞轮的框架和框架转动伺服系统3部分组成。控制力矩陀螺旋转时,由于陀螺框架转动致使其内部动量飞轮的角动量方向发生变化,同时内部动量飞轮角动量根据其进动特性将作用力矩产生了作用在陀螺外框架上的反作用力矩。此力矩的作用方向沿其角动量变化的相反方向,大小为角动量在单位时间内的变化率。控制力矩陀螺与其动量飞轮相比,具有控制精度高和控制力矩大的特点,图1-17是控制力矩陀螺外形。

图 1-17　控制力矩陀螺外形

(3)磁力矩器。

磁力矩器利用产生的磁矩与地球周围存在磁场相互作用产生控制力矩,由 3 个通电回路和相应驱动控制电路组成,在卫星本体坐标 X、Y、Z 三个正交方向分别安装,通过安装支架固连于卫星本体,磁力矩器的驱动控制电路接收卫星姿态控制计算机输出的 3 路具有正负电压的模拟控制信号或具有正负极性的开关量信号,通过驱动控制电路的放大和控制,产生磁力矩器所需要的工作电流,分别输出至 X、Y、Z 三个磁力矩器线圈产生力矩,如图 1-18 所示。磁力矩器的特点是控制姿态的硬件简单、轻便,电源消耗低,以及可以长时间工作。但由于地磁模型较为复杂,以及卫星的剩磁等因素的影响,其控制精度低、控制时效性差。表 1-7 列出了典型小卫星磁力矩器性能指标。

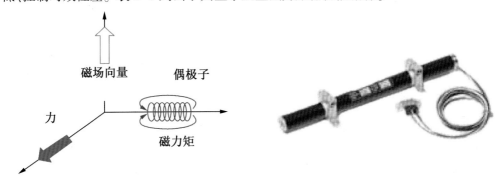

图 1-18　磁力矩器原理和外形

表 1-7　典型小卫星磁力矩器性能指标

产品名	生产厂家	质量/kg	峰值力矩/(N·m)
MTR-5	Surrey Satellite Technology	0.5	5
MT0.1-1	ZARM	0.003	0.1
MT1-1	ZARM	0.060	1
0-1-1	Spaceflight Industries	0.727	15

(4)推力器。

推力器为卫星轨道控制、位置保持提供所需要的推力,为姿态控制提供所需的力矩。不同的能量来源和转换方式,决定了推力器不同的推进方式,主要有化学推进器、冷气推进器和电推进器,具体见推进分系统相关内容。

(5)重力杆。

重力杆利用了重力梯度原理,当卫星绕地球飞行时,卫星上离地球距离不同部位受到引力不等而产生力矩。例如,在卫星上装一个伸杆,卫星进入轨道后,让它向上伸出,伸出去后其顶端就比卫星的其他部分离地球远,因而所受的引力较小,而它的另一端离地球近,所受的引力较大,这样所形成的引力之差对卫星的质心形成一个力矩。由于重力杆产生的力矩较小,在应用中通常再增加磁力的作用。图 1-19 是哑铃式结构重力梯度姿态控制执行器外形,其由重力杆加阻尼球组成。重力杆有两种形式:第一种是卷伸管状的重叠角为零的对包双杆;另一种是由多节杆长组成的闭合式杆套杆。阻尼球由内外球结构组成,内球由三根正交磁棒组成,外球由铜球、热解石墨球、防震橡皮球和外壳铝球等5层球套球构成。磁内球跟踪地磁场,提供基准方位,并与星体固连的外球做相对运动,然后在铜球和铝球产生涡流力矩。具有抗磁特性的热解石墨球和磁内球相互作用,提供抗磁悬浮力,实现内外球无接触的相对转动。

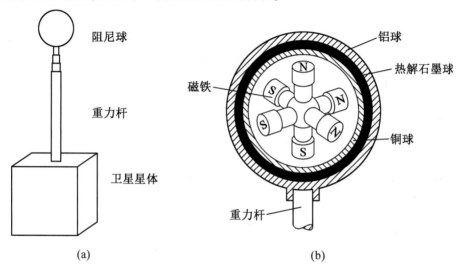

图 1-19 哑铃式结构重力梯度姿态控制执行器外形

动量轮和控制力矩陀螺利用航天器内部的动量交换装置与航天器本体的角动量交换实现姿态控制,与动量轮相比,控制力矩陀螺能提供大的姿态控制力矩和角动量容量,对于长期在轨飞行的大型卫星,其质量、惯量均较大,姿控力矩需求和角动量容量需求相应较大,主要采用控制力矩陀螺进行姿态控制。由于外干扰力矩的作用,动量轮或控制力矩陀螺系统角动量不断积累,如果角动量积累达到其饱和容量,则动量轮和控制力矩陀螺系统不能产生期望的输出力矩,失去姿态控制能力。推力器、磁力矩器和重力杆都可以产生外力矩,可以用来对动量轮或控制力矩陀螺卸载,减小其积累的角动量,使其角动量保持在较小的阈值范围内,但磁力矩器和重力杆产生的力矩一般都较小,效果需要时间的累积。在具体应用上,除了磁力矩器和推力器可以单独作为执行机构使用外,动量轮和控制力矩陀螺还需要加上磁力矩器、推力器或磁力矩器+推力器组合。

1.1.4 推进分系统

推进分系统为卫星的轨道控制和姿态控制提供动量,由喷管、燃料和储箱组成,主要有三类推进分系统:压缩空气推进系统、化学燃料推进系统和电推进系统。

1.压缩空气推进系统

压缩空气推进系统包括冷气和热气推进系统。冷气推进系统相对简单,推力由惰性无毒推进剂喷出产生,这些气体以高压或液体形式储存。冷气推进系统通过高压氮气膨胀产生推力,为航天器提供有限的推进能力。热气推进系统的工作原理与冷气推进系统一样,但可以产生更大的冲量。图 1-20 是 Marotta 公司生产的冷气推进器和 SSTL 公司生产的丁烷推进系统。表 1-8 是用于小卫星的典型冷气和热气推进系统。

图 1-20　**Marotta 公司生产的冷气推进器和 SSTL 公司生产的丁烷推进系统**

表 1-8　**用于小卫星的典型冷气和热气推进系统**

产品名	生产公司	推力	比冲/s	气体
Micro Thruster	Marotta	0.05~2.36 N	65	氮
Butane Propulsion System	SSTL	0.5 N	80	丁烷
MEMS	NanoSpace	0.01~1 mN	50~75	丁烷
POPSAT-HIP1	Micro Space	0.083~1.1 mN	32~43	氩
CNAPS	UTIAS/SFL	12.5~40 mN	40	六氟化硫
CPOD	VACCO	25 mN	40	R134a

2. 化学燃料推进系统

化学燃料推进系统通过化学反应释放热量提高气体温度,通过喷嘴释放,将热能转化为机械能,从而产生推力。化学燃料推进系统对应的喷气速度 $V_e = 3\,000 \sim 5\,000$ m/s、比冲 $I_{sp} = 300 \sim 500$ s。化学燃料推进系统根据使用一种燃料还是多种燃料,分为单组元和双组元推进系统。

(1)单组元推进系统。

单组元推进系统使用一种经催化分解能产生热和低分子量产物的物质作为推进剂,分解后的高热产物经推力室喷管膨胀加速,变热能为流动动能喷出产生推力。目前肼推进系统使用最为广泛,具有在常温常压和非催化物容器中储存稳定、分解产物清洁等特点,在可靠性、寿命、使用历史、比冲、安全性和费用等综合指标上都要比冷气推进系统优越。

(2)双组元推进系统。

双组元推进系统将燃烧剂和氧化剂分别喷入发动机燃烧室,生成高温、低分子量的燃烧产物,通过喷管膨胀转变成高速向外喷射的气流而产生推力。燃烧剂和氧化剂一般采用一甲基肼/绿色四氧化二氮的推进剂组合或无水肼/绿色四氧化二氮的推进剂组合。双组元推进系统技术成熟、比冲高、推力大,是一种功能全面的推进系统。图 1-21 是 Thales Alenia Spacebus 4000 双组元推进系统示意图,它的 10 N 姿控推力器稳态比冲达到了 293 s,脉冲比冲也达到了 287 s,490 N 发动机比冲达到了 318 s。

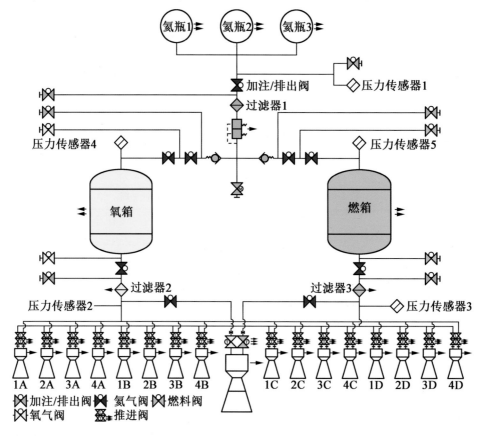

图 1-21　Thales Alenia Spacebus 4000 双组元推进系统示意图

3.电推进系统

与依赖化学燃烧产生推力的化学燃料推进系统不同,电推进系统是通过星上电源系统提供的电能将星上携带的推进工质电离成等离子体,利用电场或外加的磁场加速带电粒子沿喷嘴喷出产生推力。

(1)系统组成。

电推进系统由电源系统、推进剂储存系统、管道系统和电推力器 4 部分组成。电源系统提供的电能加热、电离和加速工质;推进剂储存系统和管道系统与传统的化学燃料推进系统的相近,包括燃料储箱、调节阀、过滤器和管道;电推力器为管道系统末端的喷嘴,高速射流从喷嘴喷出产生反作用力,形成推力。

（2）分类。

按照工质加热的方式,电推进系统通常分为电热式、静电式和电磁式推进系统 3 种类型,静电式推进系统又被称为"离子推进系统",电磁式推进系统又被称为"等离子推进系统",图 1-22 给出了电推进系统的详细分类。

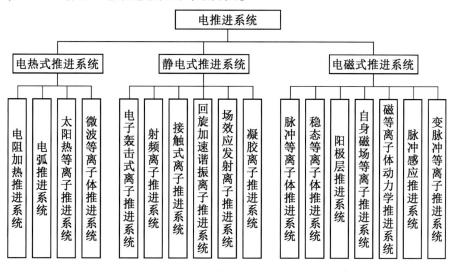

图 1-22　电推进系统详细分类

①电热式推进系统。

电热式推进系统是研制最早的一类电推进系统,采用电能加热推进工质,使其汽化膨胀,再经拉瓦尔喷管加速喷出,产生推力。电热式推进系统按照推进工质加热方式通常可分为电阻加热推进系统和电弧加热推进系统。

电阻加热推进系统是在传统的冷气推进系统或单组元推进系统的基础上做了简单的改进,通过电阻丝通电产生焦耳热,加热推进工质,使其膨胀,再经过喷嘴喷出,产生推力。电阻加热推进系统使用气体推进工质（H_2、N_2、He、N_2O、Ar 等）或液体推进工质（N_2H_4、NH_3、C_4H_{10}、H_2O）,国际通信卫星（Intelsat 5）、美国通信卫星（Satcom）、国际海事通信卫星（Inmarsat）和铱星星座（Iridium）等使用电阻加热推进系统。

电弧加热推进系统使用直流放电方式产生高温电弧,加热推进工质,使其膨胀,再通过喷管喷出,提供推力。电弧加热推进系统具有结构简单、响应快、稳定性高等优点,可以使用 H_2、N_2、NH_3、N_2H_4、He、Ar 作为推进工质,洛马公司的 Series-7000 卫星平台和 A2100 等使用电弧加热推进系统。

②静电式推进系统。

静电式推进系统的原理是推进剂电离后,利用栅极提取离子,再利用静电场来加速离子,最终用电子枪中和离子避免电荷在发动机上积累,离子推力器工作原理如图 1-23 所示。根据推进工质电离的方式,静电式推进系统主要分为电子轰击式离子推进系统和电子回旋谐振离子推进系统。电子轰击式离子推进系统的推进工质电离方式原理简单,容易实现,应用在波音公司 BSS-601HP、BSS-702SP,ESA 的 Artemis 和我国的 DFH-3B/

4E、DFH-5/4F 通信卫星平台等;电子回旋谐振离子推进系统的推进工质电离方式不同于电子轰击式离子推进系统,它是将微波发生器产生的微波引导进带有永磁体的放电室,使其形成高速回旋谐振,电离推进工质,并通过微波谐振产生的磁场加速带正电的离子,形成高速射流,产生推力。2003 年 5 月日本发射的"隼鸟号"探测器采用电子回旋谐振离子推进系统,完成了近地小行星的采样返回任务,在整个飞行任务中电推进系统累计工作时间 39 637 h,耗氙气 47 kg,产生速度增量 2.2 km/s,单台推力器总计最长工作时间达到 14 830 h,开关次数达到 1 805 次。

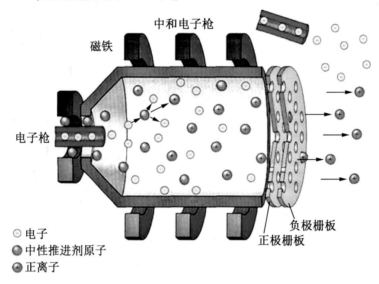

图 1-23　离子推力器工作原理

③电磁式推进系统。

静电式推进系统主要利用静电场加速推进工质电离后的带正电离子,电磁式推进系统则是利用磁场控制电子的运动,让电子在推进方向上积累,形成一个电位差,然后再用这个制造的电位差来加速离子,获得推进动力,等离子推力器工作原理如图 1-24 所示。由于电磁式推进系统不是单独使用电场来加速带电离子,而是通过电场和磁场的交互作用来加速,因此形成的高速射流不受电源系统提供的电能约束,通过引入磁场加速作用可以提高静电式推进系统的能量密度。电磁式推进系统具有性能高、技术成熟和寿命长的优点。按照基本工作状态,电磁式推进系统主要分为脉冲等离子推进系统和磁等离子推进系统等。

静电式推进系统的代表是离子推进器(IT)、电磁式推进系统的典型代表是霍尔推进器(HET),它们使用的推进工质主要为氙、碘和氪等。不同于化学燃料推进系统的能量来源于工质的内能,比冲是衡量化学推进的决定性指标;电推进系统的能量来自外部的电能(系统电源规模常用推功比衡量),因此,选择电推进系统类型时,除了考虑比冲指标外,还必须考虑推功比等指标。相比离子推进,霍尔推进的推功比大,为 45~66 mN/kW,约为离子推进的 2 倍,在相同功率下推力更大,可减少任务弧段损失,提升推进效率,并减轻系统电源质量,带来进一步质量增益的同时,缩短任务周期。此外,霍尔推进还具有结构简单、可靠性高等优点,有利于提升航天器可靠性。霍尔推进也是目前最为成熟、应用范围最广的电推进技术。据不完全统计,截至2017年底,进入太空的霍尔推进器已达600多台,成功率约为100%,也印证了其可靠性高的特点。

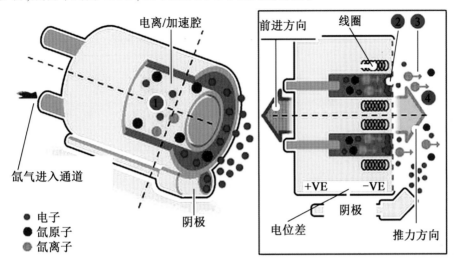

图1-24 等离子推力器工作原理

我国用于地球静止轨道卫星的霍尔推进器典型指标:大功率大推力模式功率为5 kW,推力为330 mN,比冲为1 850 s;小功率高比冲模式功率为2.2 kW,推力为90 mN,比冲为3 000 s。离子推进器典型指标:大功率大推力模式功率为5.0 kW,推力为200 mN,比冲为3 500 s,小功率高比冲模式功率为3.0 kW,推力为100 mN,比冲为4 000 s。几种典型电推进器的性能指标见表1-9。

表1-9 几种典型电推进系统的性能指标

类型		比冲/s	效率/%	推力/mN
电热式	电阻加热推进系统	150~700	30~90	5~5 000
	电弧加热推进系统	280~1 000	30~50	50~5 000
静电式	霍尔效应推进器	1 000~8 000	40~60	1~700
	离子推进器	2 000~10 000	55~90	0.05~600
电磁式	脉冲等离子推进系统	1 000~1 500	5~15	0.005~20
	磁等离子推进系统	1 000~5 000	10~40	20~200 000

表1-10列出了用于小卫星的典型推力系统性能参数,可以看出压缩空气推进系统比冲最小、化学燃料推进系统次之,电推进系统最高,但电推进系统推力最低。通常对于推力要求小的推进系统可以采用冷气推进,中等推力的推进系统采用化学燃料的单组元

系统,大推力的推进系统采用化学燃料的双组元或者化学燃料加电推进系统。电推进系统在卫星上的应用经历了循序渐进、由易到难、逐步深入的过程,先用于地球静止轨道卫星位置保持,使承载同等有效载荷情况下卫星质量下降约一半,再扩展到转移轨道、姿态控制和近地卫星轨道控制。

表 1-10   用于小卫星的典型推力系统性能参数

推进类型	推力	比冲/s	燃料
冷气	10 mN~10 N	65~70	氮气或氩气
肼	0.5~4 N	150~250	肼、甲基肼、偏二甲肼
脉冲等离子和真空电弧推进器	1~1 300 μN	500~3 000	铁氟龙 T
电喷雾推进	10~120 μN	500~5 000	霍尔效应推进器
霍尔效应推进器	10~50 mN	1 000~2 000	氙、碘
离子引擎	1~10 mN	1 000~3 500	氙、碘
太阳能帆	~0.6 mN		

1.1.5　能源分系统

卫星能源系统负责给卫星提供电能,由太阳能电池阵、蓄电池组和电源控制器组成,如图 1-25 所示。卫星处于光照区,太阳能电池通过光伏效应把太阳光能转换成直流电,由电源控制器进行功率调节,给负载供电,同时给蓄电池充电;卫星处于阴影区,蓄电池组提供负载功率,经过电源控制器向卫星载荷供电。

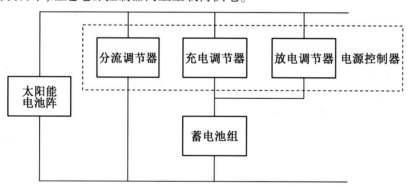

图 1-25   典型卫星电源系统组成结构图

1. 太阳能电池

太阳能电池是一种能量转换半导体器件,它依靠半导体的效应,将太阳能直接转换成电能。太阳能电池由单晶硅、多晶硅和砷化钾等半导体薄晶片制成。单晶硅单体光电转换效率为 12%~14%,为了提高太阳能电池的效率,具有不同带隙的多层材料被结合在一起的多结电池被提出,三结砷化镓太阳能电池片的效率超过 28%。理论上无限节点电池的极限效率可以达到 86.6%。但在航天应用中考虑到性价比,通常使用三结电池,图 1-26 是几个美国著名太阳能电池生产厂家生产的太阳能电池效率。由图中可以看出,SolAero 生产的太阳能电池效率最高,可以达到 33%,其质量只有 49 mg/cm²,比传统的多节太阳能电池低约 40%。DHV 技术公司生产的 100 mm×100 mm 的太阳能电池板质量为 39 g,可以产生 2.24 W 电能。中国 DFH-4 卫星太阳电池阵尺寸为 2 360 mm×3 300 mm,总面积为 62.3 m,单结 GaAs/Ge 材质平均效率大于 19%,最大输出功率为 12 248.9 W。表 1-11 是地球同步卫星的太阳能电池阵在轨工作 15 年后的效率统计。

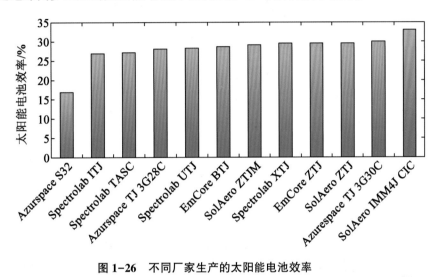

图 1-26　不同厂家生产的太阳能电池效率

表 1-11　地球同步卫星的太阳电池阵在轨工作 15 年后的效率统计

类型	输出功率/($W \cdot m^{-2}$)	单位质量输出功率/($W \cdot kg^{-1}$)
硅	100	40~50
高效硅	130	
砷化镓(单节)	170	50~60
砷化镓(多节)	200	
砷化镓(三节)	240	

2. 蓄电池

蓄电池的主要功能是在光照区将电能转换为化学能存储起来,在阴影区将化学能转换为电能,释放出来为卫星供电。此外在卫星发射主动段、太阳能电池阵未展开前卫星各仪器用电、火工品点火,以及光照期短期峰值功耗超过太阳能电池阵供电能力时都需要蓄电池组供电。镉镍蓄电池、氢镍蓄电池和锂离子蓄电池在卫星上得到广泛应用。

镉镍蓄电池在卫星上最早使用,技术成熟、成本较低;氢镍蓄电池技术是在全密封镉镍蓄电池和氢氧燃料蓄电池技术的基础上发展起来的,它与镉镍蓄电池相比具有能量密度高、寿命长、耐过充电过放电、可深度放电、放电电压高等优点。其缺点是外壳形状为承受内部 50 个以上的标准大气压必须是圆柱体。氢镍蓄电池比镉镍蓄电池质量轻 50% 以上,镉镍蓄电池允许的放电深度为 60% 左右,而氢镍蓄电池可以达到 80%。另外,氢镍蓄电池没有记忆,一种氢镍蓄电池外形如图 1-27 所示。

图 1-27　氢镍蓄电池外形

锂离子蓄电池的能量密度大约是氢镍蓄电池的 2 倍,是镉镍蓄电池的 3 倍,体积能量比是氢镍蓄电池组的 4 倍以上,且无记忆效应。输出同样的功率,采用锂离子蓄电池,可显著地减轻电池组的质量。尤其是它具有较高的能量转换效率和较长的搁置寿命,因此锂离子蓄电池得到了广泛应用。

衡量电池性能的参数为能量密度、循环寿命和可靠性,表 1-12 对单体电池性能进行了详细比较,图 1-28 给出了不同厂家生产的电池的能量密度比较。

表 1-12　单体电池性能比较

电池种类	镍镉	氢镍	锂离子
标称电压/V	1.2	1.25	3.6
能量密度/$(W \cdot h \cdot kg^{-1})$	38	70	120

3. 电源控制器

电源控制器在光照区对太阳能蓄电池阵输出功率进行调节,在地影区对蓄电池组实施充放电控制及保护,提供电源系统与其他分系统及地面支持设备的接口,完成遥测信号的取样及预处理,接受并执行遥控指令,实现电源系统故障诊断、隔离与重构,保证电源系统安全可靠地工作。为确保能源安全,每个载荷都必须采取相应的保护措施,以防止单个载荷短路影响整星安全,通常采用熔断型过流保护和可恢复型过流保护 2 种措施:熔断型过流保护即当单个负载发生短路时,熔断器切断短路通路;可恢复型过流保护即电路利用限流保护电路场效应晶体管开关特性进行可恢复式过流通断保护,图 1-29(a) 是一个电源控制器外形。

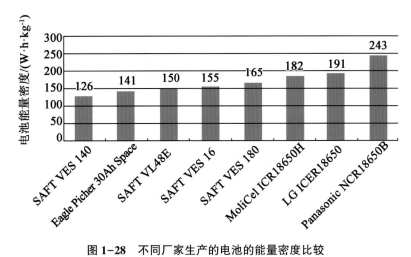

图 1-28　不同厂家生产的电池的能量密度比较

图 1-29(b)是斯特拉斯空间公司生产的电源转换器,它具有很宽的输入电压范围:
3.3~40 V。其典型效率为 90%。

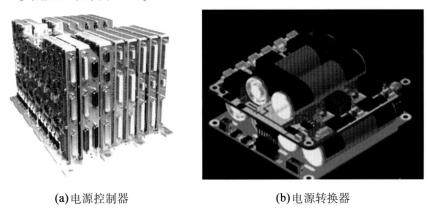

(a)电源控制器　　　　　　　　　　　　(b)电源转换器

图 1-29　电源控制器和转换器

1.1.6　星务分系统

星务分系统具有卫星任务调度和信息管理功能,统一使用硬件资源和充分利用软件
资源,将复杂的星务管理和控制任务分配给各个计算机,并行地完成卫星综合信息的采
集、处理、遥测成帧、存储和传送等一系列工作;并分别地实施卫星指令控制、程序控制、
状态控制、过程控制和遥操作等一系列动作,实现星上资源、运行状态、数据和信息等统
一协调管理和调度。

星务分系统通过计算机网络来协调、控制星上各种功能部件的相互联系,完成包括
信息流、动作流的动态作业,是一种星载柔性服务系统,常用的计算机总线有 1553B 和
CAN 总线等。星务管理执行单元嵌入星上各任务模块中,实现对其监测、指令控制、供
电、保护、管理、通信、遥操作和过程控制等诸多功能,形成星务系统的多台下位机:配电

器下位机、一次电源下位机和姿控下位机等,如图 1-30 所示。这些下位机与星务计算机联网,受其控制,形成星上网络。利用这个星上网络,可以完成可变结构的测量任务、应变操作任务、供配电任务、安全保护任务和多路径的冗余备份切换任务等,提高整星的功能密度。同时,星务管理执行单元被赋予各任务模块后,也提高了它们各自的性能,使其成为智能化模块,可程控电子仪器,形成诸如具有计算机管理的电源系统、具有计算机管理的供配电系统和具有计算机管理的主动温控系统等。这样,星务主机与星上任务模块,包括应用载荷模块,可以根据飞行任务进行组合,也可以根据飞行事故重新构建,还可以根据飞行需要临时连接,具有极大的飞行任务重构的灵活性。主要单元功能介绍如下。

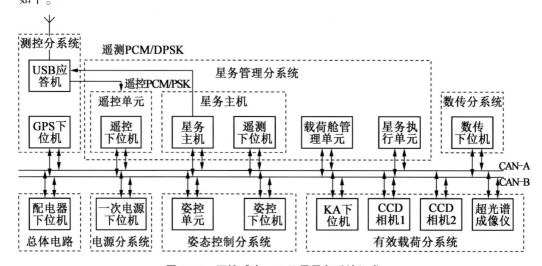

图 1-30　环境减灾-1A 卫星星务系统组成

(1)星务主机。

星务主机是星务分系统的核心,完成遥控数据解析和分发、遥测数据采集和下传、星上网络管理、平台时间管理、程控和相对时间程控、整星安全模式管理等功能,并具备在轨程序注入的能力。

(2)遥控单元。

遥控单元接收应答机或中继终端的上行信号并译码,对于直接指令生成指令脉冲驱动指令用户,对于间接指令和上注数据,去伪随机化后发送到星务主机。

(3)有效载荷管理单元。

有效载荷管理单元包括有效载荷管理下位机和星务数据存储模块,分别完成以下功能:一是有效载荷管理下位机,采集载荷状态参数,对星上一级总线与二级总线进行协议转换,完成载荷遥控指令、上行数据及遥测数据的转发,对载荷舱温度进行采集;二是星务数据存储模块完成 GNSS 原始测量数据与整星遥测数据的存储,根据指令将存储的数据发送到数传分系统。

（4）热控下位机。

热控下位机采集卫星平台舱的热敏电阻参数,根据测温参数进行温度控制,接收间接指令和遥控数据块,改变温控模式并完成平台控温回路的控制。

（5）时钟单元。

时钟单元为星务中心计算机提供方波信号,保证时间的准确度和稳定度,减少地面对卫星时间的修正。

1.1.7　测控分系统

测控分系统提供卫星与地面站之间的无线传输和跟踪通道,采集卫星工作状态并编码下传,接收和解码上行遥控指令和注入数据设置卫星状态、更新程序和安排任务,接收并转发地面测距信号。测控分系统由测控应答机和天线组成,应答机由上变频器、下变频器、低噪放、功放调制/解调单元等组成,完成信标发送、遥测数据和测距信号的发送、遥控指令和测距信号的接收,其外形如图 1-31(a)所示。天线通常采用全向的锥柱状螺旋天线,波束工作范围大于±60°,覆盖整个地面,同时为了保证卫星在各种姿态下仍然能够与地面保持联系,通常在卫星的对天面和对地面各安装一副测控天线。图 1-31(b)给出了一个测控天线方向图示例,可以看出在±60°范围内,天线增益值大于-15 dBi。

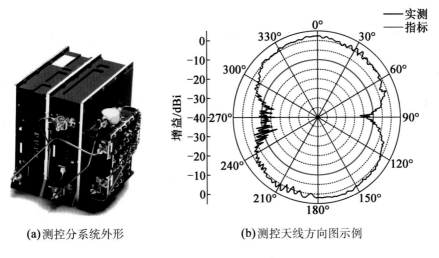

(a)测控分系统外形　　　　(b)测控天线方向图示例

图 1-31　测控分系统

图 1-32 是一个复杂的卫星综合测控分系统原理框图,应用于 GF-3 卫星,由统一 S 频段测控子系统、导航接收子系统和中继测控子系统 3 部分组成。其中 USB 子系统提供地基测控,完成遥测、遥控和测距功能;中继测控子系统提供天基测控,实现地面测控网视距范围外的测控通信,扩展可测控弧段,同时作为地基测控的备份,保障在对地测控子系统出现故障时,仍可持续实现对卫星进行监视和控制;导航接收子系统为卫星提供连续高精度测量数据,适应卫星大角度机动状态下,持续提供卫星实时在轨位置、速度信息。

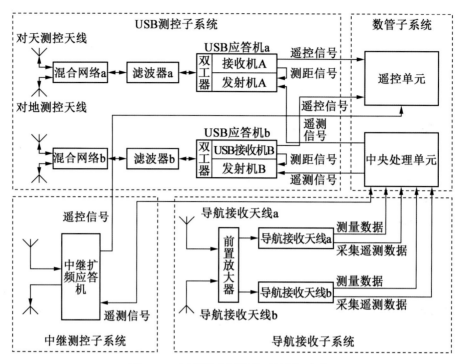

图 1-32 卫星综合测控分系统原理框图

1.2 有效载荷

有效载荷是为完成特定任务在卫星上安装的各类仪器、设备和分系统,它们占据了卫星平台的主要空间、质量和能源消耗,根据任务划分主要有通信卫星载荷、对地观测卫星载荷、导航卫星载荷和气象卫星载荷。

1.2.1 通信卫星载荷

通信卫星的载荷主要实现对地面通信信号的接收、处理、放大和转发功能,包括转发器、天线、星上处理单元和星上交换单元。

1. 转发器

转发器是通信卫星的主载荷,负责将天线分系统收到的信源地球站信号进行处理、放大,再送回天线分系统,发回目的地球站。转发器实际上是一部高灵敏度的宽带收、发信机,其职能就是以最小的附加噪声和失真,以及尽可能高的放大量来转发无线信号。转发器由低噪放、变频器和功率放大器组成,功率放大器主要有 2 类:行波管放大器(TW-TA)和半导体型的固态放大器(SSPA)。行波管放大器具有带宽高、效率高、单级放大倍数大等优点,缺点是寿命短、非线性特性较差和需要高压电源,而固态放大器体积小、质量轻、线性特性好,缺点是功率低、带宽较窄。通常大功率功放使用行波管放大器,中、小功率功放使用固态放大器。

星载转发器少于 12 个、功率小于 1 000 W 的卫星称为小容量通信卫星;有 24 个转发器、功率在 1 000~3 000 W 范围内的卫星称为中容量通信卫星;有 48 个转发器、功率在 3 000~7 000 W 范围内的卫星称为大容量通信卫星;转发器多于 48 个、功率在 7 000 W 以上的称为超大容量通信卫星。

2. 天线

卫星天线从形状和外观上分,主要有线状天线、喇叭天线、螺旋天线、微带天线、反射面天线和相控阵天线等;从天线方向图上分有全球波束天线、点波束天线、赋形波束天线和多波束天线;从反射面结构上分,有实体式和网状天线反射面。

线状天线用于早期卫星,结构简单、使用方便和具有全方向性。目前在通信卫星上用得最多的是螺旋天线、微带天线、喇叭天线和反射面天线。使用螺旋天线和微带天线,主要是考虑其方向图的全向特性,通常用于卫星测控,保证卫星在各种姿态下波束工作范围都能覆盖地面。全球波束多采用喇叭天线,点波束多采用反射面天线。赋形波束天线可以采用反射器赋形和多馈源波束赋形。反射器赋形是借助反射面设计产生特定形状方向图;多馈源波束赋形是在反射面的焦点附近安装有多个馈源,从而在覆盖区内形成多个子波束,通过调整子波束的排列方式及各馈源的激励系数,可使合成波束对于特定服务区域赋形。反射器赋形天线一旦成型上星,覆盖区域的方向图就固定不变,而多馈源波束赋形天线可以根据需要调整方向图的指向和覆盖范围,具有更好的适应性。当前相控阵式多波束天线逐渐成熟,在相控阵天线阵面上排列许多辐射单元,用波束形成网络向阵列单元激励所需的振幅和相位,通过对相位和幅度的调整来实现波束形状改变、波束扫描,以及波束间功率分配,不仅波束控制时间短,还可通过自适应调零技术,可以大大提高通信卫星的抗干扰能力。

实体式天线反射面一般由轻质金属板材或者碳纤维增强复合材料构成,分单块成型,通过可展开结构拼接装配而成,表面形变小、精度高,适用于高频段天线。网状天线面的材料通常是由直径为 0.015~0.035 mm 超细钼、钨等金属丝,编织而成的针织网孔布,天线表面镀镍或金。网状天线具有收纳率大、面积质量比大等特点,通常用于大口径卫星天线。图 1-33 是常用的固面天线、伞状天线和相控阵天线外形图。

(a)固面天线　　　　　　(b)伞状天线　　　　　　(c)相控阵天线

图 1-33　常用的固面天线、伞状天线和相控阵天线外形图

图 1-34 是卫星天线安装及覆盖情况示意图,这些天线包括全向测控天线,以及点波束、区域波束和全球波束的通信天线。图 1-34(b) 是 IPSTAR-1 卫星对我国的覆盖图,其中 23 个 Ku 波段双向点波束覆盖我国中东部地区、1 个双向成形波束覆盖我国西部地区和 1 个 Ku 波段单向广播波束重叠覆盖我国中东部地区。

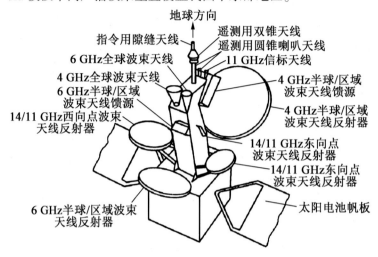

图 1-34　卫星天线安装及覆盖情况示意图

3. 星上处理单元

没有星上处理单元的通信卫星通常被称为透明式卫星,它只对地面信号进行接收和放大,不对信号进行任何处理,配备了星上处理单元的通信卫星除了对地面信号进行接收和放大外,还对信号进行处理。与直接转发的透明方式相比,星上处理单元可以改善信号质量和大大提高卫星使用效率。星上处理单元具体可以完成存储转发和基带处理功能,如信息压缩和重新组帧、信令处理、路由选择;完成星上再生功能,如星上解调/调制、解码/编码、解交织/交织等;完成调制方式的变换,如上行 QPSK、下行 16APSK;完成多址方式的变换功能,如上行 FDMA、下行 TDMA;完成速率变换功能,将低速上行信道变换成高速下行信道星上抗干扰,如自适应天线调零,可控点波束,转发器放大特性的智能控制等。

4. 星上交换单元

星上交换可以减少传输时延和提高频谱使用效率。通常有 2 种交换方式:微波信号交换和基带信号交换。微波信号交换是星上部署微波开关矩阵,在多个波束间利用动态矩阵进行射频信号交换;基带信号交换是将星上接收的所有射频信号进行下变频到中频,解调得到基带信号后再交换。交换通常为星载 ATM 交换和星载 IP 交换。其中星载 ATM 交换通过定长的 ATM 信元,实现对链路资源的时分复用;星载 IP 交换是将数据在传输层协议数据单元中封装成 IP 包,IP 包在数据链路层被封装成数据帧。

1.2.2　对地观测卫星载荷

对地观测卫星利用空间的位置优势对地球进行观测,它的主要载荷有 2 类:光学遥

28

感器(相机)和合成孔径雷达。

1.光学遥感器

(1)组成和原理。

光学遥感传感器是收集、测量和记录遥感目标信息的仪器,工作在 0.38~0.76μm 范围的可见光波段,太阳通过大气将电磁波传到地物,地物将反射或本身发射电磁波,反射或发射的电磁波经过大气被卫星传感器接收。

光学传感器是由扫描系统、聚焦系统(反射镜组)、分光系统、检测系统(探测元件-光机转换系统、放大器、CCD 等)、记录系统等组成。传感器并不能直接获取地物的辐照度,而是记录与辐射能量有关的影像像元亮度值,再间接推算出地物的辐照度和反射率等特性。光学传感器主要有摄影类型传感器、扫描成像类型传感器和成像光谱仪:摄影类型传感器选用紫外近红外谱段,通过照相机或摄像机直接成像,此类型应用较少;扫描成像类型传感器是逐点逐行按时序获取二维图像,分为摆扫型和推扫型两种扫描仪类型,是卫星遥感应用的主要光学传感器;成像光谱仪是以多路、连续并具有高光谱分辨率方式获取图像信息的仪器,有两种主要的类型,面阵探测器加推扫机构和线阵探测器加推扫机构。

摆扫型扫描仪的前方安装可转动的光学镜头,并依靠机械传动装置使镜头摆动,形成对地面目标的逐点逐行扫描,如图 1-35(a)所示。推扫型扫描仪采用线阵列或面阵列探测器作为敏感元件。线列探测器在垂直于飞行方向上做横向排列,在瞬间能同时得到垂直航线的一条图像线,不需要用摆动的扫描镜,当飞行器向前飞行完成竖向扫描时,线列探测器就像刷子扫地一样实现带状扫描,推扫型扫描仪由此而得名,它所记录的光谱图像数据是沿着飞行方向的条带,如图 1-35(b)所示。

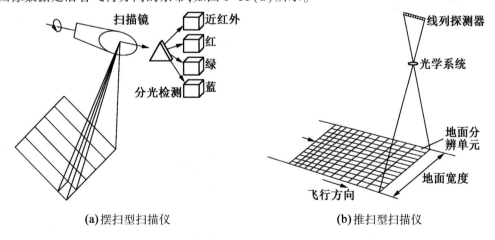

(a)摆扫型扫描仪　　　　　　　　(b)推扫型扫描仪

图 1-35　摆扫型扫描仪和推扫型扫描仪工作示例

成像光谱仪基本上属于多光谱扫描仪,其构造与线阵列推扫式扫描仪相同,区别仅在于通道数多,各通道的波段宽度较窄,可以实现对同一地区同时获取几十个到几百个波段的地物反射光谱图像。成像光谱仪按其结构的不同,可分为两种类型。一种是面阵探测器加推扫式扫描仪的成像光谱仪,它利用线阵列探测器进行扫描,利用色散元件将收集到的光谱信息分散成若干个波段后,分别成像于面阵列的不同行。这种仪器利用色散元件和面阵探测器完成光谱扫描,利用线阵列探测器及沿轨道方向的运动完成空间扫描,它具有空间分辨率高的特点。另一种是线阵列探测器加光机扫描仪的成像光谱仪,它利用点探测器收集光谱信息,经色散元件后分成不同的波段,分别成像于线阵列探测器的不同元件上,通过点扫描镜在垂直于轨道方向的面内摆动及沿轨道方向运行完成空间扫描,而利用线探测器完成光谱扫描。

(2)不同波段图像特点。

全色波段遥感使用 0.5 ~0.75 μm 的单波段,即从绿色往后的可见光波段,在图上显示是灰度图片,如图 1-36(a)所示。全色遥感图像一般空间分辨率高,但无法显示地物色彩,通过将它与多波段图像融合处理,得到既有全色图像的高分辨率,又有多波段影像的彩色信息的图像,如图 1-36(b)所示。多光谱遥感是指将地物辐射电磁波分割成若干个较窄的光谱段,在同一时间获得同一目标不同波段信息,如图 1-36(c)所示。高光谱遥感将成像技术与光谱技术结合在一起,在对目标的空间特征成像的同时,对每个空间像元经过色散形成几十乃至几百个窄波段以进行连续的光谱覆盖,这样形成的遥感数据可以用"图像立方体"来形象地描述,获取的图像包含丰富的空间、辐射和光谱三重信息,如图 1-36(d)所示。

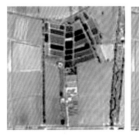   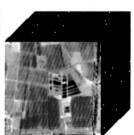

(a)全色   (b)彩色   (c)多光谱   (d)高光谱

图 1-36 不同波段获取的遥感图像示例

多光谱和高光谱虽然提高了光谱分辨率,但会导致空间分辨率降低,这就是光学遥感卫星全色分辨率最高、多光谱次之、高光谱最差的原因。例如"吉林一号"卫星全色分辨率为 0.72 m 而多光谱分辨率则为 2.88 m。

图 1-37 画出了光学遥感卫星典型的图像观测模式,用于实现点目标、面目标二维成像和目标的立体成像。

2.合成孔径雷达

合成孔径雷达(synthetic aperture radar,SAR)可穿透云、雨、雾、沙尘暴等实现对地成像,具有全天候、全天时、远距离成像的特点,甚至能穿透一定深度的地表或植被,获取被植被覆盖的地面信息,或者地表下一定深度目标的信息;还可以通过多频段、多极化、多视角获取多方位的目标信息。

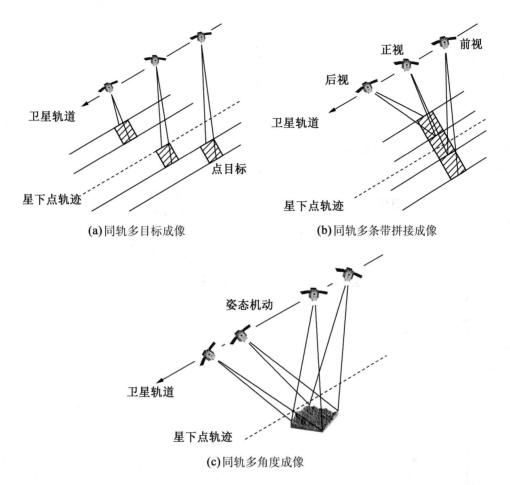

(a)同轨多目标成像　　　　　(b)同轨多条带拼接成像

(c)同轨多角度成像

图 1-37　光学遥感卫星典型的图像观测模式

（1）组成和原理。

SAR 载荷由天线子系统和中央电子设备子系统组成,其原理是采用微波有源探测方式,发射已知的微波信号,再接收这些信号与地面相互作用后的回波反射信号,并对这两种信号的频率和极化位移等进行比较,通过距离向脉冲压缩和方位向合成孔径技术生成地表的数字图像或模拟图像。

SAR 卫星利用运动航迹来对目标测距和二维成像,可区分两个相邻目标的最小距离称为雷达图像的空间分辨率,这个距离越小,分辨率越高。SAR 卫星的空间分辨率包括沿雷达飞行即方位向分辨率和距离向分辨率,如图 1-38 所示。距离向分辨率与雷达系统发射的脉冲信号相关,与脉冲持续时间成正比,同时还与照射目标与星下点的关系有关,越靠近星下点分辨率越低,越远离星下点分辨率越高,这就是合成孔径雷达成像必须以侧视方式工作的原因,例如图 1-38 中 SAR 卫星观测的区域不是星下点,而是其侧面。方位向分辨率与波长和观测距离成反比,与天线尺寸成正比,因此雷达在低频工作时需要大的天线或孔径来获得清晰的图像。这个要求对一般卫星平台来说是难以承受的。利用雷达与目标的相对运动把尺寸较小的真实天线孔径用数据处理的方法,可以合成大等效天线孔径的雷达,在图1-38中卫星从 A 点运动到 B 点的距离构成一个大的合成口径,因此合成孔径的概念是通过数据处理来实现的。

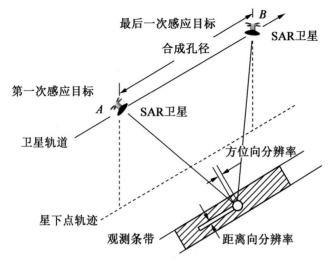

图1-38　合成孔径雷达工作原理示意图

（2）不同波段的应用。

星载 SAR 的工作频段主要选择 L、C、X 波段,波长越长、穿透能力越强,这种穿透作用在稠密作物或树木遮挡的情况下特别明显,通常 X 波段适合对冰的观测和分类,以及对海面污染情况的观察;L 波段适合对淡水和穿透地下目标的观测;C 波段适合观察海洋上的强目标。高程信息的精度主要取决于雷达波长和相干系数。对于同一区域的 SAR 图像干涉处理,L 波段的图像相干性高于 X、C 波段的图像,但是就高程信息的敏感度,X、C 波段优于 L 波段。

SAR 卫星典型的图像观测模式如图1-39所示,它可以满足不同的分辨率和观测区域的要求。

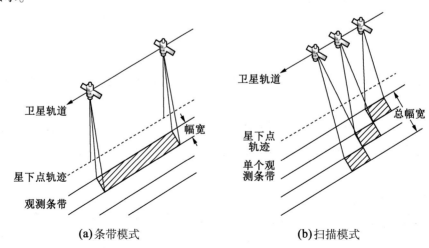

(a)条带模式　　　　　　　(b)扫描模式

图1-39　SAR 卫星典型的图像观测模式

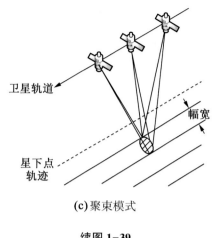

(c)聚束模式

续图 1-39

在上述典型工作模式基础上,又发展了超精细条带、窄幅扫描、宽幅扫描、扩展入射角等模式,进一步扩展了 SAR 卫星的观测能力,如图 1-40 所示。

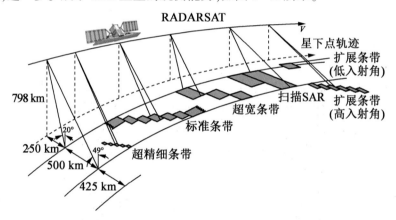

图 1-40　加拿大 RADARSAT 卫星多种工作模式

1.2.3　导航卫星载荷

卫星导航系统是利用导航卫星对地面、海洋、空中和空间的用户进行导航定位及授时的系统,可以向用户提供高精度、全天候的定位、导航和授时服务。目前,世界上主要卫星导航系统包括美国 GPS、俄罗斯 GLONASS、欧洲 GALILEO 和我国的北斗导航系统。GPS(Block Ⅱ)的有效载荷分系统包括时频分系统、星上处理分系统、射频分系统以及天线分系统。

1. 时频分系统

时频分系统是整个有效载荷的心脏,它提供确保 GPS 导航精度所需的精确时间。GPS 对原子频标的关键要求是与相对应的 GPS 时间保持 6 ns 的精度。为此,Block Ⅱ采用了铯原子钟和铷原子钟。

2. 星上处理分系统

星上处理分系统包括任务数据单元和频率合成器单元,它是整个导航有效载荷的大脑。它将所有的任务功能,例如星历计算、数据加密、导航信息生成、P 码与 C/A 码生成、自主导航等集成在一起,还监测特定有效载荷单元的健康状况和提供时钟误差校正。任务数据单元采用工作在 16 MHz 频段 MIL-STD1750A 抗辐射加固中央处理器,软件是用 Ada 语言编写的大约 25 000 行程序。

3. 射频分系统

Block II 的射频分系统由 L1(1 575.42 MHz)、L2(1 227.60 MHz)和 L3(1 381.05 MHz)频率上的 3 部发射机构成。其中 L1 和 L2 频率用于 GPS 导航任务,L3 频率用于核爆炸探测任务。射频系统由功率放大器、变频器和滤波器等器件组成。

4. 天线分系统

L 频段天线分系统是一个固定波束,以 L1、L2 和 L3 频率提供全球覆盖。天线始终指向地球,从 GPS 卫星的高度来看,地球两个边缘之间的视角大约是 27.7°。卫星的总指向误差控制在 ±0.015°(99% 概率)以内。因此,具有足够增益、视角大于 28° 的固定波束天线可用于 GPS 卫星。Block II 的天线为一种阵列设计,由 12 个螺旋天线单元组成,排列在面向地球的卫星安装板上,采用 2 个同心圆形式的配置,如图 1-41 所示。这种 GPS 天线完全是无源设计,具有较高的可靠性。

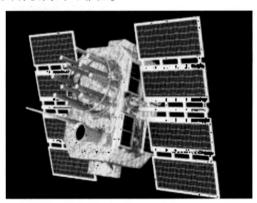

图 1-41　GPS 卫星 12 个 L 频段螺旋天线

1.2.4　气象卫星载荷

气象卫星从外层空间观测地球表面和大气层,居高临下,观测区域宽广,观测频次高,对地球进行大范围的动态观测是它的特点。气象卫星主要有 3 项任务:获取全球温度和湿度资料,以及云、辐射和其他气象参数来提高天气预报的精确度,尤其是数值天气预报产品的精确度;全球气候监测,包括用于短期气候预测研究的辐射平衡、雪盖、海平面温度、温室气体和臭氧层监视;对自然生态环境灾害的全球遥感与监视。依照运行轨道的不同,气象卫星分为极轨卫星和地球静止轨道卫星两大类,前者运行在围绕地球两极运行的太阳同步近圆轨道上,后者运行在地球赤道上空 36 000 km 的相对静止轨道上。极轨和地球静止轨道气象卫星是 2 种观测特性不同的卫星。极轨气象卫星主要可以获取中期数值天气预报、气候预测和全球生态环境变化监测、远洋航海、航空所需的气象资料等;地球静止轨道气象卫星则对灾害性天气,包括台风、暴雨和植被生态动态突变的实时连续观测具有突出的能力。

近地气象卫星的主要载荷包括可见光与红外辐射计、微波温度探测仪、微波湿度探测仪、大气红外探测仪、中分辨率光谱成像仪和微波辐射成像仪等。其中可见光与红外辐射计用于获取记录云量、云的分类、云的物理属性、雾、火灾点、气溶胶、向外长波辐射、冰雪、海平面温度、地表温度、大气可降水、地标反照率、植被指数、叶面积指数和净初级生产率。微波温度探测仪用于对多云地区进行温度探测,微波湿度探测仪用于对多云地区进行湿度探测,大气红外探测仪用于测量气溶胶、二氧化碳含量及卷云,中分辨率光谱成像仪用于绘制白天自然色彩的高分辨率的地球图像及夜晚高分辨率的近红外图像;微波辐射成像仪测量陆地和海洋表面的微波辐射及大气中多种形态的水和云。

地球静止轨道气象卫星主要载荷包括多通道扫描成像辐射计、干涉式大气垂直探测仪、闪电成像仪和空间天气仪器。成像辐射计主要承担云图获取任务,它能有效地监测重要天气系统、云系结构和地物特征,具备捕捉气溶胶、雪、卷云等更多的功能,能清晰区分云的不同相态和高中层水汽;干涉式大气垂直探测仪是以红外高光谱干涉分光方式探测大气垂直结构的精密遥感仪,不同的探测通道对不同高度大气的红外辐射感知有差异,根据这些差异,可以推算出大气温、湿度的三维结构和探测到大气不稳定指数;闪电成像仪可以在 1 s 拍摄多幅闪电图,实现强对流天气的监测和跟踪,提供闪电灾害预警;空间天气仪器可以监测太阳活动和空间环境变化。

第 2 章　卫星测控技术基础

2.1　遥测/遥控格式及信号传输

遥测、遥控是地面测控站和卫星之间数据无线传输的手段,遥测是从卫星发往地面、遥控是从地面发往卫星,主要有 2 种体制:PCM 体制和分包体制。20 世纪 60 年代后,卫星测控主要使用 PCM 遥测、遥控体制,进入 80 年代后,随着网络技术的逐步成熟,基于地面网络通信的开放性系统互连参考模型的卫星测控开始广泛应用。1982 年由 8 个美国国内及国际上的空间机构发起,成立了空间数据系统咨询委员会(CCSDS),致力于研究、制定适用于低、中数据率航天器的常规在轨系统(COS)。1986 年后,CCSDS 又制定了适用于中、高数据率航天器的高级在轨系统(AOS),这些协议可以满足各类卫星的需求,实现数据获取过程可相对传送、异步执行的机制。其标准接口使空间飞行器测控可以建立一个开放、互连的国际数据系统网,实现了遥测数据传输由单用户转向多用户和多信源。我国的载人航天飞船和各类对地观测卫星从 2000 年以来逐步从过去的 PCM 体制过渡到分包遥测和遥控体制。

2.1.1　遥测格式

卫星遥测是指按一定格式从卫星下传到地面测控站的数据,其内容是卫星工作状态、部件测量值、指令执行情况等,这些遥测数据是通过对星上被测对象进行检测、变换和编码后,通过无线信道下传地面,由地面进行接收和解码后识别的,常用的 PCM 遥测体制和分包遥测体制分别规定了不同的信号编排方式。

1. PCM 遥测

PCM 遥测是指以信号源的每个取样数值脉冲编码(PCM)后的数据当作传输单元传送的遥测系统。PCM 遥测帧结构如图 2-1 所示,由遥测字、帧和格式组成。遥测字是遥测帧的基本单元,由 8 bit 组成,多个遥测字加上一个帧同步码(通常为 EB90H)构成一个遥测帧。一个遥测帧中所包含的遥测字的数目称为帧长。一帧总是由偶数个遥测字组成,通常最大帧长为 1 024 个遥测字,常用帧长为 32、64、128 和 256,以帧计数作为识别和同步的标志,相继发送的一组遥测帧的有序集合称为格式(通常也称为副帧),每个格式用于传输一路副交换子数据,其中遥测帧的个数称为遥测格式长,图 2-1 中的帧计数从 0

开始到 M 结束,它的格式长为 M,通常最大格式长度为 256 帧,而且不超过 2^{15} 个遥测字。

帧同码	帧计数0	第1路	第2路	——	格式0	——	格式0	——	第N-1路	第N路	帧同步码
					格式1	——	格式1				
					格式M-1	——	格式M-1				
帧同码	帧计数M	第1路	第2路	——	格式M	——	格式M	——	第N-1路	第N路	帧同步码

图 2-1　PCM 遥测帧结构

为了兼顾传输速率、数据更新频度和数据总量之间的关系,PCM 遥测中采用主交换子、副交换子对不同的信源进行采样传输。主交换帧传输的数据采样率高、副交换子传输的数据采样率低,因此主帧用于传输星上重要且变化快的参数,如卫星姿态、电源电压、电流和指令执行情况等,副帧用于传输变化慢的参数,如温度和压力等,例如,图 2-2 中安排在主帧中的参数值每一帧都可以更新一次,副帧中的数据只能 M 帧更新一次。图 2-2 是 PCM 遥测编码原理框图,图中卫星传送的信号源有模拟信号和数字信号,其中传感器测量模拟信号,将其转换成规定的电信号,再经过信号变换器,进行隔离、放大或衰减,以及信号极性变换,输出规范的电压信号,以适应帧取样和 A/D 变换的需要。数字信号直接输入到主、副帧,模拟信号和数字信号中关注度高和变化快的参数被输出到主帧,关注度低、变化慢的信号被输入到副帧取样,经过 A/D 模数变换电路输出二进制数字信号、帧格式化电路加入帧同步码,形成标准的 PCM 遥测帧数据结构。

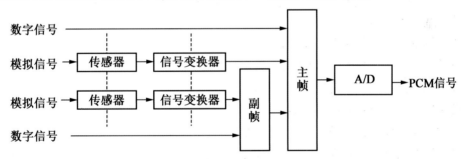

图 2-2　PCM 遥测编码原理框图

2. 分包遥测

分包遥测具有对信息包进行动态传输和管理的能力,它在单一物理信道上实现了动态复用,提高了信道利用率;同时,分包体系中各应用过程能独立自主地按照自身需求生成不同长度的源包,而不受固定采样率的限制,很好地兼顾了传输和处理的效率与用户实时性的要求。它既提供了面向传输过程的服务,又提供了面向应用过程的服务,使任何用户都可以独立透明地使用测控系统直接参与卫星管理。

CCSDS 分包遥测协议定义了 2 种遥测标准数据单元:源包和传输帧,源包是星上应用程序产生的一组遥测数据包,传输帧用于封装源数据包进行传输,为传送源包提供数据结构。源包和传输帧的格式及从源包到传输帧的封装过程如下。

（1）源包。

分包遥测源包格式如图 2-3 所示，长度至少为 7 byte、最多 65 542 byte，由包主导头和包数据域 2 个字段组成，每个字段组成如下：

①遥测包主导头是强制存在的，由 4 个字段组成，即版本号、包标识域、包序列控制和包数据域长度；

②包数据域是强制存在的，并且应由以下位置顺序连续的 2 个字段中的至少一个组成，即包副导头、源数据。包数据域应包含至少一个字节。

包主导头（6 byte）							包数据域	
版本号	包标识域			包序列控制		包数据域长度	包副导头	源数据
	类型指示符	包副导头标志	应用过程标识符	分组标志	源序列计数	包数据域字节数减 1		
3 bit	1 bit	1 bit	11 bit	2 bit	14 bit	16 bit	可变	可变
2 byte				2 byte		2 byte	1~65 536 byte	

图 2-3　分包遥测源包格式

（2）传输帧。

传输帧是传输层标准数据单元，通常附加同步标记，再送至物理信道，该标记紧接在传输帧之前。传输帧长度不得超过 16 384 bit（即 2 048 byte），分包遥测传输帧格式如图 2-4 所示，由 5 个字段组成：帧主导头、帧副导头、帧数据域、操作控制域和差错控制域，每个字段组成如下：

①传输帧主导头是强制存在的，由 5 个字段组成，即传输帧版本号、传输帧标识、主信道帧计数、虚拟信道帧计数和传输帧数据域状态。

②传输帧副导头是可选的，其存在与否通过传输帧主导头中的传输帧副导头标志指示。传输帧副导头应由整数字节组成，其包含传输帧副导头标识符、传输帧副导头数据域。传输帧副导头在整个任务阶段的相关主信道内或虚拟信道内应具有固定长度。

③传输帧数据域应包含要通过下行链路信道发送的数据，并且应由整数字节组成。

④操作控制域是可选的，其存在与否由传输帧主导头中的操作控制域标志指示。该操作域的目的是提供一种报告少量实时功能（例如遥控验证或航天器时钟校准）的标准化机制，操作控制域如果存在，则操作控制域将在没有间隙的情况下占据传输帧数据域的 4 byte。

⑤帧差错控制域是可选的，该字段的目的是提供检测在传输和数据处理过程中可能引入帧中的错误的能力。

传输帧主导头(6 byte)										
传输帧版本号	传输帧标识			主信道帧计数	虚拟信道帧计数	传输帧数据域状态				
	航天器标识符	虚拟信道标识符	操作控制域标志			传输帧副导头标志	同步标识	包序标识	段长标识	首导头指针
2 bit	10 bit	3 bit	1 bit	8 bit	8 bit	1 bit	1 bit	1 bit	2 bit	11 bit
2 byte				1 byte	1 byte	2 byte				

传输帧副导头(10 byte)			传输帧数据域	操作控制域	帧差错控制域
传输帧副导头标识符		传输帧副导头数据域	航天器应用数据	可选	可选
传输帧副导头版本号 2 bit	传输帧副导头长度 6 bit				
1 byte		最长 63 byte	可变	4 byte	4 byte

图 2-4　分包遥测传输帧格式

(3)从源包到传输帧的封装和分装过程。

图 2-5 给出了从源包到传输帧的封装和分装过程,4 个不同数据源的 12 个不同应用过程分别产生了源包,这些源包根据各自的特点(如数据长短不同、实时性不同等)被分配到不同的虚拟信道(CCSDS 建议中可设置 1~8 个虚拟信道)并组装成传输帧,之后多路虚拟信道复用一个主信道。主信道输出的传输帧经过编码、加扰及同步等处理之后,传送至物理信道,分装的过程则相反。虚拟信道是一种使多信源多用户分享同一物理信道的传输控制机制。通过统一分配传送帧帧头的识别码,并按用户需要和信道实际情况实施动态管理,使不同用户应用数据分时交替占有物理信道,可以把单一信道划分为多个虚拟支路。

3. 一种简化分包遥测格式

一种 PCM 遥测和分包遥测体制组合的遥测数据帧格式如图 2-6 所示,由 PCM 遥测体制的固定遥测区和分包遥测体制的数据包组成,其中固定遥测一般用来传送卫星上的实时性要求高的信息,例如卫星姿态、太阳能电池和时间参数等,而帧数据包是按照分包遥测体制编排的源包数据,是卫星各分系统信息,由星务数管分系统各下位机采集,形成数据块文件,存入各下位机缓冲区,由星务主机从各下位机采集,汇集到星务计算机遥测数据缓冲区中,进行数据处理和格式编排。地面可根据测控需要由遥控指令进行快采或慢采某些信息包。

这种 PCM 遥测和分包遥测体制组合,既能得兼容已有的 PCM 遥测体制,又能获得多信源、动态速率等由分包遥测带来的好处,在国内卫星测控中得到了广泛的应用。

39

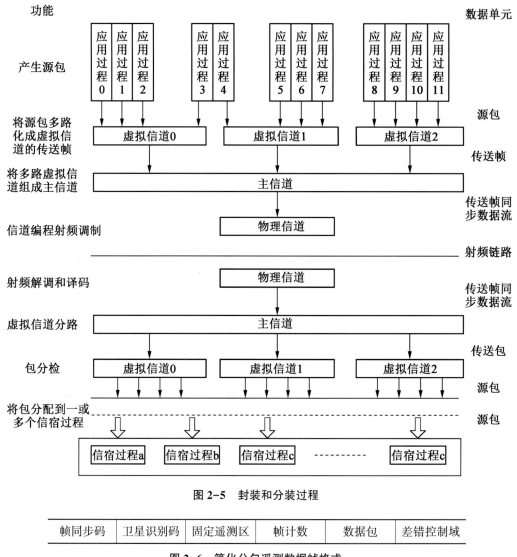

图 2-5　封装和分装过程

帧同步码	卫星识别码	固定遥测区	帧计数	数据包	差错控制域

图 2-6　简化分包遥测数据帧格式

4. 遥测参数处理

无论是 PCM 遥测还是分包遥测,遥测处理采用分层处理方式,针对帧结构和具体参数处理方法不同,通过定义不同的结构描述文件,每个结构文件严格针对特定的卫星配置,就可以设计一种通用的遥测处理软件完成各种卫星遥测处理任务。其原理结构图如图 2-7 所示,由遥测数据包分析模块和遥测参数处理模块组成,其中遥测数据包分析模块实时接收卫星包遥测信息,进行数据源识别,完成数据帧预处理,统计数据的总帧数、错帧、丢帧情况,进行数据信息包的格式识别,收集数据包头,根据数据包头收集包数据,组装数据包,最后将完整的数据包发送给遥测参数处理模块实时接收遥测数据包分析模块传来的遥测数据包信息,进行数据包中系统的识别,完成各系统的预处理,统计数据包的总包数、错包数、丢包数情况,根据卫星每一个分系统中参数的位置进行参数原码的提取和处理,最后输出遥测处理结果。

图 2-7 中,分包遥测数据先传送给遥测数据包分析模块,通过对数据包的结构描述来识别数据包,组装成整包数据传送给遥测参数处理模块,遥测参数处理模块通过对信息系统结构的描述来识别信息系统的结构,进行参数的提取和计算。PCM 遥测数据帧直接传给遥测参数处理模块进行处理,通过帧格式的结构描述来识别参数并进行计算。

采用这种遥测参数通用处理方法,关键是必须正确设计包数据结构和参数数据结构,其中包数据结构定义了遥测数据帧的长度、帧的计数位置、主导头指针位置、包顺序控制的结构描述和包长的描述。参数数据结构包括 2 项内容,分系统描述和参数描述,其中分系统描述包含分系统个数、分系统序、分系统识别码、分系统识别码所占波道个数、分系统识别码占开始路号、分系统所包括参数的个数;参数描述项包含参数的个数、参数序号、参数所在的分系统号、参数所占路数、参数计算方法号、参数所用常数和参数的开始路号。

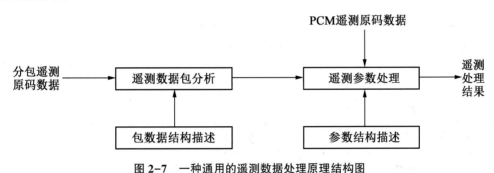

图 2-7　一种通用的遥测数据处理原理结构图

2.1.2　遥控/注入数据格式

遥控/注入数据是由地面测控站按一定编码规则发往卫星,由卫星接收、解码、保存并执行的数据。卫星遥控指令包括直接指令、间接指令和注入数据。直接指令是由星上指令译码单元直接译码输出执行脉冲。间接指令和注入数据由星上星务单元处理后,通过总线发送给各下位机,如图 2-8 所示。换句话说,直接指令是由星载遥控设备不经过任何软件处理而直接从上行遥控通道接收、识别和译码输出的指令。间接指令是星载计算机发出并由间接指令译码器识别、译码和输出的指令,数据注入直接送到星上计算机内存中。

一般情况下,直接指令用于控制卫星平台的测控系统、姿控系统和能源系统的部件开关,它的特点是内容固定、指令数量较少、优先权高;间接指令用于控制星上有效载荷的开关和参数设置,它的特点是内容可变、指令数量不受限,优先权低;数据注入用于姿控系统和载荷系统的参数设置、程序修改,它的特点是内容可变、长度可变。

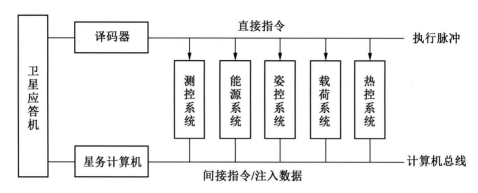

图 2-8　星上指令和注入数据处理通道

1. PCM 遥控/数据注入

与 PCM 遥测一样,PCM 遥控也以信号源的每个取样数值脉冲编码(PCM)后的数据当作传输单元传送,图 2-9 为 PCM 遥控系统构成,该图给出了遥控指令和注入数据从地面测控站加工到卫星分机接收的传输过程。地面测控系统将遥控指令/注入数据采用 PCM 编码调制,在卫星上则通过遥控译码器进行接收译码和校验,并将恢复的开关指令脉冲输出到星上各分系统。通常遥控信息误码率小于 10^{-6},这一数值比遥测数据传输误码率高一个数量级。

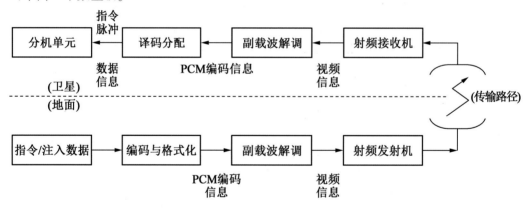

图 2-9　PCM 遥控系统构成

遥控开关指令或控制数据经过 PCM 编码后,以码元序列表示,每个独立的开关指令或数据码元序列加上卫星地址同步字后构成一个遥控帧,如图 2-10 所示,其中引导码是长度为 128 位以上的 1、0 交替码序列,用于卫星应答机接收位同步;卫星地址同步字长度为 16 位,用以标识卫星,为提高可靠性,通常要求各地址同步字之间的汉明码距必须大于 3;数据域包含一个方式字和在方式字后面的信息码元序列。方式字指明指令或注入数据,如果是指令,它的指令帧格式如图 2-11 所示,数据域中的内容由连续 6 个 12 位的字段构成,可以用其中若干个字段连锁译码以降低错误接收概率,也可以重复几次发送同样字段以降低拒收概率。如果是注入数据,其帧格式如图 2-12 所示,注入数据的长度应该是 8 的整数倍,格式由用户自定,在注入数据后面是 16 位 CRC 校验码,用于传输质

量检验,其生成多项式定义为

$$g(x) = X^{16} + X^{12} + X^5 + 1 \tag{2-1}$$

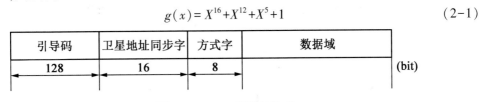

图 2-10　PCM 遥控帧格式

图 2-11　指令帧格式

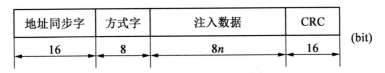

图 2-12　注入数据帧格式

另外,可以在发送的指令或注入数据的遥控帧后面附加一个数字签名序列,形成如图 2-13 所示的遥控扩展帧,用于上行遥控指令注入数据的合法性保护,满足防伪造、防抄袭和防泄漏的要求。

图 2-13　遥控扩展帧

2. 分包遥控/数据注入

分包遥控的信息处理过程借鉴地面网络通信的开放性系统互连参考模型,采用了层次化结构设计,从源端发出的遥控应用数据经过地面 5 层处理和星上逆处理送往卫星遥控用户,如图 2-14 所示,每层的功能和数据结构如下。

(1)包装层。

包装层是面向遥控应用数据管理服务的信息处理层。在地面遥控端的包装层接收输入的遥控应用数据后,包装成适合于端到端传送的标准格式数据单元,即"遥控包",其格式如图 2-15 所示。当遥控包传送到航天器接收端的包装层后,解包装恢复并输出原来的遥控应用数据,并产生验证是否正确接收的返回信息。一个遥控包可以单独存在,也可以把一批相关的遥控包汇集成一个包装文件,对遥控包的应用数据格式不加限制,但包长有标准格式,最大长度是 65 542 byte。

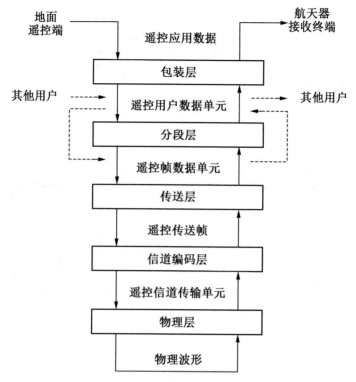

图 2-14　分包遥控系统的层次结构

包主导头(6 byte)							包数据域 (最大 65 536 byte)	
包识别域(2 byte)				包顺序控制域(2 byte)		包长 (2 byte)	包副导头	遥测应用 数据域
版本号	类型	副导头 标识	应用过程 识别 APID	序列标志	包名或 包列计数		可选	数据域
3 bit	1 bit	1 bit	11 bit	2 bit	14 bit	16 bit		$8n$ bit

图 2-15　遥控包数据格式

（2）分段层。

分段层接收的数据单元是遥控用户数据单元，它可以来自包装层的遥控包，也可以是其他接口文件或由用户自定义格式的数据单元。分段层输出的具有标准格式的数据单元称为"遥控段"，它包括段头和段数据域 2 个部分，如图 2-16 所示。在分段层中完成以下两种处理：将输入的遥控用户数据单元组成遥控段，包括把一个长的遥控用户数据单元分段为几个较短的遥控段；或者把几个短的遥控用户数据单元集合为一个较长的遥控段或遥控帧数据单元，把来自不同源的遥控用户数据单元组织起来，使它们能分享同一虚拟信道。如果不需要上述两种处理功能，则分段层可以不采用。

段头		段数据域
序列标志(2 bit)	多路接收指针(6 bit)	一个或几个短遥控包或长遥控包的一部分
1 byte		最大 1 018 byte

图 2-16　遥控段数据格式

（3）传送层。

传送层是分包遥控的核心层，它提供了可靠传送遥控应用数据所需要的最重要的操作。传送层接收的是遥控帧数据单元，它可能是遥控段，也可能是一个或多个完整的遥控用户数据单元(例如遥控包)，但是装在同一遥控传送帧内的各单元只能在同一虚拟信道中传送。在传送层有 2 种标准数据结构：一种是传送帧，它是由遥控系统的发送端上行到航天器接收端的标准数据单元，包含帧主导头、帧数据域和可选的帧的差错控制域 3 部分，如图 2-17 所示；另一种是遥控信道控制字，它是由遥控系统的航天器接收端通过下行分包遥测通道返回发送端的标准数据单元，长度为 4 bit。

帧主导头（5 byte）								帧数据域	差错控制域
版本号	通过标志	控制命令标志	保留位	航天器识别字	虚拟信道识别	帧长	帧序列号	最长1 019 byte	CRC校验码（可选）
2 bit	1 bit	1 bit	2 bit	10 bit	6 bit	10 bit	8 bit	可变	16 bit

图 2-17　遥控帧数据格式

（4）信道编码层。

为了降低物理信道上噪声对所传输的遥控数据的影响，采用分组码进行差错控制。分组码与遥控数据的同步关系由遥控信道传输单元的标准结构来保证。在接收端，对码元"1"和"0"的模糊度可以通过物理层选择调制体制来解决，也可以通过辨识遥控信道传输单元起始序列的图形来解决。

（5）物理层。

物理层提供由地球站到航天器的射频信道及其相应的操作，以支持遥控数据的传输。物理层数据由捕获序列、遥控信道传输单元和空闲序列组成。

分包遥控组包过程如图 2-18 所示，遥控应用数据在包装层加上包头后，形成遥控包。遥控包是遥控用户数据单元的一种主要形式。遥控包在分段层被分段或被集装后，加上段头形成遥控段。遥控段是遥控帧数据单元的一种主要形式。遥控用户数据单元和遥控帧数据单元还可以是外来的由用户自定义的数据单元。在传送层，遥控帧数据单元放入遥控传送帧的数据域，在它的前面有帧头，后面可选差错控制码作为帧尾。一个传送帧被分组编码为一系列有固定长度的短码组，这些分组码有纠检错功能。把分组码序列再包装成一个遥控信道传输单元，每个单元可以包含一个或多个传送帧。最后把这些遥控信道传输单元调制到物理信道上,往航天器发送,在航天器上完成上述过程的逆过程。

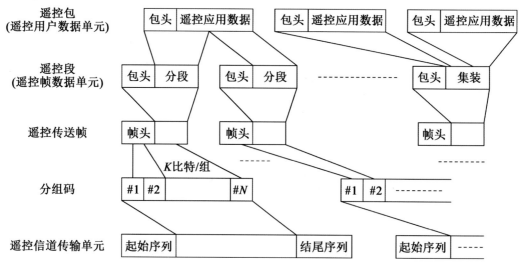

图 2-18　分包遥控组包过程

3. 基于 PCM 体制的分包遥控

一种基于 PCM 体制的分包遥控帧格式如图 2-19 所示,它采用 PCM 遥控帧格式,数据域中采用 CCSDS 分包遥控的帧格式,即将分包遥控帧封装在 PCM 遥控帧格式中,它既保留了 PCM 体制的特点,也可以发挥分包遥控的优势。

图 2-19　一种基于 PCM 体制的分包遥控帧格式

4. 遥控指令的发送和比对

(1) 遥控指令的发送方式。

遥控指令的发送可以采用突发的间歇工作方式和遥控工作期的连续工作方式,在突发方式下,地面每次只发送一个独立的遥控帧或遥控帧序列,如图 2-20 所示,卫星接收到每条遥控帧或遥控帧序列,都需要重新进行载波锁定和位同步;而在遥控工作期方式下,第一条指令的开头有一个引导序列,供星上载波、副载波解调稳定和同步捕获用,第一条指令发送完成后,不是立刻停止发送,而是发送空闲序列填充,如图 2-21 所示,用于同步维持,直到所有的遥控帧或遥控帧序列发送完毕,才发送结束字,结束一个遥控工作期。

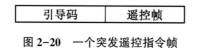

图 2-20　一个突发遥控指令帧

引导码	遥控帧	填充帧	引导码	遥控帧

图 2-21　遥控工作期

在实际应用中,通常对卫星发送单指令时,采用突发工作方式,如一些开关状态的设置指令;在对卫星进行大量或连续重复的指令时,采用遥控工作期方式,如自旋稳定地球同步卫星的轨道控制,每个控制脉冲的执行都需要卫星喷管旋转到一定的角度才进行动作,因此一次控制需要持续一段时间,实际控制是先发控制指令,空闲序列和执行脉冲交替发送,直到控制的执行次数达到预期,才停止上行遥控。

(2)遥控指令的比对方式。

考虑到遥控信道的误码指标通常只有 10^{-6},遥控指令经过空间传输到达卫星,存在的误码可能会造成遥控指令串中的数字位的翻转,如果不处理,会造成星上执行错误指令。尽管可以通过增加遥控指令的汉明距离来提高抗干扰性,但仍存在风险。为避免误指令,需要采取措施。

地球静止轨道卫星通常采用大环比对的方法,确保星上收到的指令与地面发送的一致。大环比对的具体过程是地面先发送遥控指令内容,星上接收到指令后,通过遥测参数返回接收的指令内容,地面将其与发送的内容进行比较,如果完全一致,则发出执行脉冲,指令执行。采用大环比对方式发令,从一条指令发出到执行,最快需要 3×0.125 s(从测控站到卫星的信号传输时间)+3 帧遥测传输时间(3 取 2 判决)。

对于近地卫星,考虑过境时间短,可以有 2 种方法:一种方法是采用同一指令帧连续发 3 次,星上接收端对接收到的指令进行 3 取 2 判决,即如果 2 条正确立即执行;另一种方法是采用循环冗余校验原理(CRC),即在要发送指令帧后面附加一个数,生成一个新帧发送给接收端,这个数使所生成的新帧能与发送端和接收端共同选定的某个特定数整除。到达接收端后,再把接收到的新帧除以这个选定的除数,因为在发送端发送数据帧之前就已通过附加一个数,做了"去余"处理,如果指令传输过程中没有出现差错,除的结果应该是没有余数,立即执行。如果有余数,则表明该帧在传输过程中出现了差错,地面可以通过下行遥测数据看到计算结果,重发指令。

2.1.3　遥测/遥控信号传输

遥测/遥控的信息从地面测控站发往卫星或从卫星发往地面站,信息在通信系统传输过程中需要经过多次变换,卫星测控信号传输模型如图 2-22 所示。首先信源端要把遥测/遥控信息转换成原始的电信号,然后发送端将原始电信号转换成适合信道传输的信号形式;信号到达接收端后,接收端将接收到的信号进行放大和反变换,转换成原始电信号,同时尽可能地减少信号在传输过程中噪声带来的影响。最后再将原始电信号转换成相应的信息。

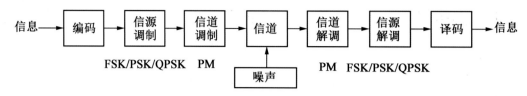

图 2-22　卫星测控信号传输模型

遥测/遥控的信息需要在发送端进行调制变换,是因为原始电信号频率很低(称这种信号为基带信号),在信道中传输损耗大,不宜直接传输。通过调制,可以对基带信号的频谱进行挪移,将被调制的信号的频谱挪移到所需的位置,从而把被调制的信号变换为适用于信道传输。解调就是在接收端将收到的频带信号还原成基带信号,通常信号的调制方式往往决定着一个通信系统能否可靠地将信号由发送端传到接收端。卫星测控常用的调制技术为数字频移键控(FSK)和相移键控(PSK、QPSK)。

1. 基带信号与码型

数字基带信号用数字信号的电脉冲表示,在实际基带传输系统中,并非所有的原始数字基带信号都能在信道中传输,例如,含有直流和低频成分的基带信号就不适宜在信道中传输,因为它可能造成信号严重畸变;又如,一般基带传输系统都是从接收到的基带信号中提取位同步信号的,而位同步信号又依赖于代码的码型,如果代码出现长时间的连"0"符号,则基带信号可能会长时间出现 0 电位,从而使位同步恢复系统难以保证位同步信号的准确性。通常把数字信息的电脉冲表示过程称为码型变换,数字基带信号的结构将取决于实际信道特性和系统工作的条件。在较为复杂的一些基带传输系统中,基带信号传输码的结构应具有下列主要特性:

(1)能从其相应的基带信号中获取定时信息;

(2)相应的基带信号无直流成分和只有很小的低频成分;

(3)不受信息源统计特性的影响,即能适应信息源的变化;

(4)尽可能地提高传输码型的传输效率;

(5)具有内在的检错能力等。

基带信号又可分为二元码、1B2B 码和多元码。

(1)二元码。

二元码幅度取值只有 1、0,常用的具体基带信号波形如下。

①单极性非归零码。

单极性非归零码基带信号波形如图 2-23(a)所示,在这种二元码中用高电平和低电平(常为零电平)分别表示二进制信息"1"和"0",在整个码元期间电平保持不变。常记作 NRZ(L),它的优点是电脉冲之间无间隔,极性单一;缺点是有直流分量,不能直接提取同步信号,不具备检错能力。基带信号传输中很少采用这个码型,它只适合极短距离的传输。

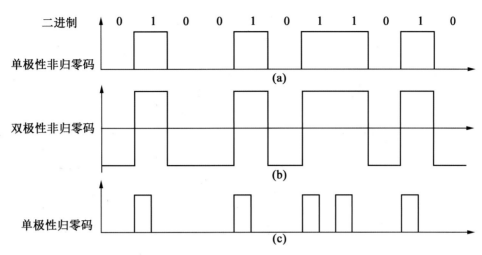

图 2-23　单/双极性非归零码、单极性归零码基带信号波形

②双极性非归零码。

双极性非归零码基带信号波形如图 2-23(b)所示,在这种二元码中用正电平和负电平分别表示"1"和"0"。与单极性非归零码相同的是整个码元期间电平保持不变,而在这种码型中不存在零电平。它的优点是有利于在信道中传输,恢复信号的判决电平为零值,因而不受信道特性变化的影响,抗干扰能力也较强,因而在无线通信系统中有普遍应用,如 BPSK 和 QPSK 调制中基带信号码型就选择双极性非归零码;缺点是不能直接提取同步信号,不具备检错能力。

③单极性归零码。

单极性归零码基带信号波形如图 2-23(c)所示,与单极性非归零码不同,发送"1"时在整个码元期间高电平只持续一段时间,在码元的其余时间内则返回到零电平。常记作 RZ(L),它的优点是可以直接提取定时信息;缺点是有直流分量,不具备检错能力。

④差分码。

差分码基带信号波形如图 2-24(a)所示,在差分码中,"1""0"分别用电平跳变或不变来表示。若用电平跳变来表示"1",则称为传号差分码(电报通信中常把"1"称为传号,把"0"称为空号)。若用电平跳变来表示"0",则称为空号差分码。它的优点是无直流分量,可以消除设备初始状态的影响,在相位调制系统中可用于解决载波相位模糊问题,缺点是出现连续"0"时无法提取定时信号,不具备检错能力。

(2)1B2B 码。

原始的二元信息在编码后都用一组两位的二进制码来表示,通常将这类码称为1B2B 码,具体如下。

①数字双相码。

数字双相码(digtial diphase)基带信号波形如图 2-24(b)所示,数字双相码又称为分相码或曼彻斯特码。它用一个周期的方波表示"1",而用它的反相波形表示"0"。数字双相码可以用单极性非归零码 NRZ(L)与定时信号的模二和来产生。它的优点是频谱中存在很强的定时分量,不受信源统计特性的影响,而且不存在直流分量,适用于数据终端设备在中速短距离上传输,局域网中常用作传输码型;缺点是这些优点是用频带加倍来换取的,不具备内在检错能力。

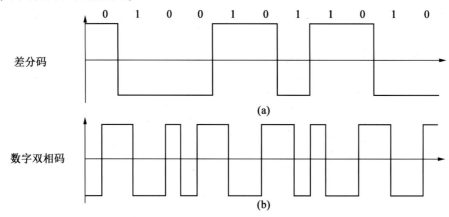

图 2-24　差分码、数字双相码基带信号波形

②传号反转码。

传号反转码(CMI 码)基带信号波形如图 2-25(a)所示,传号反转码与数字双相码类似,也是一种二电平非归零码。在 CMI 码中,"1"(传号)交替地用确定相位的一个周期方波来表示。CMI 码也没有直流分量,却有频繁出现的波形跳。由波形可知由负跳变可直接提取相位,不会产生相位不确定问题,便于信号同步,而且具有检错能力。

③密勒码。

密勒码又称延迟调制,它是数字双相码的一种变型。在密勒码中,"1"用码元周期中点处出现跳变来表示,而对于"0"则有 2 种情况:当出现单个"0"时,在码元周期内不出现跳变,但若遇到连"0",则在前一个"0"结束时出现电平跳变。密勒码实际上是数字双相码经过一级触发器后得到的波形,如图 2-25(b)所示。因此,密勒码是数字双相码的差分形式,它也能克服数字双相码中存在的相位不确定的问题,它的优点是码脉冲宽度最大为 2 个码元周期,最小为 1 个码元周期,可以检测传输误码或线路故障。

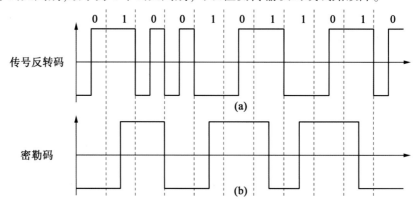

图 2-25　传号反转码、密勒码基带信号波形

（3）多元码。

为了进一步提高频带利用率，可以采用信号幅度具有更多取值的数字基带信号，即多元码。在多元码中，每个符号可以用来表示一个二进制码组，因而成倍地提高了频带利用率。对于 n 位二进制码组来说，可以用 $M = 2^n$ 元码来传输。与二元码传输相比，M 元码传输时所需要的信道频带可降为 $1/n$，即频带利用率提高 n 倍，或者说在码元速率相同，即传输带宽相同的情况下，M 元码比二元码的信息传输速率提高了 $\log_2 M$ 倍。

2. 信源信号调制与解调

调制是指用基带信号去控制或改变载波的一个或几个参数，使调制后的信号含有原来调制信号的全部信息。调制是一个频谱变换的过程，目的是使要传输的信号与信道相匹配，从而有效地传输信号，载波为高频正弦信号的调制为正弦波调制。

（1）二进制频移键控（FSK）。

二进制频移键控是通过载波的频率变化来传递信息的，随着二进制数字基带信号在 0、1 间变换，载波的频率在 f_1 和 f_2 两个频率点间变化，其表达式为

$$S_{\text{FSK}}(t) = \left[\sum_n a_n g(t - nT_s) \right] \cos \omega_1 t + \left[\sum_n \bar{a}_n g(t - nT_s) \right] \cos \omega_2 t \qquad (2\text{-}2)$$

式中，$g(t)$ 为脉宽是 T_s 的单个矩形脉冲；a_n 为二进制数字基带信号，取 0 或 1。图 2-26 给出了 FSK 调制/解调原理图，图 2-27 画出了 FSK 的调制时域图和频域图。

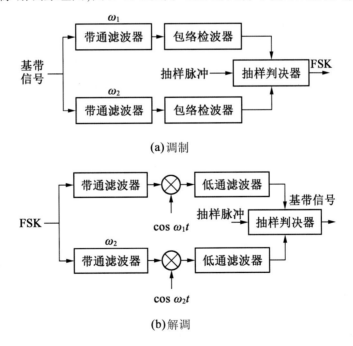

(a) 调制

(b) 解调

图 2-26　FSK 调制/解调原理图

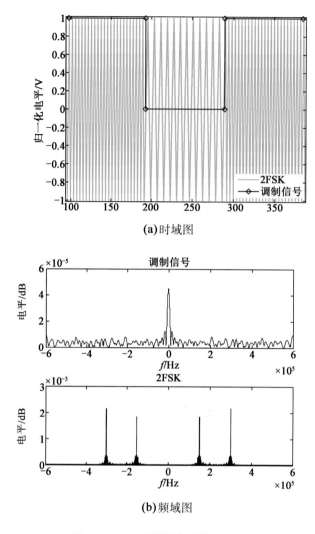

(a)时域图

(b)频域图

图2-27 FSK的调制时域图和频域图

（2）二进制相移键控（PSK）。

二进制相移键控是指用数字基带信号对载波相位进行控制,通过载波的相位变化传递数字信息,其振幅及频率保持恒定不变。在PSK中,二进制信息一般用初始相位0和π来表示。PSK信号表达式为

$$S_{\mathrm{PSK}}(t) = \left[\sum_n a_n g(t - nT_s) \right] \cos \omega_c t \qquad (2\text{-}3)$$

式中,$g(t)$为脉宽是T_s的单个矩形脉冲;a_n为二进制数字基带信号,取0或1。图2-28给出了PSK调制/解调原理图,图2-29画出了PSK调制时域图和频域图。BPSK的误比特率为

$$P_{\mathrm{e,BPSK}} = Q\left(\sqrt{\frac{2E_b}{N_0}} \right) \qquad (2\text{-}4)$$

式中，Q 函数的表达式为 $Q(x)=\int_{x}^{\infty}\dfrac{1}{\sqrt{2\pi}}\exp(-x^{2}/2)\,\mathrm{d}x$。

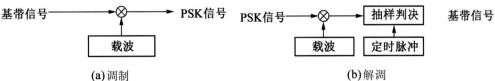

(a) 调制　　　　　　　　　　(b) 解调

图 2-28　PSK 调制/解调原理图

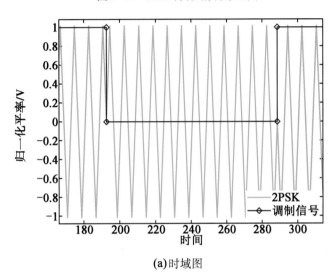

(a) 时域图

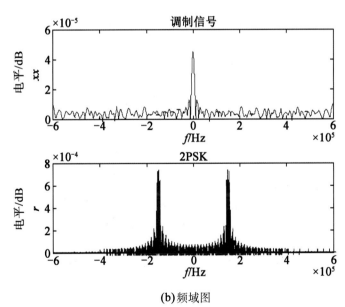

(b) 频域图

图 2-29　PSK 调制时域图和频域图

相位调制后的复基带信号可以用星座图来表示,星座图中的点表示了信号的幅度和相位所有可能的状态。信号的幅度是信号点到原点的距离,而相位为信号点和原点的连线与横坐标正向的夹角,图2-30(a)是BPSK调制星座图。

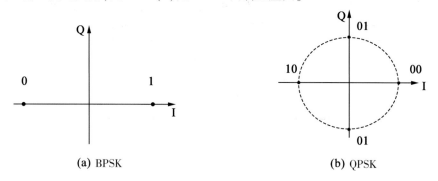

图 2-30　调制星座图示例

(3)四进制相移键控(QPSK)。

四进制相移键控又称正交相移键控。它的信号载波有4种可能的相位状态,每个码元含有2 bit的信息,其信号表达式如下。

$$S_{\text{PSK}}(t) = \Big[\sum_n a_n g(t - nT_s)\Big]\cos(\omega_c t + \varphi_n) \tag{2-5}$$

式中,φ_n为码元对应的相位,有M种取值。对于四进制相移键控来说,φ_n取值为4种相位之一,例如:0、$\dfrac{\pi}{2}$、π、$\dfrac{3\pi}{2}$(星座图如图2-30(b)所示),或$\dfrac{\pi}{4}$、$\dfrac{3\pi}{4}$、$\dfrac{5\pi}{4}$、$\dfrac{7\pi}{2}$。QPSK调制原理图如图2-31所示。从图中可以看到,输入的二进制数字序列转换成双极性不归零的序列,经过串并变换后分为2路速率减半的序列,分别称这2支路为同相信号(I路)及正交信号(Q路),然后将它们与相互正交的两路载波相乘后相加就得到QPSK信号。图2-32画出了QPSK调制时域图和频域图。QPSK的误比特率计算公式见式(2-6),同样信噪比情况下与PSK的误比特率相同。

$$P_{\text{e,BPSK}} = Q\left(\sqrt{\dfrac{2E_b}{N_0}}\right) \tag{2-6}$$

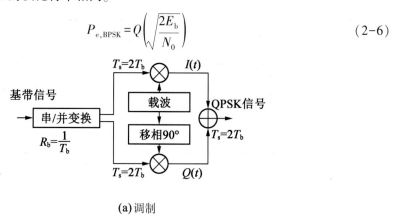

(a)调制

图 2-31　QPSK 调制原理图

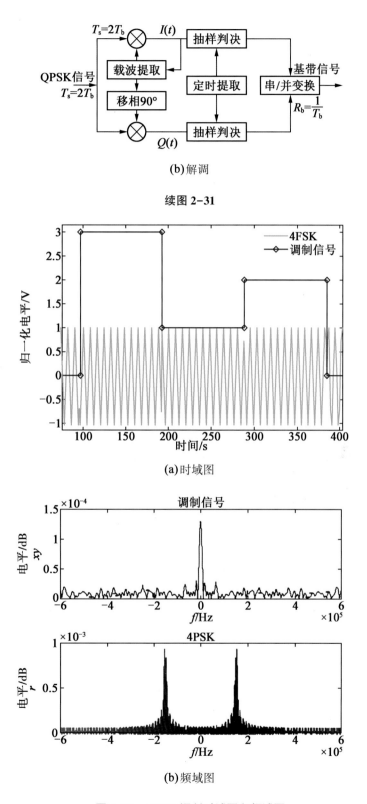

(b) 解调

续图 2-31

(a) 时域图

(b) 频域图

图 2-32　QPSK 调制时域图和频域图

（4）偏置正交相移键控（OQPSK）。

可以将 QPSK 信号看作由 2 路正交的 BPSK 信号叠加而成，且这两路正交的信号幅度相同，功率也相同，码元同步。在 QPSK 体制中，其相邻码元相位差最大达到 π，在频带受限的系统中这样大的相位突变将会导致信号包络产生很大的起伏，因此为了减小这样的相位突变，将 2 路正交分量的 2 个比特 a 和 b 在时间上错开半个码元，使其不能同一时间改变，则相邻码元相位所代表的比特最多只有一位不同，根据格雷码编码规则，相邻码元相位差最大值为 $\frac{\pi}{2}$，显著地减小了信号包络的起伏。这种将 2 路信号在时间上错开半个码元的调制方式称为偏置正交相移键控（offset QPSK，OQPSK），OQPSK 信号表达式为

$$S_{\text{OQPSK}}(t) = \sum_n a_n g(t - nT_s) \cos \omega_c t - \sum_n b_n g\left(t - nT_s - \frac{T_s}{2}\right) \sin \omega_c t \qquad (2-7)$$

图 2-33 给出了 OQPSK 调制/解调原理图。

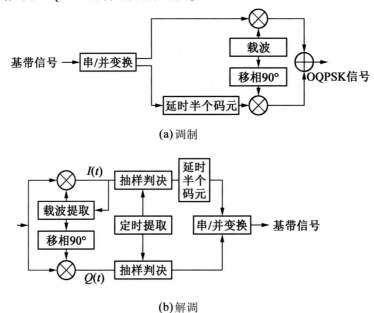

(a) 调制

(b) 解调

图 2-33　OQPSK 调制/解调原理图

（5）非均衡正交四相调制（UQPSK）。

上述 OQPSK 信号与 QPSK 信号的不同之处在于 2 路码元不同步，错开了半个相位。存在码元不同步，同样也存在幅度不相同的情况，这种情况下产生的信号为 UQPSK（unequilibrium QPSK，QPSK）信号。UQPSK 信号为非均衡的 QPSK 信号，它与 QPSK 信号的不同之处在于，两路正交的信号的幅度不同，功率不同，其数学表达式为

$$S_{\text{UQPSK}}(t) = \alpha \left[\sum_n a_n g(t - nT_s) \right] \cos \omega_c t - (1 - \alpha) \left[\sum_n b_n g(t - nT_s) \right] \sin \omega_c t$$

$$(2-8)$$

式中,α 为均衡因子,$0<\alpha<1$,用来表征 2 路信号的幅度。当 $\alpha=0.5$ 时,此时 I 路和 Q 路信号幅度相等,UQPSK 信号即为 QPSK 信号;当均衡因子 α 为 0 或者 1 时,表明 I 路或 Q 路中某一路信号为 0,此时 UQPSK 信号即为 BPSK 信号。因此,对于均衡因子 α 不取上述值时,UQPSK 信号介于 BPSK 和 QPSK 信号之间。

3. 信道信号调制与解调

信道信号调制是指对调制后的信源信号进行 2 次调制,首先将较低的频率正弦波作为副载波,用基带信号对该副载波进行调制,然后将生成的基带已调信号作为调制信号,再对中频正弦波进行中频调制,得到二次调制信号。对于 FSK、BPSK 和 QPSK 三种调制信号的外调制均为 PM 调制时,二次调制信号表达式为

$$S(t)=A\cos\left[\omega_c t+K_p m(t)\right] \tag{2-9}$$

式中 A 为振幅;ω_c 为载波频率;K_p 为调制指数;$m(t)$ 为内调制信号,具体的调制/解调原理框图如图 2-34 所示,图中 $D(t)$ 为数字信息序列,$m(t)$ 为内调制信号,$S(t)$ 为二次调制信号,对于 FSK 调制,$m(t)$ 表达式为式(2-2);对于 PSK 调制,$m(t)$ 表达式为式(2-3);对于 QPSK 调制,$m(t)$ 表达式为式(2-5)。

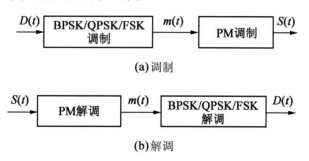

图 2-34　二次调制信号调制/解调原理框图

2.2　轨道基本概念和计算

2.2.1　基本概念

1. 时间

(1)地球时(TT)。

由国际天文联合会定义的现代天文时间标准,是以秒为基本单位的理论理想时标,是相对于地球质心的运动方程所采用的时间参数,主要服务于在地表上进行的天文观测。

(2)国际原子时(TAI)。

以原子秒为单位,以世界时 1958 年 1 月 1 日零点为起点而建立的时标。1971 年由国际计量大会正式确定。

（3）平太阳时（MT）。

以平太阳作为基本参考点，由平太阳周日视运动确定的时间，平太阳连续2次下中天的时间间隔为一个平太阳日，一个平太阳日包含24个平太阳小时，一个平太阳小时再分为60个平太阳分，一个平太阳分再分为60个平太阳秒。

（4）世界时（UT）。

格林尼治的平太阳时就是世界时（UT），地球上每一个地方子午圈存在一种地方平太阳时，称为地方平时，地理经度为λ处的地方平时为UT+λ。为使用方便，将地球按子午线划分为24个时区，每个时区中央子午线的平太阳时为该区的区时，格林尼治时为零时区，格林尼治时＝世界时，北京对应第8时区，因此北京时＝UT+8 h。

世界时是最早的时间标准，是通过恒星观测，由恒星时推算的，各个天文台观测恒星求得的是世界时的初始值UT0，考虑到地极运动和地球自转的不均匀性，从1956年起在UT0中引进极移修正和自转速度季节性变化修正，得到的世界时分别为UT1和UT2。

$$\begin{cases} UT1 = UT0+\Delta\lambda \\ UT2 = UT0+\Delta\lambda+\Delta T_s \end{cases} \tag{2-10}$$

式中，$\Delta\lambda$为考虑地极运动所引起的经度修正值；ΔT_s为考虑地球自转季节性速度变化的修正值。它们的计算公式为

$$\begin{cases} \Delta\lambda = (x\sin\lambda - y\cos\lambda)\tan\varphi \\ \Delta T_s = 0.022^s\sin 2\pi t - 0.012^s\cos 2\pi t - 0.006^s\sin 4\pi t + 0.000\ 7^s\cos 4\pi t \end{cases} \tag{2-11}$$

式中，(λ,φ)为观测点地理位置；(x,y)为地极坐标；$t=2\ 000.000+(MJD+51\ 544.03)/365.242\ 2$；MJD为简略儒略日；上标s表示系数是按照24 h制的秒来计算的。

（5）协调世界时（UTC）。

由于原子时比世界时略短，世界时时刻将渐渐落后于原子时，为兼顾对世界时和原子时秒长两者的需要，国际上规定以协调世界时（UTC）作为标准时间，协调世界时的秒长与原子时秒长一致，在时刻上则要求尽量与世界时接近，两者相差不超过0.9 s，为此可以在每年的1月1日或7月1日，强迫UTC跳1 s，又称闰秒，具体由国际计量局计算，位于巴黎的国际地球自转事务中央局负责决定何时加入闰秒。

（6）GPS时。

GPS时间系统的秒长与原子时相同，并把原子时TAI秒长作为时间基准，时间起算点为1980年1月6日UTC 0时。

由于与国际原子时的原点不同，因此与TAI间有一常量偏差，关系式为

$$TAI-GPST=19$$

GPS时与协调时的时刻，规定在1980年1月6日0时一致，并随着时间的积累，两者间的差别表现为秒的整倍数，GPS时与UTC时相似，都属于原子时。

（7）恒星时（ST）。

恒星时以春分点为参考点，是春分点距子午圈的时角，它以春分点上中天的瞬间作为计时的起算点，一个恒星日是春分点连续2次经过上中天的时间间隔，它是一个平太

阳日的 365.242 2/366.242 2,即 23 小时 56 分 04 秒平太阳时。地球上每一个地方子午圈存在一种地方恒星时 S,格林尼治子午圈的恒星时称为格林尼治恒星时 S_G,地理经度为 λ 地方的地方恒星时 $S_\lambda = S_G + \lambda$,观测 UT1 时刻的格林尼治恒星时 S_G 为

$$S_G = 280.460\ 618\ 4° + 360.985\ 647\ 365°d + 0.290\ 8° \times 10^{-12}d^2 \tag{2-12}$$

观测 UT1 时刻的相对于 J2000.0 平春分点的格林尼治恒星时角 θ_G 为

$$\theta_G = 280.460\ 618\ 4° + 360.985\ 612\ 286\ 3°d \tag{2-13}$$

式中,d 为 UT1 时刻对应的 J2000.0 起算的儒略日。例如 UTC 时 2021 年 11 月 28 日 0 时 0 分 0 秒,对应自 J2000.0 起算的儒略日为 8 001.500 0,由式(2-12)计算的恒星时为 67.118 028 07°、恒星时角 66.837 327 23°。

(8)格林尼治时间(GMT)。

在格林尼治子午线上的平太阳时,又称格林尼治平时或格林尼治时间。一般认为 GMT 和 UTC 是一样的,都与英国伦敦的本地时相同。

(9)地方时。

地球上某一地方的地方时是指该地天子午圈与太阳所在赤经圈的夹角,地方时有真地方时(以太阳时为依据)和平地方时或地方平时(以平太阳时为依据)之分。一般说地方时都是指平地方时,各地的地方平时与世界时之差等于该地的地理经度。

(10)儒略历。

儒略历是由罗马共和国国王儒略·恺撒采纳埃及亚历山大的数学家兼天文学家索西琴尼的计算后,于公元前 45 年 1 月 1 日起执行的取代旧罗马历法的一种历法。儒略历包括儒略年和儒略日,儒略日(JD)是指由公元前 4713 年 1 月 1 日,协调世界时中午 12 时开始所经过的天数。利用儒略日可以方便计算相隔若干年的两个日期之间间隔的天数,例如 2000 年 1 月 1 日 12:00:00(UTC)的儒略日是 2 451 545,2021 年 11 月 28 日 12:00:00(UTC)的儒略日是 2 459 547,两个时间间隔为 2 459 547 - 2 451 545 = 8 002 天。

儒略年定为 365 天,每 4 年有一闰年(366),因此儒略年长度为

$$1\ \text{儒略年} = 365.25\ \text{d} \tag{2-15}$$

由于儒略日数字位数太多,国际天文学联合会于 1973 年采用简化儒略日(MJD),其定义为 MJD = JD - 2 400 000.5,MJD 相应的起点是 1858 年 11 月 17 日世界时 0 时。采用 MJD 有 2 个目的:一天的开始是午夜零点,而不是正午 12 点;1859—2132 年,MJD 只需要用 5 位数字表示,而 JD 需要 7 位数字表示。例如公元 2000 年 1 月 1 日 0 时对应的 JD 时间为 2 451 544.5,对应的 MJD 为 51 544。

儒略历保证了天文学和时频领域在时间天数上的方便计时,也方便其查询历史上发生的对应时间事件。

(11)格里高利历(公历)。

公元 1582 年,格里高历对儒略历做了改进,得到了现在通用的公历(阳历),称格里高利历,即凡年数被 4 除尽的就是闰年,但在 400 年中要去掉 3 个闰年,为此规定只有当

世纪数被 4 除尽的才算闰年,因此 1 个公历年(格里历年)= $\dfrac{365.25 \times 400 - 3}{400}$ = 365.242 5d。

儒略日和公历时间转换关系如下。

①公历时间转换为儒略日。

$$\text{JD} = \text{INT}(365.25Y) + \text{INT}(30.600\ 1(M+1)) + \text{Day} + \text{Hour}/24 + \text{Minute}/1\ 440 +$$
$$\text{Second}/86\ 400 + 1\ 720\ 981.5 \tag{2-16}$$

式中,若 Month ≤ 2,$Y = \text{Year} - 1$,$M = \text{Month} + 12$,若 Month > 2,$Y = \text{Year}$,$M = \text{Month}$,公历时间(UTC)为 Year(Y)年、Month(M)、月、Day(D)日、Hour(H)时、Minute(M)分和 Second(S)秒。例如 UTC 时 2021 年 11 月 28 日 0 时 0 分 0 秒,由式计算的儒略日为 2 459 546.500 0,对应自 J2000.0 起算的儒略日为 2 459 546 - 2 451 544.50 = 8 001.500 0。

②儒略日转化为公历时间。

$$\text{Hour} = \text{JD} + 0.5 - \text{INT}(\text{JD} + 0.5)$$
$$\text{Day} = b - d - \text{INT}(30.6001e)$$
$$\text{Month} = e - l - 12\text{INT}(e/14)$$
$$\text{Year} = c - 4\ 715 - \text{INT}((7+\text{Month})/10) \tag{2-17}$$

式中,$b = \text{INT}(\text{JD}+0.5) + 1\ 537$,$c = \text{INT}((b-l22.10/365.25)$,$d = \text{INT}(365.25c)$,$e = \text{INT}((b-d)/30.600\ 1)$。

(12)标准历元 J2000.0。

在历法中,一年包含的整数叫作历年,用年的小数表示某一特殊瞬间的时刻即历元。儒略历元用年份前加符号"J"、年份号加"0"表示,时间单位采用儒略日。从 1984 年起采用新的标准历元 J2000.0,它以 2000 年 1 月 1 日 12:00 作为起始,前缀"J"代表这是一个儒略历元,对应的儒略纪元计算方法为 J = 2 000.0 + (儒略日期 - 2 451 545.0)/365.25。采用 J2000.0 标准历元,相应的轨道根数历元表示法如下:

①格里高利日期加上 24 h 时间格式:2000 年 1 月 1 日,12:00 TT。

②格里高利日期加上分数日:2000 年 1 月 1.5TT。

③儒略日加上分数日:JDT 2451545.0。

④二行根数格式加上分数日:00001.50000000。

(13)降交点地方时。

卫星从北到南与赤道平面的交点称为降交点,通常用于记录卫星圈次的起始标记(也可以使用升交点),卫星每过降交点一次,轨道圈数计数加一。卫星经过时刻被称为降交点地方时。遥感卫星关心轨道的降交点地方时设计,它一方面影响光照条件,另一方面影响太阳引力对卫星的摄动,例如对轨道倾角的摄动影响。

当卫星轨道的降交点地方时为 0:00 或 12:00 时,轨道平面大致平行于太阳射线,如图 2-35(a)所示。如果卫星运行在与太阳同一方向时,光线直射地面,星下点轨迹两边被阳光照射,对地面观测有最好的光照条件,因此光学遥感卫星的降交点地方时通常选择在 12:00 附近,降交点地方时选择为 0:00 或 12:00 的另一个好处是由于太阳光线基本平行于轨道平面,可以显著减少太阳引力对轨道面的影响,减少倾角的变化,有利于对轨道要求严格的卫星应用。若降交点地方时为 6:00 或 18:00,则轨道平面大致垂直于太阳射线,运行在轨道上的卫星大部分时间被太阳照射,有利于卫星能源获取,如图 2-35(b)所示,这时光线与卫星星下点目标大致垂直,星下点轨迹的一半处于阴影区、另一半被阳光照射。这种轨道又称晨昏轨道,它对目标观测光照条件没有要求,对能源消耗大的SAR 卫星特别有利。

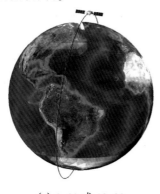 

(a) 0:00 或 12:00   (b) 6:00 或 18:00

图 2-35 降交点地方时与光照的关系

定义目标点和太阳的连线与目标点当地水平面的夹角为太阳高度角,对于光学遥感卫星来说,在良好的天气条件下,拍照最低条件需要满足星下点太阳高度角在 15°~75°之间。星下点太阳高度角在 25°~35° 范围内时,卫星拍摄的图像效果为最佳,星下点太阳高度角低于 10° 时,卫星图像基本不能满足使用需求。选择不同的卫星降交点地方时,地球上不同纬度地区的星下点太阳高度角不同。表 2-1 是不同降交点地方时在不同的季节时满足上述光照条件地区的纬度范围。从表中可以看出,在春秋两季降交点地方时的变化对满足光照条件的地区范围影响不大,由于地球陆地纬度范围为 -55°~70°,所以上述变化的影响基本可以忽略。在冬季随着降交点地方时的增加,北半球满足光照条件的地区有少许增加,但是超过 10:50 AM 之后北纬 19°~33° 地区会由于太阳高度角超过 75°而不再满足光照要求。综上,降交点地方时的动态范围应该选取在 10:00~10:40。我国国土的 97% 能够满足全年观测的光照要求。

表 2-1 满足光照条件地区的纬度范围

降交点地方时	春分	夏至	秋分	冬至
10:00 AM	−66°~75°	−43°~80°	−66°~75°	−80°~49°
10:10 AM	−67°~75°	−44°~80°	−67°~75°	−80°~49.4°
10:20 AM	−68°~75°	−45°~80°	−68°~75°	−80°~49.5°
10:30 AM	−68°~76°	−46°~80°	−68°~76°	−80°~50.5°

续表 2-1

降交点地方时	春分	夏至	秋分	冬至
10:40 AM	−69°~76°	−46.5°~80°	−69°~76°	−80°~50.7°
10:50 AM	−70°~75°	−48°~19° 33′~80°	−70°~75°	−80°~51°
11:00 AM	−70°~75°	−48°~15°35′~80°	−70°~75°	−80°~51°

2. 坐标系

卫星测控中常用以下几种坐标系:空固系,即空间固定的坐标系,该坐标系与地球自转无关,一般用于描述卫星的运行状态;地固系,即与地球相固联的坐标系,该类坐标系一般用于地面点的表达;卫星轨道坐标系,该类坐标系建立了轨道平面与地球坐标系之间的联系;卫星坐标系,即与卫星体相固联的坐标系,便于研究卫星搭载的传感器之间的位置关系而建立的坐标系。

(1)地心赤道惯性坐标系(ECI)。

描述卫星运动状态常用地心赤道惯性坐标系,坐标原点在地心,X 轴指向赤道平面与黄道平面相交节线的升交点(春分点),地球自旋轴为 Z 轴,指向北极,Y 轴与 X、Z 轴形成右手旋转坐标系,如图 2-36(a)所示。通常用 J2000 地心赤道惯性坐标系来表示卫星的位置,以 UTC 时间天球参考坐标系 2000 年 1 月 1 日 11:58:55.816 的天赤道与二分点的交点天球参考坐标系,ECI 又称地心天固坐标系。

(2)地心地固坐标系(ECEF)。

对于地球上的目标,一般采用地心地固坐标系来描述,坐标原点在地心,Z 轴指向地球的平北极,X 轴指向格林尼治子午线(本初子午线与赤道的交点),Y 轴与 X 轴和 Z 轴构成右手系,如图 2-36(b)所示。在地心地固坐标系中,点的坐标可以用直角坐标(x,y,z)表示,也可以用地心经纬度和向径(λ,φ,r)表示,它们的关系为

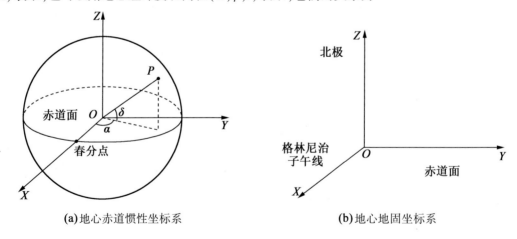

(a)地心赤道惯性坐标系   (b)地心地固坐标系

图 2-36　地心坐标系

$$\begin{cases} x = r\cos\varphi\cos\lambda \\ y = r\cos\varphi\sin\lambda \\ z = r\sin\varphi \end{cases} \tag{2-18}$$

如果忽略岁差章动、极移的影响,将 ECI 坐标系绕 Z 轴旋转,此时刻格林尼治子午线的恒星时角,就与 ECEF 坐标系重合。在精度要求不高的情况下,认为 2 个坐标系之间仅存在一个时角差别,否则需要考虑岁差章动和极移矩阵转换。

(3)轨道坐标系 $(O_0X_0Y_0Z_0)$。

卫星轨道平面为坐标平面,Z_0 轴由质心指向地心(又称当地垂线),X_0 轴在轨道平面内与 Z_0 轴垂直并指向卫星速度方向,Y_0 轴与 X_0 轴、Z_0 轴右手正交且与轨道平面的法线平行,如图 2-37(a)所示。此坐标系在空间中是旋转的,对地定向的 3 轴稳定卫星的姿态定义在此坐标系,通常称 X_0、Y_0、Z_0 轴为滚动、俯仰和偏航轴。

(4)卫星本体坐标系。

坐标原点 S 与卫星质心重合,Z 轴由卫星质心指向地心,Y 轴指向轨道面的负法向,X 轴在轨道面内与 Z 轴垂直指向卫星运动方向,X、Y、Z 轴成右手系,如图 2-37(b)所示。

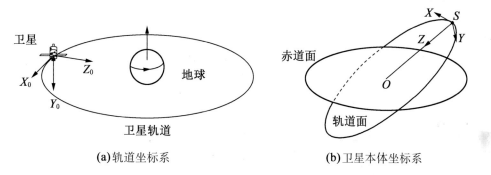

(a)轨道坐标系　　**(b)卫星本体坐标系**

图 2-37　卫星坐标系

(5)测站坐标系。

原点为测量设备的中心 O,Z 轴与 O 点的椭球面法向重合,指向地球外,X 轴为 O 点的子午面与含 O 点的且垂直于法线的平面的交线指向大地的北方向,Y 轴与 X、Z 轴构成右旋坐标系。

3. 经纬度

(1)赤经、赤纬。

在地心惯性坐标系下,从春分点沿着天赤道向东到天体时圈与天赤道的交点所夹的角度,称为该天体的赤经,如图 2-36(a)中的 α 角;从天赤道沿着天体的时圈至天体的角度称为该天体的赤纬,如图 2-36(a)中 δ 角。以天赤道为赤纬 0°,向北为正,向南为负,分别为 0°~90° 和 0°~ -90°。在地心惯性坐标系下,赤经 α 和赤纬 δ 与轨道根数的关系为

$$\begin{cases} \alpha = \Omega + \arctan(\tan(\omega+f)\cos i) \\ \delta = \arcsin(\sin(\omega+f)\sin i) \end{cases} \tag{2-19}$$

（2）地理经度和地心经度。

地理经度是指通过地面上任一点的子午面（通过地轴的平面）与本初子午面所夹的二面角，本初子午面是通过英国伦敦格林尼治天文台的子午面，本初子午面与地球表面相交的线，称为本初子午线，又称为零度经线，全球地理经度用它作为零点。在本初子午线以东的经度叫东经，用"E"表示，以西的叫西经，用"W"表示，赤道上经度的每一度距离大约为 111 km。

地心经度是指某地的地心子午面与本初子午面之间的夹角，地心经度为赤经与格林尼治地方恒星时角之差，其值为

$$\lambda = \alpha - \left[G_0 + \omega_E (t - t_0) \right] \qquad (2-20)$$

式中，G_0 为 t_0 时刻格林尼治地方的恒星时角；ω_E 为地球自转角速度。

（3）地理纬度和地心纬度。

地理纬度是指测站的铅垂线与赤道平面的夹角，地心纬度是指"测站-地心"连线与赤道平面的夹角。图 2-38 中 M 是地球上任意一点，MN 垂直于地球表面，它与赤道平面的夹角是地理纬度 φ，地心连线 MO 与赤道平面的夹角就是地心纬度 δ。自赤道到南北纬45°，地心纬度始终小于地理纬度，而且，二者的差值随着纬度的增高而增加；自南北纬45°到南北两极，地心纬度仍旧小于地理纬度，但二者的差值随纬度的增加而减小。

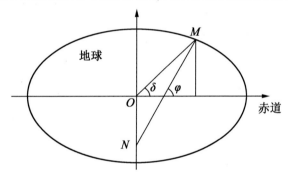

图 2-38　地心纬度和地理纬度示意图

4. 轨道根数

轨道根数是描述卫星在空间的位置和速度的一组参数，常用经典根数（也称开普勒根数或六根数）和二行根数表示。图 2-39（a）画出了卫星绕地球运行的椭圆轨道示意图，图中 A 为轨道的远地点，P 为近地点，连线 AP 称为轨道的长轴，也称拱线。图 2-39（b）画出了卫星在空间运行的轨道，各参数描述如下。

（1）经典根数（六根数）。

①长半轴 a。a 为椭圆长轴的一半，$a = \dfrac{h_a + h_P}{2} + R_e$，$R_e$ 为地球半径。

②偏心率 e。椭圆的偏心率 $e = \dfrac{h_a - h_P}{2a}$，对应的偏心率矢量的长度等于偏心率 e、方向指向近地点，当 $e=0$ 时为圆轨道，当 $0<e<1$ 时为椭圆轨道。

卫星的近地点高度 $h_{\mathrm{p}}=a(1-e)-R_{\mathrm{e}}$，远地点高度：$h_{\mathrm{a}}=a(1+e)-R_{\mathrm{e}}$。

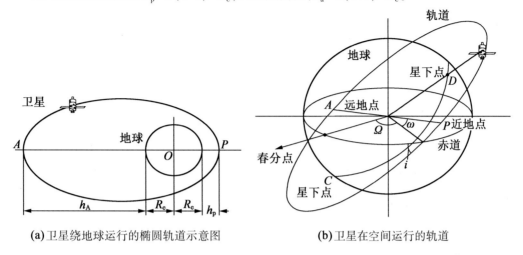

(a) 卫星绕地球运行的椭圆轨道示意图　　　　　**(b)** 卫星在空间运行的轨道

图 2-39　卫星运行轨迹

③轨道倾角 i。i 为轨道面法线与赤道面法线之间的夹角，对应的倾角矢量长度等于倾角值、方向与轨道法线一致，$0<i<90°$ 称顺行轨道，$90<i<180°$ 称逆行轨道。

④升交点赤经 Ω。升交点是卫星从南到北与赤道平面的交点（卫星从北到南与赤道平面的交点称为降交点），在赤道平面内，从春分点到升交点的地心张角即为升交点赤经 Ω，升交点赤经 Ω 和升交点地理经度 Ω_{G} 之间的关系为

$$\Omega=\Omega_{\mathrm{G}}+S_{\mathrm{G}} \tag{2-21}$$

式中，S_{G} 为升交点时刻格林尼治恒星时。

⑤近地点幅角 ω。在轨道面上升交点与近地点对地心的张角为近地点幅角 ω，近地点幅角和近地点地心纬度 δ_{p} 之间的关系为

$$\begin{cases}\omega=\arcsin(\sin\delta_{\mathrm{p}}/\sin i)， & \text{当近地点位置处于升轨时}\\ \omega=180-\arcsin(\sin\delta_{\mathrm{p}}/\sin i)， & \text{当近地点位置处于降轨时}\end{cases} \tag{2-21}$$

⑥平近点角 M。从近地点开始，卫星以平均角速度运动所经过的角度为平近点角 M，近似地表示任意时刻卫星离近地点的张角。

轨道根数中的升交点赤经 Ω 和轨道倾角 i 定义了卫星轨道平面在空间的指向，而轨道椭圆的长半径 a 和偏心率 e 则描述了轨道椭圆的形状和大小，近地点幅角 ω 确定了轨道椭圆在轨道平面的指向，平近点角 M 确定了任意时刻卫星在轨道上的具体位置，有时还用真近地点角 f 和纬度幅角 u 来表示，对于近圆轨道有真近地点角 $f=M+2e\sin M$，$u=\omega+f$。

（2）轨道瞬/平根数。

在卫星测控中经常会用到瞬时轨道根数和平轨道根数的概念，它们应用在不同场合，这是卫星在空间受各种摄动力的影响，这些影响有长期项、长周期项和短周期项，其中长期项的周期大于轨道周期、短周期项的周期小于轨道周期，为了应用方便，可以分别考虑短期项和长期项的影响。平均轨道根数只考虑卫星的长期项影响，不考虑摄动短周

期项影响,它描述了卫星运动的长期运动特征,可以看成一个平均值;瞬根数考虑了摄动短周期的影响,它描述了卫星运动的某一时刻的运动特征,可以看成一个瞬时值。图2-40画出了一个 500 km 高度的太阳同步轨道卫星 24 h 的平根数和瞬根数对应的轨道半长轴数值,由图可以看出一天内瞬根数半长轴变化剧烈、振幅约为 9 km,平根数半长轴变化平稳、振幅只为 0.1 km。

实际应用中如果关心每一时刻卫星的空间的真实位置,例如计算测站预报,需要使用卫星瞬时根数,而卫星轨道控制时主要针对轨道根数的长期变化计算控制量,通常使用轨道平根数。

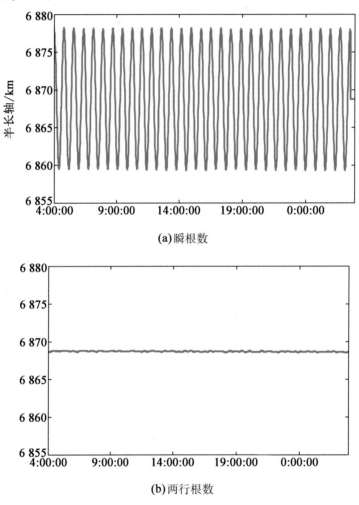

图 2-40 24 h 轨道半长轴曲线

(3)二行根数。

两行根数(two line element)是另一种常用的卫星轨道根数,是北美防空司令部基于一般摄动理论产生的描述卫星在空间的位置和速度的一组轨道根数,轨道及相关的卫星信息是以二行、每行 69 列的书写形式表示的,故称之为二行根数,每个参数的排列遵守严格的规定。二行根数定义见表2-2。

表2-2　二行根数定义

序号	栏	含义	说明和备注
0.1	01	目标称号	包含最多24个字符的字符串
1.1	01	行号	取值1
1.2	03~07	卫星编目号	5位十进制数表示,最多可编99 999个目标
1.3	08	卫星密级分类标识	U表示秘密,S表示非秘密(秘密根数不公开)
1.4	10~11		发射年份,2位十进制表示,如03表示2003年
1.5	12~14	卫星国际编号	年中序号,3位十进制表示,如111表示当年111次发射
1.6	15~17		本次发射中产生的目标序列,字符表示,如C表示本次发射中形成的第3个目标
1.7	19~20		年份,2位十进制表示,如03代表2003年
1.8	21~32	根数历元时刻	天数,年份中的天数(年积日),小数点后保留8位有效数字(精确到1 ms)
1.9	34~43	平运动一阶变率(1/2)	单位为圈/天^2
1.10	45~52	平运动二阶变率(1/6)	单位为圈/天^2,前6位为小数部分,后2位为指数部分,如-12345-6表示-0.123 45×10^{-6}
1.11	54~61	表示大气阻力的弹道系数	单位为地球赤道半径的倒数,表示方法同1.10
1.12	63	定轨模型类型	内部使用,设为0,用SGP4和SDP4
1.13	65~68	根数组数	
1.14	69	检验位	
2.1	01	行号	取值2
2.2	03~07	卫星编目号	同1.2
2.3	09~16	轨道倾角	单位:度,小数点后4位
2.4	18~25	轨道升交点赤经	单位:度,小数点后4位
2.5	27~33	轨道偏心率	表示小数点后7位有效数字
2.6	35~42	近地点辐角	单位:度,小数点后4位
2.7	44~51	平近点角	单位:度,小数点后4位
2.8	53~63	平运动速度	单位:圈/天
2.9	64~68	相对于历元的圈数	单位:圈,发射后首次过升交点为第一圈
2.10	69	检验位	

表 2-3 是 IRIDIUM 106 卫星的二行根数示例,它的 Norda 的编号为 41917,表中第一行第 4 列的 21 表示 2021 年、123 计算为 5 月 2 日、0.60151158 计算为 14:26:11、倾角为86.396 6,每天运行的圈数为 14.342 165 1。

表 2-3　二行根数示例

IRIDIUM 106
1 41917U 17003A　21123.60151158　.00000095　00000-0　26883-4 0　9994
1 41917　86.3966 150.2490 0002009　86.2083 273.9343 14.34216513225090

美国根据其空间目标监测网获得的跟踪数据,计算了绝大多数公开卫星的二行根数数据,并公布在互联网上(网址:http://www.celestrak.org/)。通常一颗卫星入轨后,美国会对其编号并进行轨道测量,几天后可以在此网址查到相应的二行根数,这对于一些没有安装测距功能应答机的卫星是非常有用的。

5. 星下点轨迹

卫星在地面的投影点(卫星和地心连线与地面的交点)称星下点,如图 2-39(b)中 D点,用地理经、纬度表示。卫星运动和地球自转使星下点在地球表面移动,形成星下点轨迹,如图 2-39(b)中沿地球 C 点到 D 的弧线。任意时刻 t 星下点经度 λ 和纬度 φ 的计算方法为

$$\begin{cases} \varphi = \arcsin(\sin i \sin u) \\ \lambda = \begin{cases} \arctan(\cos i \tan u) + \Omega - S_{G0} - \omega_E(t-t_0), & 升轨 \\ 180 + \arctan(\cos i \tan u) + \Omega - S_{G0} - \omega_E(t-t_0), & 降轨 \end{cases} \end{cases} \quad (2-23)$$

式中,S_{G0} 为 t_0 时刻格林尼治恒星时;ω_E 为地球自转角速度;u 为纬度幅角。

2.2.2 典型卫星轨道介绍

在地球附近的近层宇宙空间中包围着地球的高能粒子辐射带,被称为范艾伦辐射带。范艾伦辐射带主要由地磁场捕获的高达几兆电子伏的电子及高达几百兆电子伏的质子组成。其中 α 粒子、质子和高能粒子穿透力强,对电子电路破坏性大。范艾伦辐射带由高度不同的环绕地磁轴的内、外两层圆环组成,如图 2-41 所示,高度分别为 1 500~5 000 km 和 13 000~20 000 km。范艾伦辐射带没有明显的界限,一般低于 1 500 km 或高于 20 000 km 两带夹缝中是安全的。由于范艾伦带的存在,卫星运行的高度一般要远离范艾伦带的两个圆环。卫星轨道高度小于 1 500 km 为近地轨道(LEO),10 000~15 000 km 为中轨轨道(MEO),20 000~36 000 km 为高轨轨道(HEO),高度等于36 000 km 为地球同步轨道(GEO),下面介绍常用的地球静止轨道、倾斜地球同步轨道和近地卫星轨道。

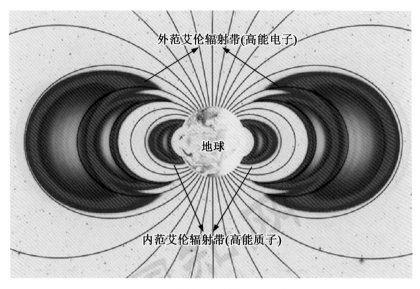

图 2-41　范艾伦辐射带分布示意图

1. 地球静止轨道

地球静止轨道是指距离地球表面约 36 000 km 的一个 360°环形区域,理论上定点在该区域的卫星运动角速度与地球表面相同,它们之间的相对运动为零,因此从地面看上去,卫星静止不动。利用这种静止特性,卫星上安装的天线和观测仪器就可以稳定和连续地对地覆盖和观察。这种卫星轨道高度高,对地覆盖广,均匀分布的 3 颗卫星就可以覆盖整个地球,常用于通信和气象观测。为避免定点在静止轨道上的卫星相互干扰,要求卫星之间有一定的空间间隔,如果卫星间相隔要求 1°,理论上这个环形区域只能放置 360 个卫星。截至 2020 年 8 月,共有 557 颗正常工作的卫星分布在这个 360°环形区域,图 2-42 展示了大西洋上空地球静止轨道带的卫星分布示例,在一些点上放置了多颗卫星,例如,图中 102°W 的位置上放置了 6 颗卫星,为避免通信信号相互干扰,通常这些卫星工作频段不会重叠。

卫星要在定点位置维持不动,必须满足 3 个条件:卫星轨道的周期与地球自旋周期一致、轨道的偏心率为 0 和轨道倾角为 0°。但实际上卫星在天上受到各种摄动力的作用,同时太阳、月球也对卫星产生引力,太阳光辐射还对卫星产生压力,这些因素综合起来会引起卫星轨道面和形状发生变化,上述 3 个条件都产生了变化,表现为从地面观察,卫星在东西经度方向和南北纬度方向漂移,即卫星不是静止不动,而是在一个小范围内运动。图 2-43(a)是卫星轨道倾角为 0.1°时,卫星 24 h 星下点轨迹,即通常所说的"8"字,它围绕理论定点位置南北 22 km、东西 1.5 km 范围振荡。图 2-43(b)是卫星轨道倾角为 0.26°时,卫星在空间围绕理想定点位置的运动轨迹,可以看出它在轨道的切向方向振荡 23 km、法向方向振荡 53 km,径向方向振荡 13 km。

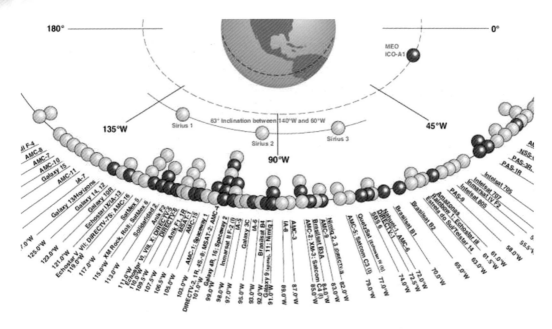

图 2-42　地球静止轨道带的卫星分布示例

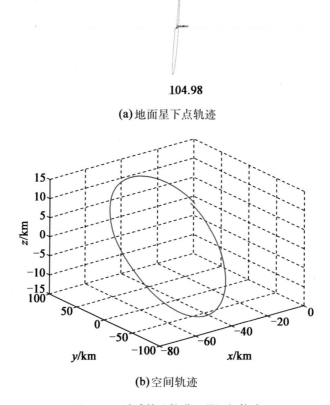

(a) 地面星下点轨迹

(b) 空间轨迹

图 2-43　地球静止轨道卫星运行轨迹

如果不对定点位置上的卫星进行轨道控制,卫星的位置呈一定的周期变化,图 2-44 给出了地球静止轨道上一颗卫星自由漂移时,轨道倾角和半长轴的变化情况,从图(a)可以看出,倾角的变化周期大约为 54 年、振幅为 15°;从图 2-44(b)可以看出半长轴变化周期超过 2 年、振幅为 34 km。因此,为了确保卫星运行在一定范围,必须对卫星的轨道进行定期控制。

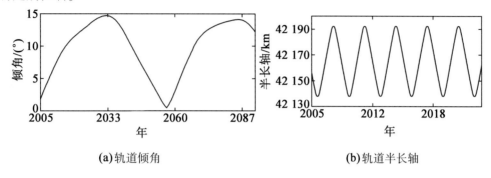

(a)轨道倾角   (b)轨道半长轴

图 2-44 地球静止轨道卫星轨道变化情况

2. 倾斜地球同步轨道

倾斜地球同步轨道也称为大"8"字形轨道,星下点中心位于赤道某个设定的经度上,高度与地球静止轨道卫星相同,卫星星下点 24 h 轨迹在南北方向往复运动,是一种利用效率较高的区域覆盖轨道,它克服了地球静止轨道卫星无法覆盖地球两极的缺点,可以满足极区卫星通信的需求。图 2-45 是星下点地理经度 109°的 3 颗 IGSO 卫星轨迹,这 3 颗 IGSO 卫星在"8"字形轨道上运行,为地理经度在 109°附近、纬度为±89°地区内任意一点提供 24 h 连续通信。目前在轨的 IGSO 卫星有 15 颗,其中美国 SIRIUS 系统有 3 颗(倾角 64°和 60°),印度 IRNSS 系统有 4 颗(倾角 29°),日本 QZSS 系统有 3 颗(倾角 40°),北斗二代卫星导航系统有 5 颗(倾角 55°)。

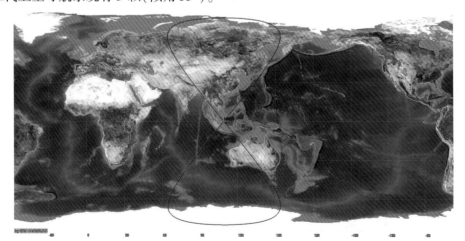

图 2-45 星下点地理经度在 109°的 3 颗 IGSO 卫星轨迹

对 IGSO 卫星而言,星下点地理经度是决定卫星相对于覆盖区域位置的主要因素,因此星下点是衡量卫星覆盖特性的主要指标。IGSO 卫星的星下点轨迹的交点地理经度 λ 为

$$\lambda = \Omega + \omega + M - s \qquad (2\text{-}24)$$

式中,Ω 为升交点赤经;ω 为近地点幅角;M 为平近点角;s 为格林尼治时角。任意 2 颗 IGSO 卫星重复相同星下点轨迹的条件为

$$\begin{cases} i_1 = i_2 \\ \Omega_1 + u_{01} = \Omega_2 + u_{02} \end{cases} \qquad (2\text{-}25)$$

式中,i 为轨道倾角;Ω 为升交点赤经;u_0 为卫星起始时刻的相位。如果希望任意 N 颗卫星的星下点轨迹等间隔分布,两颗 IGSO 卫星的相位差 Δu 满足:

$$\Delta u = \frac{360}{N} \qquad (2\text{-}26)$$

因此,对于均匀分布在同一星下点轨迹的 N 颗 IGSO 卫星来说,如果基准 IGSO 卫星的升交点赤经为 Ω_0 和相位为 u_0,第 i 颗 IGSO 卫星升交点赤经 Ω_i 和相位 u_i 为

$$\begin{cases} \Omega_i = \Omega_0 + \dfrac{2i\pi}{N} \\ u_i = u_0 - \dfrac{2i\pi}{N} \end{cases} \qquad (2\text{-}27)$$

式中,$i = 1, 2, \cdots, N-1$。图 2-45 示例中,$i = 65°$,3 颗 IGSO 卫星的升交点赤经和相位分别为 $\Omega_0 = 0°$、$u_0 = 0°$、$\Omega_1 = 120°$、$u_1 = 240°$ 和 $\Omega_2 = 240°$、$u_0 = 120°$。

IGSO 卫星轨道较为稳定,图 2-46(a)是一颗轨道倾角为 55°、赤道交叉点地理经度为 95 的 IGSO 卫星在无控情况下半年内交点位置的漂移情况仿真结果,可以看出卫星在轨运行半年,经度向西漂移 9°;图 2-46(b)是卫星在无控情况下倾角变化情况,倾角 12 年内增加了 1°。因此 IGSO 卫星与 GEO 卫星相比,轨道控制任务通常只进行交点经度控制保持,不进行倾角控制。

3. 近地卫星轨道

近地卫星轨道主要用于遥感、通信和各类科学试验,其中遥感卫星主要关心光照条件和目标重访时间,通信卫星主要关心对地覆盖,它们涉及近地卫星轨道的太阳同步轨道、回归轨道和冻结轨道等特性。

(1)太阳同步轨道。

太阳同步轨道是遥感卫星使用最多的一种轨道,卫星的轨道平面和太阳始终保持相对固定角度,即卫星轨道面进动的平均角速度与平太阳在赤道上运动的平均角速度相等。图 2-47 是太阳同步轨道在一年中的轨道面随地球公转变化示意图,可以看出无论卫星运行到哪里,它的轨道平面法线和太阳方向在赤道平面上的投影之间的夹角保持不变,卫星经过赤道节点的地方时不变,一个太阳同步轨道面上的所有卫星具有相同的降交点地方时。运行在太阳同步轨道上的卫星以几乎固定的地方时观测同一区域,因此卫

星每天可以相同的光照条件获取地面观测数据,这对于地球勘测、气象研究,以及军事需要等对光照条件有要求的应用场景具有很大优越性。

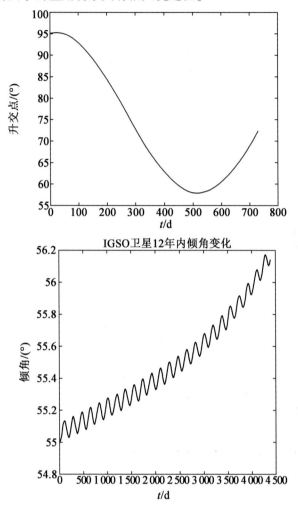

图 2-46　IGSO 轨道无控情况下升交点经度和倾角随时间变化曲线

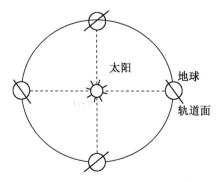

图 2-47　太阳同步轨道在一年中的轨道面随地球公转变化示意图

在地球非球形 J_2 项摄动的影响下,卫星轨道的升交点赤经的变化率 $\left(\dfrac{\mathrm{d}\Omega}{\mathrm{d}t}\right)$ 为

$$\frac{\mathrm{d}\Omega}{\mathrm{d}t} = -1.5n\left(\frac{R_e}{a}\right)^2 J_2 \frac{\cos i}{(1-e^2)^2} \qquad (2-28)$$

式中,n 为轨道平均角速度;R_e 为地球平均赤道半径,$R_e = 6\,378.137\ \mathrm{km}$,近地卫星通常为近圆轨道,偏心率 $e \approx 0$,式(2-28)可以简化为

$$\frac{\mathrm{d}\Omega}{\mathrm{d}t} \approx -9.964\left(\frac{R_e}{a}\right)^{7/2} \cos i \qquad (2-29)$$

如果使得卫星轨道升交点赤经的变化率等于地球绕太阳公转的平均角速度,就实现了太阳同步。假设有一个天体,它每年和真太阳同时从春分点出发,在天赤道上从西向东匀速运行,这个速度相当于真太阳在黄道上运行的平均速度,最后和真太阳同时回到春分点,这个假设的天体就是平太阳,平太阳沿赤道做周年视运动,它连续 2 次过春分点的时间间隔叫作一回归年。回归年的长度是 365.242 2 平太阳日,得到平太阳在赤道上移动的角速度为

$$\frac{360}{365.242\,2} = 0.985\,647°/\mathrm{d} \qquad (2-30)$$

因此卫星轨道升交点赤经的长期变化率等于地球绕太阳公转的平均角速度的条件,即为

$$-9.964\left(\frac{R_e}{a}\right)^{7/2} \cos i = 0.985\,647 \qquad (2-31)$$

要实现太阳同步轨道,卫星轨道根数中的半长轴 a 和倾角 i 之间的关系必须满足式(2-31),图 2-48 是据此绘制的轨道倾角与轨道高度关系图。

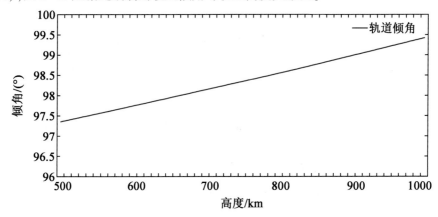

图 2-48　轨道倾角与轨道高度关系图

(2)回归轨道。

回归轨道指地面轨迹经过一段时间后重复出现的轨道。卫星轨道相对地球的运动角速度为 $\omega_E - \dot\Omega$,因此,轨道相对于地球旋转一周的时间间隔 T_e 为

$$T_e = \frac{2\pi}{\omega_E - \dot{\Omega}} \tag{2-32}$$

式中，$\omega_E = 7.292\,115\,855\,3 \times 10^{-5}$；$\dot{\Omega}$ 为太阳同步卫星轨道进动速率，它的计算公式为

$$\dot{\Omega} = \frac{1}{86\,400} \times \frac{\pi}{180} \times \frac{360}{365.25} \tag{2-33}$$

设卫星轨道周期为 T_Ω，若存在既约正整数 D 和 N 满足：

$$NT_\Omega = DT_e \tag{2-34}$$

则卫星在经过 D 天，正好运行 N 圈后，其地面轨迹开始重复，这样的轨道便是回归轨道，D 称为重复周期。这里 $\dot{\Omega}$ 是任意的，因此，回归轨道不一定是太阳同步轨道。只有当 $\dot{\Omega}$ 等于地球绕太阳公转的平均角速度，并且满足式（2-31）时才是太阳同步回归轨道。根据此定义，这种情况下存在既约正整数 D 和 N 满足：

$$Q = \frac{N}{D} = \frac{1\,440}{T_\Omega} \tag{2-35}$$

式中，Q 为卫星每天运行的圈数。例如意大利 Cosmo-SkyMed 卫星每天运行 14.812 5 圈，即 $Q = 14\frac{13}{16}$，它的轨道回归周期就是 16 天。Q 的计算公式为

$$Q = \frac{86\,400.048\,6}{2\pi a}\sqrt{\frac{\mu}{a}} \tag{2-36}$$

上述计算是把地球看成一个均匀的理想圆球，没有考虑地球扁率的影响。实现应用中需要考虑地球扁率对周期计算的高阶影响，考虑地球扁率 J_2 项的卫星每天运行圈数 Q_{J2} 的计算公式为

$$Q_{J2} = \frac{2\pi}{T_{J2}(\omega_e - \dot{\Omega})} \tag{2-37}$$

式中，T_{J2} 为考虑 J_2 项的卫星轨道周期，其计算公式为

$$T_{J2} = T\left[1 + \frac{3}{2}J_2\left(\frac{R_e}{a}\right)^2(1 - 4\cos^2 i)\right] \tag{2-38}$$

式中，$R_e = 6\,378\,137.0\ \text{m}$；$J_2 = 0.001\,082\,63$；$T$ 为二体轨道周期，其计算公式为

$$T = 2\pi\sqrt{\frac{a^3}{\mu}} \tag{2-39}$$

式中，μ 为地球引力常数，$\mu = 3.986\,004\,415 \times 10^{14}\,\text{m}^3/\text{s}^2$，因此 T 还可以表示为

$$T = 0.009\,952\,01 \times a^{\frac{3}{2}}\,(\text{s}) \tag{2-40}$$

表 2-4 是用上述公式计算一颗太阳同步卫星轨道回归周期为 10 天的计算示例，理想条件下的轨道高度为 538.530 km，考虑地球扁率 J_2 项的轨道高度为 530.257 km。

表 2-4　轨道回归周期为 10 天的计算示例

轨道高度 /km	半长轴/m	轨道倾角 /(°)	理想轨道 周期/min	考虑 J_2 轨道周期/min	理想情况下 一天轨道圈数	考虑 J_2 项一天 轨道圈数
538.530 0	6 916 670.0	97.548 8	95.412 5	95.535 168 83	15.100 0	15.073 0
530.257 0	6 908 397.0	97.517 1	95.241 4	95.364 185 62	15.127 2	

对遥感卫星的应用来说,轨道回归周期越小,卫星重访星下点附近同一目标的时间越短,但对其他地域目标的覆盖效果差,即使通过卫星姿态侧摆能够扩大观测范围,但观测效果也受影响,比如图像的分辨率下降,具体分析如下:

①一个回归周期时间内相邻轨迹之间的平均间隔为 $\dfrac{2\pi R_e}{DQ}$。

②对应的一个回归周期时间内相邻轨迹之间的最大侧摆角:$\theta = a\tan\dfrac{\pi R_e}{HDQ}$,式中 H 为卫星轨道高度。

③最大侧摆角条件下地面像元分辨率:$\dfrac{L}{\cos^2\theta}$,式中 L 为星下点地面像元分辨率,$L = \dfrac{D_F \times H}{H_F}$;$D_F$ 为卫星像元大小;H_F 为焦距。

表 2-5 是不同回归周期条件下,计算遥感卫星为覆盖星下点轨迹两侧需要侧摆的最大姿态角和由此造成的光学分辨率下降的情况。从表 2-5 可以看出,回归周期 12 天以上,相机的分辨率与星下点地面取相时基本一致,8 天的时间就下降 1.1 倍。因此卫星轨道回归周期的选取,既要考虑重点目标的快速重访,又要考虑全球覆盖性和观测效果。

表 2-5　不同回归周期条件下的影响分析

回归周期 /d	轨道高度 /km	轨道倾角 /(°)	1 天轨道 圈数	一个回归周期 相邻轨迹间隔 /km	一个回归周期覆盖 半个相邻轨迹需要 的最大侧摆角/(°)	光学遥感 相机分辨率 的下降倍数
1	561.000 0	97.635 5	14.999 986	2 671.7	67.2	6.7
8	522.628 0	97.487 9	15.125 000	331.2	17.6	1.1
10	530.257 0	97.517 1	15.100 007	265.4	14.0	1.1
12	535.358 0	97.536 6	15.083 335	221.0	11.7	1.0

(3)冻结轨道。

地球形状呈现两极稍扁,赤道略鼓,从而导致地球质量分布不均,当航天器穿越时受到的引力大于其他轨道弧段,在赤道处航天器运动速度加快,轨道半径趋向引起轨道拱线在轨道平面内转动,使卫星经过轨道上同一点时的高度发生变化。

　　冻结轨道通过设计相关的轨道参数,可以使拱线保持静止,即保持轨道的半长轴指向不变,使卫星地面高度在同一地区几乎保持不变,满足以同一轨道高度、观测同一地区的卫星任务需求。冻结轨道条件是轨道参数必须满足 $\dot{e}=\dot{\omega}=0$,具体分析如下:

　　考虑 J_2 和 J_3 项影响时,$\dot{e}$ 和 $\dot{\omega}$ 的计算公式如下:

$$\begin{cases} \dot{\omega}=-\dfrac{3nJ_2R_{\mathrm{e}}^2}{2a^2(1-e^2)^2}\left(\dfrac{5}{2}\sin^2 i-2\right)\left[1+\dfrac{J_3R_{\mathrm{e}}}{2J_2a(1-e^2)}\times\dfrac{\sin^2 i-e\cos^2 i}{\sin i}\times\dfrac{\sin\omega}{e}\right] \\ \dot{e}=\dfrac{3nJ_3R_{\mathrm{e}}^3\sin i}{4a^3(1-e^2)^2}\left(\dfrac{5}{2}\sin^2 i-2\right)\cos\omega \end{cases} \quad (2-41)$$

式中,$J_2=1\,082.64\times10^{-6}$;$J_3=-2.54\times10^{-6}$;$n=7.292\,115\,855\,3^{-5}$。

　　①当 $i=63.43°$ 或 $i=116.57°$ 时,可以满足 $\dot{e}=\dot{\omega}=0$,它们称临界倾角;

　　②当 $\omega=90°$ 或 $\omega=270°$,有 $\dot{e}=0$,依据轨道半长轴 a 和轨道倾角 i,确定偏心率 e,使式中的方括号项等于 0,可以使 $\dot{\omega}=0$,表 2-6 是实现 700 km、750 km 和 800 km 高度太阳同步冻结轨道的 i 和 e 值。

表 2-6　700~800 km 高度太阳同步冻结轨道的 i 和 e 值

轨道高度/km	轨道倾角/(°)	偏心率
700	98.185 7	0.001 044 1
750	98.359 6	0.001 036 3
800	98.568 3	0.001 018 5

2.2.3　近地遥感卫星应用关注的轨道问题

　　近地遥感卫星实际应用中,用户通常关心如何能够快速重复获取目标图像,为达到此目的,可以设计高重访率轨道、增大卫星姿态侧摆角,通过改变轨道倾角提高中、低纬度地区目标的访问次数,但同时也会带来图像分辨率降低和访问时间特性的改变等问题,在实际应用中根据应用需求折中考虑。

　　1. 通过姿态侧摆扩大观测范围

　　图 2-49 是卫星侧摆角在 0°、20°和 45°条件下对地观测可视范围,图中中线是星下点轨迹,两侧是可视范围,它表明通过卫星姿态侧摆,可以显著扩大卫星对地的观测范围,其值约为 $H\times\tan\theta$,式中 H 为卫星轨道高度,θ 为侧摆角。

　　姿态侧摆扩大卫星观测范围的同时,降低了图像的分辨率和扩大观测幅宽,扩大系数为 $1/\cos^2\theta$,式中 θ 为侧摆角。表 2-7 给出了几个典型侧摆角条件下对观测效果的影响。从表 2-7 可以看出,当侧摆角为 45°时,分辨率下降倍数为 2;当侧摆角为 15°时,分辨率下降倍数为 1.07,对图像影响很小。因此为获取高分辨率图像,应该尽量安排卫星在经过目标上空取图。

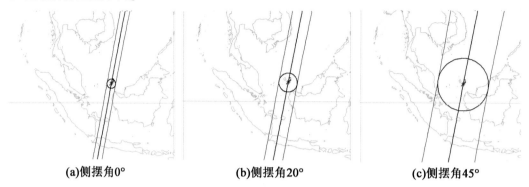

(a)侧摆角0°　　　　　　**(b)侧摆角20°**　　　　　　**(c)侧摆角45°**

图 2-49　不同侧摆角条件下的对地观测可视范围

表 2-7　几个典型侧摆角条件下对观测效果的影响

侧摆角/(°)	分辨率下降倍数	幅宽扩大倍数
45	2	2
30	1.33	1.33
15	1.07	1.07

2. 单星最大目标重访周期估算

回归轨道要求卫星星下点轨迹严格重合。早期在卫星姿态不能侧摆且强调无缝覆盖的情况下,回归轨道的设计非常重要。在实际应用中,目标的重访周期是一个更重要的参数,它是 2 次观测目标的时间时隔,重访周期越短,卫星能以更高的时间分辨率对目标观测,这对于较短时间内有可能发生改变的现象或目标的观测是十分有利的。目前卫星普遍具备姿态侧摆能力,可以弥补轨道重复时卫星星下点的地理间隙,实现目标重访。太阳同步轨道条件下,基于最大侧摆角实现全球均匀覆盖条件下的目标最大重访周期 D 分析步骤如下:

(1)计算时间相邻轨道的经度差 $\lambda:\dfrac{360}{Q}$,式中,Q 为卫星每天运行的圈数;

(2)时间相邻轨迹之间的平均间隔 $L_\lambda:\dfrac{2\pi R_e}{Q}$;

(3)在赤道上,对应地面观测范围半径:$R \approx H \times \tan\theta$,式中,$H$ 为卫星的轨道高度,θ 为卫星最大侧摆角;

(4)当 $\dfrac{2\pi R_e}{DQ}=2R$ 时,卫星可以对地球均匀覆盖,对应的对地球均匀覆盖目标最大重访周期 D 为

$$D=\frac{\pi R_e}{Q \times H \times \tan\theta}=\frac{2\pi^2 R_e(R_e+H)}{86\ 400.048\ 6 \times H \times \tan\theta}\sqrt{\frac{R_e+H}{\mu}} \tag{2-42}$$

高度为 500 km 的卫星运行 5 天的星下点轨迹,可均匀覆盖纬度为 ±82.5°的地球表面,卫星姿态最大侧摆角为 27.5°,图 2-50(a)画出了这个轨道高度的最大侧摆角条件下光学载荷对地覆盖示意图,图 2-50(b)是光学载荷星下点覆盖范围,可以看出该范围完全覆盖相邻轨道的半间距,因此在 5 天的目标重访时间内,这颗卫星可以观测地球 ±82.5°纬度内的任意目标。表 2-8 给出了最大目标重访周期的计算结果。由于 SAR 载荷侧视工作(左视或右视),因此与光学载荷相比,通常它是相邻圈次观测星下点区域,分析方法同上。

表 2-8　最大目标重访周期计算结果

轨道高度 /km	半长轴 /km	最大侧摆角 /(°)	1 天轨道 圈数 Q	相邻轨迹 间隔/km	相邻轨道 经度差/(°)	最大目标 重访周期/d
500.0	6 878.14	27.8	15.2	2 631.8	23.6	5

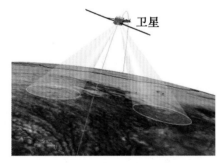

(a) SAR 载荷侧视成像示意图　　　　　**(b)** SAR 载荷视场

图 2-50　SAR 载荷对地观测视场

3. 多星最小目标重访时间估算

上述计算是单星条件下最大的目标重访周期,为了快速地对目标进行重访,通常需要采用多个轨道平面、每个轨道平面多颗卫星的星座,最小目标重访时间与卫星的轨道高度、最大侧摆角度、轨道平面数、每个平面内卫星数有关,它的计算方法如下:

(1)时间相邻轨迹之间的平均间隔 L_λ: $\dfrac{2\pi R_e}{Q}$;

(2)在赤道上,对应地面观测范围半径: $R \approx H \times \tan\theta$, H 为卫星的轨道高度, θ 为卫星最大侧摆角;

(3)满足一个轨道周期内可以观测相邻轨迹内的任意一个目标的卫星数量:

$$n = \frac{L_\lambda}{R} = \frac{\pi R_e}{Q \times H \times \tan\theta} \tag{2-43}$$

一个轨道面有 n 颗卫星,可以保证 1 天内在全球任意点都可以看见它,增加轨道面,

就可以保证 1 天内有多次可以看见任意点,理论上增加一个轨道面,可以将重访时间减半;

(4)考虑到光照条件,通常光学遥感卫星是在太阳同步轨道的降轨、光照角大于0°以上的范围观测,因此通常只考虑在 180°内设 M 个均匀等分轨道面,则光照条件下重访时间为 $\frac{12}{M}$h。

图 2-51 是 6 个轨道面、每个轨道面有 4 颗卫星、每颗卫星轨道高度为 500 km、最大姿态侧摆角为 34°的卫星星座,每颗卫星可视圆锥的宽度约为 674 km。轨道间隔为 2 631 km,因此 2 631/674≈4,所以一个轨道面只要有 4 颗卫星,就能在一个轨道周期内对轨道间隔内的任意目标可见,一天内这 4 颗卫星组成的星座可以观测地球上任意一点。将轨道面增加到 6 个,目标的重访时间就能压缩到 12/6=2 h。图 2-52(a)是该星座对赤道一点 24 h 考虑光照条件的重访时间仿真结果,可以看出在光照期,赤道一点的重访时间为 2 h(阴影期不可见),与上述理论计算结果一致。图 2-52(b)是不考虑光照条件的重访时间。

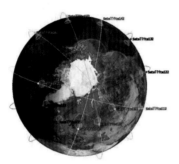 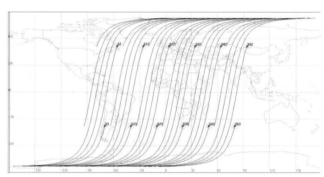

(a) 24 颗星在空间分布　　　　**(b) 24 颗星星下点轨迹**

图 2-51　24 颗星在空间分布和星下点轨迹

4. 轨道倾角对重访率的影响

遥感卫星采用太阳同步轨道,太阳在卫星的轨道平面附近,因此每个降轨圈可以得到较好的对地光照条件。由于太阳同步轨道的倾角在 90°附近,其星下点基本上是全球均匀分布,如图 2-53(a)所示。在遥感卫星的实际应用中,观测目标多集中在中低纬度地区,较少关心高纬度地区,如果降低卫星的轨道倾角,使星下点更多地经过中低纬度地区,可以增加中低纬度地区目标的重访率。图 2-53(b)是轨道倾角 30°卫星的星下点分布图,可见看出它的观测区域集中在南北纬 30°以内,与图 2-53(a)相比,观测密度增大。

图 2-54(a)和(b)分别是采用 500 km 的太阳同步轨道和倾角 30°轨道计算它们半年内观测海南三亚次数的计算结果,其中卫星的最大侧摆角为 45°,地面太阳光照角为 15°。计算结果表明,采用太阳同步轨道,半年之内卫星可以观测三亚市 72 次,降低卫星轨道倾角到 30°,半年之内卫星可以观测三亚市 139 次。

比较图 2-54(a)和(b)可以看出,虽然采用低倾角可以显著增加观测次数,但它也改变了观测时间分布的特性,图 2-54(a)表明采用太阳同步轨道,在半年内的观测时间均匀分布,图 2-54(b)表明采用倾角 30°轨道,观测时间呈周期性分布,在一段时间内,可以密集观测海南省三亚市,但在另一段时间,连续多天对三亚市不可见。

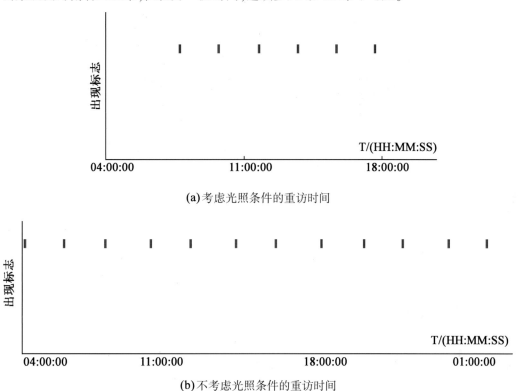

(a)考虑光照条件的重访时间

(b)不考虑光照条件的重访时间

图 2-52　24 颗卫星星座对赤道一点 24 h 重访问时间计算

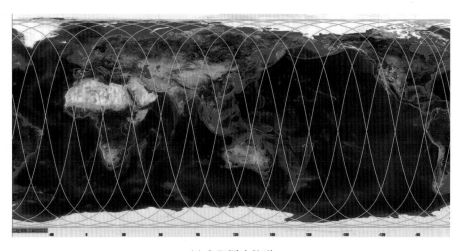

(a)太阳同步轨道

图 2-53　卫星星下点轨迹

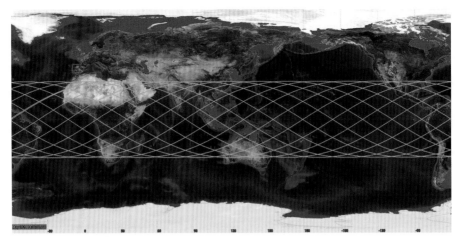

(b) 轨道倾角 30°

续图 2-53

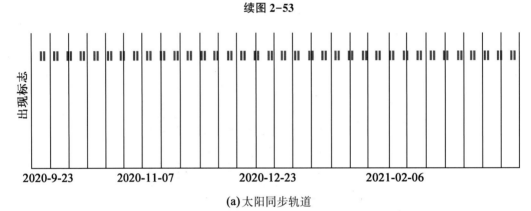

(a) 太阳同步轨道

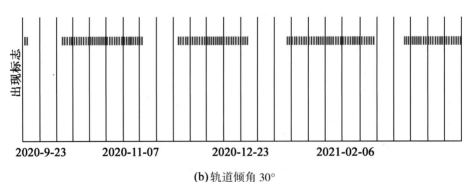

(b) 轨道倾角 30°

图 2-54 卫星对三亚访问次数统计

2.2.4 轨道确定

卫星轨道确定是指利用观测数据确定其轨道的过程,包括 3 个基本过程:数据处理、初始轨道计算和轨道改进。要计算卫星轨道,必须先知道它在空间的运行规律,需要掌握二体问题和偏离二体问题的摄动运动。

1. 卫星运动模型

卫星轨道运动所对应的基本力学模型是受摄二体问题。受摄二体问题,二体问题的解是解决相应问题的基础。

(1)二体问题。

在天体力学中,把研究 2 个天体在它们之间有万有引力作用的问题称为二体问题。卫星围绕地球做椭圆运动,如果把地球看作理想的球体,仅考虑地球对卫星的引力,那么卫星的运动就是二体问题。在地心惯性坐标系下,卫星相对于地球的运动方程可以写为

$$\frac{\mathrm{d}^2}{\mathrm{d}t^2}\begin{bmatrix} x \\ y \\ z \end{bmatrix} = \frac{\mathrm{d}}{\mathrm{d}t}\begin{bmatrix} \dot{x} \\ \dot{y} \\ \dot{z} \end{bmatrix} = -\frac{\mu}{R^3}\begin{bmatrix} x \\ y \\ z \end{bmatrix} \tag{2-44}$$

式中,x、y、z 为卫星坐标;R 为卫星到地心的距离;μ 为地球引力常数。作为方程组的完整解为

$$\begin{cases} \boldsymbol{R} = \boldsymbol{R}(t; c_1, c_2, \cdots, c_6) \\ \dot{\boldsymbol{R}} = \dot{\boldsymbol{R}}(t; c_1, c_2, \cdots, c_6) \end{cases} \tag{2-45}$$

式中,$\boldsymbol{R}=[x,y,z]^{\mathrm{T}}$ 和 $\dot{\boldsymbol{R}}=[\dot{x},\dot{y},\dot{z}]^{\mathrm{T}}$ 分别为卫星的位置矢量和速度矢量;$c_1, c_2, \cdots, c_6$ 为轨道 6 要素,即轨道半长轴、偏心率、轨道倾角、近地点幅角、升交点赤经和过近地点的时刻。

(2)动力学模型。

实际上,除地球中心引力外,卫星还受其他外力的作用,这些外力称为摄动力,由摄动力引起的卫星实际运动相对于二体问题的椭圆轨道的偏离叫摄动。在考虑摄动时,卫星环绕地球运动的方程可以表示为

$$\dot{\boldsymbol{V}} = -\mu\frac{\boldsymbol{R}}{R^3} + \boldsymbol{P}(\boldsymbol{R}, \boldsymbol{V}, t) \tag{2-46}$$

式中,$\boldsymbol{R}$ 为卫星的位置矢量;$\boldsymbol{P}$ 为摄动向量,$\boldsymbol{P}=\boldsymbol{P}_G+\boldsymbol{P}_D+\boldsymbol{P}_R+\boldsymbol{P}_M+\boldsymbol{P}_S$,其中 $\boldsymbol{P}_G$ 为地球非球体部分所产生的摄动加速度;$\boldsymbol{P}_D$ 为大气阻力所产生的摄动加速度;$\boldsymbol{P}_R$ 为太阳光辐射压所产生的摄动加速度;$\boldsymbol{P}_M$ 和 $\boldsymbol{P}_S$ 为月球和太阳引力所产生的摄动加速度。当不考虑其他摄动力时,摄动加速度 $\boldsymbol{P}$ 为 0,式(2-46)就变成式(2-44),成了二体问题。

①地球扁状摄动加速度。

地球的形状是一个赤道宽而南北极窄的扁状球体,如图 2-55 所示,其质量分布也是不均匀的,赤道半径超过极轴的半径约 21.4 km,同时赤道也是轻微的椭圆状。这些因素导致卫星在轨道的切线和法线方向上也受到引力的作用,而且径向引力不仅与距离有关,还与卫星的经纬度有关。这些复杂的摄动统称为地球非球体摄动,可以用地球的引力位函数来表示。地球的扁状引起位函数沿纬度方向呈现出正负值交替的环带,称为带谐项摄动,用 J_n 表示,其中 J_2 项影响最大;地球的椭状引起位函数沿经度方向交替变化,

形成正负值交替变化的田块,称为田谐项摄动,用 J_{nm} 表示。田谐项摄动影响要远小于带谐项。只考虑 J_2,由地球扁状引起的加速度为

$$\boldsymbol{P}_\mathrm{G} = \frac{9}{2}\frac{\mu}{R^5}J_2R_\mathrm{e}^2\left[\left(\frac{z}{R}\right)^2 - \frac{1}{3}\right]\boldsymbol{R} + 3\frac{\mu}{R^7}J_2R_\mathrm{e}^2 z\begin{bmatrix} zx \\ zy \\ -(x^2+y^2) \end{bmatrix} \qquad (2\text{-}47)$$

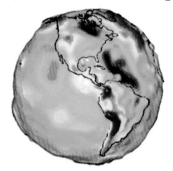

图 2-55 地球不均匀的外形

②太阳光压摄动加速度。

太阳光压摄动的大小和卫星与太阳的距离、卫星的面质比、卫星表面的反射特性,以及卫星相对日、地的位置和卫星是否在地影中有关,它产生的加速度为

$$\boldsymbol{P}_\mathrm{R} = k\rho_\mathrm{SR}C_\mathrm{R}\frac{S_\mathrm{R}}{m}\hat{\boldsymbol{r}}_\mathrm{S} \qquad (2\text{-}48)$$

式中,C_R 为卫星表面的反射系数,1~1.44,取决于卫星表面的反射性能;ρ_SR 为作用在离太阳一个天文单位处黑体上的光压,一般为 $4.56\times10^{-6}\ \mathrm{N/m^2}$;$\frac{S_\mathrm{R}}{m}$ 为卫星面积与质量比;$\hat{\boldsymbol{r}}_\mathrm{S}$ 为地心到太阳的单位矢量;k 为受晒因子。

③大气阻力摄动加速度。

大气阻力摄动是卫星在地球高层大气中飞行受大气阻力产生的,其大小与卫星速度、大气密度、卫星迎面积、卫星质量和卫星的阻力系数有关,大气阻力摄动加速度 $\boldsymbol{P}_\mathrm{D}$ 的计算公式为

$$\boldsymbol{P}_\mathrm{D} = -\frac{1}{2}C_\mathrm{D}\frac{S_\mathrm{D}}{m}\rho\boldsymbol{v} \qquad (2\text{-}49)$$

式中,C_D 为阻力系数;ρ 为卫星所在空间的大气密度;$\frac{S_\mathrm{D}}{m}$ 为卫星迎风面积与质量比;$\boldsymbol{v}$ 为卫星相对大气速度。其中阻力系数 C_D 可视为常数,取值范围为 2.1~2.2,取决于卫星的几何形状和定向;大气密度 ρ 主要与卫星的高度和太阳活动有关。

④日、月球引力摄动加速度。

相对地球和卫星来讲,日、月是第三个天体,它们也会对卫星的轨道产生摄动,太阳产生的摄动加速度:

$$\begin{cases} \boldsymbol{P}_S = -m_S \left(\dfrac{\boldsymbol{R}_S}{R_S^3} + \dfrac{\boldsymbol{\Delta}_S}{\Delta_S} \right) \\ \boldsymbol{\Delta}_S = \boldsymbol{r} - \boldsymbol{R}_S \end{cases} \tag{2-50}$$

式中，$\boldsymbol{r}$、$\boldsymbol{R}_S$ 为太阳质心的向径；m_S 为太阳质量。月球产生的摄动加速度 $\boldsymbol{P}_M$ 类似式 (2-50)，将太阳换成月球。

表 2-9 给出了 3 种常见的轨道所受摄动力的大小示例，它们都是和地球表面处单位质量卫星所受均匀球形地球引力相比的。计算大气阻力和太阳辐射压力时假定卫星的质量为 1 000 kg，垂直于卫星运行方向的横截面积为 1 m^2。从表 2-9 可以看出，对于近地卫星，摄动量最大的是地球形状摄动，其次是受空气阻力的影响；对于地球同步卫星，除了地球形状摄动外，它主要的考虑因素是太阳和月球的引力。

表 2-9　三种常见的轨道所受摄动力的大小示例

摄动力	近地卫星 (200 km)	中等高度卫星 (1 000 km)	地球同步卫星 (35 800 km)
二阶带谐项	10^{-3}	10^{-3}	10^{-7}
其他全部球谐项	10^{-6}	10^{-6}	10^{-9}
大气阻力	0.4×10^{-5}	10^{-9}	0
太阳辐射压力	0.2×10^{-8}	-10^{-9}	-10^{-9}
太阳引力	0.3×10^{-7}	-10^{-9}	0.2×10^{-6}
月球引力	0.6×10^{-7}	0.5×10^{-7}	0.5×10^{-6}
太阳潮汐力	0.4×10^{-7}	0.1×10^{-7}	10^{-11}
月球潮汐力	0.5×10^{-7}	0.3×10^{-7}	——

2. 初轨计算

初轨计算通常是在卫发射入轨后或者轨道控制完成后，利用短时间获得的轨道测量数据计算卫星的轨道。它基于二体问题，不包括复杂的摄动计算。初轨计算注重快速获得结果，也作为后续轨道改进的初值。初轨计算的方法有很多，这里介绍 2 种方法，一种方法是通过地面设备的测轨数据计算卫星在空间的位置矢量，计算卫星的位置和速度并转换成经典根数，该方法也称高斯方法；另一种方法是通过卫星接收的 GNSS 导航数据，计算卫星的位置和速度并转换成经典根数。

（1）利用 2 个位置矢量计算轨道。

①利用测量数据计算卫星的位置。

测控站的测轨系统可以测量卫星相对于测站的斜距 ρ、方位 A 和仰角 E，利用它们可以计算任意时刻 t_i 卫星在测站坐标系的位置 (x_i, y_i, z_i) 为

$$\begin{cases} x_i = \rho_i \cos E_i \cos A_i \\ y_i = \rho_i \cos E_i \\ z_i = \rho_i \cos_i E_i \sin A_i \end{cases} \tag{2-51}$$

再利用坐标转换公式,将卫星的位置转换成 J2000 坐标系下的位置矢量(X_i, Y_i, Z_i)。

②计算卫星任一点的位置和速率矢量。

取t_1时刻位置矢量(X_1, Y_1, Z_1)和取t_2时刻位置矢量(X_2, Y_2, Z_2),对应t_1时刻的速度$(\dot{X}_1, \dot{Y}_1, \dot{Z}_1)$可近似为

$$\begin{cases} \dot{X}_1 = \dfrac{X_1 - X_2}{\Delta t} \\ \dot{Y}_1 = \dfrac{Y_1 - Y_2}{\Delta t} \\ \dot{Z}_1 = \dfrac{Z_1 - Z_2}{\Delta t} \end{cases} \tag{2-52}$$

式中,$\Delta t = t_1 - t_2$。

③由位置和速率矢量计算卫星初始轨道。

在知道任意时刻t卫星的位置(X_i, Y_i, Z_i)和速度$(\dot{X}_i, \dot{Y}_i, \dot{Z}_i)$后,可以计算卫星的初始根数,具体方法如下。

计算轨道半长轴a

$$a = \frac{\mu r}{2\mu - rv^2} \tag{2-53}$$

$$r = \sqrt{X^2 + Y^2 + Z^2} \tag{2-54}$$

$$v = \sqrt{\dot{X}^2 + \dot{Y}^2 + \dot{Z}^2} \tag{2-55}$$

偏心率e和偏近点角E为

$$e\sin E = \sqrt{\frac{1}{\mu a}}(X\dot{X} + Y\dot{Y} + Z\dot{Z}) \tag{2-56}$$

$$e\cos E = 1 - \frac{r}{a} \tag{2-57}$$

平近点角M为

$$M = \sqrt{\frac{\mu}{a^3}}(t - \tau) \tag{2-58}$$

式中,τ为卫星过近地点时刻,其计算公式为

$$\tau = t - \sqrt{\frac{a^3}{\mu}}(E - e\sin E) \tag{2-59}$$

轨道倾角i为

$$\cos i = \frac{X\dot{Y}-Y\dot{X}}{\sqrt{\mu a(1-e^2)}} \tag{2-60}$$

式中, i 取值范围为 $0°\leqslant i\leqslant 180°$。

升交点赤经 Ω 为

$$\begin{cases}\sin\Omega=\dfrac{Y\dot{Z}-Z\dot{Y}}{\sqrt{\mu a(1-e^2)}\sin i}\\[3mm]\cos\Omega=\dfrac{X\dot{Z}-Z\dot{X}}{\sqrt{\mu a(1-e^2)}\sin i}\end{cases} \tag{2-61}$$

近地点幅角 ω 为

$$\omega=u-f \tag{2-62}$$

式中, f 和 μ 分别为 t 时刻的卫星真近点角和纬度幅角,它们的计算公式如下:

$$\begin{cases}\sin u=\dfrac{Z}{r\sin i}\\[3mm]\cos\mu=\dfrac{Y}{r}\sin\Omega+\dfrac{X}{r}\cos\Omega\end{cases} \tag{2-63}$$

$$\tan\frac{f}{2}=\sqrt{\frac{1+e}{1-e}}\tan\frac{E}{2} \tag{2-64}$$

(2)利用 GNSS 导航数据计算轨道。

加载 GNSS 导航接收机的近地卫星可以利用接收的 GNSS 数据,得到精确时间信号和空间的位置、速度,计算近地卫星的轨道。通常运行在近地轨道上的卫星可以看到 4 颗以上的卫星,接收其中 4 颗导航卫星的伪码测距时间,就可以得出近地卫星到这 4 颗导航卫星的距离,但这一距离并不是近地卫星与导航卫星之间的真实距离,而是伪距 $\tilde{\rho}_i$,它与真实的距离 ρ_i 的关系如下:

$$\tilde{\rho}_i=\rho_i+c\Delta t_{A_i}+c(\Delta t_u-\Delta t_{S_i}) \tag{2-65}$$

式中, c 为光速; Δt_{S_i} 为导航卫星 i 的时间与导航卫星系统的时间差,从该卫星发出的信号中可以得到它的数值; Δt_{A_i} 为大气传输时延,可用数学模型求出; Δt_u 为近地卫星与导航卫星系统的时间差。相应的近地卫星的位置 (x,y,z) 和时差 Δt_u,可以通过求解如下观测方程得出。

$$\begin{cases}\tilde{\rho}_1=[(x_{S_1}-x)^2+(y_{S_1}-y)^2+(z_{S_1}-z)^2]^{\frac{1}{2}}+c\Delta t_{A_i}+c(\Delta t_u-\Delta t_{S_i})\\\tilde{\rho}_2=[(x_{S_1}-x)^2+(y_{S_1}-y)^2+(z_{S_1}-z)^2]^{\frac{1}{2}}+c\Delta t_{A_i}+c(\Delta t_u-\Delta t_{S_i})\\\tilde{\rho}_3=[(x_{S_1}-x)^2+(y_{S_1}-y)^2+(z_{S_1}-z)^2]^{\frac{1}{2}}+c\Delta t_{A_i}+c(\Delta t_u-\Delta t_{S_i})\\\tilde{\rho}_4=[(x_{S_1}-x)^2+(y_{S_1}-y)^2+(z_{S_1}-z)^2]^{\frac{1}{2}}+c\Delta t_{A_i}+c(\Delta t_u-\Delta t_{S_i})\end{cases} \tag{2-66}$$

式中，$x_{S_1}, y_{S_1}, z_{S_1}, \cdots, z_{S_4}$ 为 4 颗导航卫星的位置，可以从接收到的导航信息中得出，有了任意时刻卫星位置 (x, y, z)，就可以利用上述高斯方法计算卫星的初轨。

3. 轨道改进

上述初始轨道计算一般应用少量的观测数据确定粗略的轨道要素，计算得到的轨道精度较差，还需要通过轨道改进提高定轨精度。轨道改进是利用初轨计算结果，利用大量观测数据，引入轨道摄动影响的模型，通过采用合适的计算方法达到提高定轨精度的目的。轨道改进的建模包含 3 种模型：状态模型、观测模型和估计模型，这些模型建立的方法如下。

(1) 状态模型的建模包括状态量的选取及状态方程的规模。在卫星轨道确定问题中，轨道参数即是状态矢量，此外还包含与轨道运动模型有关的轨道摄动参数、与轨道测量有关的某些系统性的观测误差，描述状态量变化过程的模型组成状态方程等。

(2) 观测模型的建模包含轨道观测参数及其数据量的选取，以及依据观测参数建立观测仿真的计算模型。观测参数可以是部分的基本测量数据，如测距或测角等。

(3) 估计建模是选用合适的状态估计算方法，根据观测方程的残差，不断改进状态量的估计，使残差趋于最小。

在实际的卫星轨道确定问题中，常用的轨道改进算法有批处理和递推处理 2 种。批处理常用的方法是加权最小二乘法，它基于在一段时间内获得的一批观测数据进行反复迭代运算，得出在此时间段内某一特定的时刻的最优轨道估计；递推处理是在初期处理的基础上，由实时观测数据更新现有估计，得出新的估计，这种估计算法是连续性的，适用于轨道观测实时处理，称为卡尔曼滤波。最小二乘法精度较高，迭代运算过程稳定，但是估计过程是阶段性的，不能即时得出结果，适用于轨道确定的事后处理；卡尔曼滤波是按时间顺序对每个观测数据进行解算，收敛速度快，更适于实时轨道确定计算。

4. 定轨结果精度分析方法

由于定轨结果的精度与计算方法、测量数据、物理常数的更新等有关，不同的计算方法和使用不同的测量数据，会产生不同的定轨结果，因此，在实际卫星测控过程中，通常在对一颗卫星进行轨道发布或者重大轨道控制事件前时，需要对定轨结果进行分析，确保定轨精度满足要求。

定轨精度分析用均方差 σ 来衡量，设 $\{x_i\}$，$i = 1, \cdots, N$ 是一组定轨结果的一列轨道量，$\{a_i\}$，$i = 1, \cdots, N$ 是另一组定轨结果的一列轨道量，则 $\Delta x_i = x_i - a_i$ 称为 x_i 的真误差，定义真误差的平方的算数平均值的平方根为这列观测量的均方差 σ，其计算公式为

$$\sigma = \sqrt{\frac{\sum \Delta x_i^2}{N}} = \sqrt{\frac{\sum (x_i - a)^2}{N}} \tag{2-67}$$

均方差 σ 值小，说明定轨结果一致性好，即定轨精度高。分析定轨精度的方法有 2 种，即内符合法和外符合法，具体如下。

（1）内符合法。

内符合法是指在进行卫星轨道精度评价时未使用其他的独立观测数据或处理结果，而是依靠卫星定轨过程中获得的相关数据或结果来进行分析，具体方法包括观测数据残差统计法和轨道重叠统计法。其中观测数据残差统计法使用不同的数据处理方法和定轨算法对相同的测轨进行处理，将不同方法得到的定轨结果用式（2-67）进行计算，即得到定轨误差；轨道重叠检验法是使用有重叠的多段数据进行定轨，图 2-56 给出了轨道重叠弧段示意图，第一段轨道从 $T1$ 开始、$T3$ 结束，第二段轨道从 $T2$ 开始、$T4$ 结束，它们之间有 ΔT 时段重叠，尽管重叠段的观测数据相同，但这两段轨道是通过两次独立解算得到的，可以认为这两段 ΔT 时段的重叠轨道不相关，因此，轨道重叠部分的符合程度反映了轨道精度，将两组定轨结果用式（2-67）进行计算，即得到定轨误差。通常情况下，内符合法计算结果是一个重要、但不是绝对可靠的结果。

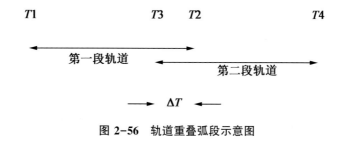

图 2-56　轨道重叠弧段示意图

（2）外符合法。

外符合精度评估是通过与国际权威机构发布的轨道进行对比分析或者利用未参与精密定轨的其他观测数据进行精度评估。前者例子如欧洲航天局的 SWARM 地球探测卫星，它公布的卫星轨道根数的精度优于 2 cm，其他使用 SWARM 测轨数据定轨结果就可以用它进行比较；后者例子如对同时装有 GPS 和激光测距仪的卫星定轨，使用 GPS 测量数据误差为米量级，而激光测距的精度能达到厘米量级，它们的定轨结果用式（2-67）进行计算，即得到绝对轨道误差。与内符合法相比，外符合精度评估结果更可靠。

2.2.5　轨道控制

卫星轨道控制是利用星上发动机工作产生的速度增量，来改变卫星的轨道。由于轨道控制的速度增量较小，产生的小推力加速度可以视为摄动加速度，可以利用轨道摄动的方法进行研究，对应的轨道控制方程（拉格朗日摄动方程）为

$$\begin{cases} \dfrac{\mathrm{d}a}{\mathrm{d}t} = \dfrac{2}{n\sqrt{1-e^2}}\left[Se\sin f + T(1+e\cos f)\right] \\[4mm] \dfrac{\mathrm{d}e}{\mathrm{d}t} = \dfrac{\sqrt{1-e^2}}{na}\left[S\sin f + T(\cos E + \cos f)\right] \\[4mm] \dfrac{\mathrm{d}i}{\mathrm{d}t} = \dfrac{r\cos u}{na^2\sqrt{1-e^2}}W \\[4mm] \dfrac{\mathrm{d}\Omega}{\mathrm{d}t} = \dfrac{r\sin u}{na^2\sqrt{1-e^2}\sin i}W \\[4mm] \dfrac{\mathrm{d}\omega}{\mathrm{d}t} = -\cos i\,\dfrac{\mathrm{d}\Omega}{\mathrm{d}t} + \dfrac{\sqrt{1-e^2}}{nae}\left[-S\cos f + T\left(1+\dfrac{r}{p}\right)\sin f\right] \\[4mm] \dfrac{\mathrm{d}M}{\mathrm{d}t} = n + \dfrac{1-e^2}{nae}\left[T\left(\cos f - \dfrac{2er}{p}\right) - S\sin f\left(1+\dfrac{r}{p}\right)\right] \end{cases} \tag{2-68}$$

式中,$u=f+\omega$,f 为真近点角;ω 为近地点幅角;r 为向径,$r=a(1-e\cos E)$;n 为轨道平均角速度,$n=\sqrt{\dfrac{\mu}{a^3}}$;$S$、$T$ 和 W 分别是作用在卫星上的摄动力在轨道坐标系径向、横向和轨道面法向上的加速度分量,其可以分解为引力摄动、大气阻力摄动和轨控发动机推力 F 的加速度分量,对于近圆卫星轨道 $e\approx0$,式(2-68)可以简化为

$$\begin{cases} \dfrac{\mathrm{d}a}{\mathrm{d}t} = \dfrac{2T}{n} \\[4mm] \dfrac{\mathrm{d}e_x}{\mathrm{d}t} = \dfrac{1}{na}\left[S\sin u + T(2\cos u)\right] \\[4mm] \dfrac{\mathrm{d}e_y}{\mathrm{d}t} = \dfrac{1}{na}\left[-S\cos u + T(2\sin u)\right] \\[4mm] \dfrac{\mathrm{d}i}{\mathrm{d}t} = \dfrac{1}{na}\cos u\cdot W \\[4mm] \dfrac{\mathrm{d}\Omega}{\mathrm{d}t} = \dfrac{1}{na}\dfrac{\sin u}{\sin i}\cdot W \\[4mm] \dfrac{\mathrm{d}\lambda}{\mathrm{d}t} = n - \dfrac{2}{na} - \dfrac{\sin u\cdot a\tan i}{na}\cdot W \end{cases} \tag{2-69}$$

式中,$\lambda=\omega+M$,由于 $e\approx0$,为避免轨道摄动运动方程出现奇点,带来数值计算的麻烦,定义了 $e_x=e\cos\omega$、$e_y=e\sin\omega$,它们是沿拱线的偏心率矢量 e 在 (e_x,e_y) 平面内的分量,由式(2-69)可以看出:

(1)改变轨道半长轴依靠横向推力 T;

(2)改变倾角通过法向推力 W,为不影响升交点赤经,要求 $u=0$ 或 $u=180°$;

(3)改变升交点赤经通过法向推力 W,为不影响升交点倾角,要求 $u=\pm90°$。

对于近圆轨道,可以认为是切向推力就是横向推力。当卫星发动机以冲量方式工作

时,冲量使卫星获得速度增量,把速度增量视为加速度与时间时隔的乘积,有 $T = \dfrac{\Delta V_x}{\Delta t}$,$S =$
$\dfrac{\Delta V_y}{\Delta t}$,$W = \dfrac{\Delta V_z}{\Delta t}$。由式(2-69)可知,切向速度增量使轨道根数中的半长轴和偏心率产生的瞬时变化为

$$\begin{cases} \Delta a = 2a\sqrt{\dfrac{a}{\mu}}\,\Delta V_x \\ \Delta e = 2\sqrt{\dfrac{a}{\mu}}\,\Delta V_x \end{cases} \tag{2-70}$$

法向速度增量使倾角和升交点赤经产生的瞬时变化为

$$\begin{cases} \Delta i = \dfrac{\cos u}{na}\Delta V_z \\ \Delta \Omega = \dfrac{\sin u}{na\sin i}\Delta V_z \end{cases} \tag{2-71}$$

式中,n 为轨道平均角速度,对于近圆近轨卫星有:$n = \sqrt{\dfrac{\mu}{a^3}}$,$V_x = \sqrt{\dfrac{\mu}{a}} = na$。

具体的轨道控制计算在后面章节根据不同的应用有详细介绍。

2.3 轨道测量

卫星测控的主要任务之一是对卫星轨道进行测量,获取卫星的空间位置和速度信息,利用地面测控站可以测量卫星到测控站之间的距离、速度和天线跟踪卫星的角度。

2.3.1 测距

测距是测量卫星到测控站之间的直线距离,其原理是利用测量得到的无线电信号传播时间乘以光速计算距离。不同的测控体制测量传播时间的方法和精度不同。

1.统一载波测距

统一载波测距采用侧音测距原理,所谓的侧音是指利用某一频率的正弦波,测控站设备的测距单元用此正弦波调制上行载波后发射出去,待测目标的应答机接收此测距信号,对信号做透明转发或解调转发,测距信号频谱被搬移到测距下行链路返回测控站,测控站接收解调出原始的测距正弦波后和本地正弦波进行相位比对,找出测距正弦波经过待测目标往返后的相位延迟 φ,通过该相位延迟就可以计算出地面站-卫星-地面站之间的距离和。测控站和卫星间往返距离 S 与侧音正弦波信号经过往返后相位延迟 φ 之间的关系为

$$S = \dfrac{c\varphi}{2\pi f} \tag{2-72}$$

式中,c 为光速;f 为测距侧音正弦波信号频率。由式(2-72)可以得到当相位误差为 $\Delta\varphi$ 时,距离测量精度 ΔS

$$\Delta S = \frac{c}{2\pi f}\Delta\varphi \tag{2-73}$$

式(2-73)表明测相误差 $\Delta\varphi$ 一定时,测距误差与测距侧音信号频率 f 成反比,因此为减小测距误差,应尽量选用较高频率的测距侧音正弦波信号。如果统一载波测控设备的 $\Delta\varphi$ 可以达到 $0.5°$,主侧音频率为 $100\ \text{kHz}$ 时,对应的测距精度为 $\Delta R = \frac{300\ 000\ 000}{360\times100\ 000}\times0.5 = 4.2\ \text{m}$。

采用侧音测距,测控设备只能测出相位 $0\sim2\pi$ 的 φ 值,即

$$\varphi = 2n\pi + \Delta\varphi \tag{2-74}$$

测控设备得不到式中的整周数 n 值,因此,测距侧音信号经过目标的往返距离不能大于测距正弦波信号波长,否则相位测量会导致 2π 整数倍的误差,产生所谓的距离模糊。采用单一频率 f 的侧音测距的有效量程 $R_{\max}$ 为

$$R_{\max} < \frac{c}{2f} \tag{2-75}$$

由式(2-75)可知,为获得尽量大的有效量程,测距侧音正弦波信号频率应该低;又由式(2-73)可知为获得高精度距离测量值,测距侧音正弦波信号频率应该高,而卫星测控中要求有效量程大、测距精度高,这就产生了矛盾。为了解决这个矛盾,可以采用 2 个正弦波作为测距信号,其中高侧音满足测距精度要求,低侧音满足量程要求。图 2-57 中高侧音频率为 f_1,低侧音频率为 f_2,它们之间成倍数关系,即 $f_1 = kf_2$,对卫星测量时,分别得到相位延迟 $\Delta\varphi_1$ 和 $\Delta\varphi_2$,相应测控站到卫星之间的距离 R 可以表示为

$$R = N\times R_{\max1} + \frac{\Delta\varphi_1\times c}{4\pi f_1} \tag{2-76}$$

式中,$R_{\max1}$ 为高侧音频率 f_1 对应的最大无模糊距离;N 为要确定的模糊数。由于 $f_1 = k\times f_2$,所以在一个 f_2 周期内有 k 个 f_1 周期。利用相位延迟 $\Delta\varphi_2$ 可以计算出 N,具体如下:

$$\begin{cases} 0<\Delta\varphi_2<\dfrac{360}{k}\text{时},N=0 \\[2mm] \dfrac{360}{k}<\Delta\varphi_2<\dfrac{2\times360}{k}\text{时},N=1 \\[2mm] \dfrac{2\times360}{k}<\Delta\varphi_2<\dfrac{3\times360}{k}\text{时},N=2 \\[2mm] \cdots \\[2mm] \dfrac{(k-1)\times360}{k}<\Delta\varphi_2<\dfrac{k\times360}{k}\text{时},N=k-1 \end{cases} \tag{2-77}$$

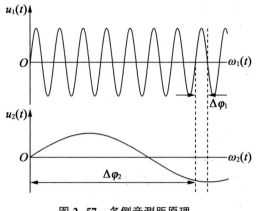

图 2-57　多侧音测距原理

S 频段测控设备的最高侧音频率 f_1 为 100 kHz、最低侧音频率 f_2 为 8 Hz,对应最大无模糊距离为 18 750 km。而实际应用中,会出现卫星到测站的距离大于 18 750 km 的情况,为解决这一问题,可以采用轨道预报辅助解模糊的方法,具体方法是先利用测控设备测量出小于最大模糊距离 R_{max} 的距离 r,然后用轨道预报确定超出 R_{max} 的整周数 N,计算实际距离 R:

$$R = N \times R_{max} + r \tag{2-78}$$

式中,N 根据预报值 R_P 与 R_{max} 之间的关系,分别取 $\text{int}\left(\dfrac{R_P}{R_{max}}\right)-1$、$\text{int}\left(\dfrac{R_P}{R_{max}}\right)$ 或 $\text{int}\left(\dfrac{R_P}{R_{max}}\right)+1$。

2. 扩频测距

扩频测距按上下行载波和伪码是否相关,分为相干测距和非相干测距。

(1)相干测距。

图 2-58 为扩频相干测距实施原理图,在锁定跟踪正常情况下,测控设备的测距终端在 t_1 时刻产生伪随机码序列,调制到载波向卫星发射的同时,锁存发码初始状态并开始对发码钟计数,卫星码环在 t_2 时刻跟踪锁定 t_1 时刻所发测距序列,同时星上码产生器生成一同步于上行码序列的下行码序列,并调制到下行载波发射,卫星接收的上行码与转发的下行码相干,下行码钟频率和码相位均与上行码同步变化。在地面码环已对下行码序列跟踪锁定,并将收端码产生器的状态不停地与锁存的发码初始状态进行比较。在 t_3 时刻地面收到 t_2 时刻卫星下发测距序列,收发码状态相同时,由伪码测距终端测量收发码时延 τ,计算出距离。图 2-59 是扩频相干测距时序,由图可以看出,时延 τ 的计算公式为

$$\tau = t_3 - t_1 = \left(N + \frac{\Delta\varphi}{2\pi}\right) \times T_c \tag{2-79}$$

测控站到卫星的距离 R 为

$$R = \frac{1}{2}c \times \left(N + \frac{\Delta\varphi}{2\pi}\right) \times T_c \tag{2-80}$$

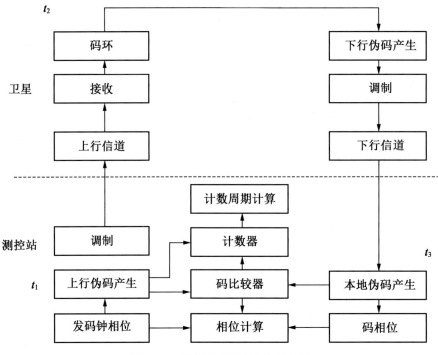

图 2-58 扩频相干测距实施原理图

式中,N 为码钟周期计数;$\Delta\varphi$ 为收、发码钟相位差;T_c 为发码时钟;c 为光速。式(2-79)表明时延由 NT_c 和 $\dfrac{\Delta\varphi}{2\pi}T_c$ 两部分组成,其中 NT_c 是整周期,收、发码钟相位差 $\Delta\varphi$ 的测量精度决定了时延精度,码速率越高,相位测量精度越高,时延测量精度越高。理论上扩频相干测距精度可以达到一个码元宽度的 1/100,当码速率为 1 Mb/s,一个码片对应 150 m 距离,理论上测距精度为 1.5 m。常用的测控设备相干扩频测距的精度可以达到 1~3 m。

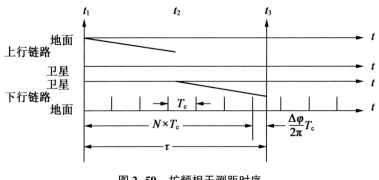

图 2-59 扩频相干测距时序

当伪码长度为 L、码速率为 R_{PN} 时,采用长码直接解距离模糊得到的单程最大无模糊距离 R_{MAX} 为

$$R_{\text{MAX}} = \frac{CL}{2R_{\text{PN}}} \qquad (2-81)$$

由式(2-81)可以看出,伪码相干测距的距离模糊度取决于伪码码长 L,例如,当 $L=$ 1 023, $R_{\text{PN}}=1$ Mb/s 时, $R_{\text{MAX}}=153.45$ km,无模糊距离太短;当 $L=536\ 870\ 911$, $R_{\text{PN}}=$ 20 Mb/s 时, $R_{\text{MAX}}=4\ 026\ 531.83$ km,因此对于远距离测距,就要求伪码周期足够长。但伪码过长,会增大接收端的捕获时间和跟踪难度。

1 023×256 的截短 m 序列,它的距离模糊度为 256×153.45＝39 283 km,对于 500 km 高度的近地卫星测控,它的最远距离为 2 500 km 左右,因此这个模糊距离满足测量需求。

(2)非相干测距。

在非相干测距模式下,星上时钟与地面时钟独立,上、下行链路之间的信息帧、信息及伪码不相干,但上行伪码速率是上行信息位速率的整数倍,与地面时钟相干,下行伪码速率是下行信息位速率的整数倍,与星上时钟也相干。非相干扩频测距时,星地各自以本地时钟为基准,分别进行双向伪距测量,由地面计算出真实距离。

非相干模式测距采用了扩频测量帧技术,帧内含时间信息用于测距和解距离模糊,将测量帧调制到高速伪码上,在测量帧的每个信息位内填多个伪码周期。非相干扩频测距流程图如图 2-60 所示。每一帧信息内,利用帧同步作为测距同步标志;每一信息位内,利用伪码周期计数、伪码相位以及伪码片相位来精确测定时延值进而得到测距值。表 2-10 给出了一个下行非相干扩频测距的信号参数和传输帧结构示例,其中调制方式为 PCM－CDMA－BPSK、信息速率为 1 kb/s、扩频码速率为 10.23 Mb/s、测距帧长为 50 Byte、帧频为 2 帧/s。

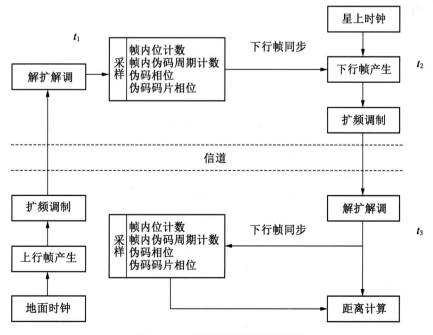

图 2-60 非相干扩频测距流程图

表 2-10　非相干扩频测距的信号参数和传输帧结构示例

帧计数	星上时间	AGC 及码片相位	通道状态及采样信息	帧同步
下行测量 帧计数	采样时刻 星上时间	• 接收 AGC 电压值 • 采用时刻下行伪码码片相位	• 上行信号锁定状态 • 上行信号信噪比 • 上行码相位和帧计数 • 上行多普勒频偏	同步码

地面从下行测距帧中获取的帧计数、位计数、扩频伪码计数、码相位、载波计数、载波相位等测量信息与采样获取的上述参数进行比较计算，可以到测控站到卫星之间的双程传输时间 ΔT 和距离 R 为

$$\Delta T = t_3 - t_1 = \frac{\Phi_{UP2} - \Phi_{UP1}}{R_{PN}} \tag{2-82}$$

$$R = \frac{1}{2} \times \Delta T \times C = \frac{(\Phi_{UP2} - \Phi_{UP1}) \times C}{2R_{PN}} \tag{2-83}$$

式中，Φ_{UP2}、Φ_{UP1} 定义如图 2-61 所示。

与相干模式相比，非相干扩频测距主要有 2 个优点：相干扩频测控模式中，无模糊距离值取决于伪码码长，为获得较长的无模糊距离，需要采用长伪码序列，但过长的码长会增大接收端的捕获时间和跟踪难度，因此工程上采取了长码与短码结合的方案，在非相干测控模式中，最大无模糊距离取决于上行帧周期，不需要考虑使用长码序列。另外，相干扩频测控模式下，卫星下行的伪码需要与一个测控站发出的上行伪码相干，只有该测控站能够测量出卫星到其距离，原则上要实现多个测控站同时测控，星上应答机就需要同样数量的信道；而非相干扩频测控由于下行伪码不需要与上行伪码相干，因此只要每个测控站使用不同的扩频码，就可以多站发送、多站接收，实现多站同时测距。

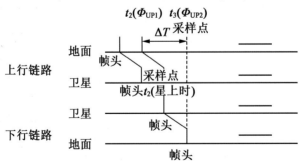

图 2-61　非相干扩频测距时序

3. 多站测距

多站测距是采用多个测控站同时对一颗卫星进行距离测量，获得高精度卫星空间位置信息，通常采用扩频体制。其原理如图 2-62(a) 所示，它由一个主站 A 和两个副站 B、C 组成，其中主站向卫星发出扩频码为 PN1 的测距信号，卫星接收该信号后，完成捕获和

解调,变频后向下转发,2 个接收副站接收 PN1 的测距信号后,完成捕获和解调,变频后分别发送扩频码为 PN2 和 PN3 的测距信号,卫星接收这些信号后向下转发,主站 A 根据这些接收的测距信号,分别计算出主站到主站和主站到 2 个副站之间的双程距离和。

对于一个测距站,只要测出站到卫星的距离,那么卫星总是在以站址为圆心、以距离为半径,在空中画的半圆球面上。如果有 2 个在不同地点的测量站,可以分别测出各自站到卫星的距离,画出 2 个这样的半圆球面相交出一条曲线,卫星总是在这条曲线上;如果有 3 个不同地点的测控站,可以做出 3 个这样的半球面在空间交于一点。这一点是由 3 个站的位置和 3 个站测出的卫星距离确定出来的唯一点。因此只要测出 2 个测控站到卫星和主站之间的距离及 3 个站地理坐标,就能唯一确定卫星在空间的位置。

图 2-62(b) 中,3 个站的站址坐标分别为 $A(x_1,y_1,z_1)$、$B(x_2,y_2,z_2)$ 和 $C(x_3,y_3,z_3)$,其中 A 站是主站、B 和 C 是副站,主站 A 向卫星发信号、它和 B、C 两个站都接收来自卫星的转发信号,如果 3 个站的坐标已知,且各站能够准确测得信号传输时延,则由三球交汇原理,可以解算出卫星的空间位置 $S(x,y,z)$。卫星与 3 个站的距离间 ρ_1、ρ_2、ρ_3 的关系为

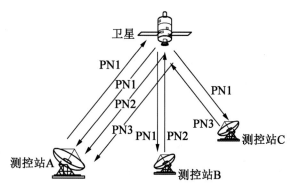

(a)扩频测距原理

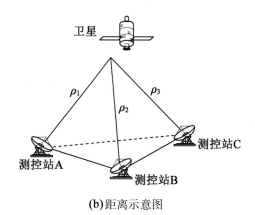

(b)距离示意图

图 2-62　三站测距示意图

$$\sqrt{(x-x_i)^2+(y-y_i)^2+(z-z_i)^2}=c\Delta t_i=\rho_i \quad i=1,2,3 \tag{2-84}$$

若卫星在空间位置的估计值为 $S(x_0,y_0,z_0)$，利用 Taylor 公式有

$$\sqrt{(x-x_i)^2+(y-y_i)^2+(z-z_i)^2}+\frac{(x_0-x_i)(x-x_0)}{\sqrt{(x_0-x_i)^2+(y_0-y_i)^2+(z_0-z_i)^2}}+$$

$$\frac{(y_0-y_i)(y-y_0)}{\sqrt{(x_0-x_i)^2+(y_0-y_i)^2+(z_0-z_i)^2}}+\frac{(z_0-z_i)(z-z_0)}{\sqrt{(x_0-x_i)^2+(y_0-y_i)^2+(z_0-z_i)^2}}=\rho_i \tag{2-85}$$

如果令

$$\begin{cases} \sqrt{(x-x_i)^2+(y-y_i)^2+(z-z_i)^2}=c\Delta t_i=\rho \\ x-x_0=\Delta x,y-y_0=\Delta y,z-z_0=\Delta z,\rho_i-r_i=\Delta\rho_i \end{cases} \quad i=1,2,3 \tag{2-86}$$

则式(2-85)可以写成

$$\frac{x_0-x_i}{r_i}\Delta x+\frac{y_0-y_i}{r_i}\Delta y+\frac{z_0-z_i}{r_i}\Delta z=\Delta\rho_i \quad i=1,2,3 \tag{2-87}$$

实际上，式(2-87)中的系数为方向余弦，即

$$\frac{x_0-x_i}{r_i}=\cos\alpha_i,\frac{y_0-y_i}{r_i}=\cos\beta_i,\frac{z_0-z_i}{r_i}=\cos\gamma_i, \quad i=1,2,3 \tag{2-88}$$

将式(2-88)用矩阵表示为

$$\boldsymbol{G}\mathrm{d}x=\mathrm{d}\rho \tag{2-89}$$

式中

$$\boldsymbol{G}=\begin{pmatrix} \cos\alpha_1 & \cos\beta_1 & \cos\gamma_1 \\ \cos\alpha_2 & \cos\beta_2 & \cos\gamma_2 \\ \cos\alpha_3 & \cos\beta_3 & \cos\gamma_3 \end{pmatrix}, \quad \mathrm{d}x=\begin{pmatrix} \Delta x \\ \Delta y \\ \Delta z \end{pmatrix}, \quad \mathrm{d}\rho=\begin{pmatrix} \Delta\rho_1 \\ \Delta\rho_2 \\ \Delta\rho_3 \end{pmatrix}$$

对于式(2-89)，其解为

$$\mathrm{d}x=(\boldsymbol{G}^{\mathrm{T}}\boldsymbol{G})^{-1}\boldsymbol{G}^{\mathrm{T}}\mathrm{d}\rho=\boldsymbol{H}\mathrm{d}\rho \tag{2-90}$$

求得 $\mathrm{d}x$ 后，利用 $S(x_0,y_0,z_0)$ 就可以求出卫星在测站坐标系下的位置 $S(x,y,z)$。

4. 导航测距

导航测距的原理与扩频测距相同，导航卫星发送的扩频数据包含基本的导航数据（如卫星星历及卫星健康状况等）和测距信号的信号结构，近地卫星通过接收导航卫星信号，测量传输时延，计算出它到导航卫星的距离。设一个导航星在 t_s 时刻发射某一信号，近地卫星在 t_u 时刻接收到该信号，则近地卫星到该导航卫星之间的伪距为 $c(t_u-t_s)$，如图 2-63 所示，真实距离为

$$r=c(t_u-t_s)-(r_{tu}-r_{ts})-r_I-r_T-r_\varepsilon \tag{2-91}$$

式中，r_{tu} 为近地卫星与导航卫星钟差距离；r_{ts} 为一个导航星与导航卫星钟差距离；r_I 和 r_T 分别为电离层延时和对流层延时造成的距离误差；r_ε 为卫星星历误差、多路径测量误差、接收机噪声等各种误差总和造成的距离误差。

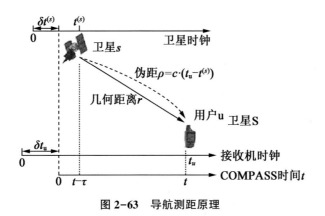

图 2-63　导航测距原理

2.3.2　测速

测速是利用多普勒频移特性测量卫星的运动速度,其原理是相对运动使接收信号频率与发射信号频率不一致的多普勒效应,卫星测控中常用单程和双程多普勒测速。

1. 多普勒频移

当波源和接收者之间有相对径向运动时,接收者收到的频率将异于波源的频率,这一现象被人们称为多普勒效应,由多普勒效应所引起的附加频移称为多普勒频移,可用下式表示:

$$f_{\text{dMAX}} = \frac{v}{c} f \cos \alpha \tag{2-92}$$

式中,α 为入射电波与移动站运动方向之间的夹角;v 为移动站的运动速度;f 为工作频率。从式(2-92)可以看出,工作频率越高或者运动速度越高,多普勒频移就越大。地面站跟踪卫星时,当卫星从地平线出现和从地平线消失时,卫星与地面站有最大的相对运动速度,多普勒频最大。当卫星从地平线出现时,有最大的正多普勒频移;当卫星从地平线消失时,有最大的负多普勒频移。一个测控站跟踪高度为 h 的卫星,产生的最大多普勒频移 f_{dMAX} 为

$$f_{\text{dMAX}} = \frac{v}{c} \times \frac{R_{\text{e}}}{R_{\text{e}} + h} \times f \tag{2-93}$$

式中,c 为光速;R_{e} 为地球半径;f 为工作频率;v 为卫星运行速度,表 2-11 是使用 S 和 X 频段跟踪 500 km 卫星,下行遥测的最大多普勒频移计算示例。

表 2-11　最大多普勒频移计算示例

工作频段	频率/GHz	轨道高度/km	卫星速度/(km/s)	最大多普勒频移/kHz
S	2.29	500	7.61	53.89
X	8.4	500	7.61	197.66

2. 单程多普勒测速

单程多普勒测速的原理是卫星装备高精度和高稳定度的信标机向地面发送标称频率信号,测控站将接收到的信标频率与标称频率进行比较,两者之差就是多普勒频移。图 2-64 中,安装频标的卫星发送固定频率的信号,地面测控站接收信号后,与标称的频率进行比较,计算出多普勒频率变化值,再根据式(2-94)计算出卫星相对测控站的径向速度 V:

$$V = \frac{C}{f_T} f_d \tag{2-94}$$

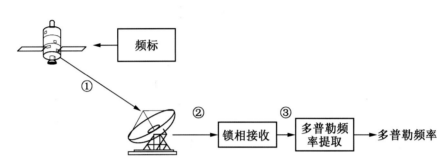

图 2-64　单程多普勒测速原理

单程测速的优点是设备简单,地面测控站只接收不用发送上行信号,但对星上信标机频率的精度和稳定度要求高。受星上条件限制,传统的晶振频率系统星钟的稳定度为 10^{-9},难以满足要求。但如果使用原子钟就可以达到这个要求,例如美国 GPS 安装了铯原子钟和铷原子钟,稳定度为 $10^{-15} \sim 10^{-13}$,欧盟伽利略、俄罗斯格洛纳斯及我国北斗均安装铷原子钟和氢原子钟。

3. 双程多普勒测速

双程多普勒测速的原理是测控站向卫星发高精度和高稳定度的信号,卫星应答机接收后转发,测控站接收卫星转发的信号后,将收到的信号频率与发出的信号频率比较,差值就是测控站到卫星和卫星到测控站之间的双程多普勒频移,其原理如图 2-65 所示。双程测速的优点是由于信号是地面发出的,可以采取更多的措施确保信号频率的精度和稳定度,同时双程多普勒频移测量结果改善测量精度。因此,卫星测控通常采用双程多普勒测速,有 2 种方法:相干和非相干测速。

(1)相干测速。

相干测速的双程信号中,卫星转发的下行信号的频率与接收的上行信号相干,以用于统一载波测控和相干扩频测控体制为主。假设测控站发射上行载波频率为 f_{up},根据多普勒原理,到达星载应答机处的频率为 f_R,即

$$f_R = f_{up} \times \frac{c - v(t)}{c} = K_d f_{up} \tag{2-95}$$

式中,c 为光速;$v(t)$ 为卫星的瞬时径向速度。为了把上行频率和下行频率区分开来,星

载应答机需要用一个新的频率转发,设转发比为 ρ,则下行信号的频率为

$$f_{\text{down}} = \rho f_{\text{R}} = \rho \left(1 - \frac{v(t)}{c}\right) f_{\text{up}} \tag{2-96}$$

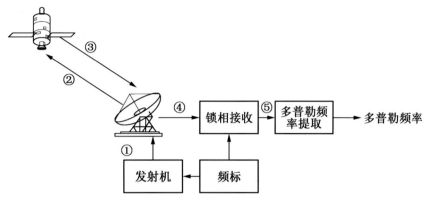

图 2-65　双程多普勒测速原理

此时根据多普勒原理,下行信号到达地面接收设备时的频率变为 f_{G},即

$$f_{\text{G}} = \frac{c}{c+v(t)} f_{\text{down}} = \rho \left(1 - \frac{v(t)}{c}\right) \left(\frac{c}{c+v(t)}\right) f_{\text{up}} \tag{2-97}$$

将 f_{up} 倍频 ρ 次,与 f_{G} 混频,得到双程多普勒频率 f_{d}:

$$f_{\text{d}} = f_{\text{G}} - \rho f_{\text{up}} = \left[-2 \frac{v(t)}{c+v(t)}\right] \rho f_{\text{up}} \tag{2-98}$$

测出多普勒频率之后便可解算出目标的径向速度 $v(t)$:

$$v(t) = -\left[1 + 2\frac{\rho f_{\text{up}}}{f_{\text{G}} - \rho f_{\text{up}}}\right] c \tag{2-99}$$

需要说明的是,式(2-98)中 f_{d} 的多普勒频率的表达式有一个负号,这与卫星与测控站的相对运动方向有关。当收发端之间的距离变大时,多普勒频率 f_{d} 为负数;当收发端之间的距离变小时,f_{d} 为正数。

(2)非相干测速。

非相干测速的双程信号中,卫星转发的下行信号的频率与上行信号不相干,即卫星发下行频率不跟踪锁定在上行频率,上、下行多普勒分别计算。上行多普勒计算由卫星接收到上行信号后计算,并将计算结果和时间采样信息等调制到下行测量帧中,地面获取此测量值后与地面采样获取的下行单向伪多普勒测量值进行比较计算,可得到双向多普勒测量值。非相干测速要求星上伪多普勒测量积分时间和地面伪多普勒测量积分时间一致,星上采样时刻为下行测量帧帧同步形成时刻,地面采样时刻为接收到下行测量帧帧同步形成时刻。图 2-60 中,地面发出的上行信号频率 f_{RF1} 为

$$f_{\text{RF1}} = f_{\text{up}}(1 + \sigma_{\text{g}}(t_1)) \tag{2-100}$$

到达星上的上行信号频率为

$$f_{\text{sr}} = f_{\text{RF1}}\left(1 + \frac{v(t_2)}{c}\right) = f_{\text{up}}(1 + \sigma_{\text{g}}(t_1) \times \left(1 + \frac{v(t_2)}{c}\right) \tag{2-101}$$

式中，f_{up} 为标称上行载波频率；$\sigma_g(t_1)$ 为地面站的钟差；$v(t)$ 为卫星相对于地面站的径向速度；c 为光速；测速时标 $t_1 \sim t_3$ 参见图 2-60。由此可得卫星以星上时钟为参考测得上行信号频率值为

$$f'_{sr} = = \frac{f_{up}(1+\sigma_g(t_1)) \times \left(1+\dfrac{v(t_2)}{c}\right)}{1+\sigma_s(t_2)} \tag{2-102}$$

同理可以得到：

$$f_{RF2} = f_{down}(1+\sigma_g(t_2)) \tag{2-103}$$

$$f_{gr} = f_{RF2}\left(1+\frac{v(t_2)}{c}\right) = f_{down}(1+\sigma_s(t_2)) \times \left(1+\frac{v(t_2)}{c}\right) \tag{2-104}$$

$$f'_{gr} = \frac{f_{down}(1+\sigma_s(t_2)) \times \left(1+\dfrac{v(t_2)}{c}\right)}{1+\sigma_s(t_3)} \tag{2-105}$$

式（2-103）至式（2-105）中，f_{RF2} 为星上发出的下行信号频率；f_{down} 为标称下行载波频率；$\sigma_s(t)$ 为星载应答机的钟差；f_{gr} 为到达地面的下行信号频率；f'_{gr} 为地面以地面钟为参考测得下行信号频率值。

将式（2-101）和式（2-104）分别扣除标称上行载波频率 f_{up} 和标称下行载波频率 f_{down}，可分别得到上行与下行伪多普勒测量值 f_{d1}、f_{d2}：

$$f_{d1} = \frac{f_{up}(1+\sigma_g(t_1)) \times \left(1+\dfrac{v(t_2)}{c}\right)}{1+\sigma_s(t_2)} - f_{up} \tag{2-106}$$

$$f_{d2} = = \frac{f_{down}(1+\sigma_s(t_2)) \times \left(1+\dfrac{v(t_2)}{c}\right)}{1+\sigma_g(t_3)} - f_{up} \tag{2-107}$$

由式（2-106）和式（2-107）推导可得卫星发送下行信号时卫星的径向瞬时速度 $v(t_2)$ 为

$$v(t_2) = \left\{\left[\frac{(f_{up}+f_{d1}) \times (f_{down}+f_{d2})}{f_{up} \times f_{down}} \times \frac{(1+\sigma_g(t_3))}{(1+\sigma_g(t_1))}\right]^{\frac{1}{2}} - 1\right\} \times c \tag{2-108}$$

4. 导航测速

导航测速本质上就是单程测速，它是将导航接收机安装在近地卫星上，通过接收导航接收机发出的信号计算卫星的运动速度。由于安装在近地卫星上的导航接收机可以同时接收多个导航卫星信号，当导航星数量大于 4 个时，通过求解联立方程，可以直接计算出卫星在空间的速度，而不像单纯单程测速一样，只能求出卫星到接收机之间的径向速度。常用导航测速方法包括位置差分法和多普勒测速法。位置差分法是把近地卫星的位置在前后历元之间求差分，其测速精度受限于导航卫星动态定位精度及载体的运动状态，解算的速度的精度为分米级；多普勒测速法是基于严格的多普勒测速数学模型，精

度可达到毫米级,其观测方程为

$$\lambda D = \dot{\rho} + c\dot{i}_u - c\dot{i}_j + \dot{T} - \dot{I} + \dot{\varepsilon} \tag{2-109}$$

式中,λ 为波长;D 为多普勒观测值;c 为光速;$\dot{i}_u$ 为接收机钟速;$\dot{i}_j$ 为卫星钟速;$\dot{T}$ 为对流层变化率;$\dot{I}$ 为电离层变化率;$\dot{\varepsilon}$ 为多路径效应和声变化的影响;$\dot{\rho}$ 为近地卫星 u 到导航卫星 j 的径向距离变化率。导航测速方法无须测控站发送上行信号,具有全天候、全时段、精度高等优点,在卫星测控上得到了广泛应用。

2.3.3　测角

1. 角度测量原理

测控设备对卫星的角度测量是通过天线的指向信息获得的,用方位角和俯仰角来表示。方位角是指从测控站的正北方向依顺时针旋转至目标方向线间的水平夹角,其值为 $0° \sim 360°$。俯仰角是测控站所在地的地平面水平线与卫星视线形成的角度,其值为 $0° \sim 90°$。

目前在卫星测控设备中应用最多的是单脉冲跟踪技术,单脉冲是指利用接收信号的单独一个脉冲得到天线指向完整的方位与俯仰误差信息,其跟踪原理是使用同时比较和波束、差波束的方法,就是天线同时辐射出几个波束,然后由几个相互独立的接收通道接收由跟踪目标反射的每路信号,再对这些反射信号通过和差网络进行和、差运算得到和信号、差信号,进行比对后就可以得到跟踪目标的误差信号,将这些信号作为命令输入到伺服系统,以驱动天线跟踪目标,达到跟踪效果。

单脉冲天线的和、差信号的产生是通过单脉冲馈源实现的。单脉冲馈源的设计是单脉冲天线研究的核心技术之一,通常有多喇叭馈源和多模馈源。图 2-66 是单脉冲四喇叭馈源产生和信号、俯仰差和方位差信号原理。四个喇叭作为相互独立的四路接收支路,当四路信号都同时时,四路信号相加,在天线轴向最强,产生和信号;当 1、2 路信号同相,3、4 路信号反相,四路信号相加减后,在天线轴向较低,偏离轴向信号逐渐增强,产生俯仰差信号;当 1、3 路信号同相,2、4 路信号反相,和俯仰差信号产生原理一样,形成了方位差信号;多模馈源网络如图 2-67 所示,原理是当天线完全对准卫星方向时,接收的电磁波在一次辐射器中激发的电磁场只有主模(TE11 模),而当天线偏离卫星方向时,电场将出现轴向分量,除主模外还产生高次模(TE21 模等)。实际天线中,卫星信号经过波束波导传输后进入位于天线座底部的馈源,通过高次模耦合器产生和信号,如果天线对准目标,和信号是唯一的,即在高次模耦合器侧口无信号输出;天线一旦偏离目标,和信道信号变小,在耦合器侧口则有信号输出,这就是差信号,其强弱与天线偏离目标偏角的大小成比例。

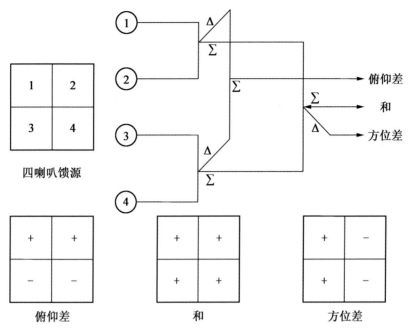

图 2-66　脉冲四喇叭馈源产生和信号、俯仰差和方位差信号原理

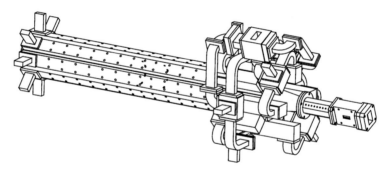

图 2-67　多模馈源网络

2. 角度跟踪

采用上述角度测量技术,天线的通道合成了方位误差信号 Az、俯仰误差信号 El,如图 2-68 所示,跟踪接收机检测出该方位误差信号 Az、俯仰误差信号 El,并传送给伺服系统,伺服接收到该误差信号后驱动天线电机朝着减小误差的方向运动,确保天线能够始终对准卫星,并持续输出方位角和俯仰角信息。图中接收机中方位误差信号、俯仰误差信号和和信号可以采用单通道、双通道和三通道传输,分别称为三通道单脉冲道接收机、双通道单脉冲道接收机和单通道单脉冲道接收机,其中单通道单脉冲跟踪接收机,既保持了单脉冲跟踪实时性、快速性的优点,又将传统单脉冲体制的方位误差、俯仰误差合成为一个通道,降低了成本,简化了设备量,增加了系统的可靠性和可维修性,在卫星测控设备中得到了广泛应用。

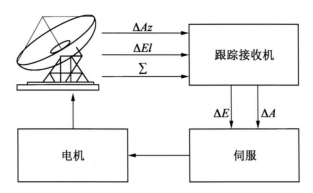

图 2-68 角度跟踪控制原理图

第3章 卫星测控设备原理

卫星测控设备完成对卫星的跟踪、轨道测量、遥测数据接收和遥控/注数上行发令，根据测控体制的不同，主要有统一载波测控设备和扩频测控设备。

3.1 统一载波测控系统

3.1.1 统一载波测控原理

统一载波测控体制基于频分复用原理，图 3-1 是采用 PCM/BPSK/PM 统一载波测控体制的信号传输原理框图，在地面发射端，先用遥控和测距信号对各自副载波调制，形成多路频分信号，再将它们相加对一个载波进行调制，如图 3-1（a）所示；在卫星接收端，载波解调后，再分别进行副载波解调，获取遥控和测距信息，如图 3-1（b）所示。

(a)发射端　　　　　　　　　　　　　　　　**(b)接收端**

图 3-1　统一载波测控体制信号传输原理框图

1965 年之前测控设备独立发展时期，跟踪设备、遥测设备、遥控设备、电视和语音设备独立发展，各有自己的载频、天线和收发设备，与这种分立式测控体制相比，统一载波测控体制设备更集中和高效。统一载波测控体制最先选用 S 频段作为射频载波，称为 S 频统一段测控体制（简称为 USB），之后逐渐扩展到 C 频段（简称为 UCB）、X 频段（简称为 UXB）等高频段。S 频段统一载波测控系统的上行载波频率范围为 2 025～2 110 MHz、下行载波频率范围为 2 200～2 290 MHz；X 频段统一载波测控系统上行载波频率范围为 7 190～7 250 MHz、下行载波频率范围为 8 025～8 400 MHz，各测控信号频率规定如下：

（1）遥控副载波频率为 8 kHz 或 16 kHz；

（2）遥测副载波选在 20 kHz～100 kHz 之间或者大于 100 kHz；

（3）1 个主侧音频率为 100 kHz；

（4）6 个次侧音频率为 20 kHz、4 kHz、800 Hz、160 Hz、32 Hz 和 8 Hz（次侧音由主侧音分频得到）。

C 频段统一载波测控系统采用 4 个侧音,主侧音频率为 27.7 kHz、次侧音频率为 3 968 Hz、283 Hz 和 35 Hz。

图 3-2(a)是由地面站发往卫星的上行频谱,地面测控站将遥控、主测距音和次测距音调制到不同的副载频后,统一对上行载波进行调制;图 3-2(b)是由卫星发往地面站的下行频谱,卫星将遥测和转发的测距音调制到不同的副载频后,统一对下行载波进行调制。

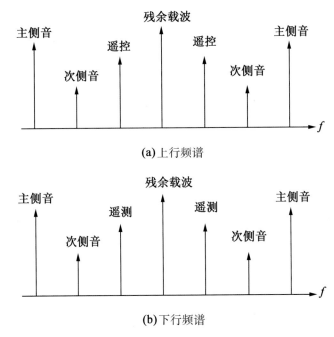

(a) 上行频谱

(b) 下行频谱

图 3-2　统一载波测控系统上下行频谱分布示意图

一个测控站对一颗卫星测控,需要使用一对数值不同的上、下行载波频率,如图 3-3(a)所示;一个测控站同时对双星测控,需要使用 2 对数值不同的上、下行载波频率,如图 3-3(b)所示;2 个测控站同时对一颗卫星测控,需要使用 2 个数值不同的上行载波频率、一个相同或 2 个不同的下行载波频率,如图 3-3(c)所示。

一个完整的卫星测控系统由 2 个部分组成:地面测控设备和星上测控设备构成星地测控链路,完成相互之间捕获和跟踪、信号放大和频率变换、信号调制与解调等,地面测控设备发送遥控/注入数据和测距信号、接收遥测和测距信号,星上测控设备接收遥控/注入信号,发送遥测和转发测距信号。

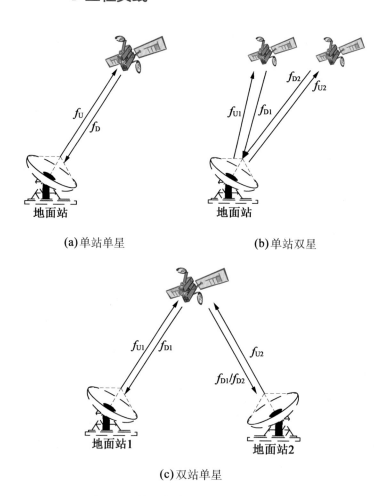

(a)单站单星   (b)单站双星

(c)双站单星

图3-3 统一载波测控频率使用示意图

3.1.2 地面测控设备

图3-4是一个典型S频段统一载波测控设备组成原理图,由天线及信道、跟踪控制和基带3个部分组成。

1.天线及信道

天线及信道部分主要包括天线、功放、低噪放、上变频和下变频,完成卫星跟踪、无线信号发射和接收。

(1)天线。

天线将发射机的能量转换为电磁波向空间辐射,或者接收电磁波转换为射频能量送至接收机装置。测控天线口面通常采用抛物面形状,口径根据接收信号的强度大小变化。常用的测控天线为方位-俯仰结构(也叫AE型),如图3-5(a)所示。它由2个相互垂直的转轴组成,方位轴为铅垂状态,俯仰轴位于方位轴上方,呈水平状态。另一种常用的天线是XY型天线结构,它的2个轴都是水平配置,互相垂直,Y轴位于X轴之上,如图3-5(b)所示。这2种类型的天线通过2轴转动,使得天线波束覆盖整个空域。

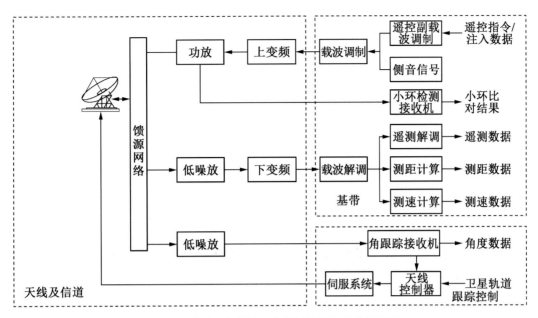

图 3-4　典型 S 频段统一载波测控设备组成原理图

使用传统的 AE 型天线存在跟踪盲区,即当目标仰角接近天顶区时,天线跟踪的方位角速度和加速度变化剧烈,会造成目标跟踪丢失现象。为克服这一现象,一般是通过增加一个轴来解决,就是目前常用的 AET 天线。XY 型天线也存在盲区,但不在天顶,而在 X 轴的两端,即地平线上。由于卫星跟踪通常在仰角 3°以上,因此使用 XY 型天线座在整个跟踪弧段可以不用考虑盲区。

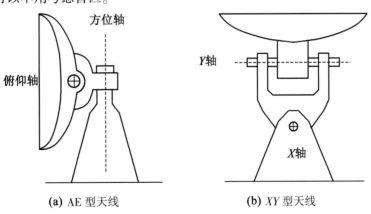

(a) AE 型天线　　　　　　　　(b) XY 型天线

图 3-5　两种典型的天线形式

卫星测控天线主要指标有天线方向图、波束宽度、发射增益和接收 G/T 值,图 3-6 给出了一个测控天线方向图示例,具有很强的方向性,通常主瓣和第一副瓣增益相差 14 dB。表 3-1 给出了一些国外不同口径测控站的主要参数,它们分别工作在 S、X 和 Ka 频段,可以看出,随着天线口径和频率的增加,天线的波束指向变窄,增益和 G/T 值增加,接收和发射能力增强。

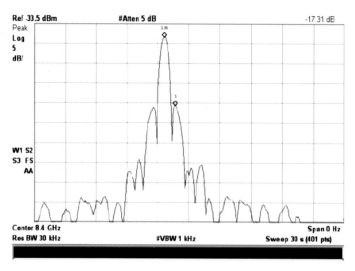

图 3-6　测控天线方向图示例

表 3-1　国外不同口径测控站的主要参数

测控站名	天线口径 /m	发送频率 /MHz	发射增益 /dB	发射波束 宽度/(°)	接收频率 /MHz	接收增益 /dB	接收波束 宽度/(°)	G/T 值 /(dB·K^{-1})
Wallops 测控站	5	2 025~2 120	38.6	1.8	2 200~2 300	39.4	1.83	17.0 (仰角 5°)
东加拉 测控站	7.3	7 025~7 200	52.8	0.34				
新加坡 测控站	9.1	2 025~2 120	41.6	1.07	2 200~2 300	43.13	0.98	20.5 (仰角 5°)
					7 985~8 500	55.42	0.24	35.4 (仰角 10°)
斯瓦尔巴特 测控站	13	2 025~2 120	45.9	0.77	2 200~2 300	46.9	0.71	23 (仰角 5°)
					7 500~8 500	59	0.19	37.8 (仰角 5°)
白沙 测控站	18.3	2 025~2 120	49	0.56	2 200~2 300	50	0.5	29.6 (仰角 5°)
					25 500~ 27 000	70.5	0.04	46.98 (仰角 10°)

（2）高功放。

对上行信号进行功率放大，常用设备有速调管放大器、行波管放大器（TWTA）和固态放大器(SSPA),通常功率为 1 000 W 以上时使用速调管放大器,功率为 500 W 以下时使用固态放大器,介于两者之间使用行波管放大器。

(3)低噪放。

低噪放接收来自天线的下行信号并放大,以便于后级的电子部件处理。由于来自天线的信号一般都非常微弱,低噪放一般情况下均位于非常靠近天线的部位,以减小信号通过传输线的损耗。

(4)上变频。

上变频将中频已调信号变换成卫星测控的上行频率并对信号进行放大,采用不同的本振频率,可以得到 S、X 和 Ka 等频段信号。

(5)下变频。

下变频将卫星测控的下行频率变换成中频频率并对信号进行放大,采用不同的本振频率,可以将 S、X 和 Ka 等频段信号变换成中频信号。

2. 跟踪控制

跟踪控制由跟踪接收机、天线控制器和伺服系统组成,通过接收卫星下行信号提取跟踪控制信息,或者预报结果,控制天线指向卫星。

(1)跟踪接收机。

跟踪接收机利用接收到的信号,提取跟踪天线的角度误差信息,处理后送给角跟踪伺服系统,驱动天线,完成天线对目标的稳定跟踪。

(2)天线控制器。

天线控制器计算和控制天线跟踪卫星。在自动跟踪模式下,接收天线的和差电信号分离出天线跟踪卫星的角度误差信号,利用这个误差信号闭环控制天线跟踪卫星;在程序跟踪模式下,利用卫星轨道计算的跟踪角度开环控制天线跟踪卫星。

(3)伺服系统。

伺服系统接收天线控制器输出信号,控制天线机械转动,准确地指向和跟踪空中目标的方向,使目标总是处于天线轴线方向上。

3. 基带

基带完成信号的调制/解调、编码/解码和码形变换等,由遥控副载波调制、测距副载波调制、载波调制、遥测解调、编/解码器、测距单元、测速单元、角跟踪机和小环接收机组成,完成上行遥控信号调制、下行遥测信号解调、测距和测速。

(1)遥控副载波调制。

一般采用 PSK 调制方式对 PCM 编码后的遥控指令或注入数据进行调制后,再对载波进行 PM 调制,通常遥控副载波的频率范围为 8 ~ 16 kHz,副载波的频率应该为数据的整数倍。在 PCM 遥控信号调制前还可以根据需要对遥控信号进行编码和加扰,以提高抗干扰能力。

(2)侧距音信号产生和计算。

测距单元产生测距音信号,对载波进行 PM 调制。在测距过程中,测距单元始终发

100 kHz 主侧音,次侧音的 20 kHz、4 kHz、800 Hz、160 Hz、32 Hz 或 8 Hz 仅在解模糊期间按要求发送。考虑到上、下行载波还要供遥控、遥测副载波使用,而且调制在载波上的低频侧音容易对载波锁相环形成干扰,因此在次侧音对载波进行调制前,还将 4 个较低侧音折叠到较高侧音上形成"折叠音",上述次侧音就变为 20.00 kHz、16.00 kHz、16.80 Hz、16.16 Hz、16.032 Hz 或 16.008 Hz。

(3)遥测解调。

对卫星下传的副载波频率为 20 kHz~100 kHz 之间的遥测信号进行 PSK 解调,完成位同步和帧同步,得到 PCM 数字信号,并为每一帧接收的遥测数据打上时间戳,如果下行遥测进行了编码和加扰,还需要解码和解扰。

(4)测速。

从发出和接收的 PM/PM 载波中提取由卫星与测控站之间相对径向速度引起的多普勒频差,计算出地面测控站与卫星之间的径向速度。

(5)载波调制/解调。

将调制后的遥控信号和测距音单音信号合路后对载波进行 PM 相位调制或将含有遥测、测距音单音信号的 PM 载波解调,分发给遥测和测距单元,通常载波频率为 70 MHz 或更高。

(6)小环接收机。

小环接收机是一种验证上行指令是否正确发出的设备,它利用功放耦合的上行信号,对其进行解调,将解调后的遥控指令数据与发出的遥控指令数据进行逐位比较,如果一致就说明地面测控设备上行信号发送正常。小环比对通常用于卫星未正常接收指令现象时,分离问题是出于地面测控系统、传输信道或者卫星本身。

一个典型的卫星统一载波测控基带参数配置示例见表 3-2,它规定了遥测、遥控和测距音的频率、调制方式和调制指数。

表 3-2　统一载波测控基带参数配置示例

参数名	参数值
遥控/遥测信息速率/(kb/s)	1~64 kb/s
遥控/遥测信息编码方式	NRZ-L,NRZ-M
遥控/遥测调制方式	PM-BPSK-PCM
遥控副载波频率/kHz	8
遥测副载波频率/kHz	20
上、下行带宽/MHz	1
主侧音频率/kHz	100
次侧音频率/Hz	8

续表 3-2

参数名	参数值
下行主侧音调制指数/rad	0.37
上行主侧音调制指数/rad	0.83
上行次侧音调制指数/rad	0.43
上行遥控调制指数/rad	0.95
下行次侧音调制指数/rad	0.18
下行残留遥控调制指数/rad	0.44
下行噪声调制指数/rad	0.29
下行遥测调制指数/rad	1.05

3.1.3　星上测控设备

星上测控设备接收地面测控系统发送的遥控/注入数据和测距信号,发送遥测、测距信号,与地面系统共同完成测控任务。星上测控设备主要由测控天线和应答机组成。

1. 测控天线

测控天线用于接收地面的上行信号和发送卫星下行信号,为提供大测控范围,测控天线采用全向天线,其外形为鞭状、螺旋形、喇叭形或帖片状等,通常在卫星的对天面和对地面各安装一副,以保证卫星在各种姿态条件下,测控站仍然能够在测控天线的覆盖范围之内。图 3-7 是 Skybox 卫星 S 频段上行和 X 频段下行测控天线方向图。卫星测控通常要求测控天线的波瓣宽度为不小于 70°。由图 3-7(a)可以看出,S 频段增益大于 -3 dBi,由图 3-7(b)可以看出,显示 X 频段增益约大于-7.5 dBi。表 3-3 列出了用于我国东方红三号卫星 C 频段测控的天线工作范围和对应的增益值。

表 3-3　C 频段测控的天线工作范围和对应的增益值

序号	天线半功率角 $\theta/(°)$	天线增益/dBi
1	$-50 \leqslant \theta \leqslant 50$	$\geqslant -3$
2	$-70 \leqslant \theta \leqslant 70$	$\geqslant -7$
3	$-80 \leqslant \theta \leqslant 80$	$\geqslant -12$

2. 应答机

应答机安装在卫星上,完成卫星与地面站之间的信号发送与接收,为测控站提供跟踪信标、调制和向地面发射遥测信号,接收和解调由地面发射的遥控信号,获取遥控指令或注入数据,接收、解调上行载波中的测距基带信号,并在下行载波相位调制有转发的测距基带信号。图 3-8 是一个典型的统一载波测控体制应答机原理框图,它采用 PCM-PSK-PM 调制方式,由接收和发射 2 个部分组成:接收的射频信号通过低噪放、下变频和 PM 解调,输出测距音信号,并从遥控副载波信号中 PSK 解调出遥控指令;发射部分将转发的测距信号与遥测数据对载波进行 PM 调制,调制信号经过上变频和功放输出。为了测距的需要,采用统一载波测控体制的应答机需要工作在相干状态,上、下行信号的相干转发比通常规定为 221/240。

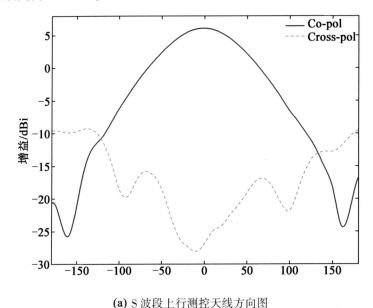

(a) S 波段上行测控天线方向图

(b) X 波段下行测控天线方向图

图 3-7　Skybox 卫星 S 频段上行和 X 频段下行测控天线方向图

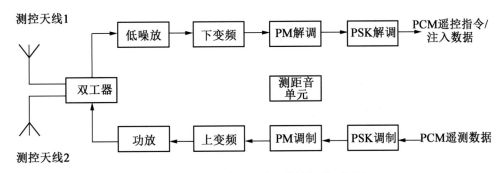

图 3-8　统一载波测控体制应答机原理框图

表3-4是一个典型的 S 段统一载波测控应答机主要技术指标示例,它给出了频率、发射性能、接收性能、调制方式等关键参数。

表 3-4　典型的 S 段统一载波测控应答机主要技术指标示例

信道	参数名	参数值
上行	上行载波频率	2 025~2 110 MHz
	遥控调制方式	PCM(NRZ-L)/PSK/PM
	遥控副载波频率	8 kHz
	遥控码速率	2 k/s
	遥控调制指数	1.0±0.05 rad
	测距上行载波调制方式	PM
	主侧音调制指数	0.63±0.031 5 rad
	次侧音调制指数	0.35±0.017 5 rad
下行	下行载波频率	2 200~2 290 MHz
	相干转发频比 上行/下行	221/240
	接收机锁定门限	优于-118 dBm
	上行遥控接收功率门限	优于-110 dBm
	接收机动态范围	-118~-50 dBm
	发射功率	≥300 mW
	频率捕获时间	<1 s
	下行载波调制方式	PM
	双工器收、发隔离度	≥80 dB

一个典型统一载波测控体制应答通常有以下4种工作模式。

(1)遥测模式。

遥测模式下应答机处于非相干工作状态,发射机的频率基准来自发射机的晶振,下行载波只有遥测信号和载波。在该模式下,测控站只能接收卫星遥测数据。

（2）遥测+测距模式。

遥测+测距模式下应答机处于相干工作状态,发射机的频率基准取自接收机的压控晶体振荡器。接收机对接收到的上行载波进行解调,将解调出的信道侧音测距信号同遥测视频信号一起对下行载波进行相位调制,并将调制后的载波信号通过天线发向地面。在该模式下,测控站可以对卫星进行测距和遥测接收。

（3）遥测+遥控模式。

遥测+遥控模式下应答机可处于相干工作状态或非相干工作状态。工作时,一边接收和解调遥控信号,将遥控信号连同锁定/非锁定信号送给遥控终端;一边用遥测信号对下行载波进行相位调制,调制后的载波信号通过天线发向地面。在该模式下,测控站可以对卫星进行遥控发令和遥测接收。

（4）遥测+遥控+测距模式。

遥测+遥控+测距模式下应答机处于相干工作状态。接收机对接收到的上行载频信号进行相位解调,将解调出的遥控信号连同锁定信号送给遥控终端,侧音信号送给发射机。发射机将遥测信号和测距信号同时对下行载波进行相位调制,并将调制后的载波信号通过天线发向地面。在该模式下,测控站可以对卫星进行测距、遥控发令和遥测接收。

3.1.4 双向星地测控链路建立流程

双向星地链路建立初始过程也称星地双捕,即地面和卫星发出的双向载波捕获。首先,地面测控系统采用自跟踪或程序模式控制地面站天线指向预定的卫星进站点等待,卫星应答机在没有收到上行信号或载波未锁定时工作在遥测模式,向地面发送载波和遥测信号,供测控站跟踪搜索和信号捕获,地面测控站捕获到卫星发出的载波后,向卫星发射扫频信号,星上应答机接收并锁定上行扫频信号后,以固定的频比向地面发射下行载波信号,地面测控站接收机锁定后,扫频信号回零,转而发送固定点频载波,实现了地面测控设备和卫星间的星地间双向捕获。统一载波测控体链路建立流程如图3-9所示。

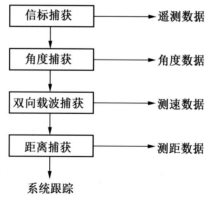

图3-9 统一载波测控体链路建立流程

双捕完成后,测控站可以稳定地接收卫星下传的遥测数据,根据测距任务和遥控任务,将侧音或遥控副载波调制上行载波发送,星上应答机将接收到的上行信号进行相位解调,一方面将解调出的遥控数字调相信号送给遥控终端;另一方面将解调出的测距信号送发射机调制后下行。

如果仅仅是单向的遥测数据接收,只要完成图 3-9 中第一步,然后地面测控站完成卫星下行信号的捕获和锁定,解调卫星下行的数据,应答机接收和锁定地面信号。

3.2 扩频测控体制

统一扩频测控系统采用了直接序列扩频的码分多址技术,利用自相关性非常强而互相关性比较弱的周期性伪随机码序列地址码对被用户信息调制过的载波进行再次调制,使其频谱大为扩展,在接收端将与本地地址码完全一致的宽带信号为窄带信号选出,而与本地地址无关的信号仍然保持或扩展为宽带信号而滤去。扩频测控系统目前有 2 种模式,一种是与 ETSI 标准相类似的相干扩频体制,另一种是非相干扩频体制。

3.2.1 扩频原理

图 3-10 是直接序列扩频通信原理框图,图 3-10(a)中二进制数据 $d(t)$ 经过 BPSK 调制后,与扩频码序列 $c(t)$ 相乘,得到扩频信号 $s(t)$:

$$s(t) = 2Pd(t)c(t)\cos(\omega_0 t + \theta) \qquad (3-1)$$

式中,P 为信号功率;ω_0 为载波的中心频率。图 3-10(b)中扩频信号 $s(t)$ 经传输延时 T_d 传输后,接收端使用与发送端一致、延时扩 T_d 的频码对接收信号再次进行调制,完成扩频信号的解扩。经过解扩后的输出信号为

$$S'(t) = (\sqrt{2P}d(t)c(t-T_d)c(t-T_d')\cos(\omega_0 t + \theta') \qquad (3-2)$$

式中,T_d' 为接收机估计的最佳传输延时,当 $T_d = T_d'$ 时,接收端与发送端同步,则 $c(t-T_d)c(t-T_d')$ 的乘积为 1,于是经过同步之后的信号就可用普通的 BPSK 解调器进行解调,获得发端的二进制数据 $d(t)$,如图 3-10(b)最右端。

图 3-11 是用一个速率为 1.023 Mb/s 扩频码对信息速率为 1 kb/s 的数据进行扩频的波形图,其中上图是源信号波形,中图是扩频码波形,下图是扩频后的波形。图 3-12 是图 3-11 的局部放大图,可以看出,扩频序列与源信号直接相乘,得到的信号在波形上变密集。当源信号输出为 1 时,扩频后的波形就直接输出扩频序列;当源信号输出为-1 时,扩频后的波形呈现反相扩频序列。扩频后信号经过载波调制前、后的波形图如图 3-13 所示,其中载波频率选取为 2.046 MHz,初始相位为 0。

只看信号的时域波形还无法直观地看出信号的变化,需从频域看源信号在扩频和调制过程中的变化。图 3-14 是扩频前后信号频谱图,比较图 3-14(a)和图 3-14(b),可以看出,频谱的形状保持一致,但信号带宽展宽了 1 000 倍。图 3-15 是经过 BPSK 调制后的信号频谱图,可以看出中心频率被搬移到 2.046 MHz。

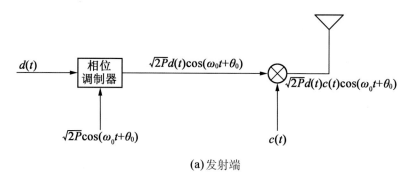

(a)发射端

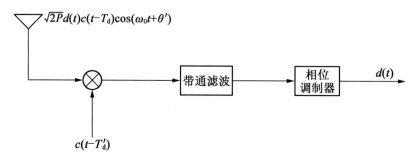

(b)接收端

图 3-10　直接序列扩频通信原理框图

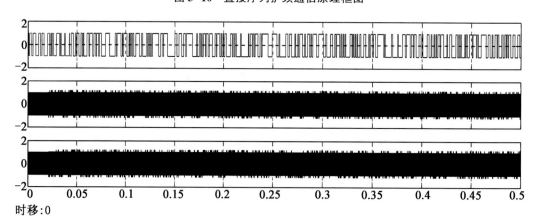

时移:0

图 3-11　源信号(上),扩频码序列(中)和扩频后信号(下)

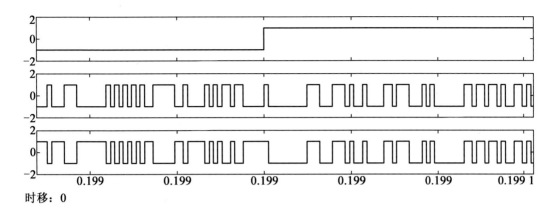

时移：0

图 3-12　源信号波形(上)，扩频序列(中)和扩频后信号波形(下)局部放大图

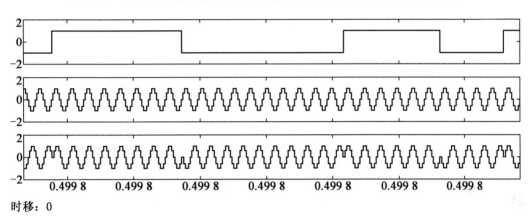

时移：0

图 3-13　扩频信号波形(上)，载波波形(中)，调制后波形(下)

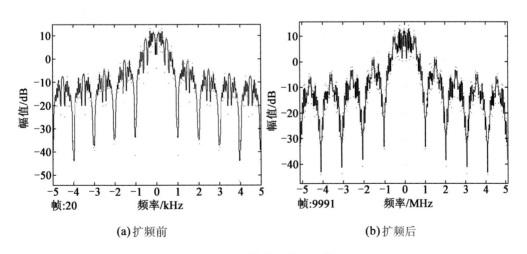

(a)扩频前　　　　　　　　　　　　　(b)扩频后

图 3-14　扩频前后信号频谱图

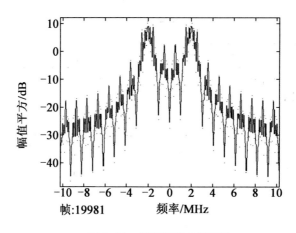

帧:19981

图 3-15 调制后信号频谱图

3.2.2 地面测控设备

在扩频测控体制下,不同的服务对象是用扩频码来区分的,载波频率可以相同、也可以不同。图 3-16 是多星/多站扩频体制测控组成示意图,图 3-16(a)是多站对单星测控,每个站使用不同扩频码,相同或不同频率;图 3-16(b)是单站对多星测控,一个站对不同的卫星使用不同的扩频码、相同频率。

统一扩频测控系统的地面部分的中频以上部分与统一载波测控系统基本相同,一个主要区别在于基带部分,是在发射信号的调解后和接收信号解调前增加了扩频调制;另一个区别是在自跟踪条件下,天线跟踪接收机的信号需要采用解扩后的信号,因为解扩前卫星信号淹没在噪声中。根据上、下行载波和伪码是否相干,统一扩频测控又分为相干模式或非相干模式。

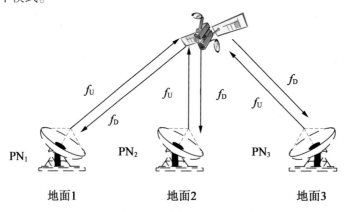

(a)多星/多站扩频体制测控组成示意图

图 3-16 多星/多站扩频体制测控组成示意图

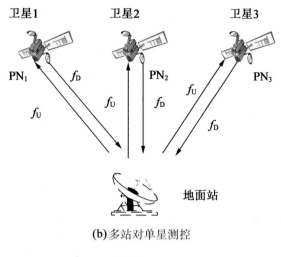

(b) 多站对单星测控

续图 3-16

1. 相干扩频测控

相干扩频测控的特点是星地链路上、下行信号的载波和伪码相干,采用 UQPSK 调制方式,通过星地间传输过程中扩频码的相位变化,直接测量出星地间距离值。图 3-17 是相干扩频测控模式地面设备原理图,在发射端,遥控指令信息码采用 1 023 位 Gold 码(短码)进行扩频后对 I 支路载波进行 BPSK 调制,1 023×256 测距码(长码)直接对 Q 支路载波进行 BPSK 调制,然后两路信号一起构成 UQPSK 调制的信号,经变频放大后送天线发向卫星。Q 支路测距长码与 I 支路短码相关,以便星上利用短码辅助测距长码捕获,同时考虑到测距精度取决于短码,长码用于测距解模糊,而高接收信噪比可以提高测距精度,通常分配给 I 支路的功率高于 Q 支路,例如两者功率比为 10∶1或者 4∶1。

在接收端,下行 I 支路采用短码解扩、解调遥测信息,Q 支路用长码解扩获取模糊距离。在相干扩频测控模式下,通过比较上、下行长码相位,解出测距解模糊,通过比较上、下行短码相位,得出测控站到卫星之间的双程距离。由于星上应答机相干转发上行信号,下行载波信号的多普勒频偏真实对应了目标的速度,可通过直接测量地面设备收发信号频差计算出目标速度。图 3-17 中的小环接收机接收发送端的上行功放耦合信号,用短码对上行遥控指令/注入数据进行解扩和解调,并与发送的内容进行比较,从而对测控站发送信号内容的正确性进行判断。表 3-5 是一个扩频测控设备的相干模式参数配置示例。

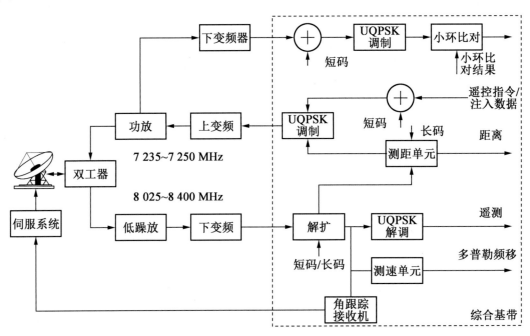

图 3-17　相干扩频测控模式地面设备原理图

表 3-5　相干扩频模式参数配置示例

参数	上行	下行
I 通道信息速率	1～64 kb/s	1～64 kb/s
I 通道信息编码方式	NRZ-L,NRZ-M	NRZ-L,NRZ-M
I 通道扩频码型	Gold 码	Gold 码
I 通道码长	$2^{10}-1$	$2^{10}-1$
Q 通道扩频码型	截短 m 序列	截短 m 序列
Q 通道码长	$(2^{10}-1)\times256$	$(2^{10}-1)\times256$
码速	$1.023\times n$ Mb/s,$n=1,2,\cdots,10$	$1.023\times n$ Mb/s,$n=1,2,\cdots,10$
调制方式	PCM-CDMA-UQPSK	PCM-CDMA-UQPSK
I/Q 功率比	10∶1,4∶1,1∶1	10∶1,4∶1,1∶1

2. 非相干扩频测控

非相干扩频测控的上、下行信号载波和伪码互不相干,采用 PSK 调制方式。图 3-18 是一个 X 频段非相干扩频测控系统原理框图,图中扩频码 1 对 PSK 调制后的遥控/注入数据扩频、扩频码 2 对 PSK 调制后的上行测距帧扩频,该上行测距帧用于解距离模糊,没有调制信息。上行的伪码速率是上行信息速率的整数倍,且伪码和信息位时钟同源。扩频后的遥控/注入和测距信号合成后进行上变频和放大后发往卫星。

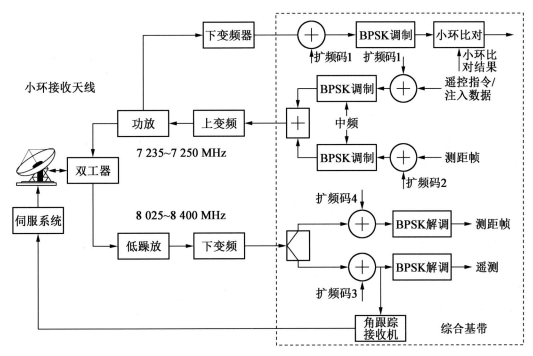

图 3-18　非相干扩频测控模式地面设备原理框图

图 3-18 中上行通道是遥控指令/注入数据和测距帧分别扩频后信号的叠加,为了保证星上应答机收到的这 2 路信号功率一致,测控站在分配功率时需要考虑这 2 路信号的速率差别,假设遥控速率为 R_{TC},测距帧速率为 R_L,则遥控和测距信号功率的比值是 $10 \times \log\left(\dfrac{R_{TC}}{R_L}\right)$,例如遥控速率为 2 kb/s、测距帧速率 1 kb/s,遥控应该比测距信号功率多 3 dB。

在接收端,接收到的中频信号利用扩频码 3 解扩和 PSK 解调后得到原始遥测数据;利用扩频码 4 解扩和 PSK 解调后得到测距帧的帧同步信号,利用该同步信号对自身形成的上行测距信号采样,提取帧计数、位计算、扩频码计数、码相位、载波计数、载波相位、测量多普勒等测量信息,并采样地面时间。将采样数据与对应卫星下传的测量帧中的数据进行处理计算,完成测距、测速值计算。

图 3-18 中的小环接收天线需要采用与遥控上行一致的扩频码 1 对上行遥控指令/注入数据进行解扩和解调,并与发送的内容进行比较,从而对测控站发送信号内容的正确性进行判断。表 3-6 是一个扩频测控设备的非相干模式参数配置示例。

表 3-6　非相干模式参数配置示例

参数	遥控	遥测
信息速率	1~64 kb/s	1~64 kb/s
信息编码方式	NRZ-L,NRZ-M	NRZ-L,NRZ-M

续表 3-6

参数	遥控	遥测
扩频码型	Gold 码	Gold 码
码长	$2^{10}-1$	$2^{10}-1$
码速	$1.023 \times n$ Mb/s, $n=1,2,10$	$1.023 \times n$ Mb/s, $n=1,2,10$
调制方式	PM-CDMA-BPSK	PM-CDMA-BPSK
参数	测距上行	测距下行
测距信息速率	1 000 b/s	1 000 b/s
测距帧频	2 帧/s	2 帧/s
测距帧长	500 byte	500 byte
扩频码型	Gold 码	Gold 码
码长	$2^{10}-1$	$2^{10}-1$
码速	$1.023 \times n$ Mb/s, $n=1,2,10$	$1.023 \times n$ Mb/s, $n=1,2,10$
调制方式	PCM-CDMA-BPSK	PCM-CDMA-BPSK

3.2.3 星上测控设备

与统一载波测控系统相同,扩频测控系统的星上测控设备也是由天线和应答机2部分组成,接收地面测控系统发送的遥控/注入数据和测距信号,发送遥测、测距扩频信号和地面跟踪信号。它的天线和应答机的信道部分与统一载波测控系统原理相同,主要不同是应答机对调制后或解调前的信号进行了扩频或解扩和对测距信号的处理。根据卫星应答机下行信号的载波和伪码是否与上行的载波和伪码相干,卫星应答机分为相干扩频模式和非相干扩频模式。

1. 相干扩频模式

卫星接收到地面上行扩频信号后,首先完成短码的捕获、跟踪,然后利用短码辅助完成测距长码的捕获、跟踪。长码捕获后,与短码同步相干转发。进行解扩、解调,将解调出的遥控信息送至各执行机构执行,实现遥控功能。同时,产生与上行伪码相参的短码和测距伪码,对下行遥测信号扩频,调制到下行载波上,发射下行载波与上行载波也相干。

2. 非相干扩频模式

非相干模式下的卫星应答机原理图如图3-19所示,它接收到上行扩频信号后,完成遥控信号伪码捕获、跟踪和解扩,解调出的遥控/注数信息直接送到执行机构或星务系统。对上行测距帧解扩、解调和帧同步,再利用自身形成的下行测量帧同步对上行信号进行采样,提取帧计数、位计数、扩频伪码计数、载波相位、上行多普勒等测量信息,并采样星上时间,将信息放入下行测量帧。下行测量帧经过 BPSK 调制后扩频,与经过 BPSK 调制后扩频的遥测信号一起合成、变频和放大后发往地面。为实现测速,将下行载波伪多普勒信息与接收来自测控站的上行载波伪多普勒信息,打包下传地面,星上接收与发射信道时钟共源、下行伪码速率是下行信息速率的整数倍,伪码和信息时钟共源。

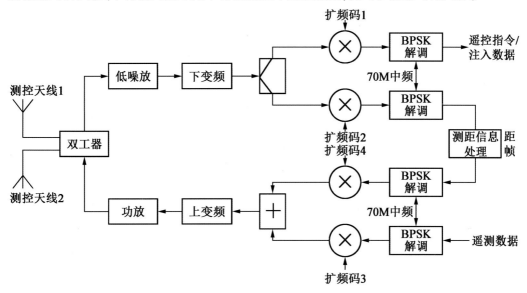

图 3-19　非相干模式下的卫星应答机原理图

3.2.4　扩频码选择

　　扩频系统通过信息与扩频码相乘实现扩频,因此扩频系统的抗干扰、保密、多址、捕获与跟踪等都与扩频码的设计密切相关。扩频系统对扩频码的要求是:较好的自相关特性、尽可能小的互相关值、足够多的序列数、序列平衡性好和工程上易实现。可以使用的扩频码序列有 M 序列和 Gold 序列。

　　M 序列也称最长线性反馈移存器序列,其关键部件为寄存器和线性抽头。n 级线性移位寄存器的结构如图 3-20 所示,对应的本原多项式如式(3-3),其中 $c_0 = c_n = 1$。移位寄存器由外部时钟控制,按照时钟节拍向外移位输出。除去全"0"状态外(陷入全"0"状态后,寄存器将停滞不前),n 级线性移位寄存器共有 2^n-1 种状态,即码长为 2^n-1 位。特征多项式中 x 本身取值并无实际意义,x^i 项的有无仅代表特征系数 c_i 取 1 或 0。

$$f(x) = c_0 + c_1 x^1 + c_2 x^2 + \cdots + c_n x^n \tag{3-3}$$

　　为了解决 m 序列互相关特性好的优选对序列集太少的问题,R. Gold 在 1967 年提出并构造了一种新的伪随机码:Gold 码,它是 m 序列的复合码,它是由 2 个不同本原多项式产生的码长相等、码速率相同的 m 序列模 2 加构成。每改变 2 个 m 序列相对位移就可得到一个新的 Gold 序列,当相对位移 2^n-1 码片时,就可得到 2^n-1 个 Gold 序列,再加上原来的两个 m 序列,共有 2^n+1 个 Gold 序列。该 Gold 码族中任意 2 序列之间都有良好的互相关特性,使得码族中任一码序列都可作为扩频码。

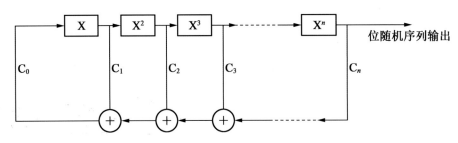

图 3-20　n 级线性移位寄存器结构

图 3-21 是一个码长为 63 位的 Gold 码生成器示例,它由 2 个 M 序列生成器组成,每个产生器由带线性反馈的 6 个移位寄存器组成,线性移位寄存器的反馈系数由本原多项式决定。图 3-21 的 2 个 M 序列移位寄存器的本原多项式分别为 x^6+x+1 和 $x^6+x^5+x^2+x+1$,用八进制系数形式表示为 $(103)_8$ 和 $(147)_8$,该系数又称优选对。每个寄存器的初始 1 或 0 的状态称为初相,具体 Gold 码生成过程如下。

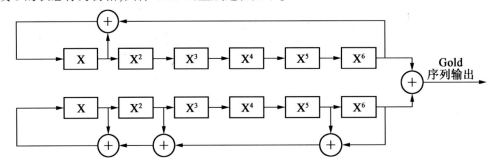

图 3-21　码长为 63 位的 GOLD 码生成器示例

(1)系数 $(103)_8$、初相为全 1 的 M 序列产生器产生一组 63 位序列:
111111010101100110111011010010011100010111100101000110000100000
(2)系数 $(147)_8$、初相为全 1 的 M 序列产生器产生一组 63 位序列:
111111011010001000010110010101001001111000001101110011000111010
(3)上述 2 组 M 序列模 2 和,产生一组 63 位 Gold 码序列:
000000001111101110101101000111010101101111101000110101000011010
(4)上述 2 组 M 序列相互移位(产生新的初相)再进行模 2 加,可以产生其他 62 组 Gold 序列。

这 63 组 Gold 序列再加上 2 个 M 序列本身,该 Gold 码族共有 65 个 Gold 码。虽然这些 Gold 序列是 2 优序列相互移位模 2 和产生的,但它们是完全不同的序列,它们之间的互相关性能是较好的,并不是初相不同的同一序列。

除了自相关和互相关特性外,好的扩频码还要求码序列中"1"码元数目和"0"码元数目尽量一样多,即平衡序列,这样信号的正负电平大致相当,直流分量小,具有更好的频谱特性并能有效抑制载频,使测控信号不易被察觉。M 序列的一个周期中,"1"的个数比"0"的个数只多一个,具有很好的平衡性;Gold 码族中平衡序列的数量与寄存器的个数有

关,如式(3-4)所示,当寄存器的个数为奇数时,平衡序列个数占全部序列个数的比例约

为 $\frac{2^{n-1}}{2^n-1} \approx 50\%$,当寄存器的个数为偶数而不是 4 的倍数时,平衡序列个数占全部序列个数

的比例约为 $\frac{0.75 \times 2^{n-1}+1}{2^n-1} \approx 75\%$ 。上述 6 级寄存器产生的 65 个 Gold 码序列中,只有 49 个

是平衡码。

$$\begin{cases} 2^{n-1} & n \text{ 为奇数} \\ 0.75 \times 2^{n-1}+1 & n \text{ 为偶数、但不是 4 的倍数} \end{cases} \tag{3-4}$$

综上所述,在卫星测控使用扩频体制选择 Gold 码序列时,主要考虑以下 4 个因素。

(1)码长。

扩频码序列的长度,从测距解模糊和减小码间干扰的角度考虑,伪码的码长应该尽量长,但过长的伪码会降低接收端的捕获速度,通常卫星测控中择中选择伪码长度为 1 023 位($2^{10}-1$)或 2 047 位($2^{11}-1$)。

(2)码速。

伪码的码速越高,扩频增益就越大,扩频效果越好,抗干扰能力也会越强,但信道允许的带宽限制了它不能取得过大,常用的卫星测控码速率范围为 $1 \sim 10$ Mb/s,3.069 Mb/s 是一个典型值。

(3)本原多项式。

在给定码长后,就决定了移存器的级数,据此选择 2 个自相关和互相关特性都好的 M 序列,这 2 个满足条件的 M 序列也称为优先对,从而可以确定它们的本原多项式。

(4)初相。

初相是每个移位寄存器的状态,原则上可以选择除了全"0"以外的任何状态,对于 Gold 码产生器的 2 个 M 序列的初相,通常是固定一个 M 序列的初相,改变另一个序列的初相。

以一个采用 PSK 调制方式的扩频体制下的卫星测控为例,共有上行遥控、上行测距、下行遥测和下行测距 4 类信息,需要 4 个扩频码。既可以选择 4 个优选对、设置相同或不同初相,为每一类信息产生一个 Gold 码;也可以选择 1 个优先对、设置不同的初相,为每一类信息产生一个 Gold 码,见表 3-7。图 3-22 是一个常用的 10 位测控扩频码产生器,它的 M1 本原多项式为 0x3A5,多项式为 $x^{10}+x^9+x^8+x^6+x^3+x+1$;M2 的本原多项式为 0x203,多项式为 $x^{10}+x^2+x+1$,根据表 3-7 中的值为图 3-22 的扩频码产生器设置不同的初相,就可以产生相应的上行遥控、上行测距、下行遥测和下行测距扩频码。

表 3-7　初相设置值示例

码组	多项式	遥控	上行测量	下行测量	遥测
码组 1	多项式 0x3A5	0x155	0x155	0x155	0x155
	多项式 0x203	0x145	0x56	0x263	0x69

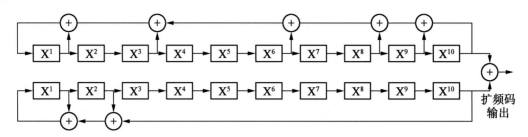

图 3-22　一个测控扩频码产生器示例

3.2.5　星地测控链路建立流程

与统一载波系统天线直接根据信号强度实现天线自动角度跟踪不同,由于扩频信号是淹没在噪声中,因此测控设备必须对接收的信号先解扩,才能完成角误差信号的提供,实现天线对卫星的自跟踪,只有当信号的强度较大时(通常信噪比大于 0 dB),才可以采用直接包络检波提取角度信号,不解扩也能自跟踪,但跟踪精度差。图 3-23 是相干模式下扩频测控系统的测控站和卫星间的双捕流程。在相干模式下,与统一载波测控相比,卫星应答机发出的载波除了需要与地面上行载波相干外,还需要与扩频码相干。非相干模式的捕获流程相对简单,由于不需要相干操作,星上可以省去"应答机转入相干状态,改发送相干下行信号",地面可以省去"地面接收机重新锁定并判星锁信号"步骤。

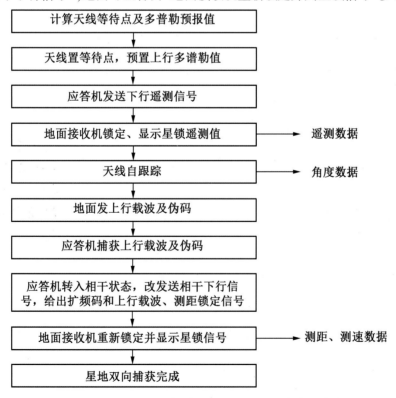

图 3-23　相干模式下扩频测控系统的测控站和卫星间的双捕流程

3.3　一个测控/遥感数据接收站设计示例

这里给出了一个测控/遥感数据接收地面站的设计示例,该地面站要求工作在 S 和 X 频段,使用统一载波和统一扩频体制,能够完成近地卫星的遥测、遥控、测距和遥感数据接收,覆盖现有卫星测控和数传需求。该系统组成框图如图 3-24 所示,采用 7.5 m 口径的抛物面天线,可以对天线波束范围内的 2 颗卫星同时测控和接收 2 路遥感数据,主要功能如下:

(1)能够捕获 S 和 X 频段的卫星测控和遥感信号,具有自动跟踪或程序跟踪能力;

(2)2 路 900 Mb/s 的 X 频段遥感数据同时接收,该 2 路信号可以同频、不同旋向圆极化或不同频、同/不同旋向圆极化;

(3)1 路 X 频段遥控上行或高速上注,左旋圆极化或右旋圆极化可选;

(4)2 路 S、X 频段扩频体制遥测接收、1 路 S、X 频段统一载波体制遥测接收或 1 路高速下传接收,左旋圆极化或右旋圆极化可选;

(5)副载波或伪码测距、测速;

(6)具有遥控发令小环比对功能;

(7)可以实时测量设备距离零值。

表 3-8 是一个典型的 7.5 m 测控/遥感数据接收站主要指标,它是依据现有卫星测控体制和遥感数据传输的要求设计的,可以满足卫星测控和遥感数据接收应用的要求。

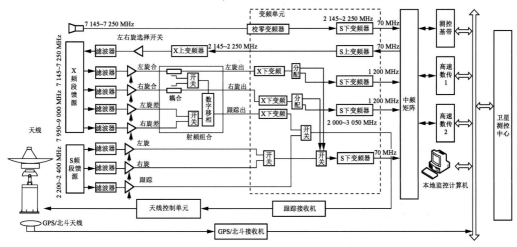

图 3-24　一个典型的卫星地面测控站系统组成框图

表 3-8　一个典型的 7.5 m 测控/遥感数据接收站主要指标

序号	参数名	参数值
1	天线口径	7.5 m
2	跟踪精度	优于 1/10 半功率波瓣宽度

续表 3-8

序号	参数名	参数值
3	指向精度	优于 0.01°
4	X 频段	上行:7.235~7.250 GHz、下行:8.025~8.400 GHz
5	S 频段	下行:2.2~2.29 GHz
6	天线增益	≥53 dBi(X)、42 dBi(S)
7	系统 G/T 值	≥31.5 dB/K(X)、18 dB/K(S)
8	EIRP 值	≥74 dBW(X)、63 dBW(S)
9	测控体制	统一载波/相干扩频/非相干扩频
10	调制方式	BPSK、QPSK、OQPSK、SQPSK、UQPSK、8PSK、16QAM
11	编码方式	卷积编码、RS 编码、RS+卷积级联码、LDPC、Tubro
12	中频频率	70 MHz(测控)、1200 MHz(数传)
13	极化方式	左/右旋圆极化可选(测控)、左/右旋圆极化同时(数传)
14	传输速率	0.1~64 kb/s 连续可调(测控)、10~600 Mb/s 连续可调(数传)
15	测距精度	≤15 m(统一载波)、3 m(扩频)
16	测速精度	3~6 cm/s(统一载波)2.5 cm/s(扩频)
17	误码率	10^{-5}(遥测)、10^{-6}(遥控)、10^{-7}(遥感)

第4章 卫星测控总体设计

卫星测控系统是卫星工程五大系统之一,负责完成对卫星跟踪、遥测、遥控、轨道测量和轨道控制,卫星测控总体完成卫星测控系统的体制设计、频率选择、链路计算、遥测遥控格式设计、星地测控对接和测控实施方案设计等。

4.1 卫星测控系统组成

卫星测控系统主要组成示意图如图4-1所示,图中左边为天基测控系统,右边为地基测控系统,地面卫星测控中心可以单独或联合使用它们对卫星测控,各系统组成和任务如下。

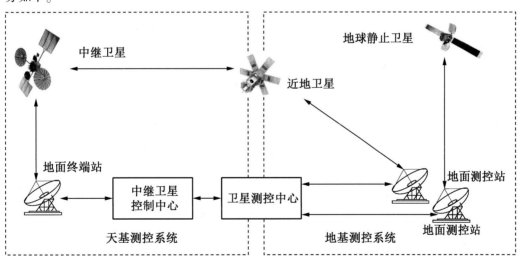

图4-1 卫星测控系统主要组成示意图

4.1.1 地基测控系统

地基测控系统由地面测控中心、地面测控站和星载测控分系统组成,完成近地卫星和地球静止轨道卫星测控,其中地面测控中心主要由计算机系统、测控软件系统、综合显示、时统、调度和通信系统组成,负责对卫星测控管理的实施;地面测控站主要由天线、信道和测控基带组成,负责卫星跟踪和星地间测控信号的发送与接收;星载测控分系统主要由测控天线、测控应答机和导航接收机组成,负责接收地面上行遥控指令、下传卫星遥测、测量卫星的位置、速度并转发测轨数据等。

4.1.2　天基测控系统

天基测控系统由中继卫星控制中心、地面终端站、中继卫星和星载中继终端组成,完成近地卫星测控,其中中继卫星控制中心的组成与上述介绍的地面测控中心的组成基本相同,负责中继链路的建立、数据传输和中继卫星的测控管理;地面终端站主要由天线、信道和测控基带组成,负责地面与中继卫星之间的无线信号发送和接收;中继卫星定点在地球静止轨道,主要由星间天线和转发器组成,负责捕获跟踪近地卫星、建立地面和近地卫星之间的前(返)向链路和完成数据转发;星载中继终端安装在近地卫星上,由星间天线和终端单元组成,负责捕获跟踪中继卫星、建立通信链路、接收前向遥控指令、发送返向遥测数据或其他相关数据。

4.2　阶段划分及任务

卫星测控任务从设计开始到在轨寿命结束可以分为论证阶段、研制阶段、早期轨道段、在轨测试段和运行段 5 个阶段,各阶段主要任务介绍如下。

4.2.1　论证阶段

论证阶段是从用户提出卫星研制设想并付诸行动开始,根据卫星总体能力和平台、载荷的运行要求,并参照地面站设备参数指标,提出《卫星测控需求》。《卫星测控要求》主要包括以下 2 个方面的内容。

1.测控任务要求

测控覆盖要求、遥测处理要求、遥控/数据注入要求、轨道测量和确定要求、轨道控制或位置保持要求、遥控误码率和遥测误码率要求等。

2.星上测控分系统技术指标

确定卫星测控体制、工作频率、信号调制方式、信号格式、编码方式、接收机灵敏度、接收机动态范围、发射 EIRP 和接收 G/T 值等。

4.2.2　研制阶段

研制阶段根据需求设计相关方案,开展地面测控系统软硬件开发/改造、星-地测控对接试验和测控系统联调演练,具体如下。

1.地面测控系统软件开发/改造

地面测控系统依据相关方案,完成相应的软件、硬件设计开发和建设工作,包括数据注入加工处理、遥测数据处理、综合显示设计、数据库设计、任务流程设计、地面设备监控系统设计,以及卫星遥控指令序列设计等工作。

2. 星-地测控对接试验

卫星测控分系统设计和初样生产完成后,需要与地面测控系统进行对接试验,验证卫星测控分系统与地面测控设备之间信号接口的匹配性和正确性,确保星地间的遥控、遥测、测距和测速功能正常、性能满足指标要求、软件处理正确。

3. 测控系统联调演练

测控中心在测控软件、硬件系统开发工作和人员培训任务完成后,除了对每个软、硬件系统独自完成功能和性能检验外,还需要地面测控系统集合在一起整体运行,通常可以利用卫星研制方提供的卫星模拟器,按照卫星各阶段任务流程进行遥测数据接收、遥控指令/注入数据发送、轨道控制等项目联调演练,对测控软件配置项之间执行任务的正确性、协调性和匹配性等进行充分验证,并让操作人员熟悉操作流程和掌握操作方法。

4.2.3　早期轨道段

早期轨道段从火箭入轨、星箭分离后开始。通常情况下,卫星与运载火箭分离后会送出卫星时间零点和启动信号,按飞行程序执行一系列动作,地面接收卫星下行遥测数据,监视卫星程控加电、帆板展开、速率阻尼、姿态三轴稳定对地定向的捕获、天线展开等,判断程控指令执行情况,完成卫星初始轨道的测量,如果出现异常情况,则根据故障对策要求,对卫星发令实施故障处理。如果是地球同步轨道卫星,还需要经过转移段和准同步轨道段,这期间地面测控系统需要精确测定卫星轨道,完成多次卫星姿态及轨道控制量计算和控制。

4.2.4　在轨测试段

在轨测试段从卫星进入预定轨道、建立正常工作状态后开始,地面对卫星平台和载荷进行在轨测试,检验卫星各分系统功能和性能是否满足设计要求,测试结论是卫星交付用户和开展业务运行的依据。

为完成在轨测试,需要在卫星入轨前完成在轨测试大纲和测试细则的编写,测试大纲规定测试目的、范围、技术要求和接口关系等,是编写测试细则的依据;测试细则明确测试条件、测试方法、测试步骤、测试记录的内容和测试结果判据等,是实施在轨测试操作的依据。表4-1 和表4-2 分别给出了地球同步通信卫星和近地遥感卫星在轨测试主要项目示例。

表 4-1　地球同步卫星在轨测试主要项目示例

平台	载荷(转发器)	天线
姿态控制精度	接收 G/T 值	天线覆盖范围
定点保持精度	发射 EIRP 值及其稳定度	天线收发方向图
控制模式功能	饱和通量密度范围	极化方式

续表 4-1

平台	载荷(转发器)	天线
剩余推进剂估算	增益档位	极化轴比
推力器功能测试和推力标定	自动电平控制特性	指向精度
电源供电能力	功放工作点调整	—
电源分流功能	输入输出特性	—
蓄电池性能	幅频特性	—
太阳帆板跟踪能力	群时延特性	—
热控系统功能	带内杂散	—
—	三阶互调特性	—
—	载波相位噪声	—

表 4-2　近地遥感卫星在轨测试主要项目

平台	载荷	天线和数传
姿态控制及稳定度精度	星下点成像	发射频率
姿态侧摆范围和响应时间	偏离星下点成像	天线有效全向辐射功率
太阳帆板跟踪能力	调焦功能	码速率及调制频谱
整星及各设备温度水平	增益调整功能	数据压缩效果
电源主母线电压	积分时间管理控制功能	指向精度
电源供电能力	积分级数调整功能	—
电源设备工作状态	相机暗电平	—
测控信道性能	图像动态范围和线性度	—
定轨功能	有效像元数	—

4.2.5　运行段

运行段从在轨测试结束、卫星正常开展业务运行开始,直到卫星寿命结束,这期间的卫星测控任务分为在轨管理、异常处置和末期管理,具体如下。

1. 在轨管理

(1)遥测监视。

接收、处理和显示卫星下传的遥测数据,对卫星工作状况进行全面监视,当卫星遥测参数值超出规定的门限时进行报警和分析。

(2)遥控指令发送。

对卫星发送直接指令或间接指令,控制星上执行机构完成卫星状态设置和各种动作,主要有立即执行指令和程控指令。

（3）上行数据注入。

注入卫星平台管理数据或载荷执行计划,控制卫星在指定的时间载荷开机、数据传输和实施轨道控制等,同时还可以根据卫星运行需要上注程序,修改出现的问题或增加新功能等。

（4）轨道测量。

对卫星进行测距、测速和测角,获得卫星到测控站之间的距离、速度和角度信息。

（5）外测数据处理。

对获得的轨道测量数据进行处理,删除数据中不合理的内容,为轨道计算程序提供反映卫星真实状态的测量数据。

（6）轨道确定。

由轨道测量数据计算卫星轨道,提供卫星的瞬时、平均经典根数、二行根数及卫星在空间的位置和速度等。

（7）轨道预报。

根据卫星轨道根数,计算任意时刻的卫星轨道位置、星下点、测控站跟踪角度、卫星进/出地影时间、星上红外地敏干扰出现和结束的时间等。

（8）轨道或位置保持控制。

根据卫星测控要求,对卫星轨道实施控制和调整,完成轨道半长轴、偏心率和轨道倾角等控制,控制近地卫星运行在设计的轨道,控制同步卫星运行在定点位置附近。

（9）太阳帆板转角控制。

测量和修正太阳帆板跟踪太阳的误差,确保帆板准确跟踪太阳,实现能源稳定输出。

（10）干扰力矩估计与补偿。

采集卫星轨道控制过程中相关遥测数据,计算卫星控制系统的推力器产生的干扰力矩,并在下次轨道控制中进行补偿,避免卫星轨道控制过程引起姿态发生较大的变化。

（11）星上时钟修正。

由于存在频率漂移,星上时钟工作一段时间后,会产生误差,当误差值达到一定阈值,对时钟进行修正。

（12）轨道注入。

当卫星使用地面计算的卫星轨道根数作为姿态或轨道计算基准时,需要地面定时将轨道确定结果注入星上。

（13）定点位置共位管理。

当有多颗地球同步卫星共用一个静止轨位时,为了避免这些卫星出现可能的碰撞,采用相应的位置保持策略,定期控制卫星间的距离在安全的范围。

（14）自旋稳定卫星姿态测量和控制。

自旋稳定卫星的姿态在空间会产生漂移,需要地面定时测量和确定,并根据测量结果进行控制,确保卫星姿态偏差小于给定范围。

（15）同步卫星轨道位置漂移控制。

控制同步卫星以一定的速度从一个轨道位置漂移到另一个轨道位置。

2. 异常处置

根据卫星遥测参数或载荷应用效果等，及时发现和准确判断卫星出现的异常，分析引起异常的原因，并根据故障对策发送相应的遥控指令或注入数据进行处理。

3. 末期管理

卫星到寿命末期后或无法继续使用时，需要对其进行末期处理，以避免其继续留在太空成为对其他卫星造成威胁的垃圾，处理的办法是将卫星从当前轨道移除并做钝化处理。

（1）轨道移除。

《空间碎片减缓要求》是卫星寿命末期离轨标准体系中的顶层文件，在国际航天界拥有较大的影响力，部分国家将其视作规范本国航天活动的法律。相当多的国家在制定本国相应标准时都对其进行了参照。我国于2015年印发了修订版的《空间碎片减缓与防护管理办法》，规范了卫星研制生产、发射和在轨运行中空间碎片减缓和防护管理方面的职责、措施和要求，保护航天器在轨运行安全和空间环境。规范中对卫星寿命末期处置的原则如下。

①轨道高度低于2 000 km的LEO卫星，离轨方法一般是利用卫星推力器动力或气动阻力，使卫星减速，最终坠入大气层烧毁。2018年，我国进一步明确了高于500 km的低轨卫星必须具有离轨手段且在轨时间不超过25年的要求。

②鉴于目前空间推进系统的局限性，要将静止轨道卫星从GEO高度返回地面是不切实际的，只能将其放置到一个不影响其他卫星正常运行的地方。国际空间碎片协调委员会（IADC）规定，GEO上受保护区域的径向距离应为200 km，再考虑摄动引起的距离变化不超过35 km，并结合光压等影响，离轨卫星高于同步轨道的高度 Δh 为

$$\Delta h > 235 + 1\ 000C_r A/M \quad (\text{km}) \tag{4-1}$$

式中，C_r 为卫星反射系数；A 为卫星暴露于太阳的面积；M 为卫星干质量。满足式（4-1）空间区域又称为坟墓轨道。以风云二号（FY-2）气象卫星为例，它的质量为600 kg，面积为10.5 m²，由式（4-1）计算出它的离轨高度应该高于同步轨道260 km。通常高于地球同步轨道高度约300 km的范围被称为"卫星墓地"，在"卫星墓地"的卫星不再会对同步轨道上的其他卫星产生碰撞威胁。

③对于轨道高度在2 000～36 000 km之间的MEO卫星如何离轨，目前尚未形成比较明确的研究结论和实用的工程经验，具体处理的原则是避免失效卫星对同轨道面其他卫星产生影响。例如，NASA建议GPS卫星的离轨高度为500 km、偏心率不大于0.005。

（2）钝化处理。

近地卫星在返回大气层过程中烧毁、钝化处理主要是针对地球同步卫星，当它们搬移到"卫星墓地"后，还需要进行一系列钝化处理，例如关闭无线电信号发射机、关闭星上旋转部件、将电池放电等一系列操作，目的是避免产生无线电信号干扰和产生空间碎片。

4.3　卫星测控频率确定

卫星测控频率是国际电联和我国国家频率管理委员会规定的用于卫星空间操作的频率,使用者根据规定使用这些频率并按照射频指标要求,利用卫星对地面发送包含卫星工作状态的遥测参数和测距信号,利用测控站对卫星发送遥控指令/注入数据和测距信号。卫星测控频率的选择,必须满足《无线电频率划分规定》,并在使用前进行申报,在卫星入轨前获得《无线电频率使用许可证》和《无线电台执照》。

4.3.1　测控频率划分

表 4-3 为空间操作业务频率划分表,该表所列内容是我国《无线电频率划分规定》中从 L 到 X 频段可以使用的卫星测控频率,C 及 X 频段以上通常是卫星载荷使用的业务频率,也可用于测控任务,美国 Ka 空间操作频段为空对地 19.25~19.4 GHz、地对空 27.5~28.05 GHz。采用 VHF 频段相干测控时,规定上、下行频率相干比为 8/3,采用 S 频段相干比为 221/240。

表 4-3　空间操作业务频率划分表

序号	简称	频率范围	使用方向	业务地位
1	L 频段及更低频段	137~138 MHz	下行	主要业务
2		148~149.9 MHz	上行	主要业务
3		162.05~167 MHz	下行	主要业务
4		174~184 MHz	下行	主要业务
5		258~261 MHz	上行	主要业务
6		267~272 MHz	下行	次要业务
7		272~273 MHz	下行	主要业务
8		400.15~401 MHz	下行	次要业务
9		401~402 MHz	下行	主要业务
10		449.75~450.25 MHz	上行	可用业务
11		470~485 MHz	下行	主要业务
12		1 427~1 429 MHz	上行	主要业务
13		1 525~1 530 MHz	下行	主要业务
14		1 530~1 535 MHz	下行	主要业务
15	S 频段	2 025~2 110 MHz	上/下行	主要业务
16		2 200~2 290 MHz	下行/星间	主要业务
17	X 频段	7 190~7 250 MHz	上行	主要业务

4.3.2 测控频率选择

1. 基本原则

(1) L 频段及以下频段测控频率主要用于寿命周期短(一般不超过 12 个月)、建站位置单一、开机时间有限的技术试验卫星,以及其他遥感和空间科学卫星测控频率的备份使用。

(2) S 频段测控频率重点保障国家卫星测控任务,兼顾商业卫星的发射、入轨、在轨维护、应急管理等任务需求。

(3) X 频段测控频率用于卫星地球探测业务和空间研究业务的测控使用。其中 7 190~7 235 MHz 频段规划用于保障探月工程等重大航天工程遥控频率使用,7 235~7 250 MHz 频段规划用于商业遥感卫星,上述新增遥控频率对应的下行遥测业务可依托 8 025~8 400 MHz 数传频率传输信号。

(4) 鼓励 Ka、Q/V 等更高频段测控频率的应用,主要用于适应未来大规模星座等复杂系统的测控任务需求。

2. 具体考虑

具体选择哪个频段的测控频率对卫星进行操作,需根据卫星用户、用途、成本、可靠性、轨道高度、传输速率、技术成熟度等因素进行选择,具体如下。

(1) VHF/UFH 频段技术成熟、生产和使用成本低,但该频段上有大量民用设备在使用,频谱占用拥挤,受干扰严重,目前只用于对测控要求不是很高的业余卫星及微小卫星的测控。另外,在 VHF 或 UFH 频段,由于收、发频率太近,接收机的收、发隔离度很难满足要求,通常上、下行无法同时工作,只能选择半双工的分时工作模式。解决的办法之一是通过 VHF/UFH 收/发组合的方式实现全双工工作,例如 CAS-3F 卫星,上行频率选择 VHF 频段的 435.330~435.350 MHz,下行选择 UFH 频段的 145.980~146.000 MHz。

(2) S 频段作为航天器测控频段,在全世界范围内受到了较好的保护,可以满足高可靠性和测控速率高的大型、长寿命卫星测控要求,因此 S 频段是使用最广泛的卫星测控频率,我国的近地卫星、航天器和一些地球同步卫星使用 S 频段测控,如神舟飞船、GF-1 卫星和 FY-2 卫星,美国重要的航天器和军用航天器也主要使用 S 频率测控,如登月飞船和中继卫星等。

(3) X 频段早期主要用于卫星地球探测的空对地业务,传输载荷数据。考虑到对地观测卫星的迅猛发展,2015 年世界无线电通信大会决定在 7 190~7 250 MHz 频段增加对地观测遥感卫星业务上行频段,同时规定 8 025~8 400 MHz 频段可用于对地观测遥感卫星的遥控、遥测等测控任务。

(4) C 频段主要用于地球同步轨道的卫星测控,如 DHF-2A 和 DHF-3 卫星。由于 C 频段测控频率进入了卫星业务频率范围内,因此只要卫星所有者申请了通信业务频率,就可以自主选择一段频率用于测控,但缺点是占用宝贵的通信业务频段,与卫星广播电视和通信产生相互干扰,近地卫星测控很少使用 C 频段测控。

（5）Ku 频段测控与 C 频段有些相似，主要用于地球同步通信卫星测控，如美国的中继卫星主要采用 Ku 频段测控，当 Ku 频段测控出现异常时，也可采用 S 频段测控。

（6）Ka 频段及 V 频段由于工作在高频率，可以提供更高的带宽，传输更高码速率信息，容易实现星载测控设备的小型化和降低设备功耗，同时由于频率高，热噪声引起的测轨、测距和测角的误差都会减小，有利于提高轨道测量精度，目前已经成为地球同步卫星测控用频发展的一个方向，但 Ka 频段及 V 频段测控的一个最大缺点是由于频率高，天线增益高的同时也带来了波束窄的问题，不利于实现卫星的全向测控，同时受降雨的影响很大，在中到大雨情况下，信号衰减大，会造成测控中断，因此为降低影响，需要留有足够链路的余量，例如 O3B 卫星测控下行遥测频率为 19.299 6 GHz，正常情况下星上使用 0.4 W 功放，下雨时功率增加到 60 W，21.8 dB 链路余量用于克服雨衰的影响。

4.3.3　典型卫星测控用频示例

表 4-4 是目前在轨运行的几种典型卫星测控用频示例，涵盖了 UHF、L、S、X、C、Ku 和 Ka 所有频段，可以看出有的卫星只使用一种频率测控，如 FY-3-1，上、下行都使用 S 频段测控；一些卫星使用 2 种频率测控，如 Skybox 卫星，上行使用 S 频段测控、下行使用 X 频段测控；有的甚至使用 3 种测控频率，如 Dove 卫星，上行使用 UHF 和 S 频段测控、下行使用 UHF 和 X 频段测控。选择一种或多种测控频率的原则主要考虑是测控频率资源、测控可靠性要求和卫星测控分工原则这 3 个方面，比如 Dove 卫星同时考虑了前 2 个因素：从测控频率资源方面考虑，它选择了 UHF、S、X 三个频段；从测控可靠性方面它选择了 2 种频段，在卫星正常运行情况下使用 S 和 X 频段测控，这时卫星姿态稳定，可以使用定向天线，在卫星入轨的早期阶段和在轨运行出现异常，需要应急测控情况下，使用 UHF 频段测控，这时卫星姿态变化较大，使用全向天线可以在更大的变化范围内确保测控链路有效工作。FY-2 卫星则考虑了第 3 个因素，卫星工程测控使用 C 频段测控、卫星业务测控使用 L/C 频段测控，相互之间互不干扰。

表 4-4　几种典型卫星测控用频示例

卫星名	链路	中心频率/MHz	带/MHz	低端频率/MHz	高端频率/MHz	频段
FY-3-1	上行	2 043/2 074.5	2	2 042/2 073.5	2 044/2 075.5	S
	下行	2 218.5/2 252.5	2	2 217.5/2 251.5	2 219.5/2 253.5	
FY-2	上行	1 691	42	1 670	1 712	S
	下行	2 050	20	2 040	2 060	
	上行	5 947.5	45	5 925	5 970	C
	下行	4 182.5	35	4 165	4 200	

续表 4-4

卫星名	链路	中心频率/MHz	带/MHz	低端频率/MHz	高端频率/MHz	频段
Skybox	上行	2 081	0.22	2 080.89	2 081.11	S
	上行	2 083	0.22	2 082.89	2 083.11	
	下行	8 375	0.512	8 374.744	8 375.256	X
	下行	8 380	0.512	8 379.744	8 380.256	
DOVE3/4	上行	450	0.06	449.97	450.03	UHF
	下行	401.3	0.04	401.28	401.32	
	上行	2 056	0.6	2 055.7	2 056.3	S
	下行	8 225	8	8 221	8 229	X
JILIN-1SPW	上行	2 062.5	7.5	2 025	2 100	S
	下行	2 245	90	2 200	2 290	
	上行	7 239	6.2	7 235.9	7 242.1	X
	上行	8 396	6.2	8 392.9	8 399.1	
TDRS	上行	13 731/13 725				Ku
	下行	14 780.437 5/14 785.962 5				
O3b	上行	29 088.5				Ka
	下行	19 299.6				
oneweb	上行	27 500/27 550(BPSK)				Ka
	下行	19 700/19 770(QPSK)				
Starlink	上行	13.85~14.00 GHz				Ku
	下行	12.15~12.25 GHz,18.55~18.60 GHz				Ku/Ka

4.4 测控体制选择

目前常用的卫星测控体制有 2 种:统一载波测控体制和扩频测控体制,其中统一载波测控体制应用得较早,美国在 20 世纪 60 年代末为执行阿波罗任务研制了统一载波测控体制,用于登月飞船及深空探测任务;欧洲在 20 世纪 70 年代也发展和采用了 S 频段统一载波测控体制;我国在 80 年代中期发展了超短波统一测控体制,用于中低轨道卫星测控,90 年代发展了 S 和 C 频段统一载波测控体制,用于中低轨道、载人飞船和地球同步卫星测控。80 年代初美国的跟踪与数据中继卫星系统(TRDS)和全球导航定位系统(GPS)采用了扩频体制,同时欧洲电信标准协会就扩频测控系统的信号体制制定了相关标准,该标准被欧共体作为欧洲法规的技术基础而采用并被要求执行;我国于 90 年代末开始应用扩频测控体制,用于中低轨和地球同步卫星测控。

统一载波测控体制是使用一个载波同时完成测距、测速、测角、遥控、遥测和话音等多种功能，即这些基带信号分别调制到各自的副载波上，然后再将各已调副载波信号加在一起调到载波上，通过统一信道发射出去；扩频测控系统采用码分多址技术，利用伪随机码序列对传送的信息数据进行调制传输。扩频测控系统与统一载波测控系统相比，主要有以下几个方面的优势。

1. 容易实现多目标同时测控

扩频测控系统对多个测控目标分配不同的扩频码进行扩频，共用同一个载频。在设备的实现上采用一路上、下行信道和多路扩频/解扩设备就能实现多目标同时测控，如果采用统一载波测控体制，除了多路扩频/解扩设备外，还需要多路上、下行信道。

2. 隐蔽性好

测控信号经过扩频处理之后，能量分布在较宽的频带上，功率谱密度极低，在频谱仪上观察是一片噪声，因此扩频后的信号隐蔽性好。而在统一载波体制下，在频谱仪上观察信号尖峰分布明显。

3. 抗干扰能力强

在接收端的相关解调只能解出伪码一致的信息，其他伪码不一致的扩频信号和干扰信号都被展宽后滤除，因此具有很强的抗干扰能力，通常能抗强度 100 倍以上的单频干扰，而在统一载波体制下，一个频率、功率相近的单频干扰信号就能阻塞信道。

4. 测距性能好

扩频测控体制伪码速率决定了测距精度，统一载波测控体制精侧音频率决定了测距精度。由于测控系统中伪码速率远高于侧音测距的精侧音频率，且分辨率可达一个码元的几十分之一，因此扩频测距精度高于统一载波测控体制。

另外，使用扩频测控体制，还有相干与非相干模式的区别，非相干扩频星载应答机由于不需要相干转发，使卫星应答机研制简化，并且容易实现多站测距，因此，20 世纪 90 年代末提出的非相干扩频测控模式后，在国内得到了广泛应用。

4.5　卫星测控链路计算

测控链路计算是在给定地面测控站和卫星应答机的发射性能和接收性能前提下，计算测控站到卫星应答机的上行接收信号的信噪比和卫星应答机到测控站的下行信噪比，如果计算结果信噪比值高于接收门限，表明接收端能够正确接收信号。为确保链路可靠，通常要求接收链路的信噪比大于门限值 3 dB，否则需要提高发射性能或改善接收性能。

提高地面测控站的性能，可以降低卫星测控系统的要求，例如，减小卫星测控天线的尺寸或发射功率，但通常地面测控站的指标设计是满足大多数卫星的性能指标，所以通常是在给定地面测控站性能的基础上确定卫星应答机指标。下面分别对统一载波测控链路、扩频测控链路和中继卫星测控链路进行分析和计算。

4.5.1 统一载波测控链路计算

统一载波测控链路的上行信号包括地面发往卫星的遥控信号、主侧音信号和副侧音信号，下行信道包括卫星发往地面的遥测信号、主侧音信号和副侧音信号，每个信号需要单独计算，通常先进行上行信道的各个信号计算，再完成下行信道的各个信号计算，其中遥测、遥控信号单独计算，而测距信号需要上、下行信道一起考虑。

1. 上行信道计算

（1）卫星总接收信号计算。

上行总接收信号包括载波、遥控、主侧音和次侧音 4 个信号。

①卫星总接收信噪谱密度比 $\left[\dfrac{S}{\varphi}\right]_{up}$。

$$\left[\frac{S}{\varphi}\right]_{up} = [\mathrm{EIRP}]_E - L_{TP} - L_{SP} - L_a - L_p + \left[\frac{G}{T}\right]_S - k \tag{4-2}$$

式中，$[\mathrm{EIRP}]_E$ 为测控站有效发射功率，dBW；L_{TP} 为发射天线指向损失，dB；L_{SP} 为空间损失，dB；L_a 为大气衰减，dB；L_p 为极化损失，dB；$\left[\dfrac{G}{T}\right]_S$ 为卫星接收系统性能指数，dB_i/k；k 为波尔兹曼常数 -228.6，dBW/kHz。其中空间损失 L_{SP} 计算公式为

$$L_{SP} = 20\lg R + 20\lg f_{up} + 32.44 \tag{4-3}$$

式中，R 为卫星到测控站距离，km；f_{up} 为上行频率，MHz。R 计算公式为

$$R = \frac{R_e + h}{\cos \varepsilon}\cos\left[\varepsilon \arcsin\left(\frac{R_e}{R_e + h}\cos \varepsilon\right)\right] \tag{4-4}$$

式中，R_e 为地球平均半径，km；h 为卫星距离地球表面高度，km；ε 为测控站天线仰角。

$\left[\dfrac{G}{T}\right]_S$ 的计算公式为

$$\left[\frac{G}{T}\right]_S = [G]_r + [L]_S - 10[T]_{RS} \tag{4-5}$$

式中，$[G]_r$ 为卫星天线增益，dB；$[L]_S$ 为卫星天线到接收机输入端的损失，dB；$[T]_a$ 为天线噪声温度，它包括 3 部分：宇宙噪声温度、大气噪声温度和人为噪声，天线噪声温度与工作频率有关，通常可查表得出；T_{RS} 为接收机输入端的等效噪声温度，K，T_{RS} 计算公式为

$$T_{RS} = \frac{T_a}{L_S} + T_1\left(1 - \frac{1}{L_S}\right) + (F - 1)T_0 \tag{4-6}$$

式中，F 为接收机噪声系数；T_0 为接收机环境温度，K；L_S 计算公式为

$$L_S = L_W + L_h + L_F + L_d \tag{4-7}$$

式中，L_W 为宽带匹配网络损失，dB；L_h 为混合接头损失，dB；L_F 为馈线损失，dB；L_d 为应答机双工器损失，dB。

②卫星接收到的功率通量密度 P_{FDS}。

$$P_{FDS} = [EIRP]_E - 20\lg[R] + L_{GP} + L_a - 10.99 \tag{4-8}$$

③卫星总接收功率 P_{RS}。

$$P_{RS} = [EIRP]_E - L_{TP} - L_{SP} - L_a - L_p + [G]_S \tag{4-9}$$

（2）上行载波计算。

①卫星接收载噪比 $\left[\dfrac{S}{\varphi}\right]_{cs}$。

在上行主侧音、次侧音和遥控同时发送时，卫星接收载噪比为 $\left[\dfrac{S}{\varphi}\right]_{cs}$，计算公式如下

$$\left[\frac{S}{\varphi}\right]_{cs} = \left[\frac{S}{\varphi}\right]_{up} + L_{MU} \tag{4-10}$$

式中，L_{MU} 为上行载波调制损失 dB，其计算公式为

$$L_{MU} = 20\lg[J_0(m_{Ru})J_0(m_{ru})J_0(m_{TC})] \tag{4-11}$$

式中，m_{Ru} 为上行主侧音调制指数，rad；m_{ru} 为上行次侧音调制指数，rad；m_{TC} 为上行遥控调制指数。

②卫星接收的载波功率 P_{CS}。

$$P_{CS} = [P]_{RS} + L_{MU} \tag{4-12}$$

③上行载波余量 M_{cs}。

$$M_{cs} = \left[\frac{S}{\varphi}\right]_{cs} - \left[\frac{S}{\varphi}\right]_{csreq} \tag{4-13}$$

式中，$\left[\dfrac{S}{\varphi}\right]_{csreq}$ 为载波捕获需要的载噪谱密度比，dBHz，其计算公式为

$$\left[\frac{S}{\varphi}\right]_{csreq} = \left[\frac{S}{N}\right]_C + 10\lg 2B_{lo} \tag{4-14}$$

式中，$\left[\dfrac{S}{N}\right]_C$ 为锁相环路内需要的载噪比，dB；B_{lo} 为锁相环带宽的一半，Hz。

（3）上行遥控计算。

①卫星接收遥控信噪谱密度比 $\left[\dfrac{S}{\varphi}\right]_{TC}$。

$$\left[\frac{S}{\varphi}\right]_{TC} = \left[\frac{S}{\varphi}\right]_{up} - L_{TC} \tag{4-15}$$

式中，L_{TC} 为遥控解调损失，dB，其计算公式为

$$L_{TC} = 10\lg[2J_1^2(m_{TC})J_0^2(m_{RU})J_0^2(m_{rm})] \tag{4-16}$$

式中，$\left[\dfrac{S}{\varphi}\right]_{TCreq}$ 为遥控解调需要的信噪谱密度比，dBHz，其计算公式为

$$\left[\frac{S}{\varphi}\right]_{TCreq} = \left[\frac{E_b}{\varphi}\right]_{TC} + 10\lg f_{bTC} + L_{TCD} \tag{4-17}$$

式中，$\left[\dfrac{E_{\mathrm{b}}}{\varphi}\right]_{\mathrm{TC}}$ 为由比特差错率决定的遥控码元能量和噪声谱密度比，dB；f_{bTC} 为遥控比特率，bit/s；L_{TCD} 为设备损失，dB。

②遥控余量 M_{TC}。

$$M_{\mathrm{TC}}=\left[\frac{S}{\varphi}\right]_{\mathrm{TC}}-\left[\frac{S}{\varphi}\right]_{\mathrm{TCreq}} \tag{4-18}$$

（4）上行主侧距音计算。

上行主侧距音信噪谱密度比 $\left[\dfrac{S}{\varphi}\right]_{\mathrm{RU}}$。

$$\left[\frac{S}{\varphi}\right]_{\mathrm{RU}}=\left[\frac{S}{\varphi}\right]_{\mathrm{UP}}-L_{\mathrm{RU}} \tag{4-19}$$

式中，L_{RU} 为主侧距音调制损失，dB。

$$L_{\mathrm{RU}}=10\lg\left[2J_1^2(m_{\mathrm{RU}})J_0^2(m_{\mathrm{ru}})J_0^2(m_{\mathrm{TC}})\right] \tag{4-20}$$

（5）上行次侧距音计算。

上行次侧距音信噪谱密度比 $\left[\dfrac{S}{\varphi}\right]_{\mathrm{ru}}$。

$$\left[\frac{S}{\varphi}\right]_{\mathrm{ru}}=\left[\frac{S}{\varphi}\right]_{\mathrm{UP}}-L_{\mathrm{ru}} \tag{4-21}$$

式中，L_{ru} 为次侧距音调制损失，dB。

$$L_{\mathrm{ru}}=10\lg\left[2J_1^2(m_{\mathrm{ru}})J_0^2(m_{\mathrm{RU}})J_0^2(m_{\mathrm{TC}})\right] \tag{4-22}$$

2. 下行信道计算

下行总信号包括载波、遥测、主侧音和次侧音 4 个信号。

（1）总信号计算。

测控站总接收信噪谱密度比 $\left[\dfrac{S}{\varphi}\right]_{\mathrm{down}}$。

$$\left[\frac{S}{\varphi}\right]_{\mathrm{down}}=[\mathrm{EIRP}]_{\mathrm{S}}-L_{\mathrm{RP}}-L_{\mathrm{SP}}-L_{\mathrm{a}}-L_{\mathrm{p}}-+\left[\frac{G}{T}\right]_{\mathrm{g}}-k \tag{4-23}$$

式中，$[\mathrm{EIRP}]_{\mathrm{S}}$ 为测控站有效发射功率，dBW；L_{RP} 为地面天线指向损失，dB；$\left[\dfrac{G}{T}\right]_{\mathrm{g}}$ 为地面系统接收系统性能指数，dBi/k，波尔兹曼常数为 228.60（dBW/kHz）。

①地球表面处的功率通量密度 P_{FDg}。

$$P_{\mathrm{FDg}}=[\mathrm{EIRP}]_{\mathrm{S}}-20\lg R-10.99+L_{\mathrm{a}} \tag{4-24}$$

②测控站总接收功率 P_{Rg}。

$$P_{\mathrm{Rg}}=[\mathrm{EIRP}]_{\mathrm{S}}-L_{\mathrm{SP}}-L_{\mathrm{a}}-L_{\mathrm{p}}+[G]_{\mathrm{g}} \tag{4-25}$$

（2）下行载波计算。

①测控站接收载噪谱密度比（$\left[\dfrac{S}{\varphi}\right]_{\mathrm{cg}}$）。

在下行主侧音、次侧音和遥测同时工作情况下,测控站接收载噪比为 $\left[\dfrac{S}{\varphi}\right]_{\mathrm{cg}}$。

$$\left[\frac{S}{\varphi}\right]_{\mathrm{cg}} = \left[\frac{S}{\varphi}\right]_{\mathrm{down}} + L_{\mathrm{MD}} \tag{4-26}$$

式中,L_{MD} 为下行载波调制损失,dB,其计算公式为

$$L_{\mathrm{MD}} = 20\lg\left[J_0(m_{\mathrm{RD}})J_0(m_{\mathrm{rD}})J_0(m_{\mathrm{TM}})J_0(m_{\mathrm{TCR}})J_0(m_{\mathrm{N}})\right] \tag{4-27}$$

式中,m_{RD} 为下行主侧音调制指数,rad;m_{rD} 为行次侧音调制指数,rad;m_{TM} 为下行遥测调制指数,rad;m_{TCR} 为下行残留遥控调制指数,rad;m_{N} 为下行噪声调制指数,rad。

②测控站接收的载波功率 P_{Cg}。

$$P_{\mathrm{Cg}} = P_{\mathrm{Rg}} + L_{\mathrm{MD}} \tag{4-28}$$

③下行载波余量 M_{gs}。

$$M_{\mathrm{gs}} = \left[\frac{S}{\varphi}\right]_{\mathrm{cg}} - \left[\frac{S}{\varphi}\right]_{\mathrm{cgreq}} \tag{4-29}$$

式中,$\left[\dfrac{S}{\varphi}\right]_{\mathrm{cgreq}}$ 为载波捕获需要的载噪谱密度比,dBHz,其计算公式为

$$\left[\frac{S}{\varphi}\right]_{\mathrm{csreq}} = \left[\frac{S}{N}\right]_{\mathrm{C}} + 10\lg 2B_{\mathrm{lo}} \tag{4-30}$$

式中,$\left[\dfrac{S}{N}\right]_{\mathrm{C}}$ 为锁相环路内需要的载噪比,dB;$2B_{\mathrm{lo}}$ 为锁相环路噪声门限带宽,Hz。

(3)下行遥测计算。

①遥测信噪谱密度比为 $\left[\dfrac{S}{\varphi}\right]_{\mathrm{TM}}$,其计算公式为

$$\left[\frac{S}{\varphi}\right]_{\mathrm{TM}} = \left[\frac{S}{\varphi}\right]_{\mathrm{down}} - L_{\mathrm{TM}} \tag{4-31}$$

式中,L_{TM} 为遥测解调损失,dB,其计算公式为

$$L_{\mathrm{TM}} = 10\lg\left[2J_1^2(m_{\mathrm{TM}})J_0^2(m_{\mathrm{RD}})J_0^2(m_{\mathrm{rD}})J_0^2(m_{\mathrm{TCR}})J_0^2(m_{\mathrm{N}})\right] \tag{4-32}$$

②遥测余量(M_{TM})。

$$M_{\mathrm{TM}} = \left[\frac{S}{\varphi}\right]_{\mathrm{TM}} - \left[\frac{S}{\varphi}\right]_{\mathrm{TMreq}} \tag{4-33}$$

式中,$\left[\dfrac{S}{\varphi}\right]_{\mathrm{TMreq}}$ 为遥测解调需要的信噪谱密度比,dBHz,其计算公式为

$$\left[\frac{S}{\varphi}\right]_{\mathrm{TMreq}} = \left[\frac{E_{\mathrm{b}}}{\varphi}\right]_{\mathrm{TM}} + 10\lg f_{\mathrm{bTM}} + L_{\mathrm{TMD}} \tag{4-34}$$

式中,$\left[\dfrac{E_{\mathrm{b}}}{\varphi}\right]_{\mathrm{TM}}$ 为由比特差错率决定的遥控码元能量和噪声谱密度比,dB;f_{bTM} 为遥控比特率,bit/s;L_{TMD} 为设备损失,dB。

（4）下行主侧距音计算。

①下行主测音测距信号谱密度比 $\left[\dfrac{S}{\varphi}\right]_{\mathrm{Rd}}$。

$$\left[\frac{S}{\varphi}\right]_{\mathrm{Rd}}=\left[\frac{S}{\varphi}\right]_{\mathrm{down}}+L_{\mathrm{Rd}} \tag{4-35}$$

式中，L_{Rd} 为下行主侧距音调制损失，dB，其计算公式为

$$L_{\mathrm{Rd}}=10\lg\left[\,2J_1^2(m_{\mathrm{Rd}})J_0^2(m_{\mathrm{rd}})J_0^2(m_{\mathrm{TM}})J_0^2(m_{\mathrm{TCR}})J_0^2(m_{\mathrm{N}})\,\right] \tag{4-36}$$

②下行总的主测音测距信号谱密度比 $\left[\dfrac{S}{\varphi}\right]_{\mathrm{RT}}$。

$$\left[\frac{S}{\varphi}\right]_{\mathrm{RT}}=\left[\frac{S}{\varphi}\right]_{\mathrm{Ru}}+\left[\frac{S}{\varphi}\right]_{\mathrm{Rd}}-10\lg\left(10^{\frac{1}{10}\left[\frac{S}{\varphi}\right]_{\mathrm{Ru}}}+10^{\frac{1}{10}\left[\frac{S}{\varphi}\right]_{\mathrm{Rd}}}\right) \tag{4-37}$$

③主侧距音余量 M_{R}。

$$M_{\mathrm{R}}=\left[\frac{S}{\varphi}\right]_{\mathrm{RT}}-\left[\frac{S}{\varphi}\right]_{\mathrm{Rreq}} \tag{4-38}$$

式中，$\left[\dfrac{S}{\varphi}\right]_{\mathrm{Rreq}}$ 为主侧距音信噪谱密度比，dBHz；$\left[\dfrac{S}{\varphi}\right]_{\mathrm{Rreq}}$ 为主侧距音解调需要的信噪谱密度比，dBHz，其计算公式为

$$\left[\frac{S}{\varphi}\right]_{\mathrm{Rreq}}=\left[\frac{S}{N}\right]_{\mathrm{R}}-10\lg 2B_{L_0\mathrm{R}} \tag{4-39}$$

式中，$\left[\dfrac{S}{N}\right]_{\mathrm{R}}$ 为主侧距音环路内需要的载噪比，dB；$2B_{L_0\mathrm{R}}$ 为主侧距音环路噪声门限带宽，Hz。

（5）下行次侧距音计算。

①下行次侧距音信噪谱密度比 $\left[\dfrac{S}{\varphi}\right]_{\mathrm{Rd}}$。

$$\left[\frac{S}{\varphi}\right]_{\mathrm{Rd}}=\left[\frac{S}{\varphi}\right]_{\mathrm{down}}+L_{\mathrm{Rd}} \tag{4-40}$$

式中，L_{Rd} 为下行主侧距音调制损失，dB，其计算公式为

$$L_{\mathrm{Rd}}=10\lg\left[\,2J_1^2(m_{\mathrm{rd}})J_0^2(m_{\mathrm{Rd}})J_0^2(m_{\mathrm{TM}})J_0^2(m_{\mathrm{TCR}})J_0^2(m_{\mathrm{N}})\,\right] \tag{4-41}$$

②下行总的次测音测距信号谱密度比 $\left[\dfrac{S}{\varphi}\right]_{\mathrm{rT}}$。

$$\left[\frac{S}{\varphi}\right]_{\mathrm{rT}}=\left[\frac{S}{\varphi}\right]_{\mathrm{ru}}+\left[\frac{S}{\varphi}\right]_{\mathrm{rd}}-10\lg\left(10^{\frac{1}{10}\left[\frac{S}{\varphi}\right]_{\mathrm{ru}}}+10^{\frac{1}{10}\left[\frac{S}{\varphi}\right]_{\mathrm{rd}}}\right) \tag{4-42}$$

③次侧距音余量 M_{r}。

$$M_{\mathrm{r}}=\left[\frac{S}{\varphi}\right]_{\mathrm{rT}}-\left[\frac{S}{\varphi}\right]_{\mathrm{rreq}} \tag{4-43}$$

式中，$\left[\dfrac{S}{\varphi}\right]_{\mathrm{rreq}}$ 为次侧距音信噪谱密度比，dBHz；$\left[\dfrac{S}{\varphi}\right]_{\mathrm{rreq}}$ 为次侧距音解调需要的信噪谱密

度比,dBHz,其计算公式为

$$\left[\frac{S}{\varphi}\right]_{\text{rreq}} = \left[\frac{S}{N}\right]_{\text{r}} - 10\lg 2B_{\text{L}_0\text{r}} \tag{4-44}$$

式中,$\left[\dfrac{S}{N}\right]_{\text{r}}$ 为次侧距音环路内需要的载噪比,dB;$2B_{\text{L}_0\text{r}}$ 为次侧距音环路噪声门限带宽,Hz。

3. 计算示例

表 4-5 和表 4-6 给出了一个典型的统一载波测控上、下行链路计算示例,其中测控站天线口径为 10 m、功放为 10 W,卫星 G/T 值为 -44.32 dB/K、卫星发射 EIRP 值为 -19.50 dBW、上行遥控调制指数为 0.95 rad、上行主侧音调制指数为 0.83 rad、上行次侧音调制指数为 0.43 rad,下行遥测调制指数为 1.05 rad、下行主侧音调制指数为 0.37 rad、下行次侧音调制指数为 0.18 rad。分别计算了上行载波、上行主侧距音、上行次侧距音、上行遥控和下行载波、下行主侧距音、下行次侧距音、下行遥测的余量,结果都满足大于 3 dB 的工程实施要求。

表 4-5　统一载波测控上行链路计算示例

项目	数值	项目	数值
地面发射功率/W	10.00	卫星接收到的功率通量密度/(dBW/m²)	-95.70
地球站接收天线口径/m	10.00	卫星总的接收功率/dBm	-100.55
频率/GHz	2.00	上行载波计算	
轨道高度/km	800.00	上行载波调制损失/dB	-4.05
工作仰角/(°)	5.00	卫星接收载噪谱密度比/dBHz	65.17
卫星对地半张角/(°)	62.27	卫星接收的载波功率/dBm	-104.61
斜距/km	2783.85	锁相环路内需要的载噪比/dBHz	10.00
大气损失/dB	0.50	锁相环路噪声门限带宽/Hz	800.00
测控站天线效率	0.50	载波捕获需要的载噪谱密度比/dBHz	39.03
电路损失/dB	2.00	上行载波余量/dB	26.14
任意损耗/dB	0.20	上行主侧距音计算	
极化损失/dB	0.10	上行主侧距音调制损失/dB	-7.89
地面天线指向损失/dB	0.50	上行主侧距音信噪谱密度比/dBHz	61.34
上行主侧音调制指数/rad	0.83	上行主侧距音信噪谱密度比要求/dBHz	38.00
上行次侧音调制指数/rad	0.43	上行主侧距音余量/dB	23.34
上行遥控调制指数/rad	0.95	上行次侧距音计算	
测控站天线峰值增益/dBi	43.41	上行次侧距音调制损失/dB	-14.20
测控站发射 EIRP/dBW	53.41	上行次侧距音信噪谱密度比/dBHz	55.03

续表 4-5

项目	数值	项目	数值
信道损失/dB	167.36	上行次侧距音信噪谱密度比要求/dBHz	33.00
总信道计算		上行次侧距音余量/dB	22.03
卫星接收天线增益/dBi	−15.50	上行遥控计算	
应答机噪声系数/dB	5.50	遥控调制损失/dB	−6.44
卫星接收天线噪声温度/K	210.00	遥控信噪谱密度比/dBHz	62.79
卫星接收馈线损失/dB	−6.00	遥控速率/(b/s)	2 000.00
接收机输入端等效噪声温度/K	762.00	遥控设备损失/dB	6.60
卫星 G/T 值/(dB/K)	−44.32	遥控需要的 Eb/N0/dBHz	9.40
卫星总接收信噪谱密度比/dBHz	69.23	遥控余量/dB	13.78

表 4-6   统一载波测控下行链路计算示例

项目	数值	项目	数值
应答机输出功率/dBW	−4.00	测控站需要载噪谱密度比/dBHz	37.00
频率/GHz	2.24	下行载波余量/dB	21.67
轨道高度/km	800.00	测控站测角门限/dBHz	43.00
工作仰角	5.00	测控站测角余量	15.67
卫星对地半张角/(°)	62.27	测控站测速门限/dBHz	43.00
斜距/km	2783.85	测控站测速余量	15.67
大气损失/dB	0.50	遥测计算	
地面天线指向损失/dB	0.50	下行遥测调制损失/dB	−4.80
地球站接收天线口径/m	10.00	测控站接收遥测噪谱密度比/dBHz	57.43
测控站 G/T 值/(dB/K)	22.50	遥测速率/(b/s)	4096.00
下行主侧音调制指数/rad	0.37	遥测解调需要的 Eb/N0	10.30
下行次侧音调制指数/rad	0.18	遥测解调设备损失/dB	3.50
下行残留遥控调制指数/rad	0.44	遥测需要载噪谱密度比/dBHz	49.92
下行噪声调制指数/rad	0.29	遥测余量/dB	7.51
下行遥测调制指数/rad	1.05	主侧距音计算	
卫星发射 EIRP/dBW	−19.50	下行主侧距音调制损失/dB	−15.07
卫星接收天线增益/dBi	−15.50	下行主侧距音噪谱密度比/dBHz	47.17
信道损失/dB	168.36	下行主侧距音总噪谱密度比/dBHz	47.01
总信道计算		下行侧距音需要载噪谱密度比/dBHz	27.50

续表 4-6

项目	数值	项目	数值
测控站总接收信噪谱密度比/dBHz	62.24	下行主侧距音余量/dB	19.51
测控站接收到的功率通量密度/(dBW/m²)	−168.61	主测次距音计算	
测控站天线峰值增益/dBi	44.72	下行次侧距音调制损失/dB	−21.44
测控站总的接收功率/dBm	−114.14	下行次侧距音噪谱密度比/dBHz	40.79
下行载波计算		下行次侧距音总噪谱密度比/dBHz	40.63
下行载波调制损失/dB	−3.56	下行次侧距音需要载噪谱密度比/dBHz	22.00
测控站接收载噪谱密度比/dBHz	58.67	下行次侧距音余量/dB	18.63
测控站接收载波功率/dBm	−117.71		

4.5.2　扩频测控链路计算

扩频测控链路计算可参考统一载波测控链路计算,扩频测控没有副载波调制信号,因此使用统一载波测控链路公式计算扩频测控链路时,可以忽略主侧音和副侧音、遥控和遥测的调制损失计算部分,但扩频测控链路的遥控、遥测和测距是独立信号,需要进行功率分配。

表 4-7 和表 4-8 给出了扩频测控上、下行链路计算示例,其中测控站天线口径为7.5 m、功放为 10 W,卫星 G/T 值为−44 dB/K、卫星发射 EIRP 值为−20 dBW,地面站上行遥控和测距的功率分配比为 2∶1,卫星下行遥测和测距的功率分配比为 4∶1。

表 4-7　扩频测控上行链路计算示例

项目	值	项目	值
频率/GHz	7.24	上行载波计算	
地面发射功率/W	10.00	上行载波捕获门限(灵敏度)/dBm	−110.00
地球站接收天线口径/m	7.50	上行载波余量/dB	6.85
地面站天线效率	0.50	上行遥控计算	
地面站天线峰值增益/dBi	52.09	遥控支路功率比 2/3v	−1.76
地面站发射 EIRP/dBW	62.09	遥控信噪谱密度比/dBHz	63.69
轨道高度/km	500.00	遥控速率/(b/s)	2 000.00
工作仰角/(°)	3.00	遥控信噪比/dB	−39.46
卫星对地半张角/(°)	67.82	遥控设备损失/dB	3.00

续表 4-7

项目	值	项目	值
斜距/km	2 262.24	遥控需要的 Eb/N0/dB(10⁻⁶ 误码率)	10.50
信道损失/dB	176.74	遥控余量/dB	17.18
地面天线指向损失/dB	0.50	上行测距计算	
大气与降雨损失/dB	3.00	测距支路功率比 1/3/dB	-4.77
极化损失/dB	1.00	测距信噪谱密度比(dBHz)	60.68
卫星接收天线增益/dBi	-14.00	测距速率/(b/s)	1 000.00
卫星 G/T 值/(dB/K)	-44.00	测距信噪比/dB	30.68
卫星总的接收信噪谱密度比/dBHz	65.45	测距设备损失/dB	3.00
卫星总的接收功率/dBm	-103.15	测距需要的 Eb/N0/dB(10⁻⁶ 误码率)	10.50
		测距余量/dB	17.18

表 4-8 扩频测控下行链路计算示例

项目	值	项目	值
频率/GHz	8.30	载波恢复余量/dB	20.85
卫星发射 EIRP/dBW	-20.00	下行遥测计算	
轨道高度/km	500.00	遥测支路功率比 4/5/dB	-0.97
工作仰角/(°)	3.00	遥测信噪谱密度比/dBHz	57.21
卫星对地半张角/(°)	67.82	遥测速率/(b/s)	4096.00
斜距/km	2 262.24	遥测信噪比/dB	-91.94
信道损失/dB	177.92	遥测设备损失/dB	3.00
地面天线指向损失/dB	0.50	遥测需要的 Eb/N0/dB(10⁻⁵ 误码率)	9.60
大气与降雨损失/dB	3.00	遥测余量/dB	8.48
极化损失/dB	1.00	下行测距计算	
地球站接收天线口径/m	7.50	测距支路功率比 1/5/dB	-6.99
地面站天线效率	0.50	测距信噪谱密度比/dBHz	51.19
地面站天线峰值增益/dBi	53.27	测距速率/(b/s)	1 000.00
地面站 G/T 值/(dB/K)	32.00	测距信噪比/dB	21.19
卫星总接收信噪谱密度比/dBHz	58.18	测距设备损失/dB	3.00
卫星总接收功率/dBW	-149.15	测距需要的 Eb/N0/dB(10⁻⁵ 误码率)	9.60
下行载波计算		测距余量/dB	8.59
地面站载波捕获门限(灵敏度)/dBW	-170.00		

4.5.3　中继卫星测控链路计算

中继卫星测控链路是指地面站→中继卫星→用户卫星的前向链路和用户卫星→中继卫星→地面站返向链路,它们的计算类似于统一载波中的测距信号的全程链路计算,即分别计算地面站到中继卫星的信噪比 $\left[\dfrac{S}{\varphi}\right]_{ET}$ 和中继卫星到用户卫星的信噪比 $\left[\dfrac{S}{\varphi}\right]_{TU}$,再计算总信噪比 $\left[\dfrac{S}{\varphi}\right]_{T}$。

$$\left[\frac{S}{\varphi}\right]_{T}=\left[\frac{S}{\varphi}\right]_{ET}+\left[\frac{S}{\varphi}\right]_{TU}-10\lg\left(10^{\frac{1}{10}\left[\frac{S}{\varphi}\right]_{ET}}+10^{\frac{1}{10}\left[\frac{S}{\varphi}\right]_{TU}}\right) \tag{4-45}$$

由地面终端站解调器门限 $\left[\dfrac{S}{\varphi}\right]_{Eth}$ 和用户卫星中继终端的解调器门限 $\left[\dfrac{S}{\varphi}\right]_{Uth}$,最后计算 $\left(\left[\dfrac{S}{\varphi}\right]_{T}-\left[\dfrac{S}{\varphi}\right]_{Eth}\right)$ 和 $\left(\left[\dfrac{S}{\varphi}\right]_{T}-\left[\dfrac{S}{\varphi}\right]_{Uth}\right)$ 的差值,得到中继卫星前、返向测控链路余量。另外,在中继链路计算过程中,还需要考虑转发器和输入/输出补偿,通常是在单载波饱和电平基础上回退 2~3 dB,如图 4-2 所示。

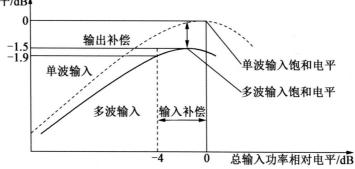

图 4-2　中继转发器输入/输出特性

4.6　轨道获取方式的选择

卫星的轨道根数描述了卫星在空间的位置,地面测控站需要利用轨道根数预报跟踪角度,遥感卫星需要利用轨道根数和观测目标的地理位置规划相机的开机和数传回放时刻,地球同步卫星需要利用轨道根数完成定点保持和多星共位控制等。目前常用的卫星获取轨道根数的方法有地面站测轨、导航星测轨和网上下载 3 种方法,不同的方法实现的难易程度、付出的代价、精度和可靠性等不一样,在卫星总体设计阶段就需要根据卫星平台测控和业务应用需求确定一种或者多种方法。

1. 地面站测轨

地面站测轨是使用时间最长的传统轨道测量手段,在卫星跟踪弧段,地面测控站发送上行测距信号,卫星接收后转发,地面站接收到经过卫星转发的测距信号后,通过计算站-星-站之间的传输时延和频率的变化得到卫星到测控站的距离和速度值,再结合天线的跟踪角度,计算出卫星的轨道。

2. 利用导航星测轨

在卫星上安装 GNSS 导航接收机,实时接收导航信息,只要知道卫星到 4 颗导航星之间的距离,就能解算出卫星的位置,进而获得卫星的轨道根数。常用的导航接收机主要有 GPS 接收机、BD 接收机或 BD+GPS 多频多模接收机。

3. 网上获取。

北美防空司令部利用雷达或光学望远镜对空间卫星进行测量,定期公布绝大多数公开卫星的二行根数,可以在网址:http://www.celestrak.org/查找需要的卫星根数。

上述 3 种轨道根数的获取方法中,地面站测轨系统最复杂,需要在卫星上安装应答机,地面发射和接收测量信号。在实际测轨过程中,地面站测控系统还可能由于跟踪条件差产生一些误差较大的测量数据,影响定轨精度。地面站测控系统操作复杂,对测控设备和轨道计算要求高,但它是一种自主定轨系统,技术成熟、测量精度高、稳定性好、不受外界干扰,对强调安全、自主和可靠的卫星用户是必不可少的设备,被目前所有高轨卫星和大多数近地卫星所采用。利用导航星测轨,只需要在卫星上安装一个导航接收机,通过卫星下行遥测数据将位置计算结果传到地面,就可以计算出卫星的轨道根数,它具有使用方便、数据质量好、全球覆盖的特点,但它强烈依赖导航卫星系统服务。为提高安全性,通常使用多频多模导航接收机,该类型接收机不仅可以提高精度,还可以提高可用性和可靠性,目前几乎所有近地卫星都加装星上导航接收机,它的测量精度与地面测轨方法一致或略优。高轨卫星由于超过了导航星的覆盖范围,还是以传统的地面测轨为主,不考虑使用导航接收机。网上获取根数是最简单和最实用的方法,只要有互联网的地方,就可以随时下载,直接获取卫星的轨道根数,除了最新的根数,它还可以提供卫星入轨后的所有历史数据,尽管根数的精度不高,很难满足高精度轨道控制的要求,但可以满足一般天线跟踪和遥感任务规划的要求,因此一些成本低的小卫星通常采用这个方法,它的缺点是自主性和实时性较差,比如卫星刚入轨时,需要 1~2 天后才能获得根数,也可能因为某种原因无法下载。

4.7　天/地基测控选择

基于地面测控站布局的地基网可以为各种轨道的卫星提供测控服务,基于中继卫星的天基测控网可以为 2 000 km 以下的中、低轨道的卫星提供测控服务,选择天基网还是地基网对卫星测控,取决于对卫星测控的覆盖率、时效性要求以及成本考虑等因素。

1. 中、高轨卫星测控

天基测控主要为近地卫星提供服务,其覆盖中、高轨卫星困难,因此静止轨道卫星和中高轨卫星一般使用地基测控网。

2. 近地卫星测控

对近地卫星的测控既可以选择地基测控网,也可以选择天基测控网,或者两者的组合。选择地基测控网时,中纬度地区的一个测控站每天大约能够提供 4 圈跟踪测控,测控覆盖率为 2%~3%,如果所有测控站仅仅分布在我国国内,可以提供约 6% 的测控覆盖率,当卫星最后一圈离开国内测控范围,到下一圈跟踪可见的间隔时间大约为 6~7 h,这段时间内,地面无法测控卫星。但如果能够在极区部署测控站,能有效增加跟踪圈次,减小测控间隔。

选择天基测控网时,地球静止轨道的中继卫星系统可以为 2 000 km 以下高度的近地卫星测控提供 100% 测控覆盖率,地面可以随时测控近地卫星。除了专用的中继卫星系统,基于地球静止轨道的通信卫星和导航卫星也可以为近地卫星提供天基测控服务,可以全球覆盖,而且具有随机接入、按需收费的特点,表 4-9 是美国中继卫星系统(TDRSS)2021 财年对在轨卫星和火箭发射提供数据中继服务的价格。

表 4-9 2021 美国 TDRSS 系统数据中继服务价格

服务项目		价格/(美元/min)
卫星	S 频段单址服务	94
	多址返向服务	9
	多址前向服务	15
商业火箭发射	S 频段单址服务	29
	多址返向服务	3
	多址前向服务	5

4.8 地面测控站选择

测控站的选择主要考虑的技术因素有测站的数量和位置,选择的结果通常会影响跟踪效果和定轨精度。

4.8.1 位置选择

1. 地球同步卫星测控站选择

地球同步卫星的在轨测控需要 24 h 连续进行,由于它具有对地静止特性,一个跟踪仰角大于 10° 的测控站就能够承担管理任务,通常是一站一星的管理模式,跟踪仰角越大效果越好。为了节省成本,在管理多颗地球同步卫星时,可以为每颗卫星配置小口径遥测接收站,用于 24 h 遥测接收和监视,多颗卫星共用一个大口径具有遥控功能的测控站,按需遥控和注数使用。

2. 近地卫星测控站选择

（1）国内测控站布局。

近地卫星由于它相对地球运动的轨道特性，只在特定时间通过地面测控站的上空，一般不采用一站一星，而是一站多星管理模式，一个地面测控站一次对一颗近地卫星可视时间约为 10 min，然后再切换跟踪下一颗卫星，即间隙式管理。如果仅仅依靠国内地面测控站，从提高跟踪覆盖率和定轨精度要求方面考虑，较好的测控站布局是所谓大三角布局，即在国境内的东、西、中各布置一个站，北南、东西方向的间距尽量大，例如西边选择喀什、东边选择牡丹江、中间选择三亚，这样既有利于提高测控覆盖率，也有利于提高定轨精度。

（2）国外测控站布局。

如果可以利用在国外的地面测控站测控，靠近极区的位置可以显著提升测控覆盖率，例如瑞典的基律纳（Kiruna）站的纬度为 67.9°，一天有 10 个跟踪圈次，最短跟踪时间为 414 s，最长为 613 s，平均跟踪时长为 524 s，覆盖率为 6.1%，相当于上述国内 3 个测控站覆盖率的总和，而且每圈的跟踪时间更长。附录 A 列出了这些测站的分布信息。

4.8.2　测控条件分析

测控条件分析是根据卫星轨道和测控站站址坐标，以最低仰角 3° 计算测站对卫星的可见跟踪预报，分析可见时间、跟踪角度和覆盖率，跟踪时间长、跟踪角度和覆盖率高是追求的目标。通常一个地面测控站对近地卫星的测控覆盖率约为 3%，跟踪时段为 8~12 min。

表 4-10 是我国牡丹江、喀什、三亚这 3 个测控站跟踪 500 km 高度近地卫星时，24 h 可见测控时间和覆盖率计算示例（跟踪仰角大于 3°）。由表 4-10 可见看出，单个测控站一天可以跟踪 2~5 圈、覆盖率约为 2%，平均跟踪时长为 7~9 min；3 个测控站一天可以跟踪 9 圈、覆盖率约为 6.2%，平均跟踪时长为 8~10 min；其中有 3 圈 2 个测控站可以同时对卫星可见。

表 4-10　3 个站跟踪 500 km 卫星跟踪预报计算示例

测站	跟踪圈数	最小跟踪时长/s	最大跟踪时长/s	平均跟踪时长 s	覆盖率/%
牡丹江	4	474.3	596.4	527.0	2.4
喀什	5	173.1	603.0	427.2	2.5
三亚	2	596.5	596.6	597.0.9	1.4
牡丹江+喀什+三亚	9	127.1	609.2	495.2	6.2

4.9　卫星遥测/遥控数据格式设计

卫星遥测参数反映卫星工作状态、部件测量值、指令执行情况等,它们在卫星上采集,以一定格式进行编排后通过无线信道下传至地面,编排的格式主要有 PCM 格式和 CCSDS 分包格式,早期卫星测控使用 PCM 格式,自从 1982 年 CCSDS 建议书中制定了分包遥测和分包遥控标准后,CCSDS 分包格式得到了广泛应用,PCM 格式和 CCSDS 分包遥测格式分别规定了不同的信号编排方式。

4.9.1　遥测格式

PCM 遥测编码格式如图 4-3 所示,由帧同步码和数据组成,PCM 遥测编码格式的优点是格式简单,省去了包装结构,数据紧凑、传输效率高;缺点是固定采样率,固定编排格式,一旦固定后,再增加参数较困难。

帧同步码	帧计数	第 1 路	第 2 路	......	第 N 路	帧同步码

图 4-3　PCM 遥测编码格式

CCSDS 分包遥测采用数据包装的方法来控制和管理遥测数据及其传输的遥测体制,它将卫星各个分系统的遥测数据块加上包头和包尾之后构成大小不同的数据包,也称为源包,再按一定的规则将源包置入图 4-4 所示的传输帧里进行传输。分包遥测引入了虚拟信道的概念,使具有不同服务要求的多个上层数据流可以共享同一个物理信道,适于自主性强的多信源、多应用过程的卫星测控。

传输帧主导头	传输帧副导头	数据域	操作控制域	差错控制域

图 4-4　分包遥测传输帧格式

随着星上信源自主性和随机性越来越强,大量应用过程都能产生数据包,且不同应用过程源包的数据发生率和包长各异,这就要求遥测系统具备动态组织这些数据包的能力,分包遥测正好满足这种动态需求,通过虚拟信道可以实现多个数据流共享同一物理信道,满足卫星多信源、多应用的卫星管控要求。

卫星工程实践中经常使用一种简化的分包遥测格式,如图 4-5 所示,该格式主要由 PCM 格式的固定遥测区和分包遥测格式的数据域组成。固定遥测一般用来传送航天器实时性要求高的信息,而帧数据域是存放分包遥测格式的数据包,这种 PCM 和分包遥测格式的组合,充分发挥了这 2 种遥测体制的实效性和灵活性,在国内卫星测控中得到了广泛应用。遥测的速率一般为 2 048 b/s、4 096 b/s、8 192 b/s 和 16 384 b/s,帧长可以是 128、256、512 或 1 024 Byte。

帧同步码	卫星识别码	固定遥测区	帧计数	数据域	差错控制域

图 4-5　简化分包遥测格式

4.9.2　遥控/注入数据格式

遥控/注入数据是由地面测控站按一定编码规则发往卫星,由卫星接收、解码、保存并执行的数据。卫星遥控指令包括直接指令、间接指令和注入数据,直接指令是由星上指令译码单元直接译码输出、执行脉冲驱动指令,间接指令和注入数据由星上星务单元处理后,通过总线发送给各下位机,遥控/注入数据的编码格式分为 PCM 格式和 CCSDS 分包遥控格式。

PCM 遥控格式分为指令帧和数据帧,遥控指令经过 PCM 编码后,以码元序列表示,加上卫星地址同步字和方式字后构成一指令帧结构,如图 4-6(a)所示,遥控数据帧结构如图 4-6(b)所示,遥控数据经过 PCM 编码后,加上卫星地址同步字和循环冗余校验码。

卫星地址同步字	方式字	指令字
(a)指令帧		

卫星地址同步字	方式字	数据域	CRC 校验
(b)数据帧			

图 4-6　PCM 遥控编码格式

CCSDS 分包遥控以分包的方式进行数据分层动态管理,完成多信源多用户遥控数据传输,标准 CCSDS 遥控装配流程如图 4-7 所示,数据域中的内容是按一定规则装配的遥控包,遥控包的格式与分包遥测定义的源包一致。

主导头	数据域	CRC 校验

图 4-7　标准 CCSDS 遥控装配流程

表 4-11 总结了 PCM 遥控和 CCSDS 分包遥控格式的比较,从表中可以看出,与 PCM 遥控相比,分包遥控在多目标服务能力和灵活性上优点显著,但实现复杂,对于遥控指令少、内容简单的卫星测控可以选择 PCM 格式。

表 4-11　PCM 遥控和 CCSDS 分包遥控格式的比较

项目	PCM 遥控	分包遥控
系统形式	点对点封闭	分层开放
适用对象	受控对象固定、数据量小、速率低	受控对象灵活变化、数据量中等、速率低
分配机制	固定格式静态分配	动态调度按需分配
数据类型	遥控指令及注入数据	遥控指令及注入数据
传送方式	突发加空闲序列连发	突发加空闲序列连发
占用信道情况	独占信道	独占信道
应用场合	单星	单星多任务、多星多任务和多星组网

为兼容现有的 PCM 体制,一种基于传统 PCM 遥控体制的 CCSDS 分包遥控传输格式如图 4-8 所示,由引导码和遥控帧组成,遥控帧包括直接指令和注入数据遥控帧,用方式字来区别。直接指令遥控帧的结构如图 4-9(a)所示,内容为指令代码;注入数据的遥控帧结构如图 4-9(b)所示,内容是采用 CCSDS 遥控包格式的数据。这种 PCM 遥控体制和 CCSDS 分包遥控体制的结合在国内卫星测控中得到了广泛应用。

引导码	遥控帧

图 4-8　基于传统 PCM 遥控体制 CCSDS 分包遥控传输格式

地址同步字	方式字	直接指令码	CRC 校验

(a)直接指令

地址同步字	方式字	遥控包	CRC 校验

(b)注入数据

图 4-9　直接指令遥控帧结构

4.10　测控对接设计

4.10.1　对接项目

表 4-12 给出了一个扩频体制测控对接时需要测试的项目示例,其中大部分项目可以在有线或无线条件下单独测试,一些项目需要同时在 2 种条件下测试。

表 4-12　扩频体制测控对接时需要测试的项目示例

序号	测试项目	有线	无线
1	星地测控参数匹配测试	●	○
2	下行遥测信号特性测试	●	●
3	下行遥测数据格式正确性测试	●	○
4	遥测误码率测试	●	○
5	地面设备载波捕获门限及频率拉偏性能测试	●	○
6	上行信号性能测试	●	●
7	卫星应答机 AGC 测试	●	○
8	系统捕获时间测试	●	○
9	遥控指令与注入数据巡检	●	○
10	星上接收机灵敏度及动态性能测试	○	●
11	地面设备抗同频多址性能测试	○	●

续表 4-12

序号	测试项目	有线	无线
12	星上接收机抗同频多址干扰性能测试	●	○
13	天地时延测量	○	●
14	天地时间同步对接	●	○
15	天地设备距离零值测量	●	○
16	天地测距随机误差测量	○	●
17	测速性能测试;	○	●
18	不同条件对距离零值的影响测试	○	●
19	天线极化方式测试	○	●

4.10.2 对接形式

测控对接主要由地面测控软件、测控设备,卫星的测控和星务分系统组成,通常采用循序渐进的方式,即先中频有线形式、后射频无线形式对接。

1. 中频有线对接

中频有线对接也称桌面对接,通常在室内进行,星地设备之间的信号是通过有线传输,有线中频对接系统组成如图 4-10 所示,主要检测星地信号电性能接口匹配和数据格式、指令/注入数据加工结果和遥测处理结果的正确性。

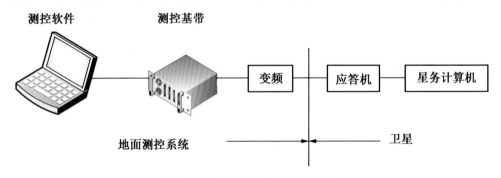

图 4-10 有线中频对接系统组成

2. 射频无线对接

射频无线对接通常在测控站进行,星地设备之间的信号是通过测控站和应答机天线之间无线传输,如图 4-11 所示,主要验证星地之间无线信号收发正确性和传输性能。为保证无线传输的效果,卫星应答机需要放置在与测控站有一定距离的位置,通常选择在测控站附近可以直视的高处。

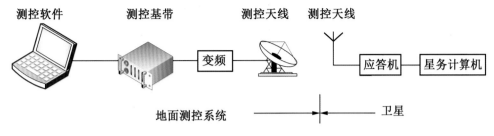

图 4-11　无线射频对接系统组成

图 4-12 给出了从对接准备到总结的一次卫星测控对接流程,最终形成对接测试总结报告,对所有测试项目给出结论。

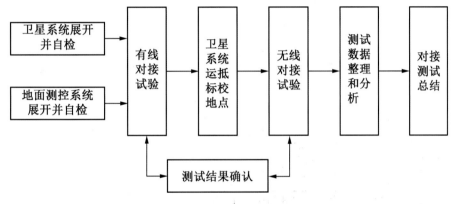

图 4-12　卫星测控对接流程

4.11　卫星测控软件功能设计

卫星测控软件为卫星测控中心提供卫星平台的工程测控和载荷的业务测控操作界面、算法实现、控制实施、信息传输、数据处理和结果显示等,工程测控软件主要完成卫星状态监视、控制、轨道测量等平台管理任务和地面测控站远程控制;业务测控软件主要完成卫星有效载荷的任务规划和控制等载荷应用实施任务,卫星测控总体需要根据卫星测控任务的需求确定系统运行模式、软件配置项组成和功能、外部接口等。

4.11.1　测控软件系统结构

卫星测控系统包括计算机系统和测控软件系统,计算机系统为测控软件提供运行环境和内外接口;卫星测控软件根据承担的测控任务和操作准则,提供相应的运行模式完成对卫星的各种控制和状态监视,卫星测控软件系统设计的原则一般有如下几条:

(1)既适用于单星、单站管理,也适用于多星、多站测控;

(2)工程测控和业务测控一体;

(3)自动化运行为主、手动操作为辅;

（4）测控软件操作终端数量合理，不随着卫星数量的增加呈几何数量增加；

（5）地面站网管软件分配效率高，测控卫星数量多或测控时段长。

卫星测控操作是按照时间顺序对地面测控设备进行配置和运行各类测控软件，因此卫星测控软件系统结构是基于测控计划的运行体系，其原理结构图如图4-13所示，其中调度运行平台、遥控平台和设备远控平台是卫星操作核心，其他测控软件为它们的运行提供支撑。

基于上述测控软件系统结构，卫星在轨测控分为手动模式和自动模式，手动模式是基本模式，它由操作人员按照测控计划安排，逐个操作相关软件运行；自动模式是调度平台按照测控计划自动控制各个程序运行。在自动模式条件下，设备远控平台对测控设备进行远程控制、遥控平台完成对卫星发令/注数和效果的判断、卫星故障诊断软件对卫星的健康状态进行分析和处理，它们是卫星测控自动化运行的基础和保障。

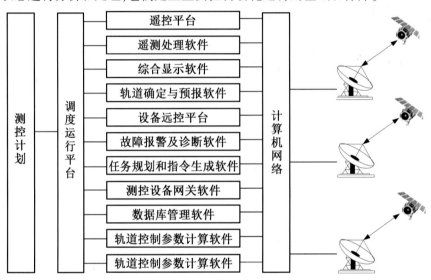

图4-13　卫星测控软件系统原理结构图

4.11.2　各分系统软件功能

1.测控计划生成软件

卫星在轨测控任务的实质是根据时间序列完成一系列工程和业务测控事件的操作，测控事件是指为测控卫星而形成的轨道测量、遥测数据处理、遥控指令发送、轨道确定、轨道控制等操作动作，测控计划就是一系列按时间顺序编排的测控事件，测控计划生成软件就是根据承担的卫星测控任务，结合轨道预报、任务规划和其他测控软件的运行结果，生成一段时间内（例如一天）的测控计划。

2.调度运行平台

任务运行平台是测控软件操作核心，它通过执行常驻测控软件，建立任务执行环境；通过执行测控计划中的测控软件、遥控作业和设备配置作业，实现上行发令、注入数据和测控站设备配置的流程自动化;通过软件列表,提供所有测控软件操作,它的主要功能是读取测控计划,顺序显示其中内容,并按时间顺序自动执行测控计划中操作事件,直到全部操作事件完成,执行的过程中人工可以进行干预,即暂停、中止或继续执行一个或多个操作。

3. 遥控平台

遥控平台是一个对卫星上行操作平台,完成发令、注数、挑点遥测参数显示、流程控制、控制参数读取、指令加工和执行结果的正确性判断,它既提供人工操作界面,也提供自动运行环境,通常以自动运行为主,其主要功能如下。

(1)发送指令。读取所选卫星的码表或者控制参数,根据指令格式、CRC 校验和扰码要求等,加工成上行指令帧,发送到所选的测控站,并根据卫星下行遥测数据中的指令执行计数和状态等,判断指令执行效果。

(2)发送注入数据。读取所选卫星注入数据,根据数据注入格式、CRC 校验和扰码要求等,形成上行注入数据,发送到所选的测控站,根据卫星下行遥测数据中的注入数据计数等,判断卫星是否正确接收注入数据,只有判断所有分段注入的数据上注完成后,才上行发送注入执行指令。

(3)执行遥控作业。遥控作业的内容包括卫星上行遥控发令和注数、执行条件、结果判断、测控软件调用、遥控平台环境参数设置和流程控制等一系列动作,它是用专门为卫星自动化测控开发的语言写成的。在遥控平台支持下,遥控作业既可以被任务调度运行软件调用执行,也可以由操作人员手工运行,自动完成对卫星上行流程控制。遥控作业通常用于卫星流程复杂、状态判断多和需要走分支的操作事件,如地球同步轨道卫星的轨道控制过程等。

(4)设备模式设置。对测控站进行工作模式设置,例如设置基带设备工作在突发模式或遥控工作期模式。在突发模式下,每一条指令独立发送,两条指令间隔期间地面站不发信号,星上应答机需要对每一条指令进行捕获和锁定;遥控工作期模式下,一条指令发送完毕后,地面站发送连续填充信号,星上应答机不需要对每一条指令进行重新捕获和锁定。

4. 设备远控平台

测控中心通过设备远控平台,采用远程通信方式对地面站设备各分机和天线进行开、关机控制、状态设置和监视等,完成卫星跟踪和数据收、发任务。远控平台提供 2 种地面站设备的控制方式:直接调用设备作业和运行宏命令,设备作业主要内容是设备配置控制和执行状态判断,可以根据设备配置成功与否的结果进行相应处置,并反馈控制结果,是一种控制灵活、修改方便的方式;宏命令则是一般用于地面站本地监控系统的控制命令,其内容通常是预先编制好,使用方便。设备远控平台的主要功能如下:

(1)以单命令方式控制地面站设备的每一个可控状态参数;

(2)对设备状态进行检测,出现异常时报警;

(3)采用表格、图表和工作原理图等方式显示地面站设备状态参数和曲线等;

（4）以宏命令方式自动控制地面站设备；

（5）以设备控制作业方式控制地面站设备。

5. 测控设备网管软件

测控设备网管软件的主要功能是根据卫星测控任务、设备数量和地理位置等，按照一定的算法安排测控设备的跟踪计划，以期利用有限的测控设备，在跟踪圈次、跟踪仰角、跟踪时长等方面获得最佳值，实现设备有效利用。

6. 遥测处理软件

遥测处理软件按照卫星研制厂家提供的遥测数据处理大纲，对接收的各类遥测原始数据进行帧格式解析和参数处理，生成遥测处理结果供综合显示软件、轨道计算软件、遥控平台、控制计算软件和数据库系统等使用，遥测处理软件还可以根据卫星研制厂家提供的遥测参数上、下限对每个遥测参数值进行判断，对超差的参数报警显示。

7. 综合显示和三维展示软件

利用表格、图表和工作原理图等方式，显示卫星遥测数据、外测数据、各类控制计算结果和报警信息等，主要功能如下：

（1）实时接收并显示卫星遥测数据原码、遥测处理结果，具备数据记盘与回放功能；

（2）绘制遥测参数等变化曲线；

（3）在三维空间展示空间环境、卫星轨道、卫星位置、卫星姿态、载荷的动作、测控链路状态等；

（4）根据卫星遥测参数的波道、参数代号定制相应的遥测页面与曲线；

（5）实时接收并显示卫星遥控指令发送、执行、比对结果；

（6）以原理图形式动态显示卫星重要分系统工作状态；

（7）实时显示卫星姿态、星下点、外测数据和相关曲线；

（8）显示预报软件、控制参数计算软件和各类统计软件的计算结果。

8. 轨道确定与预报软件

完成卫星轨道测量数据的接收与处理、卫星轨道的确定及各类事件预报，主要功能如下：

（1）记录、处理并显示地面站发来的外测数据（测角、测距或三站测距数据）；

（2）接收卫星遥测下传的 GNSS 测量数据；

（3）对外测数据或 GNSS 测量数据进行平滑、剔除野值、时标修正、电离层修正等处理；

（4）计算卫星初轨和改进；

（5）完成卫星星历预报，提供卫星的轨道根数或位置、速率信息；

（6）完成静止轨道卫星的地影、月影预报、地球敏感器太阳干扰预报、地球敏感器月球干扰预报和日凌预报等；

（7）完成近地卫星地影、测站跟踪预报等。

9. 卫星故障报警及诊断软件

通常一颗卫星有几百到上千个遥测参数,这些参数按一定帧频快速下传到地面,由于参数太多,无法靠人工实时监视,需要依靠计算机程序来实现异常报警、故障定位和处理对策的提示,主要功能如下:

(1)遥测参数超限报警,当一个或多个参数超过卫星研制部门提供的门限值时,无条件报警;

(2)多遥测参数关联诊断,根据卫星状态对超限参数进行判断,只有当在给定状态下出现异常时才报警,例如太阳能帆板在卫星进影时,输出为 0 是正常状态,不应该报警;

(3)基于规则、故障树、人工神经网络和模型等推理方法,对卫星故障进行定位,并提供相应的故障对策处理措施。

10. 遥感卫星任务规划和指令生成软件

遥感卫星的主要任务是对地观测,每次对地观测前都需要进行任务规划,规定卫星在指定的时间完成指定的任务,主要功能如下:

(1)任务规划,根据用户申请的点目标或区域目标、卫星有效载荷能力、能源情况、数据存储空间、最大姿态侧摆角和数据传输能力等,规划卫星有效载荷的开、关机时刻和姿态侧摆角等;

(2)任务规划算法满足单星多载荷、多星多载荷和多目标观测要求;

(3)任务规划算法既满足先观测、后回放要求,也满足边观测、边回放的要求;

(4)完成星上观测数据存储器的使用管理;

(5)数据回放时刻的确定和接收站的选择;

(6)任务规划结果的指令和注入数据加工。

11. 轨道控制参数计算软件

轨道控制参数计算软件就是根据卫星轨道测量结果,结合测控要求、姿态测量敏感器和执行机构的类型等,计算地球同步卫星的定点保持、位置漂移、多星共位和近地卫星的轨道维持、星座保持和编队控制等轨道控制的时间和执行参数。

12. 姿态计算和控制软件

根据星上地球敏感器、太阳敏感器和星敏感器等测量仪器测得的姿态信息,计算出三轴卫星的俯仰、滚动和偏航姿态角和自旋卫星的自旋轴在空间指向(即赤经、赤纬值);根据自旋卫星的初始姿态和目标姿态要求,计算姿态控制时间和执行参数。

13. 数据库

对接收的卫星遥测数据、发送的指令和注入数据、测控计划、轨道计算结果、控制参数、计算结果和任务规划结果等进行贮存,并提供检索、查询和统计功能。

第5章 天基测控设计与应用实例

　　天基测控是在地基测控基础上发展起来的,相当于把地面测控站搬到空间高处对近地卫星进行测控,它克服了地球遮挡,可以显著提高测控覆盖率。例如一个测控站对近地卫星的测控覆盖率大约为3%,而一颗静止轨道的中继卫星的测控覆盖率超过50%。

　　20世纪80年代中期,美国跟踪与数据中继卫星系统建成后,取代了在全球布设的14个地面测控站,对12 000 km以下卫星的轨道覆盖能力由早期地基网的15%提高到85%,目前已经发展到第三代跟踪与数据中继卫星,截至2019年3月,美国总共有10颗中继卫星在轨工作,如图5-1所示,俄罗斯、欧洲部分国家和日本也相继建立了自己的中继卫星系统。我国从2008年以来建成"天链一号"中继卫星系统,在载人航天任务中发挥了巨大的作用,早期由十几个国内外地面测控站和测量船组成的航天测控网才能实现对飞船18%的测控覆盖率,而使用中继卫星系统后测控覆盖率提高到85%以上。图5-2是中继卫星数据中继示意图,图中地面站受地球遮挡对近地卫星不可见,而位于静止轨道的中继卫星同时可见近地卫星和地面站,它转发近地卫星和地面站之间数据,建立了近地卫星和地面站之间的联系。

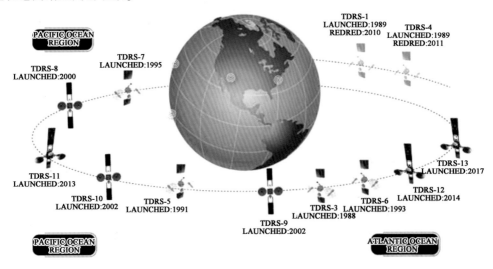

图5-1　美国中继卫星在空间的分布

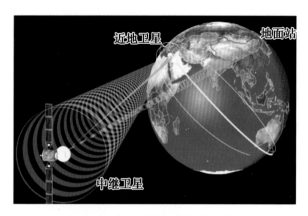

图 5-2　中继卫星数据中继示意图

中继卫星系统不仅能够完成高速业务数据中继服务,还可以完成对用户卫星平台测控,实现遥控指令发送、数据注入、遥测数据接收和轨道测量。随着技术进步,中继卫星服务能力进一步得到提高,特别是中继卫星 S 频段相控阵天线提供的多址服务,使一颗中继卫星能够同时服务多颗用户卫星,同时中继终端的小型化和天线技术的发展,使中继终端可以像测控应答机一样方便地安装在卫星的对天、对地面,同时共型天线可以很容易地安装在运载火箭上,使完全基于中继卫星系统实现中、低轨道卫星从发射、入轨到长期管理成为可能,降低测控成本和大幅提升测控效率。

除了利用中继卫星系统完成近地卫星的测控任务,还可以利用静止轨道的通信卫星和近地通信卫星星座,其中利用静止轨道的通信卫星可以获得多用户服务和按需接入的特点,利用近地通信卫星星座可以获得低时延和路径衰耗小的特点。

5.1　基于中继卫星的天基测控

静止轨道中继卫星天基测控是利用定点在静止轨道的中继卫星,对安装有天基测控终端的近地卫星进行测控。

5.1.1　中继卫星系统组成

静止轨道中继卫星系统由中继卫星、中继终端、地面终端站、中继卫星控制中心和用户中心组成,中继卫星系统组成如图 5-3(a)所示,其中地面卫星用户→运控中心→中继卫星→用户星之间的通信链路称为前向链路,相反的方向称为返向链路,其中前向链路用于向卫星发送遥控指令和注入数据,返向链路用于接收卫星业务数据和遥测数据,前、返向链路结合可以测量用户星到地面的四程距离和,进而确定用户星轨道。

中继卫星通常安装有大口径抛物面和相控阵天线,其中大口径抛物面天线提供一个波束服务,一次只能为一个目标或在同一个波束内的多个目标服务,称为单址服务(single access),使用 Ka 频段,称为 KSA,使用 S 频段,称为 SSA;相控阵天线同时提供多个波束服务,可以同时为多个目标服务,称为多址服务(multiple access),通常工作在 S 频段,称为 SMA。

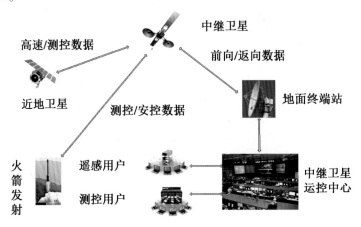

(a)中继卫星系统组成

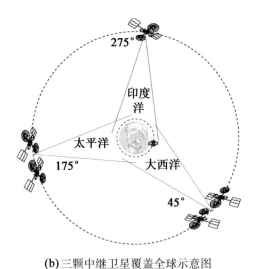

(b)三颗中继卫星覆盖全球示意图

图 5-3　中继卫星覆盖及中继卫星系统组成

1. 中继卫星

中继卫星捕获和跟踪近地卫星,接收、放大和转发近地卫星与地面终端站之间的遥测、遥控和测距信号,3 颗均匀分布的静止轨道中继卫星可以为 300~2 000 km 轨道高度的近地卫星提供 100%的测控覆盖率,如图 5-3(b)所示。中继卫星的特点是高覆盖率、高传输速率、高时效性,图 5-4 给出了美国一代和二代中继卫星构成和关键参数,其中单址天线为大口径抛物面指向天线,多址天线为相控阵天线,用于跟踪和传输用户星信号,表 5-1 列出了它们的主要性能指标。

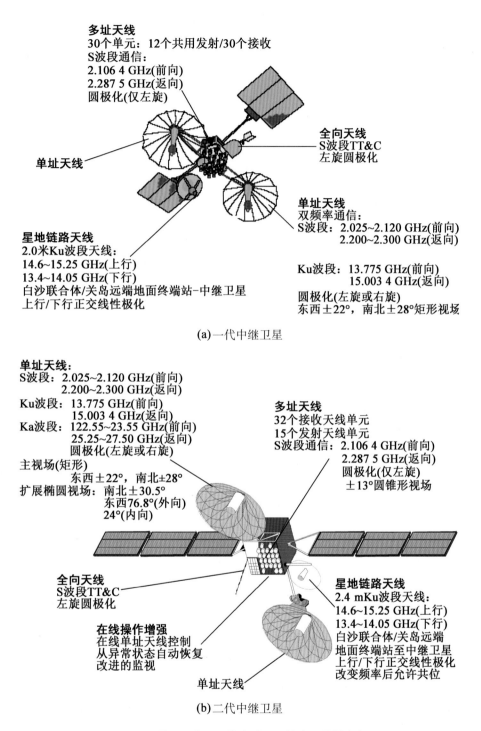

多址天线
30个单元：12个共用发射/30个接收
S波段通信：
2.106 4 GHz(前向)
2.287 5 GHz(返向)
圆极化(仅左旋)

全向天线
S波段TT&C
左旋圆极化

单址天线

单址天线
双频率通信：
S波段：2.025~2.120 GHz(前向)
2.200~2.300 GHz(返向)

Ku波段：13.775 GHz(前向)
15.003 4 GHz(返向)
圆极化(左旋或右旋)
东西±22°，南北±28°矩形视场

星地链路天线
2.0米Ku波段天线：
14.6~15.25 GHz(上行)
13.4~14.05 GHz(下行)
白沙联合体/关岛远端地面终端站-中继卫星
上行/下行正交线性极化

(a)一代中继卫星

单址天线：
S波段：2.025~2.120 GHz(前向)
2.200~2.300 GHz(返向)
Ku波段：13.775 GHz(前向)
15.003 4 GHz(返向)
Ka波段：122.55~23.55 GHz(前向)
25.25~27.50 GHz(返向)
圆极化(左旋或右旋)
主视场(矩形)
东西±22°，南北±28°
扩展椭圆视场：南北±30.5°
东西76.8°(外向)
24°(内向)

多址天线
32个接收天线单元
15个发射天线单元
S波段通信：2.106 4 GHz(前向)
2.287 5 GHz(返向)
圆极化(仅左旋)
±13°圆锥形视场

全向天线
S波段TT&C
左旋圆极化

星地链路天线
2.4 mKu波段天线：
14.6~15.25 GHz(上行)
13.4~14.05 GHz(下行)
白沙联合体/关岛远端
地面终端站至中继卫星
上行/下行正交线性极化
改变频率后允许共位

在线操作增强
在线单址天线控制
从异常状态自动恢复
改进的监视

单址天线

(b)二代中继卫星

图 5-4　美国一代和二代中继卫星构成和关键参数

表 5-1　美国中继卫星主要性能指标

卫星		一代中继卫星	二代中继卫星
相控阵天线		30 阵元,其中 12 阵元收发共用,视场±13°	47 阵元,15 个前向,32 个返向,视场±13°
单址天线		视场:东西±22°,南北±28°	指向变化:东西±22°,南北±28°,扩展模式下东西指向可向星体外侧提高到+76.8°,南北可扩展至 30.5°
前向链路	S 频段多址	链路数:1 路 最大数据速率:300 kb/s EIRP:34.0 dBW	链路数:1 路 最大数据速率:300 kb/s EIRP:40.0 dBW
	S 频段单址	链路数:2 路 最大数据速率:7 Mb/s EIRP:43.6~46.3 dBW	链路数:2 路 最大数据速率:7 Mb/s EIRP:43.6~48.5 dBW
	Ku 频段单址	链路数:2 路 最大数据速率:25 Mb/s EIRP:46.5~48.5 dBW(自跟) 44.0~46.0 dBW(程跟)	链路数:2 路 最大数据速率:25 Mb/s EIRP:46.5~48.5 dBW(自跟) 40.5~42.5 dBW(程跟)
	Ka 频段单址	无	最大数据速率:7 Mb/s EIRP:63 dBW(自跟) 56.2 dBW(程跟)
返向链路	多址	链路数:5 路 最大数据速率:300 kb/s G/T(天底、最小值):2.2 dB/K	链路数:5 路 最大数据速率:3 Mb/s(1/2 速率编码) G/T(天底、最小值):3.2 dB/K
	S 频段单址	链路数:2 路;最大数据速率:6 Mb/s(1/2 速率编码);G/T(天底、最小值):9.5 dB/K	
	Ku 频段单址	链路数:2 路;最大数据速率:300 Mb/s(未编码);G/T(天底、最小值):24.4 dB/K(自跟),18.4 dB/K(程跟)	
	Ka 频段单址	无	链路数:2 路;最大数据速率:300 Mb/s(未编码),1.5 Gb/s(650 MHz 中频业务);G/T(天底、最小值):26.5 dB/K(自跟),19.1 dB/K(程跟)
跟踪测距精度		150 m(3σ)	150 m(3σ)

2. 中继终端

中继终端是安装在用户星平台上与中继卫星保持通信的设备,由天线和通信部件组成,如图 5-5 所示,完成对中继卫星的跟踪和信号传输,接收中继卫星转发的前向指令或数据或向中继卫星发送用户目标产生的返向数据或测距信息。工作在 Ku 或 Ka 频段的用户终端通常用于高速数据传输,使用窄波束的定向天线;工作在 S 频段的用户终端通常用于用户平台的遥测、遥控、测距和低速数据传输,使用宽波束的全向天线,各类终端情况具体如下。

(1)高速率终端。工作在 Ku、Ka 频段,抛物面或相控阵天线,等效口径通常为 0.8~1 m,发射功率为 30 W 左右,质量不超过 50 kg,功耗为 150~200 W,返向速率为 45~150 Mb/s 以上。

(2)中速率终端。工作在 Ku、Ka 频段,抛物面或相控阵天线,等效口径通常为 0.3~0.6 m,发射功率为 20 W 左右,质量不超过 40 kg,功耗为 120~150 W,返向速率为 2~25 Mb/s 以上。

(3)低速率终端。工作在 S 频段,用于测控,发射功率为 10 W 左右,质量不超过 10 kg,功耗为 50~80 W,采用全向天线,返向速率为 2~4 kb/s。

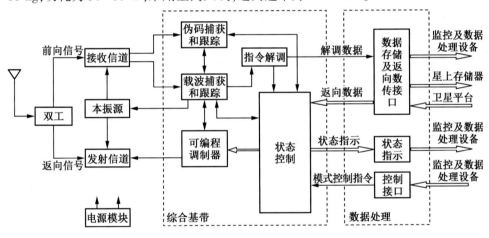

图 5-5　中继终端功能框图

中继终端采用定向天线,具有波束窄、增益高等特点,需要终端在每次中继任务开始前,地面提前注入指令或数据,在指定时间点按计划控制天线指向中继卫星并在整个中继过程中维持,因此安装定向天线的终端不具备用户星紧急情况下的应急使用能力。采用全向天线,增益低,但波束宽,不需要指向控制,只要中继卫星在其波束范围内即可通信。仿真计算结果表明,安装在星体对天面、天线波束宽度为±75°、近地卫星轨道高度为600 km 时,中继卫星系统对其测控覆盖率可达 80%,这期间地面可以随时与近地卫星取得联系,因此安装有全向宽波束天线的 S 频段中继终端具有较强的应急使用能力,通常可以在用户星的一个轨道周期内建立星地联系。

表 5-2 列出了不同频段和天线类型的用户终端组合的功能和应急能力。在实际应用中,卫星根据平台能力、数据传输速率和应急测控需求安装一种或多种中继终端。

表 5-2 用户终端组合的功能和应急能力

终端类型	功能	应急响应能力
全向天线 S 终端	测控	具备
定向天线 Ka 终端	测控和高速率数据传输	不具备
定向天线 Ka 终端和 S 终端	测控和高速率数据传输	不具备
定向天线 Ka 终端+全向天线 S 终端	测控和高速率数据传输	具备

3. 地面终端站

地面终端站负责捕获、跟踪中继卫星,接收中继卫星转发的信号,解调出遥测、业务和测距返向数据并向控制中心转发,接收来自控制中心的遥控指令数据等,与测距信号一起,形成前向数据发往中继卫星。表 5-3 是服务于美国中继卫星的地面站配置情况,这些终端站分别位于白沙和关岛,其中 Ku 频段用于终端站与中继卫星之间通信、S 频段用于中继卫星的平台控制。图 5-6 画出了每个终端站对应的中继卫星。

表 5-3 美国中继卫星地面站配置情况

站名	天线配置及作用
白沙地面终端（WSGT）	• 地面终端站 3 套。18.3 m 单频段(Ku)天线,用于天基测控服务。其中,WART 地面终端站专为 F-1 中继卫星服务,不参与其他任务; • 模拟测试站 2 套。4.5 m 双频段(Ku、S)天线,用于 S、Ku 频段用户终端测试; • 中继卫星应急测控设备 1 套。为 10 m S 频段天线
白沙第二套地面终端（STGT）	• 地面终端站 3 套。19 m 双频段(Ku、S)天线,用于天基测控服务; • 模拟测试站 3 套。4.5 m 双频段(Ku、S)天线,用于 S、Ku 频段用户终端测试; • 中继卫星应急测控设备 1 套。为 10 m S 频段天线
关岛远程终端（GRGT）	• 地面终端站 3 套。SGLT-6 地面终端站为 11 m 双频段(Ku、S)天线;SGLT-7 地面终端站为 16.5 m 双频段(Ku、S)天线;正在建设的第三套全态备份地面终端站为 16.5 m 双频段(Ku、S)天线; • 模拟测试站 2 套。其中,老模拟测试站为 4.5 m 双频段(Ku、S)天线;正在建设的模拟测试站为 5 m 双频段(Ku、S)天线

4. 中继卫星运控中心

中继卫星运控中心负责中继卫星的平台管理和日常数据中继任务执行,其中平台管理完成中继卫星的状态监视、定点位置保持、轨道测量和异常处理等工作,确保卫星处于正常工作状态;日常的数据中继任务执行是根据用户的数据中继申请,安排中继卫星资源,为每个数据中继任务规划服务时间,在服务时间段,控制中继卫星的星间天线指向用户卫星并跟踪,完成用户星信号的捕获和接收,建立地面用户到用户卫星之间的前、返向链路,将来自地面用户的遥控指令/注入数据等通过前向链路发送到用户卫星,将接收到的来自用户卫星的返向遥测数据、遥感数据等转发给用户中心。

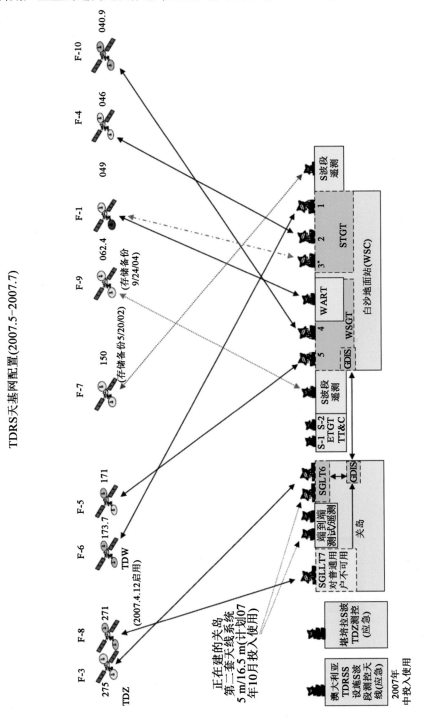

图5-6　美国中继卫星地面终端站和管理的卫星

5. 用户中心

用户中心向中继卫星运控中心提出数据中继申请和接收计划安排,在数据中继时段,通过中继卫星运控中心、中继卫星与用户卫星建立联系,利用前向链路向用户星发送遥控指令、注入数据等;利用返向链路接收来自用户星遥测数据和遥感数据等。

5.1.2 星间跟踪参数计算

1. 坐标系定义

(1)卫星本体坐标系 $X_B Y_B Z_B$。

卫星本体坐标系原点位于卫星质心 S,3 个坐标轴分别为卫星的惯量主轴。中继卫星本体坐标系原点定义在卫星质心,坐标系与星体固连,X_B 轴指向理论东面板外法向,Y_B 轴指向理论南面板外法向,Z_B 轴指向理论对地板外法向。

(2)中继卫星天线坐标系定义。

中继卫星天线安装在卫星对地面的一侧,如图 5-7 所示,天线方位轴平行于星体坐标系的 X_B 轴,俯仰轴平行于星体坐标系的 Y_B 轴,初始指向 $+Z_B$ 轴。天线绕 X 轴旋转 α、绕天线 Y 轴旋转 β,产生了天线坐标系,称 α 为方位角、β 为仰角,如图 5-8 所示,计算公式如下:

$$\begin{cases} \alpha = \arctan -\dfrac{Y_B}{Z_B} \\ \beta = \arcsin \dfrac{X_B}{\sqrt{X_B^2+Y_B^2+Z_B^2}} \end{cases} \tag{5-1}$$

式中,X_B、Y_B 和 Z_B 是中继卫星相对于用户星向量在中继卫星本体坐标系 3 个轴方向的分量。

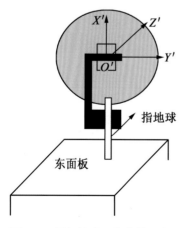

图 5-7 星间链路天线安装示意图

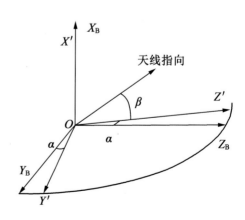

图 5-8 天线指向定义

(3)用户星天线坐标系定义。

根据卫星有效载荷的分布要求,用户星天线可以安装在星体不同位置,得到如下定义。

①天线放置于对天面时,天线最初指向与$-Z$轴重合,先绕X轴旋转α,再绕Y轴旋转β,如图 5-9(a)所示,其计算公式如下

$$\begin{cases} \alpha = \arctan \dfrac{Y_B}{Z_B} \\[2mm] \beta = \arcsin \dfrac{-X_B}{\sqrt{X_B^2 + Y_B^2 + Z_B^2}} \end{cases} \tag{5-2}$$

②天线放置于卫星轨道法向面,天线最初指向与Y轴重合,先绕X轴旋转α,再绕Z轴旋转β,如图 5-9(b)所示,计算公式如下

$$\begin{cases} \alpha = \arctan \dfrac{Z_B}{Y_B} \\[2mm] \beta = \arcsin \dfrac{X_B}{\sqrt{X_B^2 + Y_B^2 + Z_B^2}} \end{cases} \tag{5-3}$$

③天线放置于卫星前进方向面,天线最初指向与X轴重合,先绕Y轴旋转α,再绕Z旋转β,如图 5-9(c)所示,计算公式如下

$$\begin{cases} \alpha = \arctan \dfrac{Z_B}{X_B} \\[2mm] \beta = \arcsin \dfrac{Y_B}{\sqrt{X_B^2 + Y_B^2 + Z_B^2}} \end{cases} \tag{5-4}$$

式(5-4)中X_B、Y_B和Z_B是用户星相对于中继卫星向量在用户星本体坐标系 3 个轴方向分量。

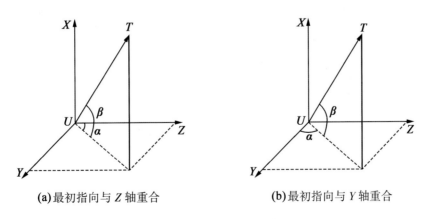

(a)最初指向与Z轴重合　　　　　　(b)最初指向与Y轴重合

图 5-9　用户星天线指向定义

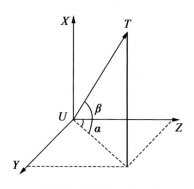

(c)最初指向与 X 轴重合

续图 5-9

2. 坐标系转换

由于天线运动是基于星体坐标系,将所有矢量转换到星体坐标系下运算最方便。令 $\boldsymbol{S}_{\mathrm{ITU}} = \begin{bmatrix} X_{\mathrm{I}} & Y_{\mathrm{I}} & Z_{\mathrm{I}} \end{bmatrix}$,$\boldsymbol{S}_{\mathrm{ITU}}$ 为卫星在地心赤道惯性坐标系下的位置,求得它在卫星本体坐标系的表达式 $\boldsymbol{S}_{\mathrm{BTU}} = \begin{bmatrix} X_{\mathrm{B}} & Y_{\mathrm{B}} & Z_{\mathrm{B}} \end{bmatrix}$ 计算公式为

$$\begin{bmatrix} X_{\mathrm{B}} \\ Y_{\mathrm{B}} \\ Z_{\mathrm{B}} \end{bmatrix} = \boldsymbol{B} \times \boldsymbol{A} \times \begin{bmatrix} X_{\mathrm{I}} \\ Y_{\mathrm{I}} \\ Z_{\mathrm{I}} \end{bmatrix} \tag{5-5}$$

式中,

$$\boldsymbol{A} = \begin{bmatrix} 0 & 1 & 0 \\ 0 & 0 & -1 \\ -1 & 0 & 0 \end{bmatrix} \times \begin{bmatrix} \cos u & \sin(\omega+f) & 0 \\ -\sin u & \cos(\omega+f) & 0 \\ 0 & 0 & 1 \end{bmatrix} \times \begin{bmatrix} 1 & 0 & 0 \\ 0 & \cos i & \sin i \\ 0 & -\sin i & \cos i \end{bmatrix} \times \begin{bmatrix} \cos \Omega & \sin \Omega & 0 \\ -\sin \Omega & \cos \Omega & 0 \\ 0 & 0 & 1 \end{bmatrix}$$

$$\boldsymbol{B} = \begin{bmatrix} \cos \psi & \sin \psi & -\theta \\ -\sin \psi & \cos \psi & \varphi \\ \theta\cos \psi+\varphi\sin \psi & \theta\sin \psi-\varphi\cos \psi & 1 \end{bmatrix}$$

式中,$\boldsymbol{A}$ 为惯性坐标系到轨道坐标系转换矩阵;ω 为近地点幅角;f 为真近地点角;i 为轨道倾角;Ω 为轨道升交点赤经;$\boldsymbol{B}$ 为卫星星体姿态转换矩阵;φ 为卫星滚动角;θ 为卫星俯仰角;ψ 为卫星偏航角。

3. 中继卫星与用户星之间的指向计算

(1)中继卫星天线指向计算。

给定中继卫星和用户星轨道根数,在地心惯性坐标系下,计算中继卫星位置 $\begin{bmatrix} X_{\mathrm{T}} & Y_{\mathrm{T}} & Z_{\mathrm{T}} \end{bmatrix}$ 和用户星位置 $\begin{bmatrix} X_{\mathrm{U}} & Y_{\mathrm{U}} & Z_{\mathrm{U}} \end{bmatrix}$,计算中继卫星到用户星矢量:

$$\boldsymbol{S}_{\mathrm{ITU}} = \boldsymbol{S}_{\mathrm{U}} - \boldsymbol{S}_{\mathrm{T}} = \begin{bmatrix} X_{\mathrm{U}} - X_{\mathrm{T}} & Y_{\mathrm{U}} - Y_{\mathrm{T}} & Z_{\mathrm{U}} - Z_{\mathrm{T}} \end{bmatrix} \tag{5-6}$$

给定中继卫星的姿态参数,再由式(5-5)计算出 $\boldsymbol{S}_{\mathrm{ITU}}$ 在中继卫星本体坐标系中的矢量 $\boldsymbol{S}_{\mathrm{BTU}}$,其中惯性坐标系到轨道坐标系转换矩阵中的轨道根数取中继卫星根数;卫星星体姿态转换矩阵中取中继卫星姿态,由式(5-1)即可计算出中继卫星对用户星指向的方

位 α 和仰角 β。

表 5-4 是以定点于 104.5°E 的 FY-2 静止轨道卫星轨道作为中继卫星轨道、850 km 高度的(太阳同步轨道)FY-1 作为用户星,计算出给定时刻中继卫星星间天线跟踪用户星的方位和仰角示例,其中中继卫星姿态为标称姿态,即滚动、偏航和俯仰角均为 0°。

表 5-4　给定卫星轨道根数计算中继卫星单址天线在星体坐标系下跟踪用户星角度

卫星名	轨道根数							方位角 /(°)	仰角 /(°)
	T	a/km	e	i/(°)	Ω/(°)	ω/(°)	M/(°)		
中继卫星	12:00:00	42 164.13	0.000 2	0.54	86.77	98.27	316.24	-9.73	-1.35
近地星	12:00:00	7 228.48	0.001 7	98.72	160.33	319.91	129.99		

图 5-10(a)和(b)是用卫星轨道根数计算中继卫星天线 24 h 跟踪用户星的方位、仰角变化情况。中继卫星的滚动、偏航和俯仰角为 0°,图中曲线的中断是地球遮挡造成的。

中继卫星跟踪用户星的星间天线转角与用户星的轨道高度有关,用户星的轨道高度越高,转角转动范围越大。当用户星的轨道高度为 2 000 km 时,中继卫星星间天线在方位和俯仰上的最大转角范围为 -11.23° ~ 11.23°,即天线的运动区间在 0° 附近。为避免出现跟踪死区,星间天线可以采用 X-Z 型驱动机构。

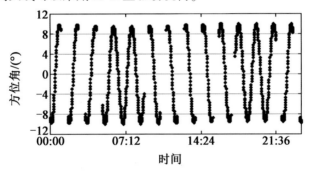

(a)方位变化情况

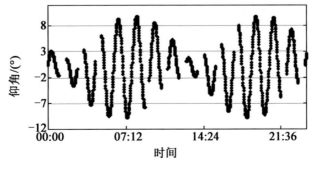

(b)仰角变化情况

图 5-10　中继卫星跟踪用户星方位、仰角变化情况

（2）用户星天线指向计算。

与中继卫星对用户星指向计算方法相同,先计算在地心惯性坐标系下用户星到中继卫星的矢量 S_{IUT}:

$$S_{IUT} = S_T - S_U = \begin{bmatrix} X_T - X_U & Y_T - Y_U & Z_T - Z_U \end{bmatrix} \tag{5-7}$$

再根据天线的安装位置,采用式(5-2)~式(5-4)中的一组进行计算,其中惯性坐标系到轨道坐标系转换矩阵中的轨道根数取用户星根数;卫星星体姿态转换矩阵中的姿态角取用户星姿态。图5-11(a)和(b)是用表5-4的卫星轨道根数计算24 h用户星跟踪中继卫星的跟踪方位、仰角变化情况,其中用户星的天线安装在星体对天面,初始指向与−Z轴重合。用户星的滚动、偏航和俯仰角为0°。

用户星一般采用对地三轴稳定的姿态保持方式,星间天线安装在星体的对天面。从图5-11可以看出,用户星星间天线跟踪中继卫星时,方位角在0°~360°范围变化,俯仰角在90°附近变化。为避免出现跟踪死区,用户星天线可以采用X-Y型驱动机构。

4.用户星体遮挡分析

如果中继卫星只跟踪2 000 km以下高度的用户星,它的机械天线角度运动范围只要在±12°内即可满足跟踪要求,如图5-10所示,因此中继卫星星体不会对天线运动产生影响,只要没有地球遮挡,中继卫星天线就能指向用户星。

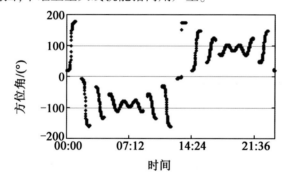

(a)方位变化情况

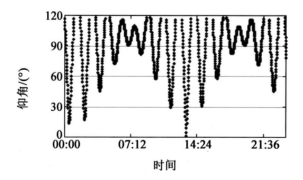

(b)仰角变化情况

图5-11 用户星跟踪中继卫星角度变化情况

中继卫星对用户星相同可视条件下,用户星天线安装在星体的不同面时,用户星对中继卫星跟踪效果是不一样的。无论星间天线放置在哪个面上,如果它的高度为 0,它的角度可调节范围是 0°~90°。超过这个范围,就表明天线受星体遮挡无法跟踪中继卫星。图 5-11(b)结果表明,在很多情况下跟踪仰角大于 90°。

采用三轴稳定姿态控制方案时,用户星上的天线理论上可以安装在星体的 6 个面上的任何一个面上。实际上用户星的俯仰轴(Y 轴)安装了对日定向的太阳电池阵,它以 0.25°/min 的速度跟踪太阳,很难再在俯仰轴上安装天线。同时考虑地球的自旋,对于轨道倾角为 90°的卫星,中继卫星相当于每 24 h 绕其旋转了 360°,因此要在 ±Y 轴上各安装一个中继卫星终端天线;在用户星的滚动轴(X 轴)上安装中继卫星终端天线,会受到卫星运行方向的影响,也要在 ±X 轴上各安装一个中继卫星终端天线。而天线安装在星体对天面对其他部件的影响最小。通过将天线安装在离星体表面有一定高度的桅杆上,就可以克服卫星运行方向的影响,如图 5-12 所示。

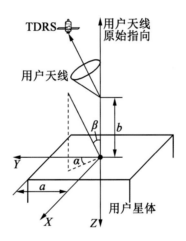

图 5-12　天线桅杆安装位置示意图

只要设计的桅杆高度合理,它可以保证只要中继卫星对用户星可见,用户星的天线就能对准中继卫星。图 5-13 是用户星天线仰角与轨道高度的几何关系,天线最初指向卫星的对天面,天线的俯视角 θ 和天线桅杆的高度 b 的计算公式如下:

$$\begin{cases} \theta = \arcsin \dfrac{R_e}{R_e + H_S} \\ b = a \times \cot \theta \end{cases} \tag{5-8}$$

式中,a 为用户星星体宽度的一半;b 为桅杆高度;R_e 为地球标准半径;H_S 为用户星轨道高度。由式(5-8)可知,当用户星星体半长度为 2 m、轨道高度为 850 km 时,计算出桅杆高度为 1.07 m,最大仰角为 118.1°。图 5-11(b)采用真实轨道数据计算的最大仰角为 118.1°,因此用户星天线安装到桅杆上,只要中继卫星对用户星几何可见,用户星就能与中继卫星正常通信。图 5-14 是 Terra 卫星中继天线的安装情况,超出卫星对天面一定高度。

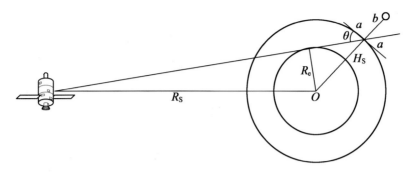

图 5-13　用户星天线仰角与轨道高度的几何关系

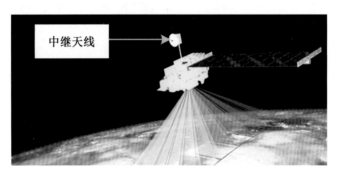

图 5-14　Terra 卫星中继天线的安装示意图

5. 多普勒频移和变化率

中继卫星和用户星之间的相对高速运动会产生多普勒频移 Δf：

$$\Delta f = \frac{f\Delta v \cdot \cos\alpha}{c} \tag{5-9}$$

式中，f 为工作频率；Δv 为中继卫星与用户星之间的相对速度，$\Delta v = |v_U - v_T|$；c 为光速；α 为相对速度与中继卫星和用户星连线间夹角，其计算公式为

$$\cos\alpha = \frac{(v_U - v_T)\cdot(r_U - r_T)}{|v_U - v_T||r_U - r_T|} \tag{5-10}$$

式中，r_T 和 v_T 分别为在地心惯性坐标系下中继卫星位置和速度矢量；r_U 和 v_U 分别为在地心惯性坐标系下用户星位置和速度矢量。对应的多普勒频移变化率为

$$\Delta f_V = \frac{df_V}{dt} \tag{5-11}$$

图 5-15(a) 和 (b) 是用表 5-4 的卫星轨道根数，计算一个用户星轨道周期内，工作频率为 23 GHz，中继卫星跟踪用户星的多普勒频移和频移变化率，可以看出，中继卫星跟踪 800 km 轨道高度的用户星产生的最大多普勒频移为 721.78 kHz、最大多普勒频移变化率为 0.91 KHz/s。

6. 跟踪精度分析

为了提供高传输速率，中继卫星采用大口径天线并工作在高频段，例如天线口径为 3 m、工作在 Ka 频段，天线半功率宽度只有 0.28°，这时卫星姿态扰动、轨道确定和预报产

生的位置误差等对天线指向产生的影响就不能忽视。

（1）中继卫星位置误差对跟踪角度的影响。

①切向误差对跟踪角度的影响。

中继卫星在地心赤道惯性坐标系下的位置为 (X,Y,Z)，由切向位置误差 σ_X 引起的跟踪方位角度 σ_α 和仰角误差 σ_β 为

$$\begin{cases}\sigma_\alpha^2=0 \\ \sigma_\beta^2=\dfrac{\cos^2\beta}{R^2}\sigma_X^2\end{cases} \tag{5-12}$$

式中，$R=\sqrt{X^2+Y^2+Z^2}$。式（5-12）表明跟踪的方位角不受中继卫星空间位置切向误差的影响。当用户星的轨道高度为 2 000 km 时，中继卫星星间天线在方位和俯仰上的最大转角范围为 ±11.23°。以最大跟踪范围 ±13° 考虑，中继卫星天线跟踪中继卫星仰角受切向位置误差的影响为

$$0.974\,\frac{\sigma_X}{R}<\sigma_E\leqslant\frac{\sigma_X}{R} \tag{5-13}$$

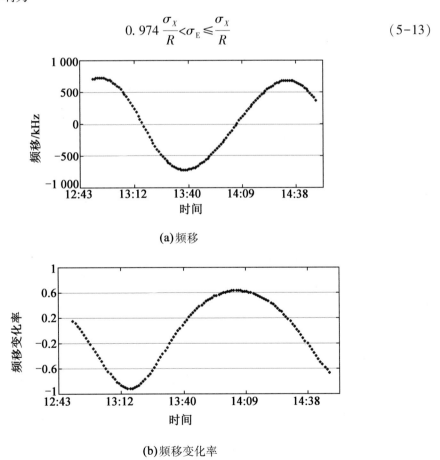

(a)频移

(b)频移变化率

图 5-15　中继卫星多普勒频率变化情况

②法向误差对跟踪角度的影响。

法向位置误差 σ_Y 引起的跟踪方位角 σ_α 和俯仰角误差 σ_β 为

$$\begin{cases} \sigma_\alpha = \left| \dfrac{\cos^2\alpha}{Z} \right| \sigma_Y \\ \sigma_\beta = \left| \dfrac{\sin\alpha \cdot \sin\beta}{R} \right| \sigma_Y \end{cases} \tag{5-14}$$

以最大跟踪范围±13°考虑,有

$$\begin{cases} \dfrac{0.949}{|Z|}\sigma_Y < \sigma_\alpha \leqslant \dfrac{1}{|Z|}\sigma_Y \\ 0 \leqslant \sigma_\beta < \dfrac{0.051}{R}\sigma_Y \end{cases} \tag{5-15}$$

由式(5-15)可以看出,中继卫星空间法向误差的影响主要反映在跟踪的方位角,即 $\sigma_\alpha \approx \dfrac{1}{|Z|}\sigma_Y$。

③径向误差对跟踪角度的影响。

径向位置误差 σ_Z 引起的跟踪方位角 σ_α 和俯仰角误差 σ_β 为

$$\begin{cases} \sigma_\alpha = \left| \dfrac{\sin(2 \cdot \alpha)}{2 \cdot Z} \right| \sigma_Z \\ \sigma_\beta = \left| \dfrac{\cos\alpha \cdot \sin\beta}{R} \right| \sigma_Z \end{cases} \tag{5-16}$$

以最大转角范围±13°考虑,有

$$\begin{cases} 0 \leqslant \sigma_\alpha < \dfrac{0.219}{Z}\sigma_Z \\ 0 \leqslant \sigma_\beta < \dfrac{0.225}{R}\sigma_Z \end{cases} \tag{5-17}$$

式(5-17)表明,径向位置误差对跟踪方位、仰角的影响基本一致,但明显比切向误差对跟踪仰角、法向误差对跟踪方位影响要小。

表5-5是用表5-4轨道根数、中继卫星在空间切向、径向和法向位置误差分别为10 km时,对跟踪用户星方位、仰角影响的计算结果。

表5-5　中继卫星空间位置误差对星间天线跟踪角度的影响

中继卫星位置误差类型	精度值/km	俯仰角精度/(°)		方位角精度/(°)	
		最大值	最小值	最大值	最小值
切向	10	0.016 2	0.011 7	不受影响	
法向	10	0.000 177	$1.669×10^{-9}$	0.016 2	0.011 7
径向	10	0.002 22	$7.261×10^{-8}$	0.001 84	$1.837×10^{-8}$

（2）轨道半长轴误差对跟踪角度的影响。

①中卫继星轨道半长轴误差影响。

图 5-16 是中继卫星轨道半长轴误差为 200 m 时，中继卫星指向用户星的 3 天跟踪预报。可以看出，跟踪角度最大不超过 0.002°，这说明中继卫星轨道半长轴误差对中继卫星天线跟踪用户星的影响较小。

②用户星轨道半长轴误差影响。

图 5-17 是用户星轨道半长轴误差为 500 m 时，中继卫星指向用户星的 3 天跟踪预报。可以看出，3 天后继卫星指向用户星的俯仰角误差接近 ±0.4°，方位角误差接近 ±0.3°。因此，用户星轨道半长轴误差对中继卫星跟踪用户星的天线俯仰角和方位角都有较大影响，此外，用户星轨道半长轴误差引起的进出视场的时间误差也较大，而且随着跟踪时间的增加，误差呈线性增加，当跟踪时间达到 3 天时，进出视场时间误差增加到 30 s。

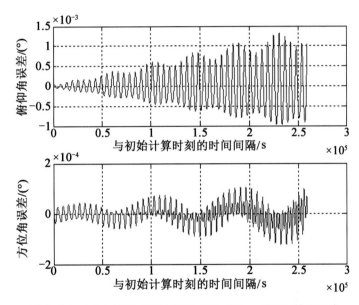

图 5-16　中继卫星轨道半长轴误差为 200 m 对跟踪精度影响

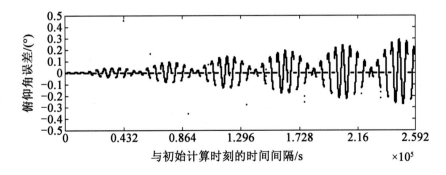

图 5-17　用户星轨道半长轴误差为 500 m 对跟踪精度影响

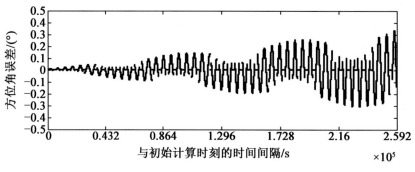

续图 5-17

（3）中继卫星姿态误差对跟踪角度的影响。

中继卫星采用三轴稳定平台，使用飞轮和喷气机构维持卫星在空间的姿态。由于星体在空间受外力、天线转动机构运动和喷气卸载等因素的影响，姿态会发生扰动，影响天线的指向精度。

①偏航角的影响。

偏航角误差 σ_ψ 引起的跟踪方位角度 σ_α 和仰角误差 σ_β 为

$$\begin{cases} \sigma_\alpha = |\tan\beta \cdot \cos\alpha| \cdot \sigma_\psi \\ \sigma_\beta = |\sin\alpha| \cdot \sigma_\psi \end{cases} \tag{5-18}$$

以最大跟踪范围±13°考虑，有

$$\begin{cases} 0 \leqslant \sigma_\alpha < 0.231\sigma_\psi \\ 0 \leqslant \sigma_\beta < 0.225\sigma_\psi \end{cases} \tag{5-19}$$

式（5-19）表明中继卫星偏航角误差对中继卫星跟踪用户星的方位、仰角影响基本一致。

②俯仰角影响。

俯仰角误差 σ_θ 引起的跟踪方位角度 σ_α 和仰角误差 σ_β 为

$$\begin{cases} \sigma_\alpha = |\tan\beta\sin\alpha|\sigma_\theta \\ \sigma_\beta = \cos\alpha \cdot \sigma_\theta \end{cases} \tag{5-20}$$

以最大跟踪范围±13°考虑，有

$$\begin{cases} 0 \leqslant \sigma_\alpha < 0.052\sigma_\theta \\ 0.974\sigma_\theta < \sigma_\beta \leqslant \sigma_\theta \end{cases} \tag{5-21}$$

式表（5-21）明中继卫星俯仰角误差主要反映在跟踪用户星的仰角上，对方位影响较小。

③滚动角的影响。

俯仰角误差 σ_φ 引起的跟踪方位角度 σ_α 和仰角误差 σ_β 为

$$\begin{cases} \sigma_\alpha = \sigma_\varphi \\ \sigma_\beta = 0 \end{cases} \tag{5-22}$$

式（5-22）表明中继卫星滚动角误差直接反映在跟踪用户星的方位上，对仰角影响较小。表 5-6 是用表 5-4 轨道根数、中继卫星偏航角、俯仰角和滚动角分别为 0.5°、0.1°和 0.1°时,计算中继卫星跟踪用户星方位、仰角的误差。

表 5-6　中继卫星姿态误差对跟踪角度的影响

中继卫星态 误差类型	精度值 /(°)	俯仰角精度/(°)		方位角精度/(°)	
		最大值	最小值	最大值	最小值
偏航角	0.5	0.060 3	6.688×10^{-7}	0.080 6	2.250×10^{-6}
俯仰角	0.1	0.1	0.099 3	0.001 28	1.034×10^{-8}
滚动角	0.1	3.469×10^{-19}	0	0.1	0.1

(4)位置误差对多普勒频移的影响。

多普勒频移与中继卫星和用户星在空间的位置有关,因此卫星空间位置的误差除了会影响跟踪角度的精度外,还会影响多普勒频移。卫星在空间的运行速度 v 与位置的关系为

$$v^2 = \mu \left(\frac{2}{r} - \frac{1}{a} \right) \tag{5-23}$$

式中,$\mu = GM$,G 为引力常数,M 为地球质量;r 为中继卫星到地心的距离;a 为中继卫星轨道半长轴。对式(5-23)进行微分有

$$\mathrm{d}v = -\frac{\mu \cdot \mathrm{d}r}{v \cdot r^2} \tag{5-24}$$

式中,$\mathrm{d}r$ 为定轨误差,则多普勒频移为

$$
\begin{aligned}
f_{\Delta v} = \frac{\Delta v}{c} f &= \left(\mathrm{d}v_{\mathrm{TDRS}} \cdot \frac{\boldsymbol{v}_{\mathrm{TDRS}}}{|\boldsymbol{v}_{\mathrm{TDRS}}|} - \mathrm{d}v_{\mathrm{U}} \cdot \frac{\boldsymbol{v}_{\mathrm{U}}}{|\boldsymbol{v}_{\mathrm{U}}|} \right) \cdot (r_{\mathrm{TDRS}} - r_{\mathrm{U}}) \cdot \frac{f}{c} \\
&= \left(\frac{\mu \cdot \boldsymbol{v}_{\mathrm{TDRS}}}{|\boldsymbol{v}_{\mathrm{TDRS}}|^2 \cdot |r_{\mathrm{TDRS}}|^2} \cdot \mathrm{d}r_{\mathrm{TDRS}} - \frac{\mu \cdot \boldsymbol{v}_{\mathrm{U}}}{|\boldsymbol{v}_{\mathrm{U}}|^2 \cdot |r_{\mathrm{U}}|^2} \cdot \mathrm{d}r_{\mathrm{US}} \right) \cdot (r_{\mathrm{TDRS}} - r_{\mathrm{U}}) \cdot \frac{f}{c}
\end{aligned} \tag{5-25}
$$

式中,r_{TDRS} 为中继卫星到地心的距离;r_{U} 为用户星到地心的距离。由式(5-25)可以看出位置误差引起的多普勒频移和中继卫星、用户星的位置误差成正比。相对用户星来说,中继卫星距离地心的距离 $|r_{\mathrm{TDRS}}|$ 较大,即 $r_{\mathrm{TDRS}} \gg r_{\mathrm{U}}$,因此中继卫星的位置误差对频率影响较小,频移主要是用户星的位置误差引起的。

图 5-18 是当中继卫星和用户星的定轨误差 $\mathrm{d}r_{\mathrm{TDRS}}$ 和 $\mathrm{d}r_{\mathrm{US}}$ 都取 150 m,计算 24 h 位置误差引起的多普勒频移情况。从图中可以看出频移在 10 Hz 左右,与多普勒频移值相比,该值是小量。

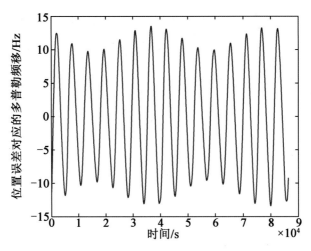

图 5-18　卫星空间位置误差引起的多普勒频移

5.1.3　测控覆盖分析

中继卫星对用户星的实时跟踪覆盖效果取决于它们之间的相对位置,主要有下面 3 种情况。

(1)当中继卫星到地心的连线接近垂直于用户星轨道平面时,如图 5-19(a)所示,在用户星的一个轨道周期内,中继卫星对用户星始终可见,跟踪条件最好,连续跟踪时间最长。

(2)当中继卫星位于用户星轨道平面附近时,如图 5-19(b)所示,中继卫星跟踪用户星条件最差,这时地球的遮挡影响最大,连续不可见时间最长。

(3)当中继卫星到地心的连线既不垂直于用户星轨道平面,也不平行于用户星轨道平面时,跟踪条件介于上述两者之间。

表 5-7 是中继卫星对不同高度用户星的测控覆盖率计算结果,可以看出随着轨道高度的增加,地球遮挡的影响变小,测控覆盖率增大,最长连续可见时间加长,但最长连续不可见时间基本一致。

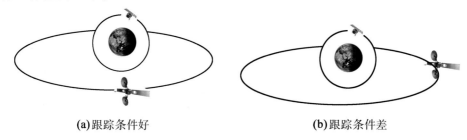

(a)跟踪条件好　　　　　　　　　　　(b)跟踪条件差

图 5-19　中继卫星与用户星轨道之间的几何关系

表 5-7　中继卫星对不同高度用户星的测控覆盖率计算结果

用户星轨道高度/km	最长连续可见时间/s	平均可见时间/s	最长连续不可见时间/s	覆盖率/%
400	7 607	3 728	2 383	64.7
500	8 126	4 093	2 366	66.3
600	13 181	5 106	2 355	70.1
700	13 591	5 115	2 348	80.1

5.1.4　中继卫星搜索用户星算法

为了提高传输速率和增大有效辐射功率,中继卫星通常采用大口径天线且工作在高频段,其结果是天线的波束较窄,当其值小于星体姿态扰动、卫星轨道预报、天线指向等各项误差总和时,会造成中继卫星天线指不准用户星。例如中继卫星采用 5 m 口径天线,工作在 Ka 频段,天线的半功率宽度约为 0.1°。如果三轴卫星平台姿态控制误差、天线指向误差、中继卫星和用户星轨道预报误差合计超过 0.3°,将造成中继卫星无法准确指向用户星。因此中继卫星每次跟踪用户星之前,需要对用户星进行角度搜索、捕获和跟踪。

实用可靠的扫描搜索算法之一是螺旋算法。中继卫星螺旋扫描用户星轨迹如图5-20 所示,中继卫星的天线指向从中心点开始,按一定的角速度进行螺旋扫描,并在扫描过程中不断比较接收的信号强度,当信号强度超过设定的门限值,判定天线指准目标,天线退出扫描并转为自动跟踪;如果直到最大螺径仍然没有搜索到目标,则天线由最大螺径向中心回扫,具体计算方法如下。

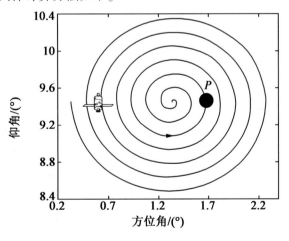

图 5-20　中继卫星螺旋扫描用户星轨迹

令中继卫星天线初始指向为(0°,0°),采用螺旋扫描搜索算法时,天线坐标系统下任意一点 P、单位为角度的位置为

$$\begin{cases} P_x = kt\sin(\omega t) \\ P_y = kt\cos(\omega t) \\ P_z = 0 \end{cases} \tag{5-26}$$

当 $\omega t = 2\pi$ 时,P 点距离扫描中心点距离为 $D = kt = \dfrac{2k\pi}{\omega}$,即绕(0°,0°)轴每旋转一周,天线距中心点的螺距增加 $\left(\dfrac{2k\pi}{\omega}\right)^{\circ}$。假设最大扫描螺距为 1°,天线旋转角速度 $\omega = 18°/\mathrm{s}$,天线每旋转 20 s 螺距增加 0.15°、天线直线运动速度 $k = 0.007\,5°/\mathrm{s}$,则中继卫星天线最多旋转 6.67 圈、用时 133 s 就可在给定的误差内搜索到用户星。

同时考虑中继卫星和用户星相对运动并叠加螺旋扫描搜索算法方法为

$$\begin{cases} P_x = \alpha + kt\sin(\omega t) \\ P_y = \beta + kt\cos(\omega t) \\ P_z = 0 \end{cases} \tag{5-27}$$

式中,α 和 β 为中继卫星天线对用户星的指向角度,图 5-20 是天线初始指向为方位 1.338°、仰角 9.455°,进行螺旋扫描的轨迹,其中 P 点黑圈表示天线的波束宽度。可以看出只要用户星不出误差范围,中继卫星就能搜索到它。

理论上说用户星天线也有指不准中继卫星的问题,但由于用户星的天线口径较小,指向波束较宽,再考虑到近地卫星的姿态指向控制通常比静止轨道卫星高一个数量级,因此近地卫星只要按照天线预报进行指向控制,中继卫星通常就在用户星的天线波束范围内,不需要进行扫描搜索。

5.1.5 中继卫星资源分配

中继卫星相当于搬到空间的测控站,当多个用户同时提出使用中继卫星时,同样会遇到资源分配的问题。与地面测控站相比,受定点位置和成本限制,在轨运行的中继卫星数量有限,但由于它的测控覆盖面积大,决定了它的利用率会更高,因此合理的资源分配结果会带来更大的效益。

美国天基网的 9 颗中继卫星要支持五十几个型号在轨运行的近地卫星、航天飞机的发射与运行,以及其他非卫星类的数据中继应用。用户每天向 NASA 申请的数据中继服务有数百次之多,用户的任务不同、平台不同,决定用户的需求也千差万别。如何满足这些使用需求,最大限度地发挥中继卫星的作用,是中继卫星资源分配要解决的问题。从 1983 年 4 月第一颗中继卫星投入使用开始,美国就非常重视使用效率的问题,在资源分配算法研究和实践上投入了大量的人力和物力,取得了很好的效果。1985—1990 年的 5 年间,美国中继卫星系统为各类卫星提供了总共近 270 万 min 的中继服务,利用率达到了99.8%。

1. 资源、任务和调度目标

（1）资源。

中继卫星系统是由中继卫星、中继卫星控制管理中心和用户中心 3 个部分组成。中继卫星资源是指中继卫星系统能为用户完成数据中继的支持能力，它包括中继卫星可用情况、中继卫星控制中心可用情况、地面测控站设备、通信线路可用情况等，从理论上说，这些因素都对中继卫星系统的使用产生影响，实际应用中，后 3 个因素可以通过地面的充分工作，如提高可靠性、增加冗余等手段来解决。因此，需要考虑的资源就是中继卫星的可用情况。

中继卫星有 2 种数据中继模式：单址模式（SA）和多址模式（MA）。在单址模式下，中继卫星的一幅天线指向一个用户星目标，主要用于高速数据传输。在多址模式下，中继卫星的相控阵天线可以同时指向多个用户星目标，用于中低速数据传输。无论采用何种工作方式，对于一个具体的数据中继任务，中继卫星天线的指向和对用户星的覆盖等参数计算方面原理是一样的。这里将中继卫星资源统一表示为中继卫星可用时间或时间窗口，中继卫星在此期间可用于执行用户星数据中继或中继卫星工程测控任务，如图 5-21 所示，其中 T_{istart} 是数据中继开始时间，T_{iend} 是结束时间。

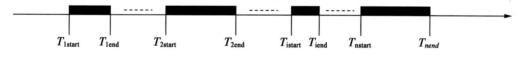

图 5-21　中继卫星跟踪用户星时间窗口

（2）任务。

中继卫星可以为近地卫星，如载人飞船、空间站、侦察卫星、资源卫星等提供图像、话音等数据中继服务，也可以为非卫星类的用户，如侦察飞机、火箭发射等提供测控和数据中继服务。这表明中继服务对象具有多样性。中继卫星能够为用户提供业务数据中继、遥测数据接收、上行遥控或数据注入、轨道测量等业务，这表明中继服务内容也具有多样性。不同的用户对中继卫星服务要求不同，例如载人飞船为了保障宇航员的安全，要求全程监控跟踪，应该重点保障它的要求。相同的用户在不同的时段也会有不同的服务要求，如卫星飞行段可分为发射段、回收段、一般运行段等，前 2 个阶段的中继服务的重要性明显高于卫星一般运行段。除此之外，还有一些其他因素的考虑，它们都表现为中继服务的保障程度的区别。此外，上述数据中继任务被划分为两大类：数据实传和数据回放。数据实传要求中继卫星实时传输用户星的图像，它必须在指定的时段完成任务；数据回放在任意给定的时段完成任务。

（3）调度目标。

当同一时刻中继卫星用户对中继卫星的使用要求超过中继卫星提供的服务能力的时候，就会产生资源冲突。中继卫星资源调度目标是按照一定的调度算法，将有限的中继卫星测控能力合理地分配给需要使用中继卫星的用户，以最少的中继卫星资源完成用户的任务需求，或使用给定数量的中继卫星，满足最多的用户的需求。

针对中继卫星的具体应用,有 2 种调度目标,一种是尽可能保证服务的用户数量最多,但总服务时间不一定最长;另一种是保证中继卫星总服务时间最长,但不一定保证被服务的用户数量最多。

与一般测控资源分配目标不同,中继卫星的任务可分为 2 类:一类是对地侦察实时传输,它的每一次对地观测都应该是完整的。它的中继需求或者是得到满足,或者是被完全拒绝,而不能通过逐段时间相加实现一个任务。另一类是回传业务,它对中继服务的时间要求不是那么严格,这一段时间无法使用中继卫星,可以在下一段时间使用,甚至可以多段时间使用中继卫星,最终完成存储在用户星上的图像数据回放。

通过对实传任务实现第一种调度目标、对回放任务实现第二种调度目标,可以使整颗中继卫星资源得到充分利用。

2. 数学模型

中继卫星资源分配可以归结为时间窗口约束和优先级满足的问题,其中时间窗口约束说明中继卫星与用户星之间具有可见时间窗口的条件约束。优先级说明中继卫星同一时间只为一个用户星服务。对同一颗中继卫星来说,数据中继任务不能并行执行,只能根据任务的优先级按一定的先后顺序进行优化排序。

设有 N 颗中继卫星,每颗中继卫星有一副单址天线,同时只能为一个目标服务。M 颗用户星对 N 颗中继卫星有 K 个服务需求,每个服务需求为 $\text{Task}_i = \{i, \text{Type}_1, \text{Type}_2, T_{\text{start}}, T_{\text{end}}\}$,其中 i 是第 i 个服务需求,$i \in \{1, \cdots, K\}$。Type_1 是服务类型,$\text{Type}_1 \in \{$工程测控,数据中继$\}$,$\text{Type}_2 \in \{$实传,回放,前向遥控,返向接收$\}$,其中实传表示用户星使用中继卫星实时传输图像,前向遥控表示用户将通过中继卫星对用户星发送遥控指令或注入数据,返向接收用户中心通过中继卫星接收用户星的图像或遥测数据。T_{start} 是服务开始时间,T_{end} 是服务结束时间。

定义函数 $F(\text{Task}_i)$:$F(\text{Task}_i) = \begin{cases} 0 \\ 1 \end{cases}$,其中 $F(\text{Task}_i) = 0$ 表示服务需求 Task_i 未被满足;$F(\text{Task}_i) = 1$ 表示服务需求 TASK_i 被满足;设定目标函数:

$$\text{MaxNUM} = \left\{ \sum_K F(\text{Task}_i) \cdot P \right\} \tag{5-28}$$

式(5-28)表明调度目标是保证中继卫星系统尽可能多地完成高优先级数据中继任务,如果各任务的优先级相同,它保证服务的中继用户数最多,式中,P 为需求优先度。

定义函数 $\text{Time}(\text{Task}_j)$,其中 j 表示第 j 个任务 Task_j 是回传中继任务。$j \in \{1, \cdots, K\}$,设定目标函数:

$$\text{MaxTime} = \left\{ \sum_{\text{NUM}_{\text{NM}}} F(\text{Task}_{ij}) \cdot P \right\} \tag{5-29}$$

式(5-29)表明调度目标是使中继服务用户时间最长。如果同时满足式(5-28)和式(5-29),可以实现中继卫星资源最佳利用。

3. 冲突排除原则

当 2 颗或 2 颗以上的用户星同时要求使用同一颗中继卫星时,会产生资源冲突。这

时中继卫星只能为其中的一个需求提供服务,其他的服务需求将被拒绝,我们将此过程称为冲突排除,冲突排除可以遵循以下原则:

(1)如果同时有数据中继服务和工程测控需求,排除数据中继服务;

(2)如果 2 个数据中继服务需求优先度不同,排除优先度低的;

(3)如果 2 个数据中继服务需求优先度相同,排除服务满足度高的;

(4)如果 2 个数据中继服务需求优先度相同,且服务满足度相同,排除服务质量差(当圈有太阳干扰、跟踪角度相差大或信噪比低等)的;

(5)如果 2 个数据中继服务需求优先度相同,且服务满足度相同,当圈没有太阳干扰或跟踪角度或信噪比都相差不大,随机排除一个;

(6)数据中继的实传服务申请如果被排除,该服务将被拒绝;数据中继的回放服务申请如果被排除,将该服务标注为待调整;

(7)所有实传任务完成资源分配后,标注为待调整的中继任务按优先级分配剩余的资源,直到所有任务得到满足或资源分配完毕。

4. 一种启发式算法

基于上述服务优先级定义、资源分配和冲突排除原则,中继卫星资源分配启发式算法流程图如图 5-22 所示。该算法的关键是确定各中继任务的需求优先度,保证优先度高的中继需求得到满足,且回放任务时间最长。具体算法如下。

Step1:汇总用户提出的使用中继卫星申请($Task_{ij}$)。

Step2:预处理完成中继卫星对所有用户星跟踪预报、日凌预报、最佳可视条件计算、最佳信噪比计算、同时基于跟踪预报的时间,对所有中继卫星申请进行条件符合验证,排除条件不符合服务申请,将条件不符合的中继卫星申请标注为已处理,将其申请结果标记为拒绝;将其他符合条件的所有中继卫星申请标注为未处理,申请结果标注为拒绝。

Step3:判断中继卫星的申请是否都标注为已处理,如果是则转到 Step9;如果仍然有未处理的申请,继续本算法 Step4。

此外,如果资源已经用尽,则无论是否还有申请未处理,都转到 Step9。

Step4:由式 $P = \sum \alpha_i P_i$ 计算每个服务申请的需求优先度,其中 α_i 是权重系数,它是根据优先项目的重要性取值,优先项目越重要,其值越大,由于服务满足情况是随着资源分配的结果而变化的。资源分配结果会影响加权系数的值,使每个服务申请的需求优先度动态变化。

Step5:依据所有计算出的服务申请需求优先度,按从高到低的顺序进行排序。

Step6:判断申请是最高需求优先度的服务申请是否多于 2 个或 2 个以上,如果不是,继续 Step7;如果多于 2 个或 2 个以上,转 Step8。

Step7:为最高需求优先度的申请分配资源,标注为已处理;将申请结果标注为分配,转 Step3。

Step8:对多个拥有相同最高需求优先度的用户,按照资源冲突排除算法进行资源分配。得到资源的申请被标注为已处理和分配;如果未得到资源的申请是数据中继实传,将其申请标注为已处理和拒绝;如果未得到资源的申请是数据中继回放,将其申请标注为已处理,同时还要标注回放处理,转 Step3。

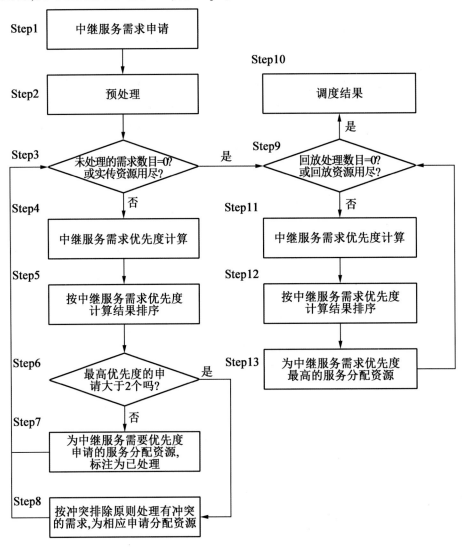

图 5-22 中继卫星资源分配启发式算法流程图

Step9:判断申请中被标注的回放处理数目是否为 0,如果是,继续 Step10,输出本次资源调度的计算结果,资源分配算法结束;如果仍然有未处理的回放需求,继续 Step11。

Step10:此外,如果回放资源已经用尽,则无论回放数目是否为 0,都输出本次资源调度的计算结果,资源分配算法结束。

Step11:由式 $P = \sum \alpha_i P_i$ 计算每个服务申请的需求优先度,继续 Step12。

Step12:依据所有计算出的服务申请需求优先度,按从高到低的顺序进行排序,继续 Step13。

Step13:为最高需求优先度的服务申请分配回放资源,标注回放处理,转 Step9。与实

190

传中继不同,一个回放服务申请可以分配多段资源,直到满足该回放任务的中继时间需求。

5.1.6　数据中继流程和工作模式

1. 数据中继服务流程

中继卫星服务主要流程如图 5-23 所示,首先用户提出中继申请,中继卫星系统结合所有用户需求,根据中继卫星的可用资源和用户需要,分配中继卫星的工作时段和工作模式。在数据传输前,完成中继卫星和用户星之间的天线指向控制,如果用户星使用定向天线,它需要在数据传输前,控制它的星间天线指向中继卫星(如果使用全向天线则不需要天线指向控制),双方天线指向完成后,双向进行信号捕获和锁定,建立中继链路,进行数据传输,中继任务结束后再恢复各自状态。

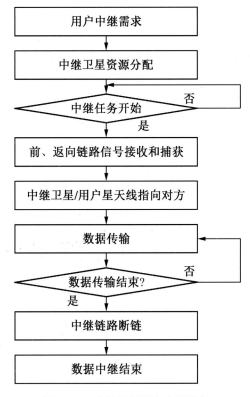

图 5-23　中继卫星服务主要流程

2. 单址工作模式

在单址工作模式下,中继卫星与用户星之间是点对点服务,中继卫星提供高速率传输信道,通常用于遥感数据的传输,也可以用于卫星测控,是中继卫星数据中继服务的最基本模式。

(1)工作原理。

在单址工作模式下,中继卫星和用户星分别控制星间天线准确指向对方,建立前、返向通信链路,传输反向遥测数据、遥感数据和前向遥控等信息,是点对点服务。

（2）工作模式。

由于中继卫星的一幅天线在一个时刻只能为一颗用户星服务或者是在天线波束内的多个用户提供服务,具有同时服务的能力),因此执行不同用户星任务,需要控制星间天线的驱动机构将天线转到指定位置,等待用户星经过,非常类似于地面测控站对近地卫星的测控工作模式,即卫星过境的定时管理模式,只是测控时长和覆盖率增加。

3. 多址工作模式

在中继卫星的多址工作模式下,中继卫星的星间天线指向不再是机械驱动,而是通过电扫描,可以在瞬间完成指向控制,采用的多波束技术,可以同时为多个目标服务,实现了中继卫星对用户星的一点对多点服务,因此可以为近地卫星的测控提供不同的服务模式和服务效果。

（1）工作原理。

以美国 TDRS 卫星为例,它的多址业务的基础是星载 30 阵元相控阵天线,其中收发共用阵元 12 个、接收阵元 18 个,单个阵元采用螺线构型,如图 5-24(a)所示,为星间链路提供前、返向信道服务。

①前向信道。

前向发射波束在 TDRS 卫星上形成,12 个螺线阵元利用 5.6 dBW 饱和功率放大器和双工器,向用户平台提供所需要的 EIRP,某一时刻只有 8 个同时工作,通过地面发送指令对 12 个收发共用阵元的 8 个进行相移,形成一个宽为 5°~8°的椭圆形发射波束,并将其指向±13°视场内的任何地方,波束形成网络原理如图 5-24(b)所示。

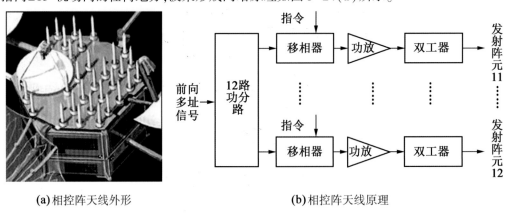

(a)相控阵天线外形   (b)相控阵天线原理

图 5-24　TDRS 相控阵天线外形和前向波束形原理图

②返向信道。

TDRS 卫星利用所有 30 个阵元跟踪和接收用户多址返向信号,对来自每个阵元的信号进行放大、变频和滤波,形成 30 个阵元信道频率复用信号,并发送至返向处理器,在这里与其他返向信号和 TDRS 卫星遥测进行组合。组合后的复合信号经由星地下行链路传输到地面终端站。与前向波束在星上形成不同,返向接收波束在地面形成,地面终端站对接收的返向信号进行分离后,采用相位和幅度加权,线性组合后形成 5 个 3 dB 带宽为 3°的波束。

表 5-8 分别列出了 TDRS 卫星的 S 频段下多址工作模式(SMA)前、返向信道主要性能指标,可以看出 TDRS 可以同时为 1 路最大速率为 10 kb/s 的前向信道、5 路最大速率为 300 kb/s 的返向信道提供数据中继服务。

表 5-8　TDRS 卫星 S 频段多工作模式前、返向信道主要性能指标

前向信道	返向信道
发射频率:2 106.41±0.200 MHz	接收频率:2 297.5±0.230 MHz
带宽:6 MHz(2.5 dB)	带宽:5 MHz(3 dB)
天线阵元增益:≥13 dB	天线阵元增益:≥16 dB
天线阵元数量:12	天线阵元数量:30
总 EIRP(寿命末期):±34 dBw	G/T>-14.5 dB/°K
波束转动角:±13.5°(锥形)	波束转动角:±13.5°(锥形)
波束宽度:5~8°	波束宽度:3°
链路数:1 路	链路数:5 路
最大数据速率:10 kb/s	最大数据速率:300 kb/s
跟踪测距精度	150 m(3σ)

(2)工作模式。

在 SMA 模式下,一幅相控阵天线在一个时刻可以为多个用户服务。根据中继卫星系统的服务能力和卫星在轨管理要求,可以为在轨卫星提供以下 3 种服务模式:均匀测控模式、轮询测控模式和连续测控模式,以满足不同卫星的在轨管理要求。下面以美国 TDRS 卫星返向 5 路、前向 1 路的 SMA 模式为例进行说明。

①均匀测控。

卫星测控中心每天需要根据管理要求对在轨卫星进行一定圈次的在轨管控,完成卫星遥测监视、遥控发令和轨道测量等任务,使用 SMA 均匀测控模式,可以将这些管理圈次均匀分布在一天,每个圈次时间间隔固定,利于及时发现和处理卫星出现的问题,均匀测控工作流程如图 5-25 所示,具体工作流程如下。

a.遥测。

在 SMA 模式下,TDRS 卫星可以同时接收 5 颗运行在不同轨道的近地卫星的遥测数据,假设每颗星遥测监视的时长一致,地面在设定的接收时间内,同时接收 5 颗卫星的遥测数据进行分析,当超过接收时长后,选择另外 5 颗近地卫星重复同样操作,这样依次循环,完成所有卫星的遥测监视任务。每颗近地卫星的监视频度与需要监视的近地卫星总数和监视时间长度相关,卫星总数越多、监视时长越长,监视频度就越低。

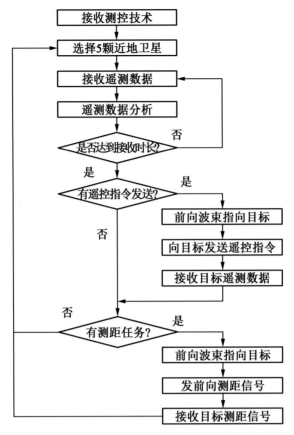

图 5-25　均匀测控模式工作示意图

b. 遥控/注数。

与卫星遥测需要频繁监视的要求不同,卫星遥控业务是只有当需要对卫星发送指令或注入数据时才会出现,有时一颗卫星一天都不需要发送一条指令,有时一天可能需要发送多条指令或注数,因此需要根据每颗近地卫星的上行需求安排遥控业务,同时,考虑到遥控发令需要遥测数据进行执行效果判断,在安排 SMA 对某颗近地星前向发令时,一定要接收该星的遥测数据,遥控发令/注数过程参见图 5-25。

c. 测距。

目前所有近地卫星都已经安装 GPS/BD 接收设备,接收的 GPS/BD 信号跟随遥测信号一起传到测控中心用于轨道计算。但在实际应用中,仍会有一些卫星需要利用轨道测量数据进行定轨。使用中继卫星系统,是测量中继卫星与近地卫星之间的四程距离得到轨道测量信息,为完成该任务,中继卫星需要发送前向信号,用户星接收该前向信号并相干转发,由地面接收和处理后,获得中继卫星到近地卫星的四程距离和数据。因此为完成测距任务,控制 SMA 的前向波束指向一颗近地星,同时使用一个 SMA 的返向波束接收该星的测距数据。

②轮询测控。

新一代近地卫星性能强大、功能复杂,为了确保卫星整星安全,除了在遥测监视时段由地面完成卫星状态分析任务外,星上还采取了自主健康诊断系统,可以在卫星出现重大异常时自动报警。对于这种卫星,测控中心需要定期接收卫星的健康诊断结果。因此针对这类卫星,在 SMA 模式下专门设计一个返向波束,采用轮询方式检测每个在轨卫星的自动报警信号,其工作流程图如图 5-26 所示。由于 SMA 模式下波束指向的切换时间在毫秒内,虽然管理卫星数量多,这种轮询方式的检测间隔也能控制在较小的范围内。使用这种轮询测控方式,在没有上行任务时,地面卫星测控中心可以不用监视卫星状态,只有当检测出报警信号时,才进行处理,这样能够大大提高近地卫星的测控效率和降低管理成本。

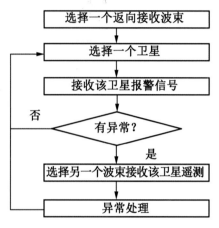

图 5-26　轮询测控模式工作流程图

轮询模式通常工作于对近地卫星遥测接收,在该模式下只使用中继卫星的一个接收波束对近地卫星的遥测进行接收,其他的前、返向波束的使用不受影响,遥控发令、测距与均匀测控的方式相同。

③连续测控。

三颗赤道上空均匀分布的中继卫星可以对轨道高度超过 350 km 的近地卫星实现 100%覆盖而且相邻两颗星之间约有 50%重叠覆盖区。通常一次卫星测控任务持续时间不长,使用一颗中继卫星就能完成任务。但也有一些在轨卫星因特殊任务要求,需要长时间连续测控。对于这种需求,可以在 SMA 模式下利用 2 颗中卫继星重叠覆盖特性满足这一要求,具体来说就是在重叠覆盖区使用 2 颗相邻的中继卫星 SMA 的各自一个返向波束,指向同一目标星,同时接收遥测,选择其中一颗中继卫星发令或测距;在非重叠区,对目标可视的中继卫星 SMA 返向波束指向目标星,接收遥测、发令或测距。连续测控模式工作示意图如图 5-27 所示。通常卫星测控天线是全向天线,因此在连续模式下,执行接力任务的 2 颗星可以同时接收遥测数据,但由于卫星只能在一个时刻接收一个站的上行,因此在 2 颗星切换过程中,遥测接收不会中断。遥控上行将会中断,上行接收将由当前的中继卫星的前向链路切换到另一颗中继卫星的前向链路,但切换的时间较短,具体时间取决于卫星接收机的捕获性能,通常在秒级即可完成。

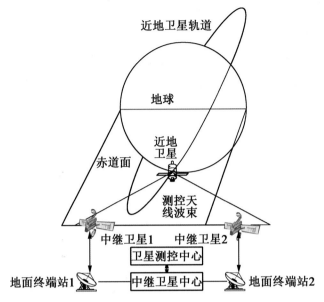

图 5-27　连续测控模式工作示意图

　　上述 3 种测控模式中,均匀测控模式适合在现有卫星能力和管理要求下利用中继卫星完成在轨管理,克服了卫星升、降轨之间运行到国外不可见的测控间隙;轮询测控模式适用于具有健康自主管理能力的卫星,在该模式下,能够监视卫星的数量和监视频度都可以大大提高,可以在最短的时间内发现卫星异常;连续测控模式适用于需要连续长时间卫星监视或者上行操作任务,可以保障卫星重要的测控任务。因此,如何使用上述 3 种 SMA 服务模式,需要结合卫星的能力、承担的任务和具体的管理要求进行选择,但无论如何,与现有的基于地基测控网实现近地卫星管理相比,这种管理数量和管理模式的改变改善了测控条件、提高了应急处置能力、增强了业务使用的灵活性和提升了卫星使用效率。

5.1.7　中继卫星应用示例和分析

1. 应用示例

中继卫星系统设计的初衷是为载人航天服务,通过提高测控覆盖率满足载人航天高可靠性的要求,然后为遥感卫星的数据传输服务,除此之外,还可以为火箭发射服务,甚至可以应用到卫星返回大气层的数据通信,以美国 TDRS 卫星和天链卫星为例,具体应用如下。

(1)载人航天飞行和空间交会对接任务。

国际空间站在轨运行及各国到访卫星与国际空间站交会对接任务的测控通信支持大部分由 TDRSS 卫星承担。我国中继卫星系统在神舟九号载人飞船与天宫一号目标飞行器交会对接任务中,连续测控覆盖超过 60 min。

（2）近地轨道卫星。

近地轨道卫星可以说是 TDRSS 卫星的标准用户，TDRSS 卫星先后为"太阳-地球中层大气探测器""太阳峰年科学卫星"、哈勃望远镜、康普顿伽马射线观测仪、"土"（Terra）卫星、陆地卫星、"雨燕"（SWIFT）、"地球辐射预算卫星"（ERBS）、"宇宙背景探测器"（CBE）、"远紫外探测器""水"（Aqua）卫星、"气"（Aura）卫星、上层大气研究卫星、先进 X 射线天文物理设施等大量近地轨道卫星提供了支持。

（3）运载火箭。

运载火箭为美国两大主力运载火箭即德尔塔-4、宇宙神-5 的发射任务提供支持。2020 年 12 月 22 日，我国长征八号遥一运载火箭成功应用"Ka 频段高码率天基测控系统"测控全程，数据可全部获取且遥测覆盖率达 100%，终端外形和在长征八号火箭上的安装位置如图 5-28 所示。后续我国大火箭 10 Mb/s 码率、重型运载火箭 50 Mb/s 码率高码率天基测控系统正在研发中。

(a)终端外形　　　　　　　　　　　　　　(b)终端安装在火箭上

图 5-28　Ka 中继终端在长征八号遥一运载火箭的应用

（4）非地球轨道用户。

非地球轨道用户主要有 ER-2 遥感飞机、长航时气球（LDB）、超长航时气球（ULDB）和无人航空飞行器（UAV）等。我国嫦娥五号返回器返回过程中，天链二号 01 星建立通信直升机与北京航天飞行控制中心的信息传输链路，实现了图像、话音、调度等业务数据的实时传输。

（5）地基用户。

地基用户包括美国国家科学基金会的南极科考站数据中继、美国国家海洋大气局（NOAA）的海洋浮标等。

此外，TDRSS 卫星也为美军的军事应用提供重要支持，例如美国国家侦察局（NRO）操作的"长曲棍球"雷达成像侦察卫星提供数据中继服务。

2. 应用分析

（1）支持近地卫星测控。

中继卫星支持近地卫星测控是其主要任务之一，利用中继卫星可以大大提高近地卫星测控持续时间和测控覆盖率。利用 3 颗定点于西、中、东 3 个轨位的中继卫星,跟踪 1 颗 600 km 轨道高度卫星,中继终端的天线安装在用户卫星的星体表面、波束宽度为 75°,测控可见计算结果表明,3 颗中继卫星对该近地卫星的测控覆盖率达到 79%,单颗中继卫星最长连续测控时间为 223.7 min,有 8 段时间 2 颗中继卫星可以同时测控,双星同时测控的最长时间为 32 min。

表 5-9 是美国 TDRS 卫星为典型近地卫星在轨管理提供服务的统计结果,根据这些卫星的轨道高度分析,可以看出它们完全依靠中继卫星系统完成日常在轨管理任务。2011 年 10 月 1 日至 2012 年 9 月 30 日一年期间,TDRSS 卫星提供了 147 810 圈次、176 141 h 的服务,平均每天 405 圈、每圈 72 min,系统的服务效率达到了 99% 以上。

表 5-9　TDRS 支持的典型用户卫星在轨管理情况

用户卫星	业务类型	最高速率/(b/s)	使用情况
HST	SSA	1.02 M	30 圈/d、40 min/圈
	SMA		
GRO	SSA	512k	10 圈/d、45 min/圈
	SMA		20 圈/d、45 min/圈
COBE	SSA	4k	3 圈/d、12 min/圈
	SMA		7 圈/d、12 min/圈
LAND-SAT	SSA	300 M	5 圈/d、12 min/圈
	SMA		3 圈/d、15 min/圈
ERBS	SSA	128k	7 圈/d、15 min/圈
	SMA		4 圈/d、25 min/圈
EUVE	SSA	512k	8 圈/d、25 min/圈
	SMA		7 圈/d、25 min/圈
UARS	SSA	512k	15 圈/d、25 min/圈
TOPEX	SSA	512k	8 圈/d、25 min/圈
	SMA		12 圈/d、40 min/圈

(2)支持火箭发射。

火箭发射通常依靠地面测控网实现火箭遥测数据的接收、指令发送和安全控制。由于地面测控站的测控范围限制,覆盖火箭弹道需要布设较多测控站,甚至远洋测量船,花费巨大。美国从 1995 年开始应用中继卫星系统支持运载火箭的飞行测控任务,实现了火箭的全程测控,并迅速得到推广,它不仅提高了发射的时效性,降低了费用,还通过优化设计理论弹道提升了火箭的运载能力。

①火箭中继基本原理。

中继卫星天基测控系统工作原理如图 5-29 所示,中继卫星的箭载终端安装在运载火箭上,作为外部信号与火箭内部设备直接的接口设备,它通过中继卫星与地面站建立前、返向链路,完成信号的接收和转发,通过总线接口与运载火箭的指令分系统、数据分系统、遥测分系统相连接,完成对运载火箭的测控和数据传输功能,主要功能如下。

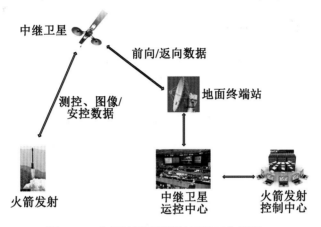

图 5-29　中继卫星天基测控系统工作原理

a. 将箭上遥测信息通过数据中继卫星下传至地面;

b. 将箭上关键点的图像信息通过数据中继卫星下传至地面;

c. 将地面安控信息通过数据中继卫星上传至箭上;

d. 将地面遥控指令通过数据中继卫星上传至箭上;

e. 利用导航信息进行飞行轨迹测量,并将测量结果下传至地面。

图 5-30 是一个典型的箭载天基测控终端组成,它同时安装了 S 频段宽波束天线和 Ka 频段中继天线,宽波束天线使火箭在各种姿态下都能与中继卫星通信,用于箭遥数据的传输和指令的发送,Ka 频段中继天线波束窄,采用相控阵技术实现快速指向控制,用于传输图像等信息。

②指向计算。

在火箭上安装中继终端,它的天线坐标系为 $O\text{-}XYZ$,OX 轴与箭体纵轴重合,运载火箭中继终端天线指向中继卫星的方位角 α 和仰角 β,计算公式为

$$\begin{cases} \alpha = \arctan\dfrac{Z_{\text{BTU}}}{Y_{\text{BTU}}} + \begin{cases} 0, & Y_{\text{BTU}}>0, \quad Z_{\text{BTU}}\geqslant 0; \\ \pi, & Y_{\text{BTU}}<0; \\ 2\pi, & Y_{\text{BTU}}>0, \quad Z_{\text{BTU}}<0. \end{cases} \\[2em] \beta = \arccos\dfrac{X_{\text{BTU}}}{\sqrt{X_{\text{BTU}}^2+Y_{\text{BTU}}^2+Z_{\text{BTU}}^2}} \end{cases} \tag{5-30}$$

式中,$[X_{\text{BTU}} \quad Y_{\text{BTU}} \quad Z_{\text{BTU}}]$ 为发射系下中继卫星相对运载火箭的矢量。

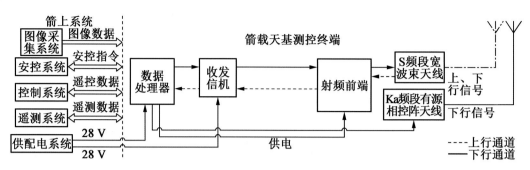

图 5-30　箭载天基测控终端组成

图 5-31 是一个火箭中继示例,假设火箭和卫星都安装了中继终端。火箭从海南发射,卫星轨道为 500 km 太阳轨道,2 颗中继卫星分别定点于中轨位和东轨位,它们的测控范围能够覆盖火箭弹道和卫星轨道。图 5-31 是箭载中继终端天线指向 2 颗中继卫星的跟踪角度结果。可以看出,选择中轨位中继卫星时,天线的方位角变化 79°、仰角变化 103°;选择东轨位中继卫星时,天线的方位角变化 26°、仰角变化 49°。如果箭载中继终端的天线波束工作范围为 ±60°,东轨位的中继卫星就可以覆盖整个火箭的飞行弹道。

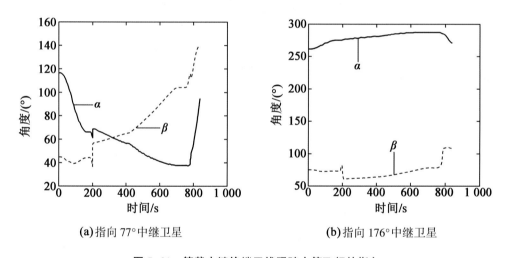

(a)指向 77°中继卫星　　　　　　　　(b)指向 176°中继卫星

图 5-31　箭载中继终端天线跟踪火箭飞行的指向

广泛利用中继卫星系统支持运载火箭发射是今后火箭测控技术发展和应用的方向,在只能依靠地面测控站测控的条件下,当星箭分离点位于公海,为了获取星箭分离信息和确保星箭分离前后关键指令的正确执行,通常需要海上测量船的支持,采用中继测控可以替代海上测量船,大大节省了经费。另外使用天基测控的全覆盖测控能力,还可以优化火箭弹道设计,可以采用多次点火方式,提升火箭的运载能力。以某型火箭发射为例,如果火箭从太原中心发射,使用传统的地面测控模式,500 km 高度的太阳同步轨道卫星运载能力约为 800 kg,如果基于天基测控优化弹道设计,可以将运载能力提升到 1 100 kg。

(3)支持"黑障"条件下通信。

卫星重返地球大气层时会产生"黑障",造成无线信号中断。以神舟飞船为例,其返回舱再入时,"黑障"的影响从 80 km 高度开始到 40 km 结束,整个过程 USB 测控信号中断 5.5 min,地面失去了对飞行器的状态掌握和控制能力。引起"黑障"的主要原因是高速返回的卫星对周围稠密空气压缩,形成激波和高温,致使大气发生分解和电离,飞行器周围电子密度大幅增加,从而在飞行器周围形成电离气体层,称为"再入等离子体鞘套",无线信号能量被等离子体吸收而产生衰减和随机相移,导致通信中断。

理论分析和飞行试验结果表明提高通信频率和合理设计天线安装位置是克服"黑障"的有效措施。2005 年欧洲空间局膨胀再入和降落技术验证使用 Ka 频率,整个返回过程无线电信号只中断了几秒钟;美国 1989 年航天飞机重返大气层时,使用 TDRS 卫星通信,中继终端的天线安装在航天飞机的尾部,克服了"黑障"的影响。因此通过提高工作频率、设计合理的中继终端天线安装位置、选择合适定点位置的中继卫星,有望在短时间内通过发挥解决卫星再入返回"黑障"造成的通信中断问题。

①利用 KSA 链路。

再入等离子体鞘套对通信电磁波的传播特性主要有 2 个方面的影响:一是改变斜入射电磁波的传播方向,二是对入射电磁波起碰撞吸收作用,使电磁波的能量发生衰减,其中折射影响较小,与碰撞衰减相比通常可以忽略。碰撞衰减作用的原理是入射电磁波的电场对等离子体鞘套中的自由电子做功,把一部分能量传递给电子,而等离子体中的自由电子在漂移过程中必然要与其他粒子离子或中性粒子发生碰撞,碰撞使得电子从电磁波中获得的电场能量转化为无规则运动的动能,导致电磁波自身的能量被衰减。影响衰减效果的主要参数是等离子体频率和碰撞频率。

工作频率为 ω 的无线电信号,在通过等离子体频率 ω_p、碰撞频率 ν 的等离子体时的信号衰减 α 计算公式为

$$\alpha = 2.046\omega \times 10^{-8} \left[\left(\frac{\omega_p^2}{\omega^2 + \nu^2} - 1 \right) + \sqrt{ \left(1 - \frac{\omega_p^2}{\omega^2 + \nu^2} \right)^2 + \left(\frac{\omega_p^2}{\omega^2 + \nu^2} \times \frac{\nu}{\omega} \right)^2 } \right]^{1/2} \quad (\text{dB/m}) \quad (5\text{-}31)$$

表 5-10 是在碰撞频率 1 GHz 条件下利用式(5-31)计算不同工作频率和等离子体电子密度情况下产生的信号衰减量(dB/m),由表 5-10 可以看出,同样工作频率,电子密度越高等离子体对信号的衰减越大;同样电子密度下,信号工作频率越高,等离子体对信号的衰减越小。图 5-32 是信号衰减与电子密度和工作频率的关系图,列出了 UHF、S、X 和 Ka 工作频率开始产生衰减的电子密度值,对应每个频率的具体情况和试验数据分析如下。

表 5-10　信号衰减与工作频率和等离子体电子密度的关系

工作频率 /GHz	电子密度/cm^{-3}					
	1×10^8	1×10^3	1×10^{10}	1×10^{11}	1×10^{12}	1×10^{13}
1	0.369	3.635	45.406	359.216	1 260.0	4 007.7
5	0.028	0.275	2.877	32.767	1 336.1	5 006.9

续表 5-10

工作频率 /GHz	电子密度/cm⁻³					
	1×10^8	1×10^9	1×10^{10}	1×10^{11}	1×10^{12}	1×10^{13}
10	0.007	0.071	0.732	7.347	160.7	4 813.0
15	0.003	0.032	0.326	3.210	40.7	4 375.5
20	0.002	0.018	0.184	1.795	20.6	3 661.2
25	0.001	0.011	0.118	1.146	12.6	2 450.6
30	0.001	0.008	0.082	0.794	8.6	248.9

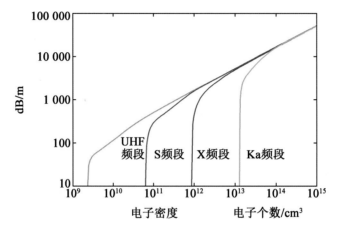

图 5-32　信号衰减与电子密度和工作频率的关系图

a. 当电子密度大于 10^9 cm⁻³ 后,"黑障"对 UHF 频段信号产生明显影响。2005 年 10 月 7 日欧洲空间局进行了第 3 次膨胀返回和降落飞行试验(IRDT),飞行器与地面采用自主无线遥测系统(autonomous radio telemetry system,ARTS)通信,工作在 UHF 波段,频率为 219 MHz,IRDT-2R 进"黑障"的速度为 6 869 m/s,"黑障"持续时间为 45.3 s。

b. 当电子密度大于 10^{10} cm⁻³ 后,"黑障"对 S 频段信号产生明显影响。表 5-11 是载人飞船再入时"黑障"对 USB 信号影响的统计,从表中可以看出,"黑障"的影响从 80 km 高度开始,到 40 km 结束,整个过程 USB 信号中断了 5.5 min。

表 5-11　载人飞船再入时"黑障"对 USB 信号影响统计

再入高度	再入速度	S 频率遥测信号接收情况
80~50 km	8~5.2 km/s	不能发现目标
50~40 km	5.2~4.6 km/s	发现信号,但频繁失锁
40 km 以下	速度小于 4.6 km/s	稳定跟踪目标

c. 当电子密度大于 10^{12} cm^{-3} 后,"黑障"对 X 频段通信信号产生明显的影响。美国在 20 世纪 60 至 70 年代进行了飞行器再入无线衰减试验(RAM),在 RAM-Cl 试验中,在弹头上同时安装 UHF(220 MHz)、C(5 700 MHz)和 X(9 200 MHz)波段 3 副天线,所记录的通信信号开始中断时飞行器的高度分别为 80 km、54 km 和 40 km,信号结束中断的高度在 23～22 km 之间,可以看出 X 频率信号中断的时间明显较短。

d. 当电子密度大于 10^{13} cm^{-3} 后,"黑障"对 Ka 频段通信信号产生明显的影响。2005 年欧洲空间局膨胀再入和降落技术验证(IRDT)得出的电子密度变化情况(再入速度超过 6.9 km/s),从试验可以看出,飞行器进入大气层后,电子密度不断增加,在大约 946 s 时达到最大,超过了 $1.3×10^{13}$ cm^{-3},但持续时间不长,相应的 Ka 信号中断了几秒钟。

因此适当提高再入飞行器的通信频率,可以有效地降低"黑障"对通信信号的影响,当通信频率高于等离子体频率时,"黑障"对通信信号没有影响。

②合理设计天线安装位置。

卫星返回大气层时,大气层的高速摩擦使飞行器表面材料及周边大气电离,产生大量带电粒子附着于飞行器表面,形成的等离子体鞘套从前到后可以分为驻点区、中间区和尾部区。其中驻点区的特征表现为高压高温气体有一薄边界层与再入卫星分离,并以激波层为界,驻点区发生的电离最严重,产生的等离子体浓度也最高;中间区的气体处在化学不平衡状态,且等离子体浓度也较驻点区低;尾部区的电离主要是由通过邻接于该区域的斜激波的气体引起的,等离子体电子密度的分布很大程度上取决于冲击角及卫星的精确形状,尾部区的等离子体浓度要大大低于中间区,因此同样的工作频率下,天线安装在驻点区或者中间区,等离子体会阻断通信信号,但如果安装在尾部区,通信就有可能不受影响,或者影响很小。

表 5-12 给出了我国载人飞船再入过程中飞船的前部和尾部电子密度峰值分布情况,可以看出当飞船从 85 km 降至 35 km 过程中,飞船的前部电子密度变化范围为 $2×10^{12}$ ～$6×10^{13}$,飞船的尾部电子密度变化范围为 $1×10^{11}$～$2×10^{12}$,整个过程飞船尾部的电子密度比前部低近 1 个数量级。

结合上述工作频率和天线安装位置的分析可知,如果将通信天线安装在卫星的底部背风面、信号工作在 Ka 频段,可以显著克服卫星返回大气层产生的"黑障"影响。

表 5-12　我国载人飞船再入过程中飞船的前部和尾部电子密度峰值分布情况

高度/km	大底/cm^3	倒锥/cm^3
85	$2×10^{12}$	$1×10^{11}$
75	$2×10^{13}$	$5×10^{11}$
65	$6×10^{13}$	$1×10^{12}$
55	$6×10^{13}$	$2×10^{12}$

续表 5-12

高度/km	大底/cm^3	倒锥/cm^3
45	5×10^{12}	1×10^{11}
35	5×10^9	5×10^8

5.2 基于通信卫星天基测控

除了专用的中继卫星外,装备了大口径天线、高功率转发器的静止轨道通信卫星也具有对低轨卫星的数据中继能力,特别是那些为地面移动用户提供了星内波束和星间波束自动切换功能的卫星系统,它能为近地卫星提供连续的通信覆盖服务。使用通信卫星进行数据中继,已经从试验走向应用,并且继承了通信卫星具有的随机接入服务和按流量收费等特点。下面介绍以海事通信卫星(INMARSAT)为基础开发的中继卫星系统。

5.2.1 INMARSAT-4 卫星系统

INMARSAT-4 卫星的天线口径为 9 m,228 个波束,每个波束的平均直径为 800 km,EIRP 值高达 67 dBW,4 颗 INMARSAT-4 系列卫星分布在静止轨道上,分别定于143.5°E、63°E、98°E 和 25°E,它们对地覆盖情况如图 5-33 所示,除了极区附近的全部地域全部覆盖。同时,INMARSAT-4 提供的全球宽带系统(broadband clobal area networr, BGAN)服务,可以自动完成移动用户在一颗卫星内相邻波束的切换和不同卫星波束之间的通信切换,实现全球基于标准 IP 的无缝隙网络覆盖服务。

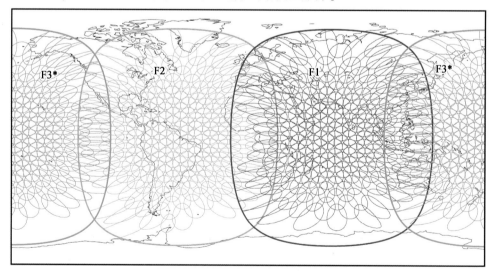

图 5-33 INMARSAT-4 星座全球分布和波束覆盖范围

5.2.2　基于通信卫星的天基测控系统组成

基于 INMARSAT-4 系统的天基测控系统的组成如图 5-34(a)所示,由加装海事中继终端的用户星、海事卫星、海事卫星地面站和卫星运控中心组成,每部分的功能如下。

1. 用户星

运行在近地轨道的用户星安装海事中继终端,中继天线可以选择全向天线和定向天线,如果是全向天线,其波束为宽波束,例如±70°,用户星不需要对天线指向控制;如果是定向天线,采用相控阵天线时,通过电扫控制天线主轴指向 INMARSAT-4 卫星,采用窄波束定向天线时,通过控制卫星姿态主轴指向 INMARSAT-4 卫星。海事终端基于 INMAR-SAT-4 的 BGAN 服务流程如图 5-34(b)所示,每次中继终端开机都需要通过全球波束、区域波束和点波束注册和建链。

2. 海事卫星

海事卫星的天线覆盖地面,当用户星进入其天线的波束范围时,如图 5-34(b)所示服务流程,接收和转发用户星之间的信号,工作频率为 L 频段:1 518~1 525 MHz(Rx)(EMEA),1 525~1 559 MHz(Rx),1 626.5~1 660.5 MHz(Tx),1 668~1 675 MHz(Tx)(EMEA)。

3. 海事卫星地面站

分布在全球的海事卫星地面站负责接收和转发卫星测运控中心和用户卫星通过海事卫星传输的信息,负责用户星运行在不同的点波束或不同卫星点波束之间的通信切换,使用户星通信保持连续,地面系统之间的信息通过互联网传输。

4. 卫星测运控中心

根据卫星测运控需求,向海事卫星地面站发出建链信号,接收来自用户星的遥测数据和向其发送遥控指令。

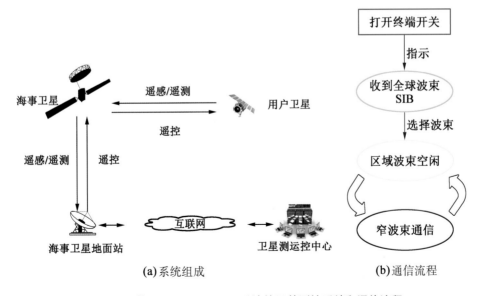

(a)系统组成　　　　　　　　　　(b)通信流程

图 5-34　基于 INMARSAT-4 系统的天基测控系统和通信流程

5.2.3 测控覆盖分析

图 5-35(a)是 4 颗 INMARSAT-4 系列卫星覆盖地球的情况,每颗卫星的波束都指向地球,只有当用户星进入 INMARSAT-4 波束并指向 INMARSAT-4 卫星时,如图 5-35(b)所示,才能建立中继链路。

不同轨道高度用户星的覆盖情况不一样,随着近地卫星轨道高度增加,覆盖率也会降低。以 550 km、倾角为 97° 的太阳同步轨道卫星为例,海事测控终端采用方向性天线,轨道运行中指向可视条件最好的 INMARSAT-4 星,计算结果表明整个系统的覆盖率为51.2%(不计多星重复覆盖),平均一次中继时间为 20 min。

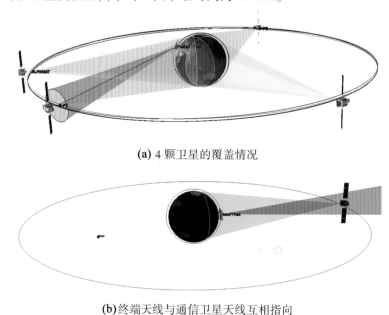

(a) 4 颗卫星的覆盖情况

(b)终端天线与通信卫星天线互相指向

图 5-35 终端天线与中继天线互相对准

5.2.4 应用实例

新加坡增值创新(AVI)公司联合海事国际移动卫星组织开发了基于 BGAN 技术的中继测控终端,IDRS 卫星,终端质量为 1 kg、体积为 125 mm×96 mm×70 mm,发射+接收功率为 25 W,最高传输速率为 200 kb/s,如图 5-36(a)所示,提供 RS-422、Ethernet 或 CAN接口,一个典型的接口应用如图 5-36(b)所示。

该终端于 2015 年 12 月搭载 6U 立方星 Velox-2 发射,通过 Inmarsat-4 星座向 Velox-2 卫星进行了遥测数据的接收和指令发送试验。2020 年 8 月 30 日发射的 Capella 卫星加装 IDRS,成功应用到日常业务规划中,有效地提高了卫星应用时效性。2021 年 1 月 24日发射的另外 2 颗 Capella 卫星也加装了 IDRS 终端,这些中继终端除了用于任务规划,还将用于 Capella 星座管理。IDRS 客户购买通信服务的方式与个人购买移动装置数据包的方式一样,费用与数据运营者每月与卫星交换的数据量有关。

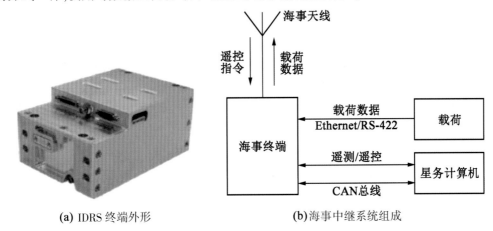

(a) IDRS 终端外形　　　　　(b)海事中继系统组成

图 5-36　IDRS 终端外形和接口示例

基于 IDRS 的中继应用系统组成如图 5-37 所示,由地面运控系统、用户星、海事卫星、地面用户组成。安装了 IDRS 的近地用户星上相当于安装了一个全双工 IP 调制/路由器,为用户卫星和地面间提供端到端的双向互联网连接,IDRS 被分配一个 IP 地址,地面用户可以在任意地点,使用互联网直接访问该 IP 地址,完成数据接收、遥控指令上注和文件上传。

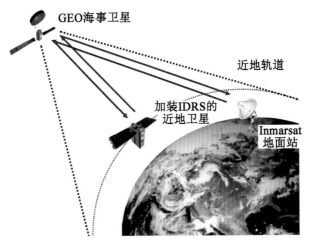

图 5-37　基于 IDRS 的中继应用系统组成

(1)地面运控系统接收用户的任务计划,根据用户卫星的运行轨道及海事卫星的定点位置,选择最佳传输条件的海事卫星,计算使用该海事卫星时,IDRS 的开/关机时刻等参数,其中选择最佳传输条件的海事卫星的算法如下。

①依据设定的跟踪时间长度(t_s,t_e)、用户星轨道和 4 颗海事卫星的定点位置,计算可见跟踪预报,得到满足跟踪时段的海事卫星颗数。

②计算 $t_s+\dfrac{(t_e-t_s)}{2}$ 时刻,用户星和符合跟踪条件的海事卫星的星下点经度。

③与用户星星下点经度差最小的海事卫星就是跟踪条件最好的海事卫星。

(2)地面运控系统利用地面测控站,将上述任务规划结果加工成指令,上注到用户卫星。

(3)用户星接收地面站的中继任务程序控制指令,在数据中继开始时,星务计算机根据中继任务指令,在整个弧段持续控制卫星姿态、保持终端天线一直指向 INMARSAT-4 卫星,控制 IDRS 开机和建立通信链路。

(3)海事卫星系统完成 IDRS 的入网注册和双向通信链路的建立。

(4)用户星在计划的数据中继弧段,通过海事卫星发送遥测数据和接收遥控上行指令和注入数据。

(5)海事卫星系统接收来自用户卫星的数据,并发送到互联网;接收地面运控中心的上行数据,并发送到 INMARSAT-4 卫星,由海事卫星发送到用户星。

(6)当中继结束时,用户星中止中继链路,恢复正常姿态。

5.3 基于导航卫星天基测控

5.3.1 导航卫星短报文系统

2020 年,我国建成含 33 颗卫星的北斗全球卫星系统,实现了全球覆盖。全球化的北斗卫星系统星座是由 27 颗 MEO、3 颗 GEO 和 3 颗 IGSO 构成。MEO 卫星为标准 Walker24/3/1 星座,分布在间隔为 120°的 3 条轨道上,每条轨道上均匀地分布着 9 颗卫星,其轨道倾角为 55°,轨道高度为 21 528 km;5 颗 GEO 卫星分别定点于东经 80°、110.5°、140°,轨道高度为 35 786 km;3 颗 IGSO 卫星分布在间隔为 120°的 3 条轨道上,交叉点经度为东经 118°。北斗卫星轨道分布如图 5-38 所示。

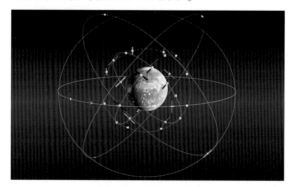

图 5-38 北斗卫星轨道分布

北斗卫星系统搭载的短报文系统可以为地面通信终端提供短报文服务,上行通信使用 L 频段(1 610~1 626.5 MHz),下行使用 S 频段(2 483.5~2 500 MHz),入站数据速率为 8 kb/s,出站数据速率为 16 kb/s。其中高轨 GEO 和 IGSO 搭载的区域短报文系统的固定波束与可动波束主要覆盖区域位于我国及亚太地区,波束星下点覆盖为 E70°~E140°/N5°~N55°及 E90°~E150°/N55°~S55°范围,入站服务容量为 1 200 万次/h,出站容量为 600 万次/h,可以为大规模报文通信终端提供通信服务;MEO 卫星搭载的全球短报文系统实现全球实时覆盖,在任何地点的用户均可以通过全球短报文与境内中心站建立通信链路。所有用户均可以通过竞争方式接入北斗网络,可以实现按需随遇接入报文通信系统,入站服务容量为 30 万次/h,出站容量为 20 万次/h。

5.3.2　基于导航的天基测控系统组成

基于导航卫星的低轨卫星天基测控系统组成如图 5-39 所示,包含北斗卫星资源、安装星载报文终端的低轨卫星、北斗运控中心和低轨卫星地面测控中心。低轨卫星地面测控中心通过地面专用网络与北斗运控中心连接,完成低轨卫星测控数据交互工作。低轨卫星地面测控中心向低轨卫星发送遥控指令作为通信前向链路,低轨卫星下传遥测信息至低轨卫星地面测控中心作为通信返向链路。

图 5-39　基于导航卫星的低轨卫星天基测控系统组成

利用区域短报文资源,低轨卫星地面测控中心产生遥控指令经专用网络传递至北斗运控中心,由北斗运控中心进行处理后注入北斗 GEO 卫星,然后透明转发至低轨卫星报文通信终端,报文通信终端通过 S 频段信号完成遥控指令的接收。通信反向链路则采用相反的信息流程把低轨卫星遥测信息传递至低轨卫星地面测控中心。

利用全球短报文资源,北斗运控中心接收低轨卫星地面测控中心发送的遥控指令信息,处理后上注到北斗卫星,经北斗星间链路传递至提供服务的北斗 MEO 与 IGSO 卫星,然后播发 L 频段信号至低轨卫星北斗报文通信终端。通信返向链路则采用相反的信息流程,低轨卫星产生的遥测信息由北斗报文通信终端发送经全球短报文接收与北斗星间链路传输,由北斗运控中心完成接收,经专用网络传输至低轨卫星地面测控中心。

低轨卫星时分使用全球短报文与区域短报文,星载报文通信终端接收北斗导航信号进行实时定位。根据定位结果,选择使用区域短报文或者全球短报文资源发送遥测信息。如果卫星在我国及亚太地区上空飞行,使用区域短报文完成返向链路通信与前向链路通信。区域短报文具有较强的通信能力,低轨卫星可以将存储的所有遥测信息在该时段进行数据下传;如果卫星在我国及亚太以外区域飞行,使用全球短报文完成返向链路通信与前向链路通信。

星载报文通信终端组成如图 5-40 所示,具备接收北斗三号发送的 L、S 频段信号和发送 L 频段信号能力,由天线、射频组件单元与信号处理单元组成,使用微波开关完成主备切换,以通信速率为 8 kb/s 接收区域短报文、以通信速率为 1 kb/s 接收全球短报文。

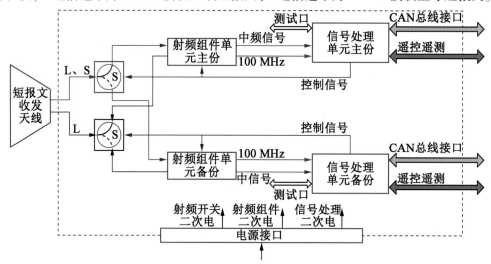

图 5-40 星载报文通信终端组成

星载报文通信终端测控工作流程如图 5-41 所示,根据卫星导航定位结果确定所在位置,开启区域短报文发送遥测信息模式或者全球短报文发送遥测信息模式。如果使用区域短报文发送遥测信息,开启 S 频段前向链路接收模式,接收区域短报文通信链路发送的遥控信息,否则开启 L 频段前向链路接收模式,接收全球短报文通信链路发送的遥控信息。报文通信终端按照一定时间间隔检测是否正在发送遥测信息或接收遥控信息,待发送或接收工作完成后,进行导航定位结果判断,确保飞行器选择合理的报文通信资源,与地面实时建立链路进行通信。

5.3.3 应用实例

有关研究表明,整个北斗星座可以同时为 400 颗以上的低轨卫星提供测控服务,使用区域短报文系统,单向链路传输时延约为 3.6 s;使用全球短报文系统测控,测控时间最长为 20.5 s,北斗测控终端可以做到质量小于 500 g 和功耗小于 8 W。根据计算北斗短报文测控覆盖能力见表 5-13。

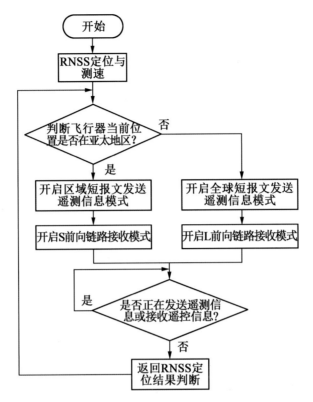

图 5-41　星载报文通信终端测控工作流程

表 5-13　报文通信系统测控能力统计

项目	高轨 GEO	高轨 IGSO	中轨 MEO
可见弧段	8~10 轨	6~13 轨	实时可见
测控时长/(min/d)	140~200	90~270	全时段实时可见
遥测速率/(kb/s)	2~8	2~8	2
遥控速率/(kb/s)	1~2	1~2	1~2

2010 年 3 月,西安卫星测控中心利用"遥感卫星九号"平台及其所搭载的北斗一号通信终端,进行了北斗天基测控技术首次在轨验证试验,完成了卫星遥测数据的接收、遥控指令发送、轨道测量和确定,统计了信息传输误码率、误帧率、误指令率和时延,并与地基测控结果进行了比较。遥测接收试验与遥控试验结果分别见表 5-14 和表 5-15,其中遥控大环时延与地基测控值(4~6 s)基本一致。

表 5-14 遥测接收试验结果统计表

用户星	遥测检查	遥测丢帧率/%	遥测传输时延/s
遥感卫星九号	正确	3.88	<1
地基遥测检查		<1	0.5 左右

表 5-15 遥控试验结果统计表

用户星	遥控项目	试验结果
遥感卫星九号	设置北斗用户机工作模式	正确
	切换发射响应波束	正确
	上行固定码数据	正确
	遥控大回环时延量	4.3 s

西安卫星测控中心还利用北斗一号的定位功能开展了测定轨试验,利用北斗一号卫星星历和遥感卫星九号星载通信终端的四程距离和数据进行了定轨,表 5-16 和表 5-17 是将定轨结果与高精度基准轨道分别进行根数和位置比较的结果,可以看出卫星位置误差约为 98 m。上述试验数据表明,基于北斗卫星短报文系统对近地卫星天基测控可行,遥测、遥控性能和定轨精度与地基测控情况基本一致。

表 5-16 轨道根数偏差

项目	历元	a/m	i/(°)	Ω/(°)
北斗天基定轨	2010-03-25 23:10:00	7 473 029.5	63.46	131.65
基准轨道		7 473 028.9	63.46	131.64
偏差		0.6	-0.000 43	0.000 71

表 5-17 位置偏差

项目	ΔR/m	ΔX/m	ΔY/m	ΔZ/m
值	98.1	63.4	43.2	61.1

基于北斗短报文的天基测控已经在国内遥感卫星得到实际应用,例如 2021 年 1 月 20 日,装有北斗全球短报文终端的 GECAM 卫星实时捕捉到伽马射线暴事件,随即将信息发出,地面在约 60 s 后收到第一条北斗短报文,其后 10 min 内收到所有短报文信息,而如果卫星采用在飞过地面接收站时下传方式,延迟可达数小时,甚至超过 10 h。

5.4   基于近地卫星天基测控

近地通信卫星星座形成了全球覆盖,运行在低轨轨道的卫星进入它们的通信波束时,可以与地面系统通信,完成测控任务。目前适合天基测控的通信卫星星座主要有 Orbcomm 和 Globalstar 系统。

5.4.1   中继测控系统组成

基于近地通信卫星星座的天基测控系统组成如图 5-42 所示,它与基于静止轨道通信卫星的组成基本一致,主要区别在于使用了更多的全球分布的众多信关站,它们从通信星接收和发送的用户星信息都通过地面网络运行中心与测控中心交换。

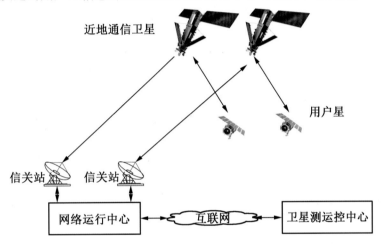

图 5-42   基于近地通信卫星星座的天基测控系统组成

5.4.2   测控覆盖分析

1. 基于 Globalstar 系统

Globalstar 系统由分布在 8 个轨道面上 32 颗卫星组成,轨道倾角为 52°、高度为 1 400 km。表 5-18 是利用 Globalstar 系统对轨道高度为 500 km、700 km,倾角为 60°和 97°四种情况下近地卫星测控覆盖率的计算结果,其中近地卫星的测控天线波束工作范围为±70°,由表中第一行可以看出,对 500 km 太阳同步轨道的近地卫星,一天可以测控次数为 128 次,每次平均测控时长为 149 s,最长不可见时间为 1 271 s,测控覆盖率为 33.6%,如果轨道倾角降低到 60°,测控覆盖率将增加到 52.6%。

表 5-18　Globalstar 一天内对近地卫星的测控可见计算结果

近地卫星	可见次数 /d	平均可见 时间/s	最短可见 时间/s	最长可见 时间/s	可见总 时间/s	最长不可见 时间/s	测控覆盖率 /%
500 km、97°	128.5	149.0	10.1	309.2	29 034.9	1 271.1	33.6
500 km、60°	94.0	279.3	25.8	1 281.8	45 510.9	1 296.1	52.7
700 km、97°	105.0	111.6	6.1	261.4	20 844.5	1 355.8	24.1
700 km、60°	72.5	259.8	12.5	1 383.4	34 618.5	1 439.5	40.1

图 5-43 是 Globalstar 对 500 km 太阳同步轨道的近地用户星 3 h 内可见测控弧段计算结果,图中前后相连的一段表示可见弧段,否则不可见。在 3 h 内,Globalstar 系统 16 次对用户星可见。由于 Globalstar 重点是保障低纬度地区通信,因此近地卫星在过极区时,有较长时间无法通信,对应图中较长测控不可见时段。

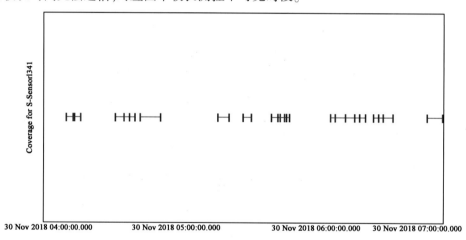

图 5-43　3 h 可见测控弧段计算结果

2. 基于 Orbcomm 系统

截至 2018 年 12 月 7 日,共有 36 颗 Orbcomm 卫星正常工作,轨道高度为 825 km,其中 35 颗完全正常,一颗部分正常。用这 36 颗星为一颗 500 km 轨道高度、97°倾角的卫星提供中继测控服务,其中用户星测控天线对天,波束宽度为 70°,Orbcomm 卫星对地波束宽度为 62°。对 Orbcomm 系统测控用户星 24 h 覆盖进行统计,统计结果是 36 颗 Orbcomm 卫星在 1 天内有 50 次可见该用户星,连续可见时间最长为 194 s,最短为 9 s,平均为 70 s。覆盖率为 4.1%。还统计了一颗 Orbcomm 可见用户星覆盖范围内 2 星距离变化情况:两颗星最小距离为 372 km、最大为 767 km,平均为 610 km。

上述分析表明,利用近地通信卫星星座对低轨卫星测控,具有良好的测控覆盖率,低轨卫星的轨道高度越低,测控覆盖性越好;低轨卫星的轨道倾角越低,测控覆盖性越好。由于 Globalstar 系统的轨道明显高于 Orbcomm,Globalstar 系统更适用于近地卫星测控。

5.4.3　应用实例

1. 基于 Orbcomm 测控

OHB Technology 公司利用其 Rubin-1 到 Rubin-5 小卫星系列与 Orbcomm 系统成功进行了测控试验和应用,图 5-44 显示了测控系统组成和数据中继过程示意图。Rubin 系统卫星通过 Orbcomm 卫星和遍布全球的信关站与地面传输数据。Rubin-1 入轨后 5 天的试验时间里,通过互联网收到了 1 600 条 E-mail 信息,验证了基于 Orbcomm 进行小卫星测控的可行性。Rubin-1 与 Orbcomm 系统之间最长通信距离为 7 500 km。

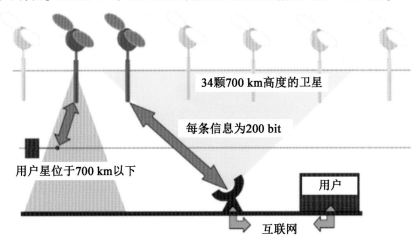

图 5-44　测控系统组成和数据中继过程示意图

Rubin-2 是第一个完全使用互联网和 Orbcomm 系统卫星测控的小卫星,其轨道高度为 650 km,倾角为 64.56°,其中 Orbcomm 终端性能指标和系统组成见表 5-19,卫星质量为 30 kg,功率为 20 W。Rubin-2 通过 Orbcomm 系统传送给不同的用户。试验结果表明,30%的信息可以在 1 min 内收到、90%的信息可以在 10 min 内收到,每条信息长度为 229 byte,一天信息传输总量为 30 KB。

表 5-19　Orbcomm 终端性能指标和系统组成

指标名称	指标内容
质量	30 kg
尺寸	0.4 m×0.4 m×0.3 m
功耗	20 W 太阳电池+12 V、5 Ah 铅酸蓄电池
下行频率及速率	137~138 MHz,4 800 b/s
上行频率及速率	148~150 MHz,2 400 b/s

2. 基于 Globalstar 测控

美国 NearSpace Launch(NSL)公司基于 Globalstar 星座,可以为 1 000 颗近地卫星提供全天候测控服务,传输速率为 72~5 600 kb/s。所有 Globalstar 卫星接收的用户星测控信息,通过遍布全球的信关站,送到 NSL 公司,再由 NSL 公司数据服务器经互联网直接送给用户。近地卫星用户可以随时对其卫星进行测控。

美国泰勒大学 2014 年生产 TSAT 卫星,使用 Globalstar 星座成功地进行测控,试验结果表明 TSAT 卫星在在天线对天情况下,链路建立最好,成功率达到 82%,即使在卫星姿态以 2 r/min 旋转的情况下,链路建立的成功率也能达到 57.7%。2015 发射的 GEARRS2 卫星也利用 Globalstar 完成测控通信,试验结果表明甚至在卫星姿态翻转时也能达到 85%的通信率,这一能力进一步证明了利用 Globalstar 星座对近地卫星测控的可靠性。图 5-45 是用于与 Globalstar 通信的终端组件,终端的质量不超过 200 g,功耗小于 1 W。

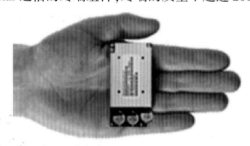

图 5-45 用于与 Globalstar 通信的终端组件

5.5 几种天基测控方式的比较

上面介绍了基于静止轨道中继卫星、静止轨道通信/导航卫星和低轨通信卫星星座的天基测控系统,其中以中继卫星的应用最为成熟,后两者还在试验和逐步应用过程中。使用中继卫星测控,信道传输速率高、质量稳定,但使用成本和代价高;使用静止轨道通信/导航卫星测控,类似于常规卫星通信,不需要提前申请和复杂的中继卫星星间天线指向控制操作,可以随机接入,多用户服务和按时付费。使用近地通信卫星星座测控,传输时延和路径衰耗将显著减小,也具有随机接入,多用户服务和按时付费特性,但由于距离过近,测控覆盖率会下降。

使用现有的海事卫星系统和北斗短报文系统,都可以实现对近地卫星的测控服务,都具有随机接入、覆盖率高的特点,中继终端的质量和功耗也差不多。使用海事卫星系统,可以得到较高的传输速率,因此对于近地卫星来说,除了用于测控,还可以传输业务数据,另外,它的 IP 接口设计方便了用户的使用,用户可以在有互联网的地方随时联系卫星;使用北斗短报文系统,信息速率较低、格式复杂,优点是除了传输遥测、遥控等信息外,还可以接收导航信息,实现近地卫星的测定轨,定轨精度与利用地面站定轨结果基本一致。

　　使用静止轨道通信卫星或近地通信卫星星座测控有 2 个显著特点：一个是与基于地基测控网测控相比，省去了测控频率申请的难题，可以直接使用通信星座已经申请使用的频率，例如，如果使用海事卫星或 Globalstar 系统中继，终端频率工作在 L 频段，使用 Orbcomm 系统，工作在 U/V 频率；另一个是与中继卫星相比，可以随时测控，不需要复杂的测控申请和建链过程。

第6章 卫星测控技术应用

6.1 日常在轨测控

日常在轨测控是指为完成卫星平台测控管理任务,需要对卫星进行的遥测监视、遥控发令、轨道测量和计算,以确保卫星平台稳定、安全和正常运行。

6.1.1 遥测监视

遥测参数反映卫星的状态,地面根据参数值判断卫星健康情况。通常一颗卫星有几百到上千个遥测参数,这些参数按一定帧频快速下传到地面,由于参数太多,仅靠人工实时监视、发现问题很困难。目前地面卫星测控中心主要使用计算机程序来实现故障报警。报警算法有 2 类:一类基于遥测参数超限算法;另一类基于推理算法。第一类报警算法简单、开发容易,只要超限报警门限设置合理,就能够及时发现卫星出现的异常,它具有很强的实用性,能够满足一般卫星管理要求,其主要缺点是无法实现故障定位,出现问题时,需要卫星专家到现场进行故障分析;第二类报警算法在故障报警的同时,能进行故障定位,并提出相应的故障对策,但它实现复杂、开发难度大、周期长,软件完成后,还需要输入卫星专家知识,专家知识的多少和采用何种诊断算法决定了它的性能。

1. 基于遥测参数超限监视

目前基于遥测参数超限报警的主要方法有遥测参数门限判断法、相对值判断法和关联判断法。

(1)遥测参数门限判断法。

遥测参数门限判断法最为简单,也是卫星测控中应用最早和最多的方法,它的算法如下:

$$当满足 \ H_i < \text{TM}_i < L_i \quad 报警,i = 1,2,\cdots,n$$

式中,TM_i 是卫星下传的第 i 个遥测参数;H_i 和 L_i 分别是卫星生产厂家提供的第 i 个遥测参数上、下限;n 是卫星总遥测参数个数。理论上,只要卫星下传的遥测参数在给定的上、下限范围内,表明卫星工作正常,否则通过显示或声音报警。该算法简单,实用性强,能及时发现数字量遥测参数的变化。遥测参数门限判断法的缺点主要是在卫星模拟量参数的上、下限的合理取值困难,这反映在 2 个方面:第一是当上、下限值相差较大时,不容易发现遥测参数变化,只有当卫星故障到一定程度,超过给定的上、下限值,才能报警,会错过故障处理时间,不利于卫星缓变故障的发现。例如星上一些电机,如果因为某种原因导致摩擦力逐渐增大时,它的电流就缓慢增长,如果增长到一定程度,就会烧毁电机,因此需要及时发现电流的异常变化,即参数变率;第二是当卫星参数值本身变化较大时,判断门限不好掌握,无法正确报警。例如在能源管理期,太阳能电池输出电流在白天是正常值,在阴影期则为 0,如果因此将上限值选为白天太阳能电池输出电流最大值、下限取为 0,那么当白天太阳能电池输出电流出现异常时,就无法正确报警。

(2)遥测参数相对判断法。

在实际卫星管理中,地球同步卫星同一个遥测参数值尽管在一天范围内变化很大,但一个遥测参数与它 24 h 后同一时刻的值相比变化却较小或者变化有规律,具体如下。

①24 h 变化值较小的情况。

间隔 24 h 同一遥测参数值基本一致。例如由于受光照条件的影响星上无自动温度控制的温度参数和帆板转动角度等。图 6-1(a)给出了地球同步卫星星上滤波器温度值 48 h 变化情况,从图中可以看出尽管一天内温度值变化较大,但间隔 24 h 温度值是一致的,如每天的 5 时 35 分左右,温度值都是最高点 12.5°左右,而在每天的 17 时 35 分左右,温度值都是最低点 3.0°左右。

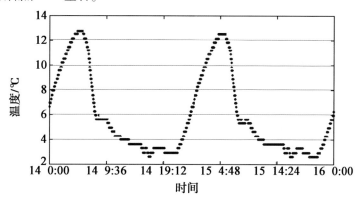

(a)滤波器温度

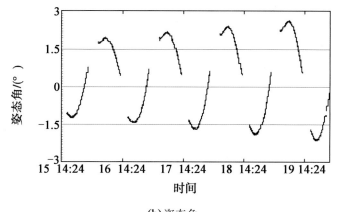

(b)姿态角

图 6-1　某型卫星遥测参数值变化情况

②24 h变化值有规律的情况。

间隔24 h同一遥测参数值变化较大,但变化量有规律可循,比如相差一个固定量。图6-1(b)给出了某地球同步卫星姿态的偏航角96 h变化情况,从图中可以看出,偏航角在一天内变化较大,变化范围为-1.5°~1.5°;在每天同一时刻也有变化,图6-1(b)中卫星的姿态角每天增大约0.2°。

基于上述规律,可以利用遥测参数值相对判断法监视卫星状态,它的算法如下:

$$当满足 \quad |TM_N-TM_F|>\delta \quad 报警 \tag{6-1}$$

式中,TM_N为实时接收的遥测参数值;TM_F为24 h或一个固定时间前同一遥测参数历史值;δ为设定的门限值,δ不由卫星生产厂家提供,它是由卫星管理者在卫星实际管理过程中,根据卫星遥测参数值的变化情况设定的,对于数字量遥测参数,δ取值为0,对于模拟量遥测参数,δ取值为某一参数24 h的变化量,对于变化量小的参数,δ取值接近于0,对于变化量较大的参数,取其变化规律值。遥测参数相对判断法除了与遥测参数门限判断法一样具有算法简单、实现容易的优点外,它的主要特点在于:

a. 能够及时发现卫星遥测参数的跳变,克服上面介绍的遥测参数门限判断法的2个缺点。例如无论是否在阴影区还是在光照区,太阳能电池输出电流值与它在24 h后值是基本一致的。

b. δ值不需要卫星生产厂家提供,一旦δ值设定后,基本可以不用进行修改。例如对于星上部件开、关机的切换动作,切换后的24 h内,会由于状态的变化产生超限报警,但切换动作完成后24 h,报警自动消失。

遥测参数相对判断法主要应用在地球同步卫星,要求在使用前,需要对卫星模拟量参数的24 h变化规律参数进行一次全面分析,以得到准确的δ值。

(3)遥测参数关联判断法。

上述2种方法对于一个故障表现为一个遥测参数超限是有效的,当出现下述故障或现象时,它们就无法进行正确判断。

①一个故障导致多个遥测参数超限,如将所有超限参数都显示出来,会让使用人员无法正确判断故障源。如蓄电池充电出现异常时,除了体现在充电阵遥测状态字异常外,还会体现在充电电压和充电电流参数异常。

②卫星遥测参数在不同的时段有不同的值,判断不正确,会将正常现象报成异常,如在阴影期太阳电池阵的输出功率为0属于正常现象,如果只按光照条件进行判断,就会误报警。

③正常测控事件对卫星状态产生影响,属于正常情况。如地面发遥控指令进行星上仪器切换时,相应的参数会从发令前的值跳变到发令后的值,这属于正常情况,如果在对参数变化进行判断时未考虑发令的影响,就会造成误判。

上述故障或参数变化的特点是多个参数同时变化,因此,如果在对故障判断的过程中,同时对多个参数或事件进行判断,就可以进行故障定位和确认,对2个参数进行关联判断的算法如下。

$$\left\{\begin{array}{l} \text{if } L_1 > \text{TM}_1 \text{ or } \text{TM}_1 > H_1 \\[2mm] \text{if } L_2 > \text{TM}_2 \text{ or } \text{TM}_2 > H_2 \\[2mm] \text{then show } A \text{ is abnormal} \\[2mm] \text{else show } B \text{ is abnormal} \end{array}\right. \qquad (6-2)$$

式中,TM_1 和 TM_2 为 2 个遥测参数值;L_1 和 L_2 分别为 TM_1 和 TM_2 的判断下限;H_1 和 H_2 分别为 TM_1 和 TM_2 的判断上限,它表明,如果 TM_1 参数超限,还要判断 TM_2 的情况,不同的 TM_2 值决定不同的故障。

遥测参数关联判断法与门限判断法和相对值判断方法一样具有算法简单、实现容易的优点,它的主要特点在于避免正常测控事件引的参数变化导致的误报和对故障进行定位。因此遥测参数关联判断法能够正确处理上述列举的 3 种情况。遥测参数关联判断法在实际应用前,需要对故障进行关联知识整理,并输入到应用程序中作为判断条件。它避免误报和对故障定位能力取决于关联知识的整理情况,知识的整理越全面,避免误报和故障定位能力就越强。实际卫星管理经验表明,遥测参数关联判断法是一种有效的故障报警和故障定位的手段,它是较为接近专家处理故障思维的一种方法。

2. 故障诊断技术

上面介绍的 3 种方法都是基于参数超限报警,随着卫星技术的发展和管理要求的提高,只进行故障报警是远远不够的,如果能对故障进行准确定位并给出相应的故障对策,就能大大提高卫星管理水平,目前各卫星测控中心都努力向这个方向发展。人工智能故障诊断是用计算机模拟人类专家的思维活动,以可靠性理论、信息论、控制论和系统论等基本理论为基础,对故障进行综合分析和诊断的技术。卫星测控中主要使用下列 4 种故障诊断技术。

(1)基于规则的诊断方法。

基于规则的诊断方法又称产生式方法,它的知识表示最为简单。早期的故障诊断专家系统都是基于规则的,比较著名的是医疗诊断专家系统 MYCIN,它对后来的故障诊断专家系统的发展起了巨大的推动作用。基于规则的诊断系统的基本要素是综合数据库、产生式规则库(知识库)和推理系统。其中,综合数据库用来描述求解问题的状态,记录已知的事实、推理的中间结果和最后结论;产生式规则库中的规则是对综合数据库进行操作的,使其内容发生变化。规则描述了征兆与故障之间的关系,其一般形式为

$$\text{IF} < 条件 > \quad \text{THEN} \quad < 动作 > \qquad (6-3)$$

它表示当条件满足时,执行相应的动作。在诸多知识表示方法中,产生式规则已经成为当前专家系统中最常用的一种知识表示方法,很适合于故障诊断专家系统的知识组织。它结构简单、自然、易于表达人类的经验知识,具有高度的模块化和表示形式的一致性。因此,许多航天领域的故障诊断原型系统都采用了基于规则的专家系统,如 FAITH、NA-

VARES. MOORE、DAM 和 PMAD 都是航天领域中具有代表性的基于规则的故障诊断专家系统。随着诊断对象的日益庞大,诊断任务的逐渐复杂,基于规则的诊断方法也表现出许多致命的缺点:对复杂、大型系统的知识不能很好地表示;一致性维护困难;推理效率低,且明显依赖于已有的故障经验,对未出现过的和经验不足的故障诊断无能为力。这导致该方法在航天器中的应用发展受限制。

(2)基于故障树的诊断方法。

故障树是一种体现故障传播关系的有向图,它以系统最不希望发生的事件作为分析的目标,找出系统内可能发生的部件失效、环境变化、人为失误等因素与系统失效之间的逻辑联系,用倒立的树状图形表示出来。它可用于对系统故障的分析,分析故障产生的原因;还可用于系统故障模式的识别,进行故障的预测和诊断。图 6-2 是一个典型卫星故障树示例,它根据卫星的系统组成由上至下地进行故障分析和定位,图中的例子只分解到控制系统部件级故障,其他 3 个系统没进一步分解。

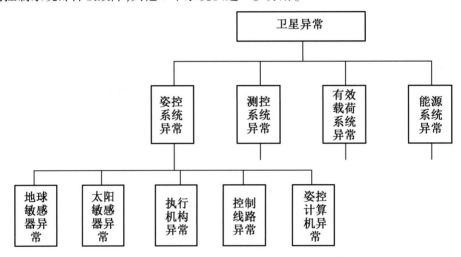

图 6-2　典型卫星故障树的示例

基于故障树的诊断方法的优点是直观、形象,能够实现快速诊断,知识库容易动态地修改,并能保持一致性;概率推理可在一定程度上用于选择规则的搜寻通道提高诊断效率,诊断技术与领域无关,只要相应的故障树给定,就可以实现诊断。故障树诊断方法的缺点是由于建立在元件联系和故障模式分析的基础之上,因此不能诊断不可预知的故障,诊断结果严重依赖于故障树信息的正确性和完整性。如果给定的故障树不完全、不详细、不精确,那么相应的诊断也同样不完全、不详细和不精确。

(3)基于人工神经网络的诊断方法。

人工神经网络是通过内部连接机制实现输入、输出之间的非线性匹配或映射的一种诊断方法。人工神经网络是由大量简单的处理单元广泛连接而成的复杂网络,用以模拟人类大脑神经的结构和行为。神经网络具有人脑功能的基本特征——学习、记忆和归纳,从而解决了人工智能研究中的某些局限性。人工神经网络的优点是具有高度非线性、信息处理的高度并行分布性、高度容错和联想记忆等特性。它使信息处理和信息存储合二为一,具有自组织、自学习和自适应能力;能接受、处理模糊的和随机的信息。图 6-3 是简化的神经元数学模型,其中 $x_1, x_2, \cdots, x_n$ 为输入信号;u_i 为神经元内部状态;θ_i 为阈值;w_{ij} 为 u_i 到 u_j 连接的权值,s_i 表示外部输入信号(在某些情况下,它可以控制神经元 u_i,使 u_i 保持在某一状态);$f(\cdot)$ 为激发函数;y_i 为输出,神经元数学模型可以描述为

$$\begin{cases} \delta_i = \sum w_{ij} * x_j + s_i - \theta_i \\ u_i = g(\delta_i) \\ y_i = h(u_i) = f(\delta_i) = f\left(\sum w_{ij} * x_j + s_i - \theta_i \right) \end{cases} \quad (6-4)$$

式中 $f = h * g$。图 6-3 表明每一个神经元的输入接受前一级神经元的输出,对神经元 i 的作用 δ_i 为所有输入的加权和减去阈值,若无阈值就不减了,此作用引起神经元 i 的状态变化,而神经元 i 的输出 y_i 为其当前状态 δ_i 的函数。

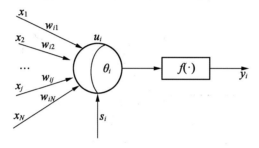

图 6-3　简化的神经元数学模型

神经网络诊断方法应用于故障诊断也存在许多不足。诊断方法属于"黑箱"方法,不能揭示出系统内部的一些潜在的关系,因而无法对诊断过程给予明确的解释。网络训练时间较长,并且对未出现的故障无诊断能力,甚至得出错误的诊断结论,这些都增加了神经网络在实际应用中的困难。对于航天领域,由于先验知识少,训练样本有限,所以神经网络方法在航天器中的应用也很有限。

(4)基于模型的诊断方法。

基于模型的诊断方法是使用系统的结构、行为和功能等方面的知识对系统进行诊断推理,需要建立系统的结构、行为或功能模型。行为模型对诊断对象的结构与行为进行描述。

目前常用的结构与行为描述方法是将诊断对象看成由一系列单个零件通过相互连接构成,进而对这些零件的输入、输出进行行为描述。结构描述可以实现一个诊断对象中的符号或数值约束从各输入节点到各输出节点的传播;行为描述则用以说明当一个系统元件被一个输入激励后,所引起的一系列因果效应。建立好结构与行为模型后即可预测系统的行为。将模型预测值与实测值相比较以获取异常征兆,然后利用这些异常征兆搜索那些可使预测模型与实测值相一致的各种可能行为的状态假设,对于每一个偏离指定正确行为的上述状态的假设被视为故障。

基于模型的诊断过程通常包括 2 个阶段:残差生成阶段和故障决策阶段。诊断的一般思路是通过对系统的状态或参数进行重构,并生成残差序列,然后采用一些措施来增强残差序列中所包含的故障信息,抑制模型误差等非故障信息,通过对残差序列的统计分析就可以检测出故障的发生并进行故障的诊断。图 6-4 是基于参数估计技术的模型诊断算法框图,它的基本思想是将被诊断对象的故障看作是对象参数的变动;基本思路是将所测得的输入信号建立过程模型,然后建立模型参数与过程参数之间的关系,再由测量信号与估计出模型参数的值,通过故障与过程参数变化量之间的关系进行故障定位。

基于模型的诊断技术已经在国外航天飞机、人造卫星领域得到了广泛应用,它有利于缓解航天器系统在故障诊断方面历史经验不足的困难。它的优点是可以诊断未预知的故障,不需要历史经验知识;缺点是由于使用系统仿真模型,模型较为复杂和庞大,诊断速度慢,对于不同的领域,仿真模型各异,较难统一。

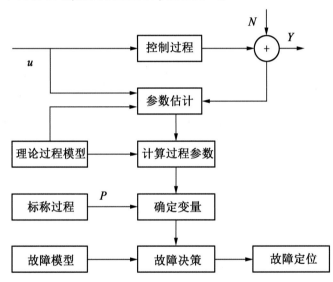

图 6-4 基于参数估计技术的模型诊断算法框图

6.1.2 遥控上行

遥控上行是地面将用于控制卫星的指令或注入数据发送到卫星,由卫星执行并将状态返回,由地面对执行效果进行判断的过程。遥控上行的具体实施方式有单指令、指令链或遥控作业 3 种方式。

1. 单指令

早期卫星测控的人工操作遥控上行方式,地面每次指令或注入数据上行后,由人工对卫星返回的执行结果进行判断,根据效果重发或执行下一条指令。

2. 指令链

指令链是指事先根据卫星任务编制的按时间顺序排列的多条指令或注入数据集合,

利用计算机程序自动执行。在具体实施过程中,地面根据不同任务启动不同的指令链,计算机程序按照时间符合的原则逐一执行链中的指令或注入数据,直到执行完成链中所有内容。

3. 遥控作业

遥控作业是实现遥控指令和注入数据自动发送的载体,可以完成遥控指令与注入数据的自动发送与执行判断,实现对卫星的闭环测控,满足对卫星高效、规范、灵活、准确的测控要求。遥控作业利用卫星控制语言及编写规则按照卫星飞行过程编写而成的卫星控制程序,在特定的环境下通过编译生成执行映像。通过启动或取消作业、控制作业的运行,实现条件判断及参数时间触发功能,实现地面对卫星测控的自动化流程运行。基于卫星操作语言的遥控作业在飞行控制中的特点是,可随时暂停、继续和中断控制过程;在控制过程中可对任意的卫星遥测、地面设备跟踪状态、指令执行情况、飞行时间等参数进行监视和判断,根据判断结果进行控制或者异常处理;也可在飞行控制过程中进行断点设置、控制参数设置等操作。

遥控作业通过遥测数据处理软件采集卫星遥测数据,并使用遥测处理结果对卫星运行状态及指令执行情况进行判断;通过从遥控指令加工软件接收加工后的遥控指令或者注入数据,按照测控计划中的时序及格式要求,通过遥控信息加工与发送软件向测控站发送,同时判断测控设备接收及对卫星的上行发送情况;遥控作业还需要从控制计算软件接收控制计算结果,进行数据再加工,和操作过程的遥测结果及时间比对。在作业的运行过程中,操作员可随时进行人工干预。像指令链一样,遥控作业也是事先由卫星总体人员根据任务要求编写的,这些要求包括基本要求和综合要求。

(1)基本要求。

①遥控一般有遥控指令、注入数据等方法,指令可分直接指令、间接指令,延时指令,需要明确每种方法的编排格式、加工过程、发送顺序等内容;

②基本指令的发送时机、指令判据、故障处理;

③注入数据的计算方法、发送时机、验证条件;

④指令(及注入数据)相互配合完成一个基本功能的配合方式、约束条件;

⑤指令(及注入数据)之间的互斥性质;

⑥性能要求,如响应时间、处理时间、判断的精度;

⑦安全性、保密性和可靠性要求。

(2)综合要求。

①将卫星运行过程的事件按时间顺序列出,即编制飞行程序;

②每个测控圈次的测控事件,事件之间的约束关系;

③使用的控制时间和控制量的计算方法、加工逻辑;

④区分事件当中的卫星程控动作、地面备份指令、地面控制指令;

⑤应当在怎样的时间、条件下使用独立测控事件;

⑥测控事件必须完成的功能,及其判断条件;

⑦故障对策,即卫星异常处理方法;

⑧软件异常处理,即在测控软件运行过程中出现异常情况,应当采取的处理方法;

⑨地面硬件异常处理,即测控设备异常时的处理方法。

遥控作业可针对不同地面设备及卫星特点,对遥控指令控制参数及限制项进行设计和使用。它使用的卫星操作语言不仅定义了各种数据类型、运算符号、表达式,以及相关的运算规则和书写要求,也定义了一般语句、遥控作业控制语句、遥控指令控制命令等。此外,还结合卫星任务定义了系统参数变量、控制计算结果变量和遥测参数变量。

表6-1是基于卫星操作语言编写的三轴稳定卫星对地捕获遥控作业示例,在该作业中,第6行实时判断确定地球敏感器的工作状态,以便于为后续判断做准备,接着在第8行和第12行对地球搜索的指令进行判断发送,注入偏置量并准时控制卫星调姿,在调姿过程中,在第21行~28行通过遥测参数实时判断地球敏感器扫地球情况,并适时发送遥控指令;在第二次判断到地球敏感器扫到地球后,自动发送遥控指令,控制卫星建立地球指向模式。

表6-1 基于卫星操作语言编写的三轴稳定卫星对地捕获遥控作业示例

	1	PROGRAM PERCAPPUA
	2	INTEGER * 4 STATUS_EP,STATUS_ES
	3	REAL * 8 DT
	4	DISPLAY SYS $ TCST,SYS $ TMST,SYS $ SEMODE,SYS $ CKMODE
	5	WAIT(15)
	6	UNTIL((TM $ S1. AND. 8). EQ. 8),STATUS_ES,2,30
	7	WAIT(30)
	8	DT=PA $ Terac - TIME_S('') - 120
	9	WAIT(DT)
	10	CMD K3 * * PA $ ThetA/M=3 !'注入偏置量'
	11	CMD K3 * * PA $ WbtcA/M=3
12	LTER	DT=TIME_S('') - PA $ Terac - 4
	13	IF(DT. LT. 30.)THEN GOTO K349
	14	WAIT(30)
	15	GOTO LTER
16 K * * *		WAIT(DT)
	17	CMD K3 * * '1034'X/M=3! '转入 AOCE 地捕模式工,调姿开始'
	18	IF(STATUS_ES. EQ. 1)THEN GOTO ESA
	19	UNTIL((ABS(TM $ VK5). GT. 1.0). OR. (ABS(TM $ VK7). GT. 1.0)),STATUS_EP,5,-1)

续表 6-1

20		GOTO ESB
21	ESA	UNTIL((ABS(TM $ VK4).GT.1.0).OR.(ABS(TM $ VK6).GT.1.0)),STATUS_EP,5,-1)
22	ESB	DISPLAY TM $ VK4,TM $ VK5,TM $ VK6,TM $ VK7
23		WAIT(540)
24		CMD K3＊＊'1036'X/M=3/NE
25		IF(STATUS_ES.EQ.1)THEN GOTA ESA1
26		UNTIL((ABS(TM $ VK5).GT.1.0).OR.(ABS(TM $ VK7).GT.1.0)),STATUS_EP,5,-1
27		GOTO ESB1
28	ESA1	UNTIL((ABS(TM $ VK4).GT.1.0).OR.(ABS(TM $ VK6).GT.1.0)),STATUS_EP,5,-1
29	ESB1	CMD EXEC/M=3
30		END

6.1.3　轨道测量和计算

轨道测量和计算由轨道测量、数据处理、轨道计算和轨道预报 4 个部分组成,其中轨道测量获取卫星空间位置和速度数据;数据处理去掉影响轨道计算精度的异常数据;轨道计算输出卫星的初轨或精轨根数;轨道预报利用精轨根数和其他初始条件,预报任意时间卫星的位置、速度等。

1. 轨道测量

按照卫星是否有应答机配合,轨道测量可以分为合作式轨道测量和非合作式轨道测量 2 种模式,前者需要地面测控站发上行测量信号,后者不需要地面测控站发上行信号。

(1)合作式轨道测量。

合作式轨道测量需要星地之间合作,地面发送测轨信号,星上应答机接收后进行转发,地面设备接收这种含有卫星距离和速度变化的信息,这些轨道测量数据也称外测数据。合作式轨道测量通常有 2 种方法:ρ、A、E 测轨或三站测距,其中 ρ、A、E 测轨方式既可用于近地卫星、也可用于同步卫星测轨,三站测距方式主要用于地球同步卫星测控。

测控站天线对卫星的跟踪角度 A、E 和距离 ρ 进行连续不断的跟踪测量方法称作 ρ、A、E 方法,如图 6-5 所示,图中测控站发上行测距信号,卫星应答机接收后放大并转发,测控站接收后,获得卫星相对测控站的距离和速度数据,结合天线跟踪方位角和俯仰角、距离和测控站的位置信息可以计算卫星在空间的位置。为了获得精确轨道根数,通常需要 2 个站址间距较大的测控站同时跟踪 1 颗卫星,可以采用统一载波系统或扩频测控系

统对卫星进行 ρ、A、E 测轨。

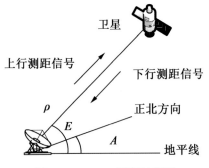

图 6-5 ρ、A、E 测距示意图

①统一载波测控系统测轨。

统一载波测控系统采用侧距音测距,图 6-6 画出了侧距音测距流程,测控站在完成星地双捕后,发送侧距音,侧距音发送分为匹配和跟踪 2 个阶段,在匹配阶段中,发送各测距侧音正弦波信号并由低频侧音逐级解算主测距侧音相位延迟模糊,在匹配阶段末期,确定主侧音经过待测目标往返后相位延迟,从而完成距离捕获,得出待测目标到测控站的距离;在跟踪阶段只发送主侧距音信号,根据主侧距音相位变化计算卫星到测控站间距离变化。为了兼顾测距精度和最大测量距离采用一组频率成整数倍关系的侧距音正弦波,一组侧距音正弦波的发送顺序有多种组合方式,以常用的一组 7 个测距侧音正弦波为例,可以同时全发,如图 6-7(a)所示;两两依次轮发,如图 6-7(b)所示;和单音依次轮发,如图 6-7(c)所示。

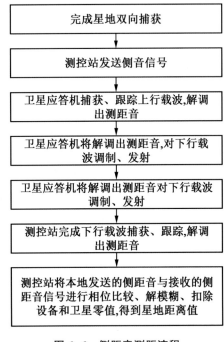

图 6-6 侧距音测距流程

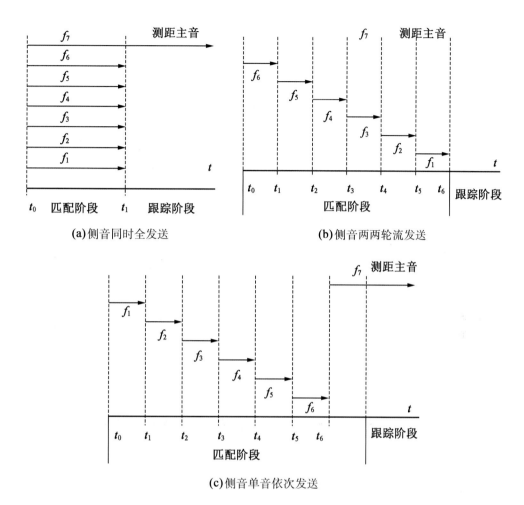

(a)侧音同时全发送　　　　　　　　　**(b)**侧音两两轮流发送

(c)侧音单音依次发送

图 6-7　侧音发送组合示意图

②相干扩频测控系统测轨。

相干扩频测控测距流程如图 6-8 所示,地面站的遥控指令信息码在基带短码扩频后与测距码扩频后的信号一起发向卫星,其中短码与测距码同步;卫星接收到上行扩频信号后,首先完成短码的捕获、跟踪,然后利用短码辅助完成测距伪码的捕获、跟踪,长码捕获后,与短码同步相干转发,下行载波与上行载波相干、下行扩频码与上行扩频码相干;地面站接收到下行扩频信号后,完成伪码捕获、跟踪,地面站将本地发送的上行测距音码与接收的下行测距码进行相位比较,减掉事先装订的地面距离零值和星上距离零值后,得到星地距离,基带测速单元提取相参转发的载波多普勒得到速度信息。

③非相干扩频测控系统测轨。

非相干扩频测控系统测轨流程与相干扩频测控系统测轨流程基本一致,不同的是地面上行的测距信号是用测距码扩频的没有调制信息的测距帧,星上下传的载波、伪码不需要与上行载波、伪码相干,下传的测距帧中,包含应答机状态信息、上行伪距、伪多普勒测量信息、星上时间采样信息等,地面接收到下行测距链路信号后进行解扩、解调、帧同步,再利用收到的下行帧同步对上行测距信号采样,提取帧计数、位计数、扩频伪码计数、码相位、载波计数、载波相位、测量多普勒值等测量信息,并采样地面时间,通过计算星上、地面的采样数据完成测距和测速测量。

上述地面测控设备对获得的距离数据 ρ、多普勒测速值和跟踪接收机的输出角度 A、E 统一打时标,即为该时刻的测轨数据。

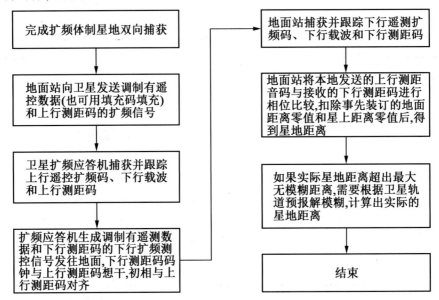

图 6-8　相干扩频测控测距流程

(2)非合作式轨道测量。

非合作式轨道测量是指无须借助被测量对象的配合,即可获得测量对象位置或速度数据的方法,常用的非合作式轨道测量方法有 GNSS 轨道测量和雷达或光学轨道测量。

①GNSS 轨道测量。

全球卫星导航定位系统 GNSS 的建立和完善为卫星的精密定轨提供了一种全天候、价格低的有效技术途径,已经普遍用于低轨卫星轨道测量,正在探索用于高轨卫星。

a. 中、低轨卫星轨道测量。

GNSS 系统除了可以用于陆地导航定位,还可以用于在空间运行的卫星进行轨道测量。中、低轨卫星普遍安装了星载 GNSS 接收机,用于测量 GNSS 卫星到 GNSS 接收机之间的距离,然后综合多颗 GNSS 卫星的数据就可知道 GNSS 接收机的具体位置。GNSS 卫星的位置可以根据星载时钟所记录的时间在卫星星历中查出,而接收机到 GNSS 卫星的距离则通过记录卫星信号传播到接收机所经历的时间,再将其乘以光速得到。为了计算用户的三维位置和接收机时钟偏差,至少要求 GNSS 接收机接收来自 4 颗卫星的信号。

目前近地卫星采用星载 GNSS 接收机测轨,可以实现几十米量级的定轨精度。采用双频 GNSS 接收机可以有效消除测量中的电离层效应误差,进一步提高定轨精度。

第 6 章　卫星测控技术应用

　　b. 高轨卫星轨道测量。

　　GNSS 在中、低轨卫星的跟踪中获得的成功，在很大程度上归功于 GNSS 为低轨道卫星提供了连续跟踪和多方位的观测几何。从理论上说，它也可以为高轨卫星提供轨道测量功能，但随着卫星高度的增加，可视 GNSS 卫星数开始减少，一旦超过 GNSS 星座高度（20 200 km），高轨卫星就只能"俯视"接收 GNSS 信号，此时观测星数、接收信号的强度和观测几何急剧衰减。因此，直接利用星载 GNSS 技术进行 GEO 卫星轨道测量，GEO 卫星只能通过 2 个狭窄区域"俯视"地球另一侧的 GNSS 卫星，大部分时间只能观测到 1~2 颗 GNSS 卫星。该方法的定轨精度可以达到 60 m。随着新一代 GNSS 卫星信号强度和数目的增加，高轨卫星有可能通过旁瓣接收到更多的 GNSS 卫星信号，实现高精度卫星轨道测量。

　　②雷达或光学轨道测量。

　　利用雷达或光学望远镜对空间卫星进行测量，可以获得卫星相对于观测站的距离、角度信息。美国北美防空司令部正是利用这 2 种方法对空间卫星进行跟踪和监视。图6-9 是位于美国厦安深山的美国空间控制中心（SCC），它们完成对空间卫星进行跟踪、监视和计算。

图 6-9　位于美国厦安深山的美国空间控制中心

　　SCC 空间控制中心依靠来自空间监视网（SSN）信息，它使用 4 种测探器监视空间目标：常规雷达、多基地连续波雷达（电子篱笆）、相控阵雷达和光学观测系统（地基光电深空监测网 GEODSS）。雷达系统跟踪 6 000 km 以下的目标，光学系统用于 6 000 km 以上的深空目标。由于不可能知道所有空间目标上应答机频率和信号调制方式，这些观测系统都采用被动跟踪方式。

　　SSN 的常规雷达由跟踪和固定天线组成，工作于收发分置模式，即一个天线发射信号，另一个天线接收回波。SSN 还有一套 NAVSPASUR 系统，它由 3 个发射和 6 个接收雷达组成，横跨从加利福尼亚、圣地亚哥到乔治亚州的美国大陆，排列成平行阵列，所有倾角大于 33°的卫星（占在轨卫星总数的 80% 以上）一天通过其上空 2 次，凡经过该系统上空的目标都会被探测到，其作用距离超过 25 000 km。

　　多基地连续波雷达由 3 个发射站和 6 个接收站组成，各站点均分布在北纬 33°线上，经度跨度达到 15°,工作频率为 217 MHz。其中,位于中间的主发射站的发射功率为 767 kW,旁边的 2 个辅助发射站的发射功率为 40 kW,该系统由发射站垂直发射连续电磁波束,与空间物体从其中一个波束中穿过时,通过对接收站探测信号的处理可以得到观测的方向余弦,在 6 个接收站中有多于 2 个接收站探测到该物体的反射波能量,则可以通过三角关系定出物体的位置。该系统的探测精度优于 200 m,对于雷达散射截面(RCS)为 0.1 m² 的空间目标,其极限探测距离可以达到 2 000 km。

SSN 采用的相控阵雷达可以同时跟踪 12 个或 12 个以上的目标并进行大范围的扫描。佛罗里达的 AN/FPS-85 相控阵雷达(图 6-10)由 6 000 个发射天线和 20 000 个接收天线组成,它可以在 120°方位角内跟踪从地平线开始直到过顶、射频功率达 3×10^7 W,作用距离超过 40 000 km 的目标。

图 6-10　AN/FPS-85 相控阵雷达外观

SSN 的每套光学观测系统(GEODSS)由 3 个望远镜组成:两个 40 英寸(约 101.6 cm)主镜和一个 15 英寸(约 38.1 cm)辅镜组成,如图 6-11 所示,它可以观测到比肉眼能够看见的亮度弱 10 000 倍的空间目标。早期的光学跟踪要使用照片来跟踪空间目标,而 GEODSS 用跟踪它采用 CCD 装置捕获卫星,它的计算机系统自动去除天上的星星和其他背景光源。受光学条件限制,GEODSS 只能工作在晚上和晴朗天气。

图 6-11　GEODSS 系统组成

上述观测网每天观测到的卫星数据都通过冗余通信线路传送到 SCC。其中雷达系统传送方位、仰角和距离数据;光学系统只传送角度数据。由于受观测条件限制,SSN 不是每圈都对每个分类空间目标进行跟踪,而是根据预报定时跟踪有限圈次,以确认它在预定的轨道,当其发生变化时,即时提供新的轨道根数。

6.1.4　轨道测量方法对定轨结果的影响分析

轨道测量目的是利用测量得到的数据计算卫星在空间的真实位置,如果利用轨道测量的数据计算出的卫星在空间的位置正好与其真实位置一致,表示计算误差为零。理论分析和实际应用经验表明,卫星轨道测量方法的不同会影响定轨精度。采用不同测控站数量、不同的测量时长和不同的测量间隔,对同一颗卫星进行轨道测量获得的数据进行轨道计算,得到的轨道精度的结果是不一样的。因此在实际卫星测控中,首次需要根据任务需求,确定能够满足定轨精度的测量方法,然后实施轨道测量。

1. 测控站数量对定轨影响分析

为了节省测控资源和提高测控效率,应该使用尽可能数量少的测控站完成轨道测量任务并得到精确轨道数据。实际任务中,可以对同一颗卫星,采用单个测控站对其进行轨道测量,也可以采多个(2 个或 2 个以上)的测控站对其同时进行轨道测量,下面分析这2 种方法对定轨精度的影响。

(1)单站轨道测量。

①测量原理。

把卫星相对地面测控站的观测量值称为观测量,记作 y(它是 m 维向量,$m=1$,$2,\cdots$),而待确定的卫星轨道根数的 6 个值被称为状态量,记作 x(六维向量),x 和 y 之间函数关系如下:

$$y = H(x, t) \tag{6-5}$$

式中,H 为 m 维向量函数。如果要由观测量 y 反解状态量 x,就涉及方程(6-5)是否可解的问题。显然观测量的维数应满足 $m \geqslant 6$,对于测距或测速,则至少需要 6 次观测。假定$m=6$,将方程(6-5)写成下列形式:

$$\varphi(x, y, t) = H(x, t) - y = 0 \tag{6-6}$$

式中,φ 为六维向量函数。相应的 Jacobi 矩阵为

$$B = \frac{\partial \varphi}{\partial x} = \frac{\partial H}{\partial x} \tag{6-7}$$

根据隐函数存在定理,要由式(6-6)解出 $x = x(y, t)$,其充要条件是 $|B| \neq 0$,$|B|$ 为矩阵行列式,然而对于单站(假定地球不转)测距或测速数据,却有 $|B| = 0$,这说明单站 6 次测距或测速数据是不能定轨的,这一结论是在假定地球不转,观测站为一固定点时得到的。在观测弧段不长的情况下,地球自转反映不明显,单站测距和测速数据会有 $|B| \approx 0$的结果,还是难以定轨。因此,对于单站轨道测量,只有通过长弧段轨道测量或者多个测控站测量才能计算出卫星的轨道,下面是单站和多站定轨实例以及仿真计算结果。

②近地卫星单站测轨。

表 6-2 是张秀玲等用一个单站测轨数据计算近地卫星轨道示例,卫星轨道高度为

780 km,每天测轨一圈,设备的测速精度为 5 cm/s、测距精度为 10 m、测角精度为 70″,由表 6-2 可以看出,使用 1 天或 2 天的数据无法完成轨道确定任务,使用 3 天后才能解算出轨道,但误差较大,4 天后位置误差缩小到百米以内,5 天后才能满足定轨要求。它表明在短弧段数据条件下,使用单站测距或测速不能定轨,只有当外测数据的时段达到一定天数以上时才可以确定轨道。

表 6-2　单站测轨数据计算近地卫星轨道示例

定轨数据使用情况	位置误差/m	径向最大误差/m	切向最大误差/m	法向最大误差/m
1 天数据(每天 1 圈)	无法定轨			
2 天数据(每天 1 圈)	无法定轨			
3 天数据(每天 1 圈)	872.6	173.6	777	1 153
4 天数据(每天 1 圈)	99.47	11.45	68.12	137.2
5 天数据(每天 1 圈)	55.68	14.31	84.2	13.7

③地球同步卫星单站测轨。

表 6-3 是利用位于三亚和北京地区的 2 个测控站对定点于 96 °E 的地球同步卫星进行 24 h 的单站测距仿真,并利用仿真测距数据进行定轨的结果统计。轨道测量的方法是每 4 h 测轨一次,每次测轨时间为 0.5 h,数据采样率为 2 个点/min,设备的系统误差为 5 m、随机误差为 15 m。从结果可以看出利用单站一天的测轨数据计算地球同步卫星轨道,位置误差在 5 km 量级,说明尽管可以对地球同步卫星采用长弧段单站定轨,但精度较差。

表 6-3　单站仿真数据对地球同步卫星定轨误差统计

测站名称	卫星位置/°E	RMSR/m	RMST/m	RMSN/m	RMSP/m
三亚	96	−115	2 640	−4 229	4 987
北京	96	−468	6 059	−6 928	9 215

(2)多站轨道测量。

①近地卫星多站测轨。

表 6-4 是模拟 2016 年 5 月 23 日至 25 日三亚和佳木斯测控站对 650 km 高度的某卫星测轨数据进行定轨结果统计,其中第一行用 5 月 23 日一天的三亚和佳木斯测控站各一圈数据定轨,第二行用 5 月 23、24 日三亚和佳木斯测控站两天、每天各一圈的数据定轨,第三栏用 5 月 23、24、25 日三亚和佳木斯测控站 3 天、每天各一圈的数据定轨,将获得的卫星位置与实测 GPS 数据做差值计算,误差小于 50 m,满足近地轨道卫星 100 m 的定轨误差要求。

表 6-4　XX 卫星 USB 测轨数据进行定轨误差统计

测站数量	测站组合	数据量	RMSP/m
双站	三亚、佳木斯	三亚 641 点，佳木斯 574 点	48
	三亚、佳木斯	三亚 697、619 点，佳木斯 665、624 点	31
	三亚、佳木斯	三亚 700、651、571 点，佳木斯 690、640、686 点	20

②地球同步卫星多站测轨。

模拟位于三亚、乌鲁木齐和北京地区的 3 个测控站，对定点于 151°E 和 96°E 的 2 颗地球同步卫星分别进行 24 h 双测控站和 3 测控站距离测量，然后利用距离测量数据进行轨道确定的误差统计。其中轨道测量的方法是每 4 h 测轨一次，每次测轨时间为 0.5 h，数据采样率为 2 个点/min。表 6-5 是模拟测控设备的距离测量系统误差为 5 m 和随机误差为 15 m 的定轨误差统计。

表 6-6 是模拟测控设备的距离测量系统误差为 1 m 和随机误差为 3 m 的定轨误差统计，由这 2 个表可以看出 2 点：使用 2 个站和 3 个站的 1 天测距数据定轨结果精度都在百米以下，2 个站和 3 个站的结果没有明显区别；随着测控设备测量精度的提高，定轨精度也显著提高。

表 6-5　多站仿真数据定轨误差统计（测量系统误差 5 m、随机误差 15 m）

测站数量	测站组合	卫星位置/°E	RMSR/m	RMST/m	RMSN/m	RMSP/m
双站	北京+乌鲁木齐	43	12	−31	44	55
	三亚+北京	96	8	−69	−5	70
三站	北京+乌鲁木齐+三亚	151	6	80	−5	81

表 6-6　多站仿真数据定轨误差统计（测量系统误差 1 m、随机误差 3 m）

测站数量	测站组合	卫星位置/°E	RMSR/m	RMST/m	RMSN/m	RMSP/m
双站	北京+乌鲁木齐	43	2.7	−6	9	11
	三亚+北京	96	2	−14	−1	14
三站	北京+乌鲁木齐+三亚	151	2	14	−1	14.2

表 6-7 是同时使用乌鲁木齐和北京 2 个测控站的 4 h、8 h、12 h、16 h 和 20 h 的仿真测轨数据，对定点位置 151°E 地球同步卫星进行了 5 次定轨的误差统计，测量系统误差为 5 m、随机误差为 15 m。从表中看出，使用测轨时间小于 12 h 的测轨数据定轨，误差较大，16 h 以后，定轨精度可以满足要求。

在实际工程应用中，通常采用相隔一定地理经度的 2 个测控站同时对一颗地球同步卫星进行 24 h 测轨，测量频度为间隔 4 h、每次测轨 0.5 h、数据采样率为 2 个点/min。

表 6-7 使用不同时长测量数据定轨误差统计

数据时长	卫星位置/°E	RMSR/m	RMST/m	RMSN/m	RMSP/m
4 h	151	12 340	48 123	73 683	88 866
8 h	151	−420	−2 639	−1 831	3 240
12 h	151	−3	−195	39	200
16 h	151	23	54	78	98
20 h	151	20	18	94	98

通过理论分析、仿真计算和工程应用实例可以看出，无论近地卫星还是地球同步卫星，为满足定轨精度要求，通常采用多站、多圈和多天的测轨数据进行轨道计算。

2. GNSS 接收数据对定轨精度分析

利用卫星接收的 GNSS 数据定轨，不同的数据采样间隔和测控圈次安排会影响定轨计算精度，下面分别对它们进行仿真分析，其结果可以作为参考。

（1）数据采样间隔。

蒋虎等以 350 km 高度，40°轨道倾角的飞行器为例，生成飞行器上 GPS 接收机的模拟观测数据，其中加入 30 m 位置误差和 0.5 m/s 速度误差。对这些数据进行地面定轨处理后，给出 GPS 不同采样间隔情况下，地面定轨误差。GPS 采样率与定轨误差的关系见表 6-8，从表中可以看出，随着 GPS 采样间隔加密，地面定轨误差呈下降趋势，但采样间隔加密方法对改进地面定轨误差效果有限，大致在米量级。因此对于定轨位置误差要求在百米以内的卫星，采用的 GPS 采样间隔为 128 s 能够满足任务对轨道误差的要求，当然越密效果会更好。

表 6-8 GPS 采样率与定轨误差的关系

序号	GPS 采样间隔/s	定轨位置误差/m
1	512	73.18
2	256	72.05
3	128	70.96
4	64	70.37
5	32	70.85

（2）测量圈次。

表 6-9 是利用 2016 年 5 月 23 日某卫星 1 圈和 2 圈 GPS 测量数量定轨误差的关系，从表中可以看出，在 1 圈 GPS 测量数据情况下，测量时间增加能改善定轨精度，但误差较大，利用 2 圈 GPS 测量数据定轨，误差能够满足百米误差的要求。因此利 GNSS 测量数

据定轨,2 圈以上的测量数据可以满足通常的定轨精度需求。

表 6-9 GPS 测量弧段与定轨误差的关系

序号	GPS 采样间隔/s	定轨位置误差/m
1	2 圈 GPS 测量数据,每圈 8 min,间隔 2 s	7.0
2	2 圈 GPS 测量数据,每圈 4 min,间隔 2 s	31.2
3	1 圈 GPS 测量数据,8 min,间隔 2 s	3 945.4
4	1 圈 GPS 测量数据,4 min,间隔 2 s	16 897.0

6.1.5 二行根数精度分析

北美防空司令部公布卫星的二行根数轨道定轨结果,用户可以利用该结果进行各种轨道预报,与合作式轨道测量相比,非合作式轨道测量的精度和定轨结果精度较差,下面是孙靖、杨维廉、韦栋等对二行根数的定轨结果和预报精度进行的分析。

1.定轨精度分析

(1)近地卫星轨道。

表 6-10 是孙靖等利用 2 组我国某型低轨航天器精密星历和 1 组 CHAMP 航天器的精密星历计算 2 个航天器的位置(其中低轨航天器和 CHAMP 精密星历的精度在百米以内,作为比较标准),将计算结果与利用相同航天器的 TLE 根数计算的结果在空间径向、切向和法向进行比较的结果,可以看出二行根数的精度在切向方向较差,在径向和法向方向较好,它表明网上公布的近地卫星二行根数的空间位置误差为千米量级。

表 6-10 近地卫星位置误差统计结果

项目			我国某型航天器		CHAMP 卫星
径向 R	位置误差	均值/m	207.7	147.2	283.5
		均方差/m	290.6	184.9	337.3
	速度误差	均值/(m/s)	1.009	0.391 2	0.693
		均方差/(m/s)	1.256	0.512 9	0.815 8
切向 T	位置误差	均值/m	796.6	366.0	661.9
		均方差/m	957.3	458	782.4
	速度误差	均值/(m/s)	0.236 3	0.173 7	0.328 7
		均方差/(m/s)	0.319 9	0.213 9	0.389 2

续表 6-10

项目			我国某型航天器		CHAMP 卫星
法向 N	位置误差	均值/m	183.3	135	396.9
		均方差/m	265.5	159.7	477.2
	速度误差	均值/(m/s)	0.434 8	0.277 2	0.309 7
		均方差/(m/s)	0.622 9	0.338 5	0.417 4

（2）高轨卫星轨道。

韦栋等用精密轨道模型软件进行轨道预报，将预报的位置和速度作为模拟观测资料，该精密轨道模型的摄动因素包括 20×20 阶的地球引力模型、日月引力摄动、大气阻力（模型为 DTM1994）、太阳光压、固体潮摄动等，精密定轨结果与使用 SDP4 模型定轨的结果比较见表 6-11，平均误差为 1.9 km，这只是模型的误差，再考虑到测量数据误差，网上公布的高轨卫星二行根数的精度误差大于模型误差。上述分析表明网上公布的高轨卫星二行根数的空间位置误差为公里量级。

表 6-11　高轨卫星位置误差统计结果

最大误差/km	最小误差/km	平均误差/km
3.2	1.5	1.9

2. 预报精度分析

获取二行根数的最终目的是利用它进行轨道预报，得到任意时刻卫星在空间的位置或速度信息，因此除了关心二行根数本身的精度，还需要关心利用其进行预报的结果精度。仍然采用上述比较方法对预报结果进行分析。

（1）近地圆轨道。

表 6-12 是韦栋等对 4 种高度范围的近圆轨道卫星利用二行根数，采用 SGP4 模型预报计算值与标准根数计算值进行比较的结果，由表可以看出，在这 4 种高度下，预报 3 天，卫星的位置误差小于 3 km，预报 3 天小于 10 km。

表 6-12　低轨卫星预报精度

卫星轨道高度/km	位置误差/km			
	预报 1 天	预报 3 天	预报 7 天	预报 15 天
$h<400$	4	10	60	300
$400<h<600$	3	10	50	100
$600<h<1 200$	3	10	20	50
$1 200<h<7 000$	2	10	10	20

（2）近地椭圆轨道。

表 6-13 是韦栋等对近地椭圆轨道卫星的预报精度计算结果，由表可以看出，椭圆轨道卫星预报 1 天位置误差在 20 km 以内，预报 3 天误差在 100 km 以内。

表 6-13　低轨椭圆卫星轨道预报精度

近地点高度/km	位置误差/km		
	预报 1 天	预报 3 天	预报 7 天
$h<400$	20	100	500
$400<h<600$	20	100	200
$600<h<1\,200$	20	100	150
$1\,200<h<7\,000$	20	40	50

（3）高轨轨道。

表 6-14 是韦栋等对轨道高度为 18 500~21 500 km 和 33 000~38 000 km 高轨卫星采用 SDP4 预报模型计算的精度结果，可以看出，18 500~21 500 高度的高轨卫星预报 30 天和 33 000~38 000 km 高度的高轨卫星预报 15 天，位置误差不超过 40 km。

表 6-14　高轨卫星预报精度

卫星轨道高度/km	取值	位置误差/km			
		预报 3 天	预报 15 天	预报 30 天	预报 60 天
18 500~21 500	最大	8.6	17.4	39.1	68
	最小	1.2	3.1	5.1	6.9
	平均	4.9	10.6	15.6	30.1
33 000~38 000	最大	27.9	40.2	67.2	157
	最小	8.1	15.8	25.6	27.1
	平均	13.3	26	41.5	70.3

上述利用二行根数和采用 SGP4 和 SDP4 预报结果分析表明：利用二行根数预报 1 天以上，卫星的空间位置误差大于 10 km 量级，对于近圆近地卫星，轨道高度越低，预报误差越大；椭圆轨道卫星的近地点高度越低，预报误差越大，与偏心率没有明显的相关性；高轨卫星，轨道高度越高，预报误差越大。无论何种轨道高度，位置预报随着预报时间的增加而增大。

6.1.6　测轨数据处理

通常地面获得的卫星轨道测量数据会由于接收信号强度差、外界干扰和测量设备本身存在的误差等因素,造成时间跳变、数据丢点和跳点等现象,如果不对它们进行处理,轻则会造成定轨结果误差偏大、重则直接定不出轨道。因此使用轨道测量数据进行定轨计算前,必须对它们进行处理,去除野值,还原真值。

数据处理是指对轨道测量数据进行合理性检验、修正、统计处理和平滑等,轨道测量数据处理流程如图6-12所示,首先对数据的合理性进行检验,它是根据时间特性和卫星的轨道特性等,设定处理门限,删除一些明显不合理的数据;修正是对上述轨道数据依其测量设备的特性和物理原理而建立修正模型,以达到对每一个独立测量元素消除其先验的系统差,减少其随机差,提高测量数据的精度;统计是通过滤波算法,剔除测量数据的野值,提高测量结果的可信度;数据平滑利用多项式拟合去除数据中的噪声。

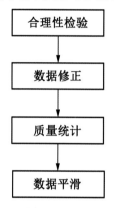

图 6-12　轨道测量数据处理流程

在实际应用中,如果没有那么多先验知识,通常可以采用对原始数据剔野和拟合的算法来达到同样的效果。剔除数据野值的办法通常用 3σ 准则、拟合算法采用最小二乘法进行多项式拟合。

1. 3σ 准则

对于一组观测数据 $x_1, x_2, x_3, \cdots, x_n$,求出它们的算术平均值:

$$\bar{x} = \frac{\sum_{i=1}^{n} x_i}{n} \qquad (6-8)$$

再求出每一个观测数据剩余误差值为 $v_i = x_i - \bar{x}$,然后求出误差值的均方根偏差 σ:

$$\sigma = \sqrt{\frac{1}{n-1} \sum_{i=1}^{n} v_i} \qquad (6-9)$$

剔除数据野值的判别依据:

(1)如果 $|x_i - \bar{x}| > 3\sigma$ 则判定 x 误差较大,剔除;

(2)如果 $|x_i - \bar{x}| < 3\sigma$ 则判定 x_i 为有效观测数据,予以保留。

2. 最小二乘法多项式拟合

对于一组给定的数据点 (t_i, x_i),$1 \leqslant i \leqslant N$,可以用一个 n 阶多项式对其进行拟合,即

$$f(t) = a_0 + at + a_2 t^2 + \cdots a_n t^n = \sum_{k=0}^{n} a_k t^k, \quad 0 \leqslant k \leqslant n \tag{6-10}$$

拟合完成后,每一个数据点都对应一个拟合残差 $|\sigma_i| = |f(t_i) - x_i|$。为了使所有数据点上的残差值都比较小,让所有数据点残差的平方和最小,即

$$\sum_{i=1}^{n} (\sigma_i)^2 = \sum_{i=1}^{n} [f(t_i) - x_i]^2 = \min \tag{6-11}$$

称这种方法为最小二乘法原则,利用最小二乘法原则确定出的拟合多项式 $f(t)$ 的方法就是最小二乘法多项式拟合。要确定拟合多项式 $f(t)$ 也就是要计算出 t_k 的系数 $a_k(0 \leqslant k \leqslant N)$。根据最小二乘原则,残差平方和就是系数 $a_k(0 \leqslant k \leqslant N)$ 的函数,即

$$S(a_0, a_1, \cdots, a_n) = \sum_{i=1}^{N} (\sigma_i)^2 = \sum_{i=1}^{N} [f(t_i) - x_i]^2 = \sum_{i=1}^{N} \left(\sum_{k=0}^{n} a_k t_i^k - x_i \right)^2 = \min \tag{6-12}$$

为了使式(6-12)取值最小,那么关于系数 $a_k(0 \leqslant k \leqslant N)$ 的一阶导数都应该为零。

$$\frac{\partial S}{\partial a_0} = \sum_{i=1}^{N} 2[f(t_i) - x_i] = 0 \Rightarrow \sum_{i=1}^{N} [f(t_i) - x_i] = 0 \tag{6-13}$$

$$\frac{\partial S}{\partial a_1} = \sum_{i=1}^{N} 2t_i [f(t_i) - x_i] = 0 \Rightarrow \sum_{i=1}^{N} t_i [f(t_i) - x_i] = 0 \tag{6-14}$$

$$\cdots$$

$$\frac{\partial S}{\partial a_n} = \sum_{i=1}^{N} 2nt_i^n [f(t_i) - x_i] = 0 \Rightarrow \sum_{i=1}^{N} t_i^n [f(t_i) - x_i] = 0 \tag{6-15}$$

一般情况下,多项式拟合的拟合阶数越高精度并不一定越高,所以,平时最常用的为一阶和二阶的多项拟合,即线性拟合和二次拟合,它们的计算公式分别为

$$\begin{pmatrix} N & \sum_{i=1}^{N} t_i \\ \sum_{i=1}^{N} t_i & \sum t_i^2 \end{pmatrix} \cdot \begin{pmatrix} a_0 \\ a_1 \end{pmatrix} = \begin{pmatrix} \sum_{i=1}^{N} x_i \\ \sum_{i=1}^{N} t_i x_i \end{pmatrix} \Rightarrow x = a_0 + a_1 t \tag{6-16}$$

$$\begin{pmatrix} N & \sum_{i=1}^{N} t_i & \sum_{i=1}^{N} t_i^2 \\ \sum_{i=1}^{N} t_i & \sum_{i=1}^{N} t_i^2 & \sum_{i=1}^{N} t_i^3 \\ \sum_{i=1}^{N} t_i^2 & \sum_{i=1}^{N} t_i^3 & \sum_{i=1}^{N} t_i^4 \end{pmatrix} \cdot \begin{pmatrix} a_0 \\ a_1 \\ a2 \end{pmatrix} = \begin{pmatrix} \sum_{i=1}^{N} x_i \\ \sum_{i=1}^{N} t_i x_i \\ \sum_{i=1}^{N} t_i^2 x_i \end{pmatrix} \Rightarrow x = a_0 + a_1 t + a_2 t^2 \tag{6-17}$$

6.1.7　轨道确定

轨道确定的流程如图 6-13 所示,它输出的结果除了卫星轨道根数,还有各种统计数据,比如测量数据的随机差、系统差等,它们是衡量定轨结果好坏的参考指标。

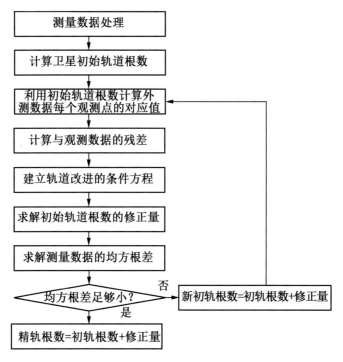

图 6-13　轨道确定流程

6.1.8　各类预报

卫星在轨测控时,需要利用轨道根数和轨道预报程序计算出任意时刻的卫星位置,在此基础上,根据任务需要计算各种测控事件的预报,这里介绍卫星在轨测控经常会用到的预报。

1. 轨道预报

轨道预报是在已知卫星当前时刻状态的前提下,根据卫星的运动学微分方程,预测卫星在未来一段时间内的位置、速度或者轨道根数。轨道预报实质上也就是求解卫星的微分运动方程的过程。通常卫星轨道预报的计算方法有解析法和数值积分法。

(1)解析法。

解析法可以给出卫星轨道解的分析表达式,根据分析表达式不仅能够求出任意时刻卫星的运动状态,而且也可以清楚地看出运动的规律,这样就便于对运动进行定性和定量地研究。例如基于二行根数的轨道预报就是基于解析法,因此利用二行根数,可以快速计算出任意时刻卫星轨道根数。

(2)数值积分法。

数值积分法是基于运动方程和确定的初值,一步一步地递推下一时刻的卫星位置和速度或瞬时轨道,它给不出轨道变化的一般分析表达式,不需要很复杂的分析推导工作,各种因素的影响可以很容易地列入方程的右端函数中,只要积分法的阶数和步长取的合适,原则上可以满足任意的精度要求。

解析法的特点是计算速度快,给定任意时刻,可以直接利用公式计算出该时间对应的卫星轨道参数;数值积分法的特点是计算精度高,但每次计算都需要从起点开始,进行耗费时间的递推计算,当时间步长较小时,计算速度慢。

2. 日凌预报

日凌是测控通信天线指向卫星时,太阳进入天线波束产生的测控信号受干扰甚至中断的一种现象,这是由于测控站指向、卫星和太阳基本处在同一条直线上,而太阳是一个非常强烈的干扰噪声源,卫星上发射的信号与之相比十分微弱,因此来自卫星的有效信号将淹没在太阳噪声中。无论测控站位于地球上哪一个位置,对地球静止卫星的日凌现象都无法避免,只能通过提前预报、调整计划来降低它的影响,预报方法如下:

图 6-14 表示在赤道地心惯性坐标系下测控站、卫星和太阳三者之间的位置关系,S 表示地心到卫星的矢量($x_S y_S, z_S$),U 表示地心到太阳的矢量($x_U y_U, z_U$),在赤道地心惯性坐标系下太阳的经典根数为

$$\begin{cases} a = 1.000\ 001\ 02 \\ e = 0.016\ 708\ 62 - 0.000\ 042\ 04T - 0.000\ 001\ 24T^2 \\ I = 23.439\ 291 - 0.013\ 004\ 17 \times T - 0.000\ 000\ 16 \times T^2 \\ \Omega = 0 \\ \omega = 282.937\ 347\ 3 + 1.719\ 53 \times T + 0.000\ 459\ 72 \times T^2 \\ M = 357.529\ 1 + 35\ 999.050\ 289 \times T - 0.000\ 015\ 611 \times T^2 \end{cases} \tag{6-18}$$

式中,T 为从标准历元 J2000.0(即 2000 年 1 月 1 日 12 h TDT)算起的儒略世纪数;T 表示地心到测控站矢量($x_T y_T, z_T$),计算公式为

$$\begin{cases} x_T = \cos s \cos \varphi \\ y_T = \sin s \cos \varphi \\ z_T = \sin \varphi \end{cases} \tag{6-19}$$

式中 s 是地球站的地方恒星时,$s = 99°.089\ 927\ 4 + 360°.985\ 612\ 286\ 2D$,$D$ 是任意时刻至 1950 年 1 月 1 日 0 时的时间;φ 是地球站的纬度。由这几个矢量可以求得:卫星-测控站矢量:

$$ST = T - S = (x_t - x_s)i + (y_t - y_s)j + (z_t - z_s)k \tag{6-20}$$

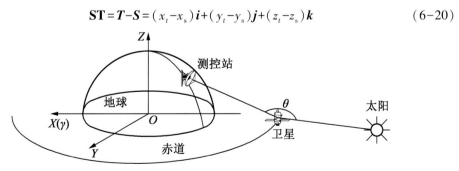

图 6-14　测控站、卫星、太阳三者之间的位置关系

卫星-太阳矢量:

$$\mathbf{SU} = \mathbf{U} - \mathbf{S} = (x_u - x_s)\mathbf{i} + (y_u - y_s)\mathbf{j} + (z_u - z_s)\mathbf{k} \tag{6-21}$$

测控站-卫星-太阳之间的夹角 θ 为

$$\theta = \arccos\left(\frac{\mathbf{ST} \cdot \mathbf{SU}}{|\mathbf{ST}| \cdot |\mathbf{SU}|}\right) \tag{6-22}$$

当 $|\theta - 180| \leqslant \theta_{1/2}$ 时,将出现日凌现象,其中 $\theta_{1/2}$ 为天线的波瓣宽度。通常测控站采用抛物面天线,它的半功率波瓣宽度为 $\theta_{1/2} = \dfrac{70 \times c}{d \times f}$,其中 c 是光速,d 是天线直径,f 是射频频率,可以看出,频率越低,天线波瓣宽度越宽,日凌导致通信中断的持续时间就越长。

日凌现象对不同类型的卫星测控发生的概率不一样,对于近地卫星,由于测控站天线跟踪卫星的指向随着卫星轨道的变化而随机变化,出现测控站指向、卫星和太阳基本在同一条直线上的概率不大;对于地球同步卫星,由于卫星位置固定,太阳每年春分、秋分前后都会接近赤道,这段时间每天都会出现日凌现象,具体出现的时间与测控站位置有关,持续的时间长度与天线的波束宽度有关。

3. 地影预报

卫星在空间利用太阳能提供电源,当地球运行到卫星与太阳的连线上,照射到卫星上的太阳光线被地球遮挡的现象称为地影,如图 6-15(a) 所示。如果地球只遮挡了部分太阳光线,称为半影,星上太阳能电池可以提供部分电能;如果遮挡了全部太阳光线,称为全影,这时卫星只能依靠蓄电池供电。

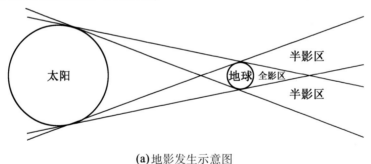

(a)地影发生示意图

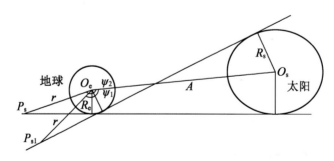

(b)地球-卫星-太阳相对位置

图6-15 地影发生和空间位置示意图

把太阳视为有大小的光源,地球遮挡产生的地影为锥形地影,由 2 个同轴相套的圆锥组成,外圆锥的外部为光照区,内圆锥内部为全影区,两圆锥之间为半影区,如图 6-15(b)所示。在卫星外圆锥和内圆锥上对应星-地-日连线对地心的张角为

$$\begin{cases} \psi_1 = \pi - \arcsin\left(\dfrac{R_e}{a}\right) - \arcsin\left(\dfrac{R_s + a_e}{A}\right) \\ \psi_2 = \pi - \arcsin\left(\dfrac{R_e}{a}\right) + \arcsin\left(\dfrac{R_s + a_e}{A}\right) \end{cases} \tag{6-23}$$

式中,R_e 为地球半径;R_s 为太阳半径;A 为日地平均距离;a 为卫星轨道半长轴。当任意时间星-地-日连线对地心的张角 ψ 满足下面关系时,卫星处于不同光照条件:

$$\begin{cases} \psi \leqslant \psi_1 & \text{卫星处于光照区} \\ \psi_1 \leqslant \psi \leqslant \psi_2 & \text{卫星处于半影区} \\ \psi_2 \leqslant \psi & \text{卫星处于全影区} \end{cases} \tag{6-24}$$

任一时刻卫星、太阳和地心的张角 ψ 由 $\cos\psi = \boldsymbol{r} \times \boldsymbol{s}$ 得到:

$$\psi = \arccos\left(\sin\delta_r\sin\delta_s + \cos\delta_r\cos\delta_s\cos(\alpha_s - \alpha_r)\right) \tag{6-25}$$

式中 $\boldsymbol{r}$ 为赤道地心惯性坐标系下卫星矢量,$\boldsymbol{r} = \begin{bmatrix} \cos\delta_r\cos\alpha_r \\ \cos\delta_r\sin\alpha_r \\ \sin\delta_r \end{bmatrix}$;$(\alpha_r, \delta_r)$ 为卫星赤经、赤纬;$\boldsymbol{s}$

为太阳矢量,$\boldsymbol{s} = \begin{bmatrix} \cos\delta_s\cos\alpha_s \\ \cos\delta_s\sin\alpha_s \\ \sin\delta_s \end{bmatrix}$;$(\alpha_s, \delta_s)$ 为太阳的赤经、赤纬。由卫星轨道根数计算赤经、

赤纬的公式为

$$\alpha = \arctan(\tan(\omega + f)\cos i + \Omega), \delta = \arcsin(\sin(\omega + f)\sin i) \tag{6-26}$$

因此决定卫星是否在地影中及在地影中的时间长短是由轨道的倾角 i、升交点赤经 Ω 和卫星的位置决定的。近地卫星一天绕地球运行多圈,每一圈都可能出现地影;地球静止轨道卫星只有在太阳运行到赤道附近的春分、秋分点前后大约 23 天的凌晨发生,一年约有 90 天时间,具体时间和持续时间与卫星的定点位置、轨道倾角有关,具体规律如下。

(1)当卫星轨道是正倾角时,倾角越大,地影期开始越早,倾角越小,地影期开始越晚;当卫星轨道是负倾角时,与正倾角正好相反,倾角越大,地影期开始越晚,结束越晚。例如 FY-2A 卫星倾角为 2.7°,2 月 20 日进入地影期;FY-2B 卫星倾角为-0.45°,2 月 28 日进入地影期。

(2)相同倾角情况下,卫星定点位置越向东,每天卫星进影时间越早;卫星定点位置越向西,每天卫星进影时间越晚。例如定点于 85.8°E 的 FY-2A 卫星在 1:47:30 进影;定点于 104.5°E 的 FY-2B 卫星在 00:36:02 进影。

(3)同步卫星的地影期持续时间的长短取决于轨道倾角 i、升交点赤经 Ω 值,每个地

影期在 44~46 天范围内变化。

4.月影预报

月影本质上与地影的原理一致,是月球运行到卫星与太阳的连线上。但与静止卫星地影发生在相对固定时间相比,月影的产生是没有时间规律的。它的出现取决于地球、太阳和月球三者之间运行的相对位置。有时一年出现一次,有时一年出现多次,还有可能不出现。每次月影发生时,有可能出现一次,如图 6-16(a)所示;也可能出现 2 次,如图 6-16(b)所示,图中的卫星经历第一次月影后,卫星进入光照区,然后又进入月影。

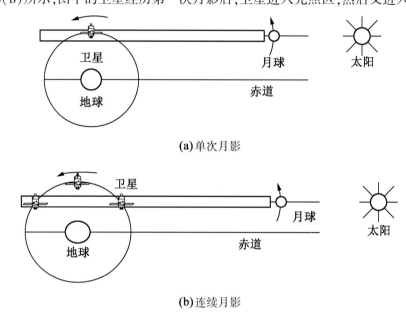

(a)单次月影

(b)连续月影

图 6-16　月影示意图

图 6-17(a)表示在赤道惯性坐标系下卫星、太阳和月球三者之间的位置,U 表示太阳矢量、M 表示月球矢量、S 表示卫星矢量,卫星-太阳矢量 SU 为

$$SU = S - U = (x_S - x_U)\boldsymbol{i} + (y_S - y_U)\boldsymbol{j} + (z_S - z_U)\boldsymbol{k} \tag{6-27}$$

卫星-月球矢量 SM 为

$$SM = S - M = (x_S - x_M)\boldsymbol{i} + (y_S - y_M)\boldsymbol{j} + (z_S - z_M)\boldsymbol{k} \tag{6-28}$$

则月球-卫星-太阳之间的夹角 θ_M 为

$$\theta_M = \arccos\frac{SU \cdot SM}{|SU| \cdot |SM|} \tag{6-29}$$

如果卫星、月球和太阳运行到一条直线上,卫星就处于阴影中。考虑到从卫星上看月球张角为 0.5°,因此如果 $|\theta - 180°| \leqslant 0.5°$时,卫星都处于阴影中。

与地影不同,月影大部分都是半影,即月球只挡住一部分阳光,因此还要计算每次月影发生时太阳被遮挡的比例,只有当被遮挡的比例小于 40%时,才考虑月影发生。

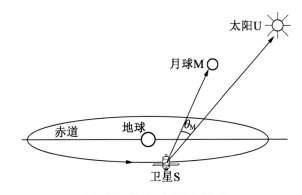

(a) 卫星–月球–太阳相对位置

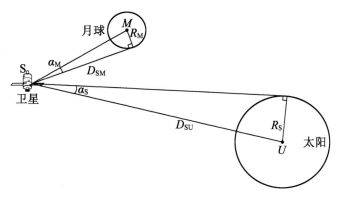

(b) 月球遮挡示意

图 6–17　卫星–月球–太阳相对关系

在图 6–17（b）中，α_M 是月球对卫星半张角，α_S 是太阳对卫星半张角，D_S 是卫星到太阳的距离，D_M 是卫星到月球的距离，有：$\alpha_S = \arcsin\dfrac{R_S}{D_S}$，$\alpha_M = \arcsin\dfrac{R_M}{D_M}$，太阳被蚀面积 A_M 为

$$A_M = \alpha_S^2 \operatorname{arc}\cos\frac{\beta}{\alpha_S} + \alpha_M^2 \operatorname{arc}\cos\frac{\theta_M - \beta}{\alpha_M} - \theta_M\sqrt{\alpha_S^2 - \beta^2} \tag{6-30}$$

式中，$\beta = \dfrac{(\theta^2 + \alpha_S^2 - \alpha_M^2)}{2\theta_M}$，则太阳被遮面积为

$$\frac{A_M}{\alpha_S^2} \times 100\% \tag{6-31}$$

因此每次做月影预报，除了需要计算发生的时间，还需要计算被遮挡的面积。实际卫星在轨管理经验表明，大部分月影发生时，太阳能电池阵的输出功率下降较小，当被遮挡的面积较大时，会出现分流电流下降，很少情况发生太阳能电池阵的输出功率为 0、蓄电池放电现象。

5. 静止轨道卫星红外地球敏感器干扰预报

红外地球敏感器是卫星常用的一种姿态测量装置，三轴稳定地球同步卫星普遍使用单地平摆动扫描式敏感器。卫星在轨运行后,当太阳和月亮运行到特定位置时,它们会进入红外探头视场,产生的干扰如果不排除,会影响姿态,需要提前预报,以便卫星在计算姿态时,屏蔽被干扰探头的测量数据。

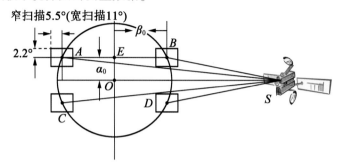

(a)星上红外4个探头扫地球示意图

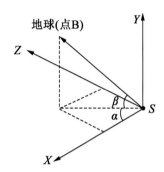

(b)探头在星体坐标系下的指向

图6-18 红外探头扫描和空间指向示意图

(1)红外探头在卫星轨道坐标系下的指向计算。

定点运行卫星的红外地平仪扫描地球的原理如图6-18(a)所示,星上4个探头分别扫到地球A、B、C、D 4个点。以4个红外探头中指向地球B点探头为例,它在图6-18(b)中星体坐标系下的方位、仰角为α、β,得到它的单位矢量$\mathbf{R}_B$为

$$\begin{bmatrix} X_{R_B} \\ Y_{R_B} \\ Z_{R_B} \end{bmatrix} = \begin{bmatrix} \cos\alpha\cos\beta \\ \sin\beta \\ \sin\alpha\cos\beta \end{bmatrix} \qquad (6-32)$$

式中 X_{R_B}、Y_{R_B}、Z_{R_B} 分别是$\mathbf{R}_B$在星体坐标系下的坐标,令卫星轨道坐标系绕本体坐标系转动的次序为$Z_B \rightarrow Y_B \rightarrow X_B$,得到偏航、滚动和俯仰角分别为$(\psi, \theta, \varphi)$,则探头$\mathbf{B}$在轨道坐标系下的矢量为

$$\boldsymbol{R}_0 = \begin{bmatrix} X_{Ro} \\ Y_{Ro} \\ Z_{Ro} \end{bmatrix} = \boldsymbol{B}^{-1} \times \begin{bmatrix} X_{R_B} \\ Y_{R_B} \\ Z_{R_B} \end{bmatrix} \tag{6-33}$$

其中

$$\boldsymbol{B} = \begin{bmatrix} 1 & 0 & 0 \\ 0 & \cos\varphi & \sin\varphi \\ 0 & -\sin\varphi & \cos\varphi \end{bmatrix} \begin{bmatrix} \cos\theta & 0 & -\sin\theta \\ 0 & 1 & 0 \\ \sin\theta & 0 & \cos\theta \end{bmatrix} \begin{bmatrix} \cos\psi & \sin\psi & 0 \\ -\sin\psi & \cos\psi & 0 \\ 0 & 0 & 1 \end{bmatrix} \tag{6-34}$$

X_{R_0}、Y_{R_0}、Z_{R_0} 分别是 $\boldsymbol{R}_0$ 在轨道坐标系下的坐标。

（2）太阳干扰计算。

①卫星轨道坐标系下太阳矢量的计算。

由地心惯性坐标系下太阳的轨道根数和式（6-35）可以求得太阳单位 $\boldsymbol{S}_1$，在卫星轨道坐标系下，太阳矢量 $\boldsymbol{S}_0$ 的计算公式为

$$\boldsymbol{S}_0 = \begin{bmatrix} X_{S_0} \\ Y_{S_0} \\ Z_{S_0} \end{bmatrix} = \boldsymbol{A} \times \begin{bmatrix} X_{SI} \\ Y_{SI} \\ Z_{SI} \end{bmatrix} \tag{6-35}$$

式中，$\boldsymbol{A}$ 的计算公式为

$$\boldsymbol{A} = \begin{bmatrix} 0 & 1 & 0 \\ 0 & 0 & -1 \\ -1 & 0 & 0 \end{bmatrix} \times \begin{bmatrix} \cos u & \sin u & 0 \\ -\sin u & \cos u & 0 \\ 0 & 0 & 1 \end{bmatrix} \times \begin{bmatrix} 1 & 0 & 0 \\ 0 & \cos i & \sin i \\ 0 & -\sin i & \cos i \end{bmatrix} \times \begin{bmatrix} \cos\Omega & \sin\Omega & 0 \\ -\sin\Omega & \cos\Omega & 0 \\ 0 & 0 & 1 \end{bmatrix}$$

$$\tag{6-36}$$

式中，i 为倾角；Ω 为升交点赤经；$u = \omega + f$，f 为真近地点角；X_{S_0}，Y_{S_0}，Z_{S_0} 分别为 $\boldsymbol{S}_0$ 在轨道坐标系下的坐标。

②卫星轨道坐标系下探头受太阳干扰的计算。

首先将太阳矢量 $\boldsymbol{S}_0$ 转换为单位矢量 $\boldsymbol{S}_{01}$，由卫星轨道坐标系下的太阳单位矢量 $\boldsymbol{S}_{01}$ 和探头指向单位矢量 $\boldsymbol{R}_0$ 可以计算它们之间的夹角：

$$\theta = \arccos \boldsymbol{S}_{01} \cdot \boldsymbol{R}_0 \tag{6-37}$$

如果红外探头的探测范围为 θ_0 的圆形，当 $\theta < \theta_0$ 太阳会对红外探头造成干扰。如果红外探头的探测范围是一个 (A_0, E_0) 的矩形，它的计算与圆形相比更复杂一些。需要同时考虑方位和仰角才能确定太阳是否进入红外探测范围。在卫星轨道坐标系下，分别计算太阳单位矢量 $\boldsymbol{S}_0$ 和探头指向单位矢量 $\boldsymbol{R}_0$ 的方位、仰角 (A_S, E_S)、(A_R, E_R)，当 $|A_S - A_R| < A_0$ 和 $|E_S - E_R| < E_0$，太阳对红外探头造成干扰。其中 (A, E) 的计算公式如下：

$$A = \arctan \frac{Z_0}{X_0}$$

$$E = \arcsin \frac{Y_0}{\sqrt{X_0^2 + Y_0^2 + Z_0^2}} \tag{6-38}$$

③太阳干扰计算示例。

定义 4 个探头的方位、仰角分别为探头 1(83°,5°)、探头 2(97°,5°)、探头 3(83°, -5°),探头 4(97°,-5°),如图 6-19 所示。

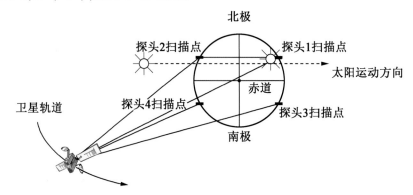

图 6-19　4 个探头指向及太阳干扰示意图

从 2004 年 2 月 25 日到 4 月 15 日计算定点于 104.5°的卫星受太阳干扰情况,设每个探头的探测范围为(2.2°,5.5°),其中 3 月 10 日一天的计算结果见表 6-15。

表 6-15　地球敏感器受太阳干扰计算示例

干扰	时间(世界时)	探头	仰角差/(°)	方位差/(°)
开始	10 Mar 2004 16:35:00	探头 2	1.627	5.353
结束	10 Mar 2004 17:18:00	探头 2	1.639	5.405
开始	10 Mar 2004 17:31:00	探头 1	1.642	5.343
结束	10 Mar 2004 18:14:00	探头 1	1.654	5.416

探头 2 在 2004 年 3 月 10 日 16:35:00 被干扰时,地心赤道惯性坐标系下太阳位置和卫星的根数见表 6-16。

表 6-16　地球敏感器受太阳干扰时刻卫星根数和太阳位置

	时间	X/km	Y/km	Z/km
太阳位置	2004-3-10 16:35:00	146 515 718.27	-22 752 443.74	-9 864 172.66
卫星根数	2004-3-10 16:35:00	半长轴/km	偏心率	倾角/(°)
		42 157.741 6	0.000 175	0.438
		升交点赤径/(°)	近地点幅角/(°)	平近点角/(°)
		89.896	97.197	331.731

计算结果表明,春分之前,从 3 月 1 日到 3 月 11 日,探头 2 和探头 1 受到太阳干扰;春分附近所有探头都不受影响;春分之后,从 3 月 26 日到 4 月 6 日,探头 4 和探头 3 受到太阳干扰。太阳干扰时间集中在每年的春、秋分前后一段时间内,具体值由探头南北方向视场决定。

(3)月球干扰计算。

月球对红外地平仪的干扰与太阳干扰相似,只要将式(6-20)中的太阳定义换为月球即可。但月球干扰还要考虑从卫星上看到月球时,月球被太阳照亮的面积。只有当月球的光照面积达到一定程度,才会对红外探头造成影响。

卫星看到月亮的光照面积定义如下:设月亮横截面积为 1,以月亮为圆心,卫星、月球、太阳的夹角为 θ,则卫星看到月球的光照面积可近似为 $\dfrac{1+\cos\theta}{2}$。在地球惯性系中,设卫星位置为 r,月亮位置为 m,太阳位置为 S。若以月亮为起点,定义卫星方向矢量为 R,太阳方向矢量为 S,R 与 S 的夹角即为 θ。其中 $R=r-m$,$S=S-m$。当从卫星上看月亮的亮度为 $\left(\dfrac{1}{2}+\dfrac{R\cdot S}{2\cdot|R|\cdot|S|}\right)>C_0$ 时,月球才会对探头产生干扰,其中 C_0 是常数,通常取值 0.6。

(4)月球干扰计算示例。

仍以上述 4 个探头的定义计算 2004 年 3 月份期间月球对它们的干扰,其结果见表 6-17,总共发生 4 次。

表 6-17　2004 年 3 月份地球敏感器受月球干扰计算结果

序号	月亮干扰	时间(世界时)	探头	仰角差/(°)	方位差/(°)	月亮亮度
1	开始	07 Mar 2004 05:18:00	探头 4	2.198	0.291	0.999
	结束	07 Mar 2004 05:39:00	探头 4	2.109	5.376	0.998
2	开始	07 Mar 2004 05:52:00	探头 3	2.055	5.476	0.998
	结束	07 Mar 2004 06:37:00	探头 3	1.864	5.422	0.997
3	开始	09 Mar 2004 06:28:00	探头 2	0.739	5.310	0.941
	结束	09 Mar 2004 07:12:00	探头 2	0.932	5.335	0.935
4	开始	09 Mar 2004 07:26:00	探头 1	0.994	5.279	0.933
	结束	09 Mar 2004 08:10:00	探头 1	1.187	5.365	0.927

对应探头 2 从 2004 年 3 月 7 日 05:18:00 被干扰时,太阳、月球位置和卫星的根数见表 6-18。

表 6-18　地球敏感器受月亮干扰时刻卫星根数和月亮、太阳的位置

	时间	X/km	Y/km	Z/km
太阳位置	2004/3/7 05:18:00	144 613 355.63	−30 813 249.24	−13 358 540.51
月亮位置	2004/3/7 05:18:00	−372 104.29	48 949.44	50 283.08
卫星根数	2004/3/6 05:18:00	半长轴/km	偏心率	倾角/(°)
		42 157.19	0.00	0.44
		升交点赤经(°)	近地点幅角(°)	平近点角(°)
		90.10	113.72	140.89

另外,如果单从视场角度计算,2004 年 3 月 20 日 16:22~17:07 月球在探头 2 的视场内,17:20~18:04 月球在探头 1 的视场内,但这时从卫星上看月球的亮度为 0.001,不满足亮度条件,因此不会对红外探头造成干扰。与太阳干扰集中在春、秋分时段不同,月球干扰每个月都会发生。

6. 测控站跟踪预报

测控站跟踪预报就是预报测控站对卫星的可见时间和对应时刻天线指向卫星的方位和仰角值,其中方位角是以当地正北为基准、顺时针环绕到地面站到卫星连线在地平面上投影的角度值,取值 0°~360°,仰角是以地面站到卫星连线与其在地平面上投影的角度值,取值 0°~90°,如图 6-20 所示。

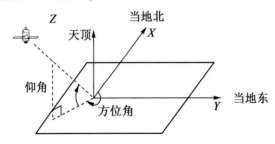

图 6-20　站心坐标系下的方位、仰角定义

测控站跟踪预报的计算方法是先计算卫星在惯性坐标系下的位置,再通过坐标转换得到测控站坐标系卫星的位置矢量 $\boldsymbol{\rho}$,由式(6-39)计算出方位 A 和仰角 E,再按一定时间间隔记录 $E>E_0$ 时刻的方位、仰角值。

$$\boldsymbol{\rho} = \begin{bmatrix} \rho\cos E\cos A \\ \rho\cos E\sin A \\ \rho\sin E \end{bmatrix} \qquad (6-39)$$

影响测控站对卫星可见因素有时间、卫星轨道、测控天线在卫星上的安装位置、指向和波束张角、测控站地理位置和天线波束宽度等。卫星的测控天线通常安装在卫星对天面和对地面,根据卫星的轨道高度,当卫星天线主轴指向星下点、半张角满足式(6-40)时,天线发出的测控信号可以覆盖地面,在这个波束覆盖范围内的地面测控站都可见卫

星,如图 6-21 所示。以卫星轨道高度 500 km 为例,半张角值为 67.5°。在卫星天线的半张角满足式(6-40)情况下,计算测控站的跟踪预报还需要考虑卫星的姿态。

$$\theta = \arcsin \frac{R_s}{R_s + H} \tag{6-40}$$

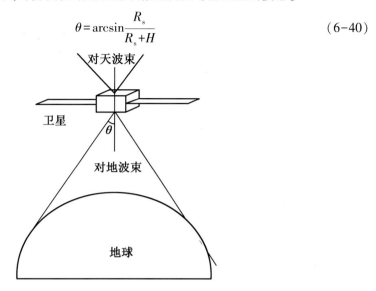

图 6-21　测控天线对天、对地覆盖范围示意图

(1)卫星姿态对地定向。

在一种最常见的情况,卫星的星体坐标系与轨道坐标系重合,卫星的星体对地面(+Z 轴)始终指向地面,为确保跟踪不受地面信号的干扰或遮挡,一般测控站的跟踪弧段的计算从 3°仰角起算。以某测控站跟踪一颗 500 km 高度的太阳同步轨道卫星为例,因为轨道高度较低,一般情况下一个跟踪弧段不超过 10 min。

(2)卫星姿态对日定向。

一些卫星为了获取能源,通常在没有业务时控制姿态对日,导致卫星的星体对地面(+Z 轴)的指向随时间变化,还以 500 km 高度近地卫星在姿态对日条件下某测控站跟踪弧段计算为例,与卫星姿态对地定向相比,跟踪弧段缩短,而且跟踪弧段中间也出现了断续。

图 6-22 是地球同步卫星在巡航模式下卫星 Z 轴对日定向示意图,在巡航模式下太阳帆板追踪太阳,当卫星定点在 80 °E、测控天线的对地张角为 90°时,计算出的对天、对地测控天线的跟踪弧段分别为 12:00:00~20:54:10(对天天线)和 20:54:10~09:13:03(对地天线)。

(3)卫星对目标定向。

一些遥感卫星对目标取图时,需要调整卫星姿态指向目标,导致卫星的星体对地面(+Z 轴)的指向随时间变化,以 500 km 近地卫星姿态 Z 轴对地面某固定目标拍照情况下,某测控站跟踪弧段的计算时,与卫星姿态对地定向相比,跟踪弧段缩短,中间也出现了断续。

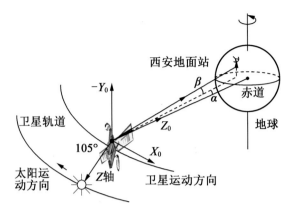

图 6-22　地球同步卫星巡航模式下卫星 Z 轴对日定向示意图

通过上述分析可以看出,在计算卫星测控可见弧段时,必须考虑卫星的姿态指向,在测控天线分别安装在卫星的对天和对地面且波束宽度覆盖全球的条件下,对地定向的跟踪条件最好,对日定向和对目标定向都会造成跟踪弧段变差,变差的情况与卫星的轨道、地面测控站位置、目标位置、时间等因素有关。

为完成卫星在轨测控管理任务,每个测控站都需要稳定跟踪卫星,需要考虑上述卫星姿态造成测控中断影响。具体的对策是在工程实践中,做测控跟踪预报需要设置对地、对日和对目标的跟踪条件,当测控弧段中断影响较大时,尽量在数传的同时使用具备测控能力的数传站测控;还可以每天安排固定圈次测控,即事先注入数据,在卫星进入测控弧段前,转对地定向,出境前自动对日定向。

6.2　地球静止轨道卫星位置保持控制

6.2.1　位置漂移原理

理想的地球静止轨道应该是一个半径为 42 164.16 km、赤道平面上的圆轨道。由于各种摄动力的影响,卫星实际运行在一个具有小偏心率、小倾角的轨道,周期也不完全与地球同步,结果是卫星的星下点位置在地球的东西(经度)和南北(纬度)方向上漂移,下面分别进行分析。

1. 卫星东西方向漂移

地球静止轨道上的卫星在东西方向漂移主要是由地球不均匀的形状和轨道偏心率变化引起的,如果地球是均匀球体,地球对卫星的径向引力只与地心距平方成反比,与卫星的位置无关,只要满足卫星轨道的周期与地球自旋周期一致,定点在静止轨道上的卫星位置就能相对地面固定。但实际上地球是质量不均匀、北凸南凹的梨形体,赤道半径超过极轴半径约 21.4 km,同时赤道又呈轻微的椭圆状,如图 6-23 所示。当把地球看作是一个圆球、其体积等于地球体积时,圆球体的半径为 6 371 004 m;当把地球看作是一个椭球体时,地球的赤道半径(即椭球体长半轴)为 6 378 145 m。地球不均匀的形状使卫星在轨道的法向和切向也受到引力作用,而且径向引力不仅与距离有关,还与卫星的位置有关,这些附加的力学因素统称为地球形状摄动,它们使静止轨道上的卫星相对地面产生飘移运动。地球引力的位函数为(只考虑二阶摄动函数 J_2 和 J_{22} 项):

$$U=\frac{\mu}{r}\left[1-\frac{J_2R_e^2}{2r^2}(3\sin^2\varphi-1)+\frac{3J_{22}R_e^2}{r^2}\cos^2\varphi\cos 2(\lambda-\lambda_{22})\right] \tag{6-41}$$

式中,J_2 为带谐项系数;J_{22} 为田谐项系数;u 为地心常数;r 为地心距;λ 为地心经度;φ 为地心纬度;R_e 为地球的平均半径;λ_{22} 为二阶田谐项主轴的地理经度,按地球扁状和椭状产生的摄动影响分析如下。

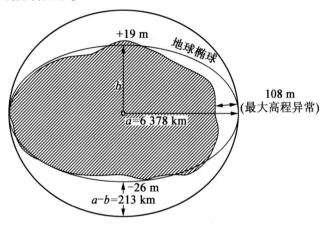

图 6-23 地球的形状示意图

(1)带谐项摄动(地球扁状摄动)影响。

带谐项摄动是由地球扁状引起的,它产生径向和法向摄动力,当轨道面与赤道面重合时,法向摄动力为 0,径向摄动力相当于增大了地球对卫星的中心引力,使静止轨道的半径增大了 522.3 m。相对于标称同步卫星半径,带谐项摄动使卫星发生恒定向东的经度漂移,是一个长期摄动项,漂移率为 2.44°/年。克服长期摄动最简单的方法是调整卫星高度,在不同的定点位置,标称轨道半长轴计算公式为

$$a_s=42\ 165.993+0.685(\sin^2i_m-\sin^2i_s)+0.000\ 203\cos 2(\lambda_s-\lambda_{22})-$$
$$0.001\ 8\cos(\lambda_s-\lambda_{31})+0.001\ 8\cos 3(\lambda_s-\lambda_{33}) \tag{6-42}$$

式中,λ_s 为卫星定点经度;λ_{22}、λ_{31}、λ_{33} 为地球引力场常数,具体值分别为 $\lambda_{22}=-13.359°$、$\lambda_{31}=6.613\ 7°$、$\lambda_{33}=18.661\ 8°$;$i_s=23.445°$ 为黄赤交角;i_m 为月球轨道交角,其计算公式为

$$\cos i_m=\cos i_s\cos J-\sin i_s\sin J\sin \Omega_D \tag{6-43}$$

式中 Ω_D 为白道升交点黄经,其计算公式为

$$\Omega_D=259.183\ 275°-1\ 934.142\ 008T \tag{6-44}$$

T 为从 1900 年 1 月 1 日 12 点起的儒略世纪数(1 儒略世纪=36 525 日),J 是白道和黄道的夹角,$J=5.14°$。

（2）田谐项摄动（地球椭状摄动）影响。

田谐项摄动是由地球椭状引起的，它产生径向和切向摄动力，其中径向摄动与带谐项相比小得多，可以忽略不计。切向摄动产生的加速度使卫星在东西方向漂移，加速度 λ'' 的大小与定点位置 λ 有关，当只考虑 J_{22} 项时，其值为

$$\lambda'' = 0.001\,68\sin 2(\lambda + 14.9)\ ((°)/d^2) \tag{6-45}$$

当 $\lambda = 75.1°$ 时

$$\lambda'' = 0.001\,68\sin 2(71.5° + 14.9°) = 0.001\,68\sin(180°) = 0°/d^2 \tag{6-46}$$

这表明赤道上空存在加速度为 0 的点。如图 6-24 所示，赤道上空有 4 个点加速度为 0，分别为 75.1°E、105.3°W、11.5°W 和 161.9°E。前 2 个点为稳定平衡点（75.1°E 105.3°W），卫星在其上可以保持静止；另外 2 个点为不平衡点（11.5°W 161.9°E），卫星会从此点漂移。无论卫星在静止轨道的哪个定点位置，卫星漂移加速度总是朝向距离它位置较近的平衡点运动，图 6-24 标出了 4 个平衡点的位置、卫星受力的方向和由此产生的卫星相对地球的漂移方向。在卫星漂移过程中，卫星的位置和轨道半长轴发生变化，周期为 818 天。图 6-25 是定点在 104.5°E 位置卫星的轨道 4 年变化情况，图 6-25（a）是轨道半长轴变化情况，它绕标称半长轴振荡，图 6-25（b）是卫星星下点变化情况，它绕 75.1°E 平衡点振荡，图 6-25 直观表明若不对卫星进行控制，卫星将在东西方向产生周期性漂移。

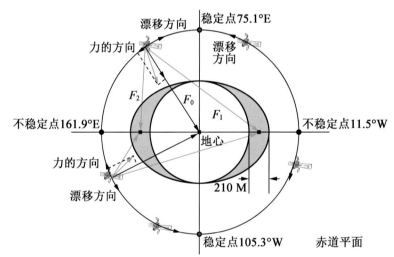

图 6-24　赤道上空平衡点位置和卫星受力示意图

上述分析表明，地球的扁状和椭状分别引起卫星在东西方向漂移，只要卫星的轨道高度采用标准同步半长轴，可以一次性消除扁状（带谐项）的影响，而椭状引起的东西方向漂移与卫星在轨道上的位置有关，随时间变化，因此定点卫星需要定期进行轨道控制，克服椭状引起的东西方向漂移。

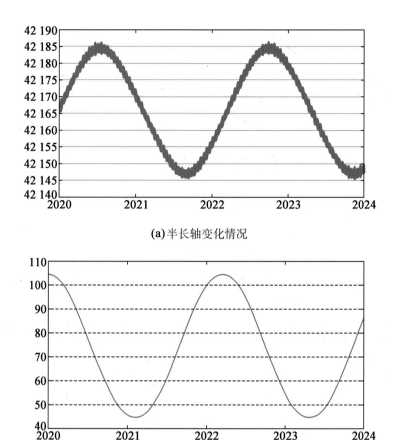

(a)半长轴变化情况

(b)星下点位置变化情况

图 6-25　静止轨道卫星轨道变化情况

(3)偏心率影响。

卫星在空间受到太阳光照射,太阳辐射能量的一部分被其吸收,另一部分被其反射,这种能量转换使卫星受到力的作用,称为太阳辐射压力,简称光压。光压使定点卫星的轨道变化趋势如图 6-26(a)所示,静止轨道的卫星以速度 V_S 运行,当处在圆轨道沿下半圈运行时,光压的作用使卫星加速,经过半圈的积累,相当于在点①处顺速度方向施加一个速度增量 Δv_1;当卫星在上半圈运行时,光压起减速作用,半圈积累的结果相当于在②处反方向作用一个 Δv_2 的速度增量。Δv_1 使上半圈的地心距增大,Δv_2 使下半圈的地心距减小,轨道呈椭圆状,点②逐渐上升为远地点,点①逐渐下降为近地点,如图 6-26(b)所示,随着时间的积累,轨道形状逐渐由圆变扁,偏心率增大,引起卫星星下点在东西方向日震荡。

2. 卫星南北方向漂移

卫星每天在南北纬度方向周期性漂移是由轨道倾角引起的,而倾角的变化主要是由太阳、月球摄动力造成的。

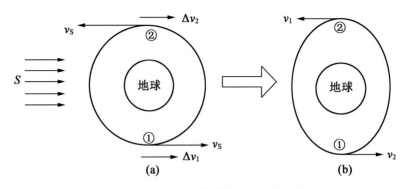

图 6-26 光压对卫星轨道偏心率影响示意图

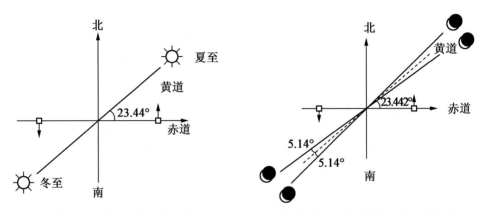

(a) 太阳对地球同步卫星的引力方向　　　(b) 月球对地球同步卫星的引力方向

图 6-27 太阳和月球对静止轨道卫星引力示意图

(1) 太阳影响。

在静止轨道上,卫星总是受到太阳的引力作用。如图 6-27(a) 所示,在赤经 0°~180° 的半圈内,卫星总是受向北方向的引力,在 180°~360° 半圈内,卫星总是受向南方向的引力,其结果是将卫星的轨道平面拉离赤道平面,每年平均漂移 0.27°,太阳引力的摄动方程为

$$\begin{cases} \dfrac{\Delta i_x}{\Delta t} = n_e(-0.405i_y + 0.205) \times 10^{-5}\,\text{rad/s} \\[2mm] \dfrac{\Delta i_y}{\Delta t} = n_e(0.405i_x) \times 10^{-5}\,\text{rad/s} \end{cases} \tag{6-47}$$

式中,n_e 为地球自转速度。太阳引力使卫星轨道面进动,同时使轨道倾角矢量 i 倒向春分点。

(2) 月球影响。

月球的引力方向与太阳引力相同,如图 6-27(b) 所示,但由于月球轨道相对于赤道平面的倾角为 23.44°±5.14°,受力的大小是变化的,与月球轨道升交点黄经有关,它使卫星倾角矢量产生每年 0.48°~0.68° 的漂移。月球引力的摄动方程为

$$\begin{cases} \dfrac{\Delta i_x}{\Delta t} = n_e(0.074\cos\varOmega_m + 0.443)\times 10^{-5}\ \mathrm{rad/s} \\[3mm] \dfrac{\Delta i_y}{\Delta t} = n_e(-0.099\sin\varOmega_m)\times 10^{-5}\ \mathrm{rad/s} \end{cases} \tag{6-48}$$

式中,$\varOmega_m$ 是月球相对黄道的升交点,其计算公式为

$$\varOmega_m = 125°.044\,56 - 1\,934°.136\,2T + 0°.002\,076\,7T^2 \tag{6-49}$$

在静止轨道上的卫星倾角漂移是上述太阳和月球等影响的总和,其结果是倾角矢量在一个近似圆锥面上进动,圆锥中心线的倾角大约为 7.4°,并倒向黄极方向,以 54 年为周期做负方向旋转,其中太阳谐动引起以半年为周期的波动,月球摄动引起周期为 2 星期的较小波动,引起的倾角变化量为每年 0.75°~0.95°。近些年内,2015 年倾角漂移最小,为 0.758°/年;而 2024 年倾角漂移最大,为 0.953°/年,具体可由下式计算:

$$\Delta i = 365.25\sqrt{(3.596\sin\varOmega_m)^2 + (22.74 + 2.681\cos\varOmega_m)^2} \tag{6-50}$$

式中,T 为 J2000.0 地心坐标系下的儒略世纪数。

3. 卫星星下点运动

卫星星下点是卫星向径与地球表面交点,其轨迹是星下点在地球曲面通过的路径,是卫星轨道运行和地球自转运动的合成,它反映卫星相对地球的运动情况。理想情况下,静止轨道卫星的星下点是地面上的一个点,实际上受倾角和偏心率的影响,星下点轨迹是一条曲线,当倾角不大时,星下点在地球上的经度变化量 $\Delta\lambda$ 和纬度值 φ 为

$$\begin{cases} \Delta\lambda = 2e(\sin M - \sin M_0) \\ \varphi = i\sin(\omega + M) \end{cases} \tag{6-51}$$

可以看出,星下点在经度方向每天最大变化值为偏心率的 2 倍,在纬度方向每天最大变化值等于倾角 i。图 6-28 是定点在 104.5°E 卫星轨道偏心率为 5×10^{-4}、倾角分别为 0.1°、0.5°、1°和 3°时的 24 h 星下点曲线,当倾角值较大时,星下点的"8"字曲线明显。可以直观地看出,如果要让星下点运动范围小,就应该控制轨道的偏心率和倾角值尽量小。

东西方向漂移使卫星偏离定点位置、倾角的增加和偏心率的增加使卫星 24 h 星下点运动范围变大,如果不采取措施,静止轨道特性将会消失,为了使卫星固定在一个相对固定的位置和每天在小范围内运动,需要对卫星进行东西、南北方向的轨道控制。

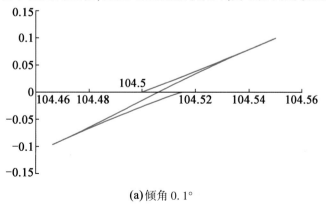

(a)倾角 0.1°

图 6-28　不同轨道倾角卫星星下点轨迹

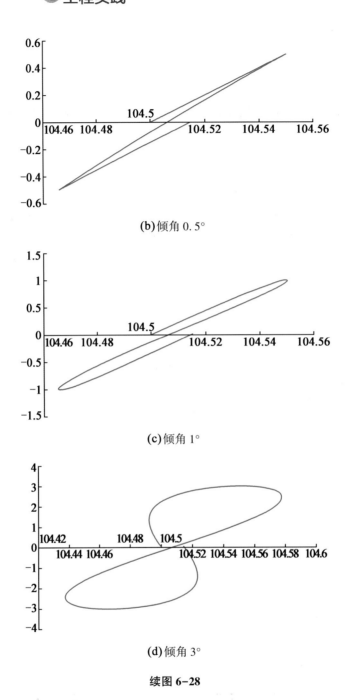

(b)倾角 0.5°

(c)倾角 1°

(d)倾角 3°

续图 6-28

6.2.2　东西位置保持控制计算

　　将卫星在东西方向的漂移控制在一定范围内所采取的措施,被称作东西位置保持控制,它包括轨道半长轴控制和偏心率控制。

1. 半长轴控制

（1）控制策略。

在静止卫星经度保持范围内（例如 0.1°），前面所讨论的地球椭状引起的卫星运动加速度可以认为是常值，因此，在定点经度 λ_s 附近，任意时刻卫星的经度 $\lambda(t)$ 变化函数是一条抛物线，表示为

$$\lambda(t) = \lambda_0 + \lambda_0'(t-t_0) + \frac{1}{2}\lambda_s''(t-t_0)^2 \tag{6-52}$$

式中，λ_0 为起始时刻 t_0 时卫星的经度；λ_s'' 为定点经度 λ_s 处的加速度。式（6-52），图 6-29 描述了由地球椭状引起加速度对卫星位置的影响，图中 t_0 时刻卫星在初始位置①、经度为 λ_0，以初始速度 $\lambda'(t_0)$ 漂移，在加速度 λ_s'' 的作用下，漂移速度逐渐减小，到位置②、经度为 λ_M 时，漂移速度减小到 0，然后卫星往回漂移，速度逐渐增加，最后漂移到位置③（经度为 λ_0），漂移速度增加到 $-\lambda'(t_0)$。

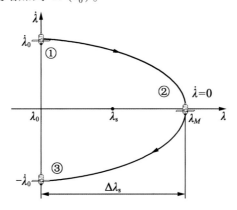

图 6-29　卫星运动位置与漂移速度关系曲线

根据抛物线原理，当卫星初始漂移速度满足式（6-53）时，卫星 t_0 时刻从初始位置①漂移到②的距离最远，从①漂移到③的时间 T 最长。卫星东西方向控制的原理正是基于这个原理，当卫星定点为经度 λ_s、保持环宽为 $\Delta\lambda_s$ 时，获得的最大保持周期为 T。

$$\begin{cases} \lambda(t_0) - \lambda_s = -\frac{1}{2}\Delta\lambda_s \\ \lambda'(t_0) = -\frac{1}{2}\lambda''T \end{cases} \tag{6-53}$$

$$T = 2\sqrt{\frac{2\Delta\lambda_s}{|\lambda''|}} \tag{6-54}$$

实际卫星控制中，是通过改变卫星轨道半长轴 a 来改变卫星漂移速度 λ'，它们之间的关系如式（6-55）：

$$\lambda' = 360\left(1 - \left(\frac{a}{r_s}\right)^{\frac{3}{2}}\right) = 540\frac{\Delta a}{r_s} \tag{6-55}$$

式中，r_s 为标准轨道半径，$r_s = 42\ 165\ 780$ m。由式（6-55）可以看出，当半长轴等于标准半

长轴时,卫星漂移率为 0,当轨道半长轴大于定点位置的标准半长轴时,漂移率小于 0,为卫星星下点运动落后于地球自转,反映在星下点向西漂移;当半长轴小于定点位置的标准半长轴,漂移率大于 0,卫星星下点运动快于地球自转,反映在星下点向东漂移。在保持范围内,漂移加速度 λ''_s 引起的轨道半长轴每天变化量为

$$\Delta a = \frac{2r_s^{\frac{5}{2}}}{3\sqrt{\mu}} \times \lambda''(\text{m/d}) \tag{6-56}$$

表 6-19 给出了几个同定点位置的加速度值和对应的每天半长轴增加量。

表 6-19　不同定点位置每天半长轴增加量

定点位置/(°)	漂移加速度/((°)/d²)	每天半长轴漂移量/(m/d)
80.3	0.000 355	27.65
85.8	0.000 776	60.43
104.5	0.001 78	138.62
110	0.001 91	148.74

（2）参数计算。

①控制漂移环的选取。

漂移环是卫星在经度方向的漂移范围,它的选取应该满足:$|\lambda - \lambda_0| \leq \frac{\lambda^*}{2}$,其中 λ 是任意时刻卫星经度;λ_0 是卫星定点经度;λ^* 是理想漂移环宽度。但考虑到除地球非球形 J_{22} 项摄动对卫星产生经度方向的加速度外,还有偏心率的影响、轨道计算误差等的影响,如果上述各项误差加起来为 λ_e,实际的漂移环选取要小于 $\lambda^* - 2\lambda_e$。通常 λ_e 约为 0.04°,则对应的保持环宽度为 0.2°,则 $\frac{\lambda^*}{2} = 0.06$°。

②保持时间计算。

由上述控制漂移环和漂移加速度 λ'',则保持时间 T 为

$$T = 2\sqrt{\frac{2(\lambda^* - 2\lambda_e)}{|\lambda''|}} \tag{6-57}$$

③控制点选取。

如果要使轨道尽量圆且位置保持控制对偏心率影响尽量小,应该遵循下列控制规则:如果要增大半长轴,控制点应该选择在远地点进行,增大近地点高度;如果要减小半长轴,控制点应该选择在近地点进行,降低远地点高度。控制过程中卫星采用化学推进剂系统,发动机产生的推力工作时间与卫星的轨道运行周期相比是相当短暂的,因此通常可视为脉冲变轨方式,即推力脉冲使卫星速度有突变式的增量,但不引起卫星位置的突变。因此每次控制,卫星的位置不会立刻变化,而是通过速度变化和时间的积累,产生

卫星位置变化。因此,如果在近地点减速控制,半长轴变化量为 Δa,近地点高度不变,则远地点高度下降 $2\Delta a$。

④速度增量计算。

在保持期间,由式(6-56)得到卫星轨道日半长轴变化量 Δa_{D},图 6-30 中从 A 点漂到 C 点的轨道半长轴总变化量 Δa_{T} 为

$$\Delta a_{\mathrm{T}} = T \times \Delta a_{\mathrm{D}} = \frac{4\sqrt{2}}{3\sqrt{\mu}} \cdot r_{\mathrm{s}}^{\frac{5}{2}} \cdot \lambda^{*\frac{1}{2}} \cdot \lambda^{n\frac{1}{2}} \tag{6-58}$$

由东西控制轨道半长轴变化量,需要的速度增量 ΔV 为

$$\Delta V = \frac{1}{2} \times \left(\frac{\mu}{r_{\mathrm{s}}^3}\right)^{\frac{1}{2}} \times \Delta a_{\mathrm{T}} \tag{6-59}$$

由式(6-59)可以计算出半长轴每变化 27.4 km 需要的速度增量为 1 m/s,该值在东西控制时经常使用。

⑤燃料消耗计算。

采用化学推进进行轨道转移,依据脉冲推力原理,在其作用前后,卫星位置不发生变化,速度在瞬间改变 ΔV,ΔV 与消耗燃料质量 Δm 的关系满足齐奥尔科夫斯基公式:

$$\Delta V = -V_{\mathrm{e}} \ln\left(1 - \frac{\Delta m}{m_0}\right) \tag{6-60}$$

式中,m_0 为变轨前卫星质量;V_{e} 为有效排气速度,其值等于发动机的真空比冲 I_{sp} 与海平面引力加速度 g_0 的乘积,即

$$V_{\mathrm{e}} = I_{\mathrm{sp}} \times g_0 \tag{6-61}$$

则卫星推力系统消耗的燃料 Δm 为

$$\Delta m = m_0 \left[1 - \mathrm{e}^{\frac{\Delta V}{gI_{\mathrm{sp}}}}\right] \tag{6-62}$$

考虑到通常情况下 $\frac{\Delta V}{gI_{\mathrm{sp}}}$ 是小量,式(6-62)还可以表示为

$$\Delta M = m_0 \left[1 - \mathrm{e}^{\frac{\Delta V}{gI_{\mathrm{sp}}}}\right] \approx \frac{m_0 \Delta V}{gI_{\mathrm{sp}}} \tag{6-63}$$

当发动机采用连续方式工作时,为获得速度增量 ΔV,连续工作时间 Δt 为

$$\Delta t = \frac{m_0 \Delta V}{F_t} \tag{6-64}$$

式中,F_t 为推力。

⑥控制对节点的影响。

如果近地点高度为 h_{p},远地点高度为 h_{a},当一次减速控制在近地点实施后,远地点高度将减少为 $h_{\mathrm{a}} - 2\Delta a$,如果 $h_{\mathrm{a}} - 2\Delta a < h_{\mathrm{p}}$,此时原来的远地点将变成近地点,近地点将变成远地点;当一次加速控制在远地点实施后,近地点高度将增加为 $h_{\mathrm{p}} + 2\Delta a$,如果 $h_{\mathrm{p}} + 2\Delta a > h_{\mathrm{a}}$,此时原来的近地点将变成远地点,远地点将变成近地点。

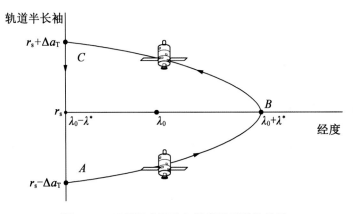

图 6-30　卫星经度漂移与轨道半长轴的关系

表 6-20 给出了定点位置 $\lambda_s = 125°$、保持精度 $\Delta\lambda_s/2 = 0.1°$ 的东西控制参数计算结果,图 6-31 是本次控制的漂移环,本次控制半长轴变化量为 4 298.8 m,对应的速度增量为 0.16 m/s,保持时间为 29 天。

表 6-20　定点在 125 °E 位置卫星东西控制参数计算示例

定点位置地球引力加速度/(°)	西边界/(°)	东边/(°)	半长轴每天改变量/m	东边界半长轴/m	西边界半长轴/m	半长轴变化量/m	保持周期/d	东/西边界漂移率/(°/d)	控制速度增量/(m/s)
0.001 9	124.9	125.1	147.965	42 163 633.1	42 167 926.9	4 298.8	29	0.027 6	0.16

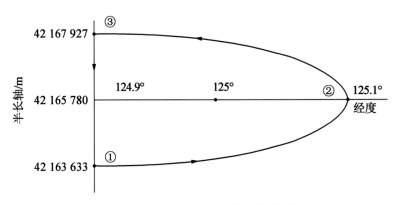

图 6-31　定点在 125°E 位置卫星漂移环

⑦定点位置与年速度增量关系。

单位极限环周期的速度增量仅与摄加速度有关,见式(6-65)。

$$\frac{\Delta V_t}{T} = \frac{r_s}{3} * \lambda''$$　　　　(6-65)

因此当卫星的定点位置确定时,经度保持控制年度所需的速度冲量唯一确定,例如,卫星在 85.8°E 处加速度 $\lambda'' = 0.000\ 77°/d^2$,则

$$\frac{\Delta V_t}{T} = \frac{42\ 165\ 780 \times 0.000\ 77}{3 \times 86\ 400} \times \frac{\pi}{180} = 0.002\ 186°\ \text{m/s} \qquad (6-66)$$

故一年用于克服地球形状摄动所需速度增量为 $365 \times 0.002\ 186 = 0.8\ \text{m/s}$;卫星在 104.5°E 处加速度 $\lambda'' = 0.001\ 76°/d^2$,则 $\frac{\Delta V_t}{T} = \frac{42\ 165\ 780 \times 0.001\ 76}{3 \times 86\ 400} \times \frac{\pi}{180} = 0.004\ 997°\ \text{m/s}$,因此一年用于克服地球形状摄动所需速度增量为 $365 \times 0.004\ 997 = 1.824\ \text{m/s}$。如果 2 颗卫星的单位速度增量的燃料消耗量一样,则在 104.5° 处位置的卫星要比 85.8° 位置的卫星燃料消耗多 $\frac{1.824}{0.8} = 2.3$ 倍。

图 6-32 给出了不同定点东西位置年度保持控制需要的速度增量,图中速度为 0 处就是 4 个平衡点,可以看出离开平衡点越远,需要的速度增量越大。

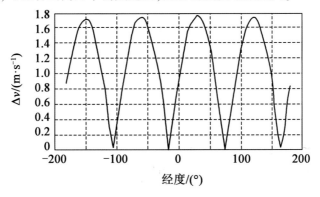

图 6-32　不同定点东西位置年度保持控制需要的速度增量

图 6-33 给出了 TDRS-13 卫星分别在 2 个定点位置进行东西保持控制实例。从 2018 年 7 月到 2019 年 1 月,TDRS-13 定点在 49°W,由地球形态的不规则特性引起的卫星东西方运动加速度为 $1.5 \times 10^{-3}°/s^2$,为了将卫星控制在 ±0.3° 范围内,NASA 大约每隔 40 天进行一次定点保持控制,每次控制量约为 5 km,如图 6-33(a)所示;从 2019 年 2 月开始,TDRS-13 漂移到 11.5°W,这里恰好是平衡点,此点的运动加速度为 0,图 6-33(b)画出了 2019 年 3 月到 2020 年 9 月这 1 年半卫星高度变化情况,可以看出高度呈振荡变化,显著区别于图 6-33(a)的单调变化,这期间只进行了 1 次高度控制,将高度只抬高了约 200 m,大大低于上述 5 km 的控制量,体现了卫星定点在平衡点可以显著减小控制次数的优势。

⑧一些实用换算关系。

综上所述,静止轨道卫星速度变化 1 m/s,引起半长轴的变化量 $\Delta a = 27.4\ \text{km}$、漂移率变化量 $\Delta D = -0.352°/d$ 及偏心率 $|\Delta e| = 0.000\ 65$;漂移率变化 $\Delta D = 1°/d$,对应速度增量 $\Delta V = -2.84\ \text{m/s}$、$\Delta a = -78\ \text{km}$ 及 $|\Delta e| = 0.001\ 85$。

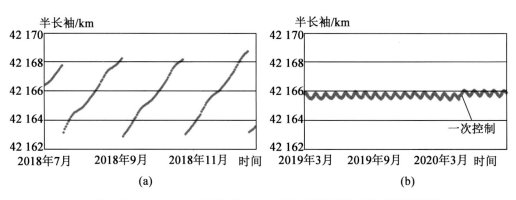

图 6-33　TDRS-13 卫星分别在 2 个定点位置进行东西保持控制实例

2. 偏心率控制

（1）控制策略。

静止轨道卫星偏心率矢量控制通常采用太阳指向近地点策略,可以在一个保持周期中使平偏心率的平均方向跟随太阳光压方向,从而使光压对偏心率的影响最小。设偏心率保持周期初始时刻卫星平偏心率为 e_0,控制圆圆心与平偏心率矢量端点连线 OA 方向滞后太阳方向 β 角,如图 6-33 所示。受太阳光压作用平偏心率沿着偏心率摄动圆的轨迹(虚线圆弧)从初始时刻的 A 点运动至 B 点平偏心率为 e_1,此时,控制圆圆心与平偏心率矢量端点连线 OB 方向朝前太阳方向 β 角。在该点实施偏心率控制,偏心率矢量增量垂直于太阳方向,使平偏心率变为 e_2,其端点在控制圆的圆周 C 点上,且控制圆圆心与平偏心率矢量端点连线 OC,方向滞后太阳方向 β 角,从而开始新的周期。

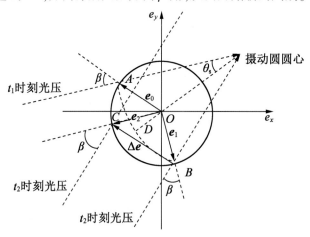

图 6-33　太阳指向近地点策略示意图

（2）参数计算。

从图 6-33 可以看出,太阳一个保持周期转过的角度 $2\theta_s$ 与 β 存在如下三角关系:

$$e_c \sin(\beta+\theta_s) = \rho \sin \theta_s \qquad (6-67)$$

式中,e_c 为偏心率控制圆半径;ρ 为偏心率摄动圆半径,其计算公式为

$$\rho = 0.011 \frac{S}{M} \tag{6-68}$$

式中，$\frac{S}{M}$为卫星的光压面积质量比；θ_s 为一个保持周期内太阳转过角度的一半，其计算公式为

$$\theta_s = n_0 T/2 \tag{6-69}$$

式中，n_0 为太阳视运动平均速度，$n_0 = 0.0172$ rad/d。当保持周期 T 确定时，偏心率控制目标的太阳滞后角 β 和偏心率修正量 $|\Delta e|$ 为

$$\begin{cases} \beta = \arcsin\left(\dfrac{\rho}{e_c}\sin\theta_s\right) - \theta_s \\ |\Delta e| = 2e_0\sin\theta_s \end{cases} \tag{6-70}$$

式中，$e_0 = \rho\cos\theta_s - \sqrt{e_c^2 - \rho^2\sin^2\theta_s}$。采用切向脉冲控制，由式（6-70）可以得到偏心率修正需要的速度增量 ΔV

$$\Delta V = \frac{V_s}{2}|\Delta e| \tag{6-71}$$

从图 6-33 可以看出，偏心率矢量从初始点沿摄动圆移动至与控制圆的交点时，偏心率保持周期最长。从几何关系可以确定初始偏心率矢量太阳滞后角度应为

$$\beta = \arccos\frac{e_c}{\rho} \tag{6-72}$$

由式（6-72）可知当 $\theta_s + \beta = \dfrac{\pi}{2}$ 时，偏心率保持周期最长，且为

$$T_{max} = \frac{1}{\pi}\arcsin\frac{e_c}{\rho} \tag{6-73}$$

当偏心率保持周期确定时，对于偏心率摄动圆半径为 ρ 的卫星，可将其偏心率控制在半径最小为 e_{cmin} 的控制圆内，其中

$$e_{cmin} = \rho\sin\theta_s \tag{6-74}$$

如果卫星质量为 1 500 kg，太阳光照射卫星平均面积为 30 m^2，相应的面质比为 0.02 m^2/kg，太阳光压导致的偏心率摄动圆半径为 2.31×10^{-4}。取保持环半径为 2×10^{-4}，可以计算出 $T = \dfrac{1}{\pi}\arcsin\dfrac{2\times10^{-4}}{2.31\times10^{-4}} = 0.33$ 年，对应的太阳滞后角 $\beta = \arccos\dfrac{2\times10^{-4}}{2.31\times10^{-4}} = 30°$。

上述偏心率控制方法使卫星的平偏心率矢量在控制周期内始终保持在偏心率控制圆内，并且使控制圆圆心至平偏心率矢量端点连线的平均方向指向太阳方向。这种方法在卫星面质比稳定时有很强的周期性，每次偏心率控制的增量基本相同并垂直于太阳方向，即有利于卫星测控的实施，结合上述半长轴在节点控制的需求，可以将卫星轨道的节点控制在卫星当地时间 6 时或 18 时，以期获得最佳半长轴控制和偏心率保持的效果。另外，在具体实施中，如果单独采用切向脉冲控制偏心率，会产生卫星漂移，引起的经度漂

移率为

$$\Delta\lambda=-\frac{3}{V_{\mathrm{s}}}|\Delta V| \tag{6-75}$$

通常采用 2 次切向控制的方法,第一次控制速度增量 ΔV_1,第二次控制速度增量 ΔV_2,它们之间的关系为

$$\begin{cases} \Delta V = \Delta V_1 + \Delta V_2 \\ V_1 + V_2 = 0 \end{cases} \tag{6-76}$$

式(6-76)表明 2 次切向控制的结果 ΔV 为 0,因此控制修正偏心率的同时不会引起卫星经度漂移。

6.2.3　南北位置保持控制计算

1. 控制策略

卫星南北方向位置保持控制就是使轨道倾角在一个控制周期内小于一定值 i_{th}、i_{th} 被称为南北保持范围,当 $i_{\mathrm{th}}=0.1°$,控制轨道倾角变化过程为 $-0.1°→0°→0.1°$,可以得到最大的南北保持周期。通常将升交点赤经 270° 左右对应的倾角称为正倾角,升交点赤经 90° 左右对应的倾角称为负倾角,如图 6-34 所示。以 $i_{\mathrm{th}}=0.1°$ 为例,理论上当卫星轨道倾角增大到 $-0.1°$,到达倾角控制边界,将其控制为 $+0.1°$。

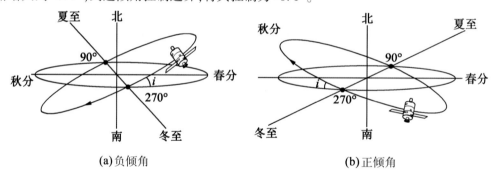

图 6-34　地球静止同步卫星轨道倾角控制示意图

2. 南北方向位保控制参数计算

(1) 目标倾角及升交点选取。

轨道倾角 i 的矢量方向与轨道法线方向一致,长度等于倾角值,在赤道惯性坐标系下表示为

$$\begin{cases} i_x = i_{x0} - 3.593\sin\Omega_{\mathrm{m}}(t-t_0) \\ i_y = i_{y0} + (22.74 + 2.681\cos\Omega_{\mathrm{m}})\cdot(t-t_0) \end{cases} \tag{6-77}$$

式中,i_x 和 i_y 为任意时刻 t 对应的倾角 i 在 x 和 y 轴的分量;i_{x0} 和 i_{y0} 为初始时刻 t_0 对应的倾角 i_0 在 x 和 y 轴的分量,上式为直线方程,如图 6-35 所示,直线的斜率为

$$K = \frac{i_y - i_{y0}}{i_x - i_{x0}} = \frac{22.74 + 2.681\cos\Omega_{\mathrm{m}}}{-3.596\sin\Omega_{\mathrm{m}}} \tag{6-78}$$

式中，i_y 始终是递增的。初始姿态(i_x, i_y)选择在下半圆，会增加姿态的保持时间，如果该直线能通过圆心，保持时间最长，如图 6-35 中的虚线所示。若南北保持范围为 i_{th}，保持时间最长的目标倾角 i_0 及升交点赤经 Ω_0 值为

$$i_0 = i_{th}, \quad \Omega_0 = \begin{cases} \pi + \arctan k & k > 0 \\ 2\pi + \arctan k & k < 0 \end{cases} \quad (6\text{-}79)$$

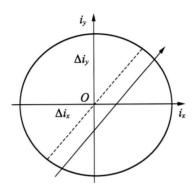

图 6-35　轨道倾角角漂移轨迹

（2）控制时刻选取。

设初始轨道升交点赤经为 Ω_i、倾角为 i_i，目标轨道升交点赤经为 Ω_0、倾角为 i_0，如图 6-36 所示，u_i 是初始轨道升交点到控制点角度，ξ 是初始轨道和目标轨道的夹角，当速度增量方向向北时，由球面三角形 ABC 有

$$\begin{cases} \cos(\Omega_0 - \Omega_i) = \dfrac{\cos \zeta - \cos i_i \cos i_0}{\sin i_i \sin i_0} \\ \cos \zeta = \cos(\Omega_0 - \Omega_i) \sin i_i \sin i_0 + \cos i_i \cos i_0 \end{cases} \quad (6\text{-}80)$$

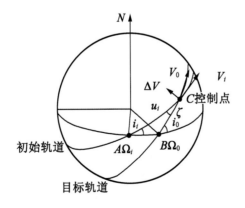

图 6-36　南北控制轨迹示意图

得到

$$u_i = \arccos \frac{\cos i_i \cos \zeta - \cos i_i}{\sin i_i \sin \zeta} \tag{6-81}$$

考虑到定点卫星的倾角一般都不大,控制点的经度可以表示为

$$\alpha_C = u_i + \Omega_i \tag{6-82}$$

计算出控制点经度后,具体的控制时间还要由控制日期决定,即与地球绕太阳运动的位置有关。在地心惯性坐标系下,太阳星历计算公式如下:

$$\begin{cases} a = 1.000\ 001\ 02 \\ e = 0.016\ 708\ 62 - 0.000\ 042\ 04 \times t - 0.000\ 001\ 24 \times t^2 \\ I = 23.439\ 291 - 0.013\ 004\ 17 \times t - 0.000\ 000\ 16 \times t^2 \\ \Omega = 0 \\ \omega = 282.937\ 347\ 3 + 1.719\ 53 \times t + 0.000\ 459\ 72 \times t^2 \\ M = 357.529\ 1 + 35\ 999.050\ 289 \times t - 0.000\ 015\ 611 \times t^2 \end{cases} \tag{6-83}$$

式中,t 为从标准历元 J2000.0 算起的儒略世纪数。在地心惯性坐标系下对应时间 t 的太阳经度为

$$a_s = \arctan(\tan(\omega + f)) \cos i + \Omega \tag{6-84}$$

知道了控制点的经度 α_C 和太阳位置 α_s 后,就可以算出南北控制的卫星当地时间 t_L:

$$t_L = 12 - \frac{\alpha_s - \alpha_C}{15} \tag{6-85}$$

对应北京时间 t_B 为

$$t_B = \frac{(120 - \lambda_s)}{15} + t_L \tag{6-86}$$

式中,λ_s 为卫星定点经度。

(3)速度增量及消耗燃料计算。

设初始升交点赤经为 Ω_i、倾角为 i_i,目标升交点赤经为 Ω_0、倾角为 i_0,则初始轨道平面法向矢量 n_1 和目标轨道法向矢量 n_2 分别为

$$\begin{cases} n_1 = \begin{vmatrix} \cos \Omega_1 \sin i_1 \\ -\sin \Omega_1 \sin i_1 \\ \cos i_1 \end{vmatrix} \\ n_2 = \begin{vmatrix} \cos \Omega_2 \sin i_2 \\ -\sin \Omega_2 \sin i_2 \\ \cos i_2 \end{vmatrix} \end{cases} \tag{6-87}$$

轨道倾角变化量 $\Delta\psi$ 计算公式为

$$\cos \Delta\psi = n_1 \cdot n_2 \tag{6-88}$$

令卫星初始轨道运行速度为 V_1,目标轨道运行速度为 V_2,则对应轨道倾角变化量 $\Delta\psi$

的控制速度增量为

$$\Delta V = V_1^2 + V_2^2 - 2V_1 V_2 \cos \Delta\psi \qquad (6-89)$$

定点卫星倾角控制前后速度可以认为就是标准地球同步轨道速度，即 $V_1 \approx V_2 \approx V_0 =$ 3.075 km/s，由式（6-87）和式（6-88）得到

$$\Delta V = V_0 \times \sqrt{2(1-\cos(2\times(\sin i_1 \sin i_2 \cos(\Omega_1-\Omega_2)+\cos i_1 \cos i_2)))} \qquad (6-90)$$

燃料消耗量为

$$\Delta M = M\left[e^{\frac{\Delta V}{V_E}} - 1 \right] \qquad (6-91)$$

表 6-21 是以 85.5°定点卫星为例，用上述公式计算一颗卫星在 2021 年 3 月 26 日进行南北控制参数计算示例，假设卫星的发动机推力向南。

表 6-21　南北控制参数计算示例

输入量					输出结果			
控前升交点赤经/(°)	控前倾角/(°)	目标倾角/(°)	控前轨道半长轴/km	控后轨道半长轴/km	北京时间	当地地方时刻	目标升交点赤经/(°)	速度增量/(m/s)
93.97	0.5	0.5	42 165.75	42 165.75	3:28:33	5:45:21	278.4	53.629

6.2.4　多星共位策略

由于热点地区可用于地球同步卫星定点位置越来越少，而全球范围内需求量却越来越大，为了解决这一问题，在一个定点轨道位置上可以放置多颗卫星，即多星共位。与一星一位相比，多星共位需重点解决共位卫星相互碰撞、遮挡和无线电干扰三大问题，这里主要讨论防止碰撞和遮挡问题，无线电干扰主要通过频率的选择来避免。

20 世纪 70 年代末欧洲人提出轨道群控制的概念后，多星共位技术在 80 年代后期开始进入实用阶段，日本广播卫星 BS-2a 和 BS-2b 于 1986 年 7 月 12 日在东经 110°的静止轨道上实现共位，目前多星共位控制已经是常规操作。截至 2019 年 5 月静止轨道上活跃的卫星为 450 颗，其中一个位置上最多有 6 颗卫星共位，多星共位技术要求如下。

1. 防止碰撞

两星之间必须保持一定的安全距离。当测量到星间距离小于最小相对距离时，要通过机动措施来使卫星之间保持安全距离，防止卫星发生碰撞要求的最小星间距一般取值 6 km(3σ)，星间最小经、纬度分别为 0.016°和 0.006°。

2. 防止遮挡

为避免遮挡，两星之间应维持一定的相对方位约束，避免卫星的相对运动轨迹在平面上的投影为一条直线。当两星的经、纬度差皆为零时，即卫星仅在径向有间隔，共位卫星之间会发生遮挡，必须通过一定的相对方位约束来避免发生遮挡。

主要有共有 5 种卫星的共位策略：完全经度隔离、在漂移周期内经度隔离、利用偏心率引起的经度振荡进行隔离、偏心率隔离、偏心率和倾角隔离方法。

（1）完全经度隔离。

将整个保持范围经度分成若干个比较小的保持区域，每颗卫星占用一个相邻保持区域之间存在一定的经度差，各星之间没有重叠的区域，如图 6-37 所示。卫星按照各自的情况单独制订保持策略将其保持在固定区域内，这种方法只有在总漂移范围较宽并且卫星数目较少的情况下才有可能。双星采用完全经度隔离方法时，要求它们的轨道参数满足式（6-92）

$$\Delta\lambda > 2(e_1 + e_2 + (|\dot\lambda_1| + |\dot\lambda_2|)[\max|s - s_0|]) \qquad (6\text{-}92)$$

式中，λ 为卫星平经度；$\dot\lambda$ 为卫星平经度漂移率；s 为卫星的恒星时角；s_0 为卫星在 t_0 时刻的恒星时角。

（2）漂移周期内经度隔离。

这种方式是将经度保持范围分割成若干个部分重叠的区域在位置保持周期的不同阶段不同卫星占据不同区域图，如图 6-38 所示。双星采用漂移周期内的经度隔离方法时，要求它们的轨道参数满足式（6-93）

$$\begin{cases} \Delta\lambda > 2(e_1 + e_2) \\ \Delta\dot\lambda = 0 \end{cases} \qquad (6\text{-}93)$$

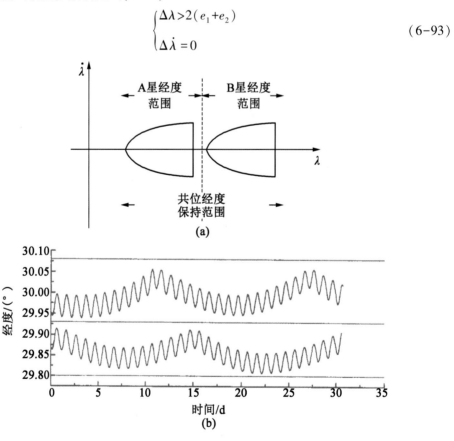

图 6-37　完全经度隔离示意图

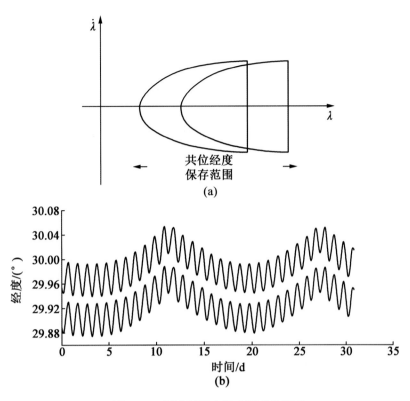

图 6-38　漂移周期内经度隔离示意图

　　漂移周期内的经度隔离方法使所有参与共位的卫星能够占用大部分定点保持区域，但这种模式需要各共位卫星进行同步经度保持，即在同一天内进行东西保持控制，使得在保持周期内各卫星的经度按照基本相同的抛物线变化，从而使共位卫星之间的经度差变化不大。如果参与共位的卫星偏心率都比较小，经度日振荡的幅度不大，就不必考虑偏心率的影响。此方法适合于太阳辐射压力较小的卫星。

　　（3）偏心率引起的经度日振荡进行的经度隔离。

　　利用偏心率引起的经度日振荡进行经度隔离的策略仍是将漂移范围沿经度方向划分成互相重叠的几部分，但这些重叠部分在同一天的不同时间段内被不同的卫星占据，如图 6-39 所示。双星采用偏心率引起经度日振荡的经度隔离方法，要求它们的轨道参数满足式（6-94）

$$\Delta\lambda > 0, \ \Delta\dot{\lambda} = 0, \ \Delta e = 0 \qquad (6\text{-}94)$$

　　这种方式适用于太阳辐射压力大而且几乎相等的卫星，所有的卫星处在经度日振荡相同的阶段，采用太阳指向近地点保持方法，并对共位的卫星在相同的时刻实施，但为了修正上一个位置保持周期轨道控制的误差，允许有一些差别。这种模式需要各共位卫星进行同步经度保持，尽可能在同一时刻对卫星实施保持机动。从控制策略来看这种方法的核心就是保证参与共位的卫星在空间的相对位置保持不变，需要实时协调 2 颗卫星的轨道控制，对属于不同控制中心的卫星进行共位，控制中心之间需要进行信息交换和协调。这种方法对偏心率和平经度漂移率控制要求较为严格,并且要求参与共位的卫星的太阳辐射压力尽可能相等,因此,在实际工程中很少使用。

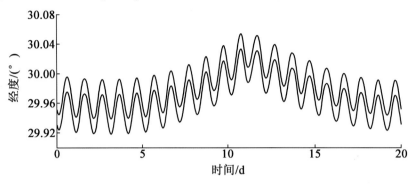

图 6-39　偏心率引起经度日振荡时的经度隔离示意图

(4)偏心率隔离。

偏心率隔离的基本思想是利用卫星偏心率矢量差,使共位卫星位置在径向距离消失时,切向距离达到最大值;在切向距离消失时,径向距离达到最大值,如图 6-40(a)所示。在定点保持范围之内使参与共位的卫星在轨道平面内产生一定的距离差,从而避免卫星过于靠近实现共位运行。当 2 颗卫星倾角矢量相同时,参与共位的卫星在平面形成绕飞,其相对运动轨迹为一个椭圆,如图 6-40(b)所示。双星采用偏心率隔离策略,要求它们的轨道参数满足式(6-95)

$$\Delta\lambda>0, \Delta\dot\lambda=0, |\Delta e|\neq 0 \tag{6-95}$$

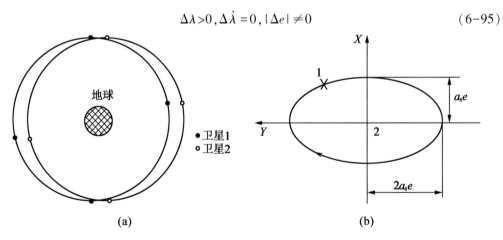

图 6-40　偏心率隔离示意图

采用偏心率隔离方法实施共位时,所有参与共位的卫星共同占用整个经度保持范围,由于偏心率矢量不同,卫星在轨道平面内沿径向和经度方向被隔离开。轨道平面可能重合或者不重合,因为每颗卫星都单独实施倾角机动,而不考虑其他卫星。偏心率隔离方法的主要缺点在于如果不能保证 $\Delta\lambda$ 和 $\Delta\dot\lambda$ 足够小,随着时间的推移会使经度方向上出现较大的误差,当 2 颗卫星倾角矢量相同时,会产生碰撞的危险。另外,在单独采用这种方法进行隔离,当卫星在一个平面内时,对于地面测控站不可避免地会出现卫星间相互遮挡现象,因此这种方法通常与倾角隔离相结合来对共位卫星进行共位隔离。

(5)偏心率和倾角隔离。

上述介绍的经度隔离和偏心率隔离均是轨道平面内的隔离方法,利用倾角隔离,可以使卫星运行在不同的轨道平面内从而产生隔离的方法,但仅利用倾角矢量差,在轨道平面的交叉点可能有碰撞的危险。通过偏心率和倾角隔离组合,可以消除这一危险。

偏心率和倾角隔离方法的基本原理是:所有卫星共同占用整个经度保持范围,保持任意 2 颗卫星的|Δe|和|Δi|不同时为 0,利用倾角矢量差使卫星在不同的轨道平面,产生法向方向的隔离,同时利用偏心率矢量差来产生径向和经度方向的隔离,使 2 颗卫星轨道平面和交叉处也产生隔离,从而保证任意 2 颗卫星之间的相互隔离,实现共位卫星的相对位置在 3 个方向上不同时为 0。偏心率和倾角隔离方法主要有子午面隔离、切平面隔离和其他隔离:子午面隔离是隔离任意 2 颗卫星在子午面内的投影,使共位卫星位置在径向距离消失时,法向距离达到最大值;在法向距离消失时径向距离达到最大值;切平面隔离是隔离任意 2 颗卫星在切平面内的投影,使共位卫星位置在切向距离消失时,法向距离达到最大值;在法向距离消失时切向距离达到最大值;其他隔离是该种隔离方法是一种介于子午面隔离和切平面隔离之间的方法。图 6-41 是这 3 种隔离方法产生的共位卫星的相对运动轨迹以及在 3 个平面内的投影,图中 arf=0 是子午面隔离、arf=π/2 是切平面隔离、arf=30 是其他方法。

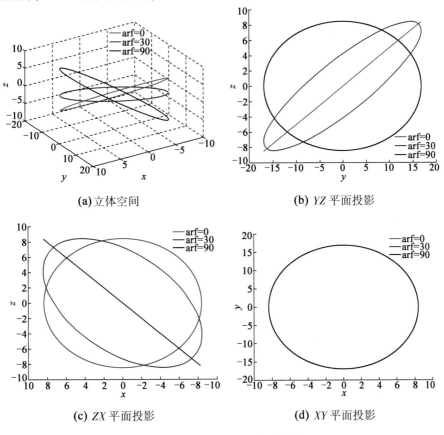

(a)立体空间　　(b) *YZ* 平面投影

(c) *ZX* 平面投影　　(d) *XY* 平面投影

图 6-41　共位卫星相对运动轨迹

表 6-22 对上述多星共位策略从实现的复杂度、共位卫星的数量、对卫星测控的要求和适用性方面进行了总结。

表 6-22　多星共位置隔离方法的特点

	隔离方法	优点	缺点	适用性
经度隔离	完全经度隔离	隔离方法简单,且卫星控制不需进行信息交换和协调	相同条件下共位卫星数量较少,东西控制周期较短	适用于保持边界较,且共位卫星数量比较少的情况
	漂移周期内的经度隔离	隔离方法较简单	在相同条件下共位卫星数量较少,且要求共位卫星同步控制	适合于面质较小的卫星,且共位卫星数量比较少的情况
	偏心率引起经度日振荡时的经度隔离	隔离方法较简单。	对平经度漂移率误差极为敏感,要求共位卫星面质比相同,且共位卫星数量较少,且要求共位卫星同步控制。	适合于面质比相同的卫星,且共位卫星数量较少的情况。
偏心率隔离	绝对偏心率隔离	隔离方法较简单且卫星控制不需作信息交换和协调	对平经度漂移率误差极为敏感,对卫星的测量和控制精度有较高要求,存在遮挡现象,单独采用这种方法进行隔离安全性不高	适合面质较小或面质比相差较大的卫星,且共位卫星数量较少的情况
	相对偏心率隔离	隔离方法较简单		适合于面质比相差不大的卫星,且共位卫星数量较少的情况
偏心率和倾角隔离	子午面内偏心率和倾角隔离	能够共位卫星的数量较多对测控的要求不高,安全性、可靠性较高。共位卫星不要求同步控制	共位卫星可能存在遮挡现象	适用于大多数卫星进行共位
	切平面内偏心率和倾角隔离	能够共位卫星的数量较多,卫星之间不存在遮挡,且相同条件下卫星相对距离较大,安全性、可靠性较高	对平经度漂移率误差较敏感,对卫星的测量和控制精度有较高要求,且要求共位卫星同步控制	适用于共位卫星数量较多,测量和控制精度较高,且要求卫星间无遮挡的卫星进行共位
	其他偏心率和倾角隔离	根据偏心率矢量与倾角矢量的夹角其优缺点介于子午面内偏心率和倾角隔离		—

6.2.5　位置保持控制实施

东西、南北控制参数计算完毕,需要把它们转化为星上推力器控制参数等。卫星控制分系统按照这些控制参数,控制相应的推力器,在规定的时间和方向上产生相应的速度增量,实现卫星位置或倾角的改变。由于在轨道控制过程中,轨道控制推力器在产生轨道控制推力的同时也会产生对卫星的扰动力矩,星上姿控系统为实现力矩平衡,自动进行姿态控制,这些姿控喷气会对轨道控制效果产生影响并消耗推进剂,因此每次进行位置保持控制,除了考虑目标轨道外,还需要抵消干扰力矩的影响。下面给出一颗三轴稳定卫星东西位置保持控制的实例。

1. 推力系统组成

轨道控制的实施依靠星上推力器实现。一个典型的 GEO 卫星推力器安装布局示意图如图 6-42 所示,共安装 12 个双组元推力器,分成 A、B 两个分支,图中 $O-XYZ$ 为卫星本体坐标系。每个分支中推力器 2 和 3 是一对,分别产生 $-Z$ 和 $+Z$ 方向控制力矩,两者成对同时工作可产生 $+X$ 方向轨控推力。推力器 4 和 5 分别产生法向方向 $+Y$ 和 $-Y$ 方向力矩,成对工作可产生 $-X$ 方向推力。推力器 6 和 7 分别产生 $+X$ 和 $-X$ 方向力矩,成对工作可产生 $+Y$ 方向推力。

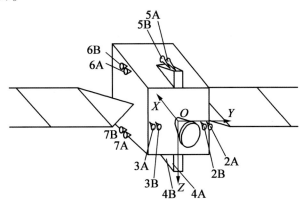

图 6-42　GEO 卫星推力器安装布局示意图

推力器点火方向可以在轨道法向方向($+Z$ 或 $-Z$ 方向),也可以在轨道切向($+X$ 或 $-X$ 方向)或径向方向($+Y$ 或 $-Y$ 方向)。采用法向推力的机动可称为倾角控制也可以称为平面外控制或南北控制,可用于改变卫星轨道平面的指向,即改变卫星轨道的倾角和升交点赤径。切向推力和径向推力都属于平面内机动。采用切向推力的机动称为切向控制也称为东西控制或经度控制,可以改变卫星的经度漂移率和偏心率矢量。径向推力的机动只改变卫星的偏心率矢量,但同样大小的径向推力,只能达到切向推力的一半效果。相对于径向控制,切向控制有更高的控制效率。因此静止轨道卫星的东西保持机动主要依靠切向推力来实现,而很少采用径向推力。

2. 推力器参数计算

在进行轨道机动的过程中,使用一个分支的推力器进行轨道控制,在实施轨道机动之前,需根据轨道机动目标预估轨控效率、推进剂消耗量,制定轨道机动控制参数,其中包括确定使用哪 2 个推力器作为轨道控制推力器及轨道控制推力器点火时间长度,下面给出使用上述推力系统进行一次东西位置保持需要的推力器参数计算过程,本次控制使用 A 分支。

(1)根据速度增量计算有效轨控时间。

由式(6-96),根据本次控制的速度增量 ΔV 计算推进剂消耗量 ΔM,再由式(6-97)计算不考虑姿控影响的有效轨控时间 Δt_c^*。

$$\Delta M = M_s \left[1 - \mathrm{e}^{\left(-\frac{|\Delta V|}{I_{sp}} \frac{1}{K_e \times K_c} \right)} \right] \tag{6-96}$$

$$\Delta t_c^* = \frac{\Delta M}{2(W_0 + W_f)} \tag{6-97}$$

式中,K_e 为轨道控制推力器控制效率;K_c 为轨道控制综合效率;ΔM 为推进剂消耗量;M_s 为卫星轨道机动前质量;I_{sp} 为推力器比冲;W_0 和 W_f 为氧化剂和燃烧剂质量流率。确定卫星轨控效率的方法是利用控前控后精密轨道对控制效果进行评估,对 $K_c \times K_e$ 进行标定,下次轨控时使用上次轨道控制的标定结果。

(2)根据点火时间确定姿控喷气冲量。

①计算各推力器补偿喷气时间 t_i。

根据变轨计划中位置保持模式持续时间、各轴平时干扰力矩等输入,通过地面动力学仿真得到各姿控发动机的喷气时间 t_i,并计算总的姿控喷气时间 t_a,其中 i 为推力器编号,表示 23A、45A、67A、23B、45B、67B。工程上利用在轨遥测参数显示的控制时间对三轴干扰力矩平均值进行标定。

②由补偿控制的喷气时间 t_i 计算姿控推力器补偿喷气对轨道产生的冲量 P_i。

推力器 2A、3A 在轨道+X 方向的冲量为

$$\begin{cases} t_{3A} = 0 \text{ 时}, & P_{x23} = 10\cos(\psi_b + \alpha_{2/3}) t_{2A} \\ t_{2A} = 0 \text{ 时}, & P_{x23} = 10\cos(\psi_b + \alpha_{2/3}) t_{3A} \end{cases} \tag{6-98}$$

推力器 4A、5A 在轨道+X 方向的冲量为

$$\begin{cases} t_{5A} = 0 \text{ 时}, & P_{x45} = -10\cos\psi_b \cos\alpha_{4/5} t_{4A} \\ t_{4A} = 0 \text{ 时}, & P_{x45} = -10\cos\psi_b \cos\alpha_{4/5} t_{5A} \end{cases} \tag{6-99}$$

推力器 6A、7A 在轨道+X 方向的冲量为

$$\begin{cases} t_{7A} = 0 \text{ 时}, P_{x67} = -10\sin\psi_b \cos\beta_{6/7} t_{6A} \\ t_{6A} = 0 \text{ 时}, P_{x67} = -10\sin\psi_b \cos\beta_{6/7} t_{7A} \end{cases} \tag{6-100}$$

式中,ψ_b 为卫星偏航姿态偏置量;$\alpha_{2/3}$、$\alpha_{4/5}$ 分别为推力器 2/3、4/5 的推力方向与卫星本体 X 轴的夹角;$\beta_{6/7}$ 为推力器 6/7 的推力方向与卫星本体 Y 轴的夹角。

(3)根据点火时间确定轨控推力器关调制 t_{off} 的时间。

若轨控发动机为 23A,则

$$\begin{cases} t_{\text{off}} = t_{3A} = \Delta t_c^* \dfrac{T_{zi}}{M_{3Az}}, T_{zi} > 0 \\[3mm] t_{\text{off}} = t_{2A} = \Delta t_c^* \dfrac{T_{zi}}{M_{3Az}}, T_{zi} < 0 \end{cases} \tag{6-101}$$

若轨控发动机为 45A,则

$$\begin{cases} t_{\text{off}} = t_{4A} = \Delta t_c^* \dfrac{T_{yi}}{M_{4Ay}}, T_{yi} > 0 \\[3mm] t_{\text{off}} = t_{5A} = \Delta t_c^* \dfrac{T_{yi}}{M_{4Ay}}, T_{yi} < 0 \end{cases} \tag{6-102}$$

若轨控发动机为 67A,则

$$\begin{cases} t_{\text{off}} = t_{6A} = \Delta t_c^* \dfrac{T_{xi}}{M_{6Ax}}, T_{xi} > 0 \\[3mm] t_{\text{off}} = t_{7A} = \Delta t_c^* \dfrac{T_{xi}}{M_{7Ax}}, T_{xi} < 0 \end{cases} \tag{6-103}$$

式中,M_{ij} 为各推力器产生的力矩,j 表示 X、Y 或 Z 轴;T_{xi}、T_{yi}、T_{zi} 为各推力器工作时对卫星三轴的干扰力。

(4)计算沿轨道控制方向的对姿控推力器补偿喷气时间 Δt_{com}。

姿控推力器喷气引起的对沿轨道坐标系$+X$轴切向轨道控制量的补偿量 Δt_{com} 的计算公式为

$$\begin{cases} \Delta t_{\text{com}} = \dfrac{P_{x45} + P_{x67}}{20\cos(\alpha_{2/3})\cos\psi_b}, \text{用 2/3 轨道控制} \\[3mm] \Delta t_{\text{com}} = \dfrac{P_{x23} + P_{x67}}{20\cos(\alpha_{4/5})\cos\psi_b}, \text{用 4/5 轨道控制} \\[3mm] \Delta t_{\text{com}} = \dfrac{P_{x23} + P_{x45}}{20\cos(\alpha_{6/7})\cos\psi_b}, \text{用 2/3 轨道控制} \end{cases} \tag{6-104}$$

(5)预估轨道控制综合效率 K_c。

计算所有推力器的总工作时间 $t_{\text{总}}$:

$$t_{\text{总}} = 2\Delta t_c - t_{\text{off}} + t_a \tag{6-105}$$

计算考虑了姿控补偿的本次轨道控制点火长度 Δt_c,即经过一次优化的点火时间:

$$\Delta t_c^* = \begin{cases} \Delta t_c^* + \Delta t_{\text{com}} + t_{\text{off}}, \text{轨道控制加速方向沿轨道系}+X\text{轴} \\ \Delta t_c^* = \Delta t_c^* + \Delta t_{\text{com}} + t_{\text{off}}, \text{轨道控制加速方向沿轨道系}-X\text{轴} \end{cases} \tag{6-106}$$

依据 $t_{\text{总}}$ 计算推进剂消耗量 ΔM^* 和熄火点的卫星质量 M_s^*

$$\Delta M^* = (W_o + W_f) t_{\text{总}} \tag{6-107}$$

$$M_s^* = M_s - \Delta M^* \tag{6-108}$$

根据 ΔV、Δt_c、$t_总$ 和 ΔM^*，计算得到一次优化的轨控综合效率 K_c

$$K_c = -\frac{1}{\ln\left(1 - \dfrac{\Delta M^*}{M_s}\right)} \frac{|\Delta V|}{I_{sp} \times K_e} \tag{6-109}$$

以修正后的 Δt_c 为输入，可进行多次迭代计算，进一步优化 K_c，得到更加准确的轨道控制点火时间和推进剂消耗量。

（6）根据轨道控制后轨道标定 $K_c \times K_e$ 修正 K_e。

根据测定轨结果，对轨道控制效果进行评估，得到此次轨道控制的实际效率 $K_{c0} \times K_{e0}$，以及本次轨道控制推力器的实际连续工作时间 Δt_{c0}，可认为 K_{c0} 与 Δt_{c0} 准确对应。本次轨控的其他参数还有 ΔV_0 和 M_{s0}。

按照步骤（1）～（4）计算得到姿控各推力器的喷气时间和轨道控制推力器的关调制时间 t_{off0}，姿控喷气对轨道产生的冲量 P_{i0}，沿轨道控制方向的姿控推力器补偿喷气时间 Δt_{com0}，计算不考虑姿控喷气影响的有效轨控喷气时间 Δt_c^*。

$$\Delta t_c^* = \begin{cases} \Delta t_c + \Delta t_{com} + t_{off}, \\ \Delta t_c + \Delta t_{com} + t_{off}, \text{轨道控制加速方向沿轨道系} +X \text{方向或} -X \text{方向} \end{cases} \tag{6-110}$$

计算推力器本身控制效率 K_e，其结果作为修正下次轨道控制 K_e 的根据。

$$K_e = -\frac{|\Delta V_0|}{\ln\left(1 - \dfrac{2(W_0 + W_f)}{M_s} \times \Delta t_c^*\right) \times I_{sp}} \tag{6-111}$$

表 6-23 是尹泉给出的一个 GEO 卫星东西位置保持控制推力器参数计算的实例，本次控制目标是降低卫星的运行速度，选用 4A、5A 推力器、推力方向为 $-X$。

表 6-23　一次东西位置保持控制参数计算示例

项目	参数名	参数值
轨控目标	半长轴变化量 $\Delta a / \text{m}$	$-12\,620.6$
	偏心率变化量 Δe	2.84×10^{-4}
	速度增量 $\Delta V / (\text{m/s})$	-0.460
卫星参数	轨控推力器控制效率 K_e	0.766
	推力器比冲 $I_{sp} / (\text{N} \cdot \text{s/kg})$	$2\,696$
	氧化剂流率 $W_0 / (\text{kg/s})$	2.29×10^{-3}
	燃烧剂流率 $W_f / (\text{kg/s})$	1.41×10
	推力器力矩 $M_6 A_x / \text{N} \cdot \text{m}$	$6.003\,59$
	推力器力矩 $M_5 A_y / \text{N} \cdot \text{m}$	$14.563\,11$

续表 6-23

项目	参数名	参数值
卫星参数	推力器力矩 M_{3Az}/N·m	-11.806 33
	干扰力矩 T_{x45A}/N·m	0.09
	干扰 T_{y45A}/N·m	0.14
	干扰 T_{z45A}/N·m	0.072
控制参数	轨控综合效率 K_c	0.950
	轨控点火时间长度 Δt_c/s	52.096

6.3　近地卫星轨道控制

近地卫星相对地球一直在运动,与静止卫星关心定点位置维持不同,由于近地卫星主要用于对地观测和通信等,卫星用户主要关心卫星的光照条件、回归特性和覆盖特性等,卫星的轨道控制围绕这些目的展开。

6.3.1　摄动对轨道的影响

近地卫星在轨运行过程中,会受到各种外力作用,而引起轨道的偏离,这些外力称为摄动力,主要包括地球非球形引力、地球大气阻力摄动、日月引力摄动和太阳辐射光压摄动等。表 6-24 给出了这几种摄动力的量级,可以看出,对近地卫星而言,地球非球形引力、大气阻力和日月引力是影响轨道的主要因素。

表 6-24　近地卫星轨道摄动

摄动因素	地球形状			日月引力	大气阻力	光压
	J_2	J_3、J_4	J_{22}			
量级	10^{-3}	10^{-6}	10^{-5}	10^{-7}	$10^{-5 \sim 10}$	10^{-8}

1. 地球非球形引力影响

地球非球形引力摄动使航天器轨道面旋转(进动),以 $\dot{\Omega}$ 表示,如果只考虑带谐项 J_2 摄动的长期影响,有

$$\dot{\Omega}=-1.5n\left(\frac{R_e}{a}\right)^2 J_2 \frac{\cos i}{(1-e^2)^2}=9.964\left(\frac{R_e}{a}\right)^{\frac{7}{2}} \frac{\cos i}{(1-e^2)^2}(\%/d) \qquad (6-112)$$

式中,R_e 为地球平均赤道半径,$R_e=6\,378.137$ km;J_2 又称为地球形状力学因子,$J_2=1.082\,626\,7\times10^{-3}$;$n$ 为轨道平均角速度,其计算公式为

$$n = \sqrt{\frac{\mu}{a^3}} \tag{6-113}$$

式中,μ 为地球引力常数,$\mu = 3.986\,005 \times 10^5\ \text{km}^3/\text{s}^2$。

2. 大气阻力影响

大气阻力摄动使得轨道半长轴不断下降,对于近地轨道、近圆轨道,卫星遇到的大气阻力 f 为

$$f = \frac{1}{2} C_D S \rho V^2 \tag{6-114}$$

式中,C_D 为阻力系数,它随卫星的几何形状、表面材料和定向不同而异,通常取值范围为 2.1~2.2;s 为卫星迎风面积,m^2;ρ 为卫星所处高度的大气密度,kg/m^3,它受太阳活动影响很大,高年与低年的大气密度变化可达一个量级以上,活动周期约为 11 年;V 为卫星速度,其计算公式为

$$V = na = \sqrt{\frac{\mu(1 + 2e\cos f + e^2)}{a(1 + e^2)}} \tag{6-115}$$

对近圆轨道卫星,偏心率 $e \approx 0$,式(6-115)简化为

$$V \approx \sqrt{\frac{\mu}{a}} \tag{6-116}$$

由 f 引起半长轴的变化 $\dot{a}$ 为

$$\dot{a} = \frac{2f}{mn} = \frac{1}{n} C_D \left(\frac{S}{m}\right) \rho V^2\ (\text{m/s}) \tag{6-117}$$

式中,m 为卫星质量,kg;$\dfrac{S}{m}$ 为卫星面积质量比。

经过时间 T,半长轴下降总量 a_Σ 为

$$a_\Sigma = T \times \dot{a} = \frac{2fT}{mn} \tag{6-118}$$

因此,如果要保持卫星的轨道高度,为克服 a_Σ 下降需要消耗的燃料量 ΔM 为

$$\Delta M = \frac{Tf}{g I_{sp}}$$

表 6-25 是轨道高度为 776 km 的卫星在不同的太阳活动年份轨道半长轴下降情况,其中大气系数取 2.5,卫星面质比为 0.003 m^2/kg。假设卫星发动机的比冲为 200 s,在低年和高年保持轨道高度 60 天不变,实施轨道控制需要消耗的燃料量分别为 0.11 kg 和 1.25 kg。

表 6-25　卫星轨道半长轴下降情况表

太阳活动年份	大气密度/(kg/m³)	半长轴变化率/(km/d)	半长轴下降/km				
			5 天	10 天	20 天	40 天	60 天
低年	8.496×10^{-15}	0.000 294	0.001 5	0.002 9	0.005 9	0.011 8	0.017 6
高年	9.776×10^{-14}	0.003 4	0.016 9	0.033 8	0.067 7	0.135 3	0.203

大气密度的取值需要根据具体的年份来确定。SOHO 探测器由欧洲航天局及美国太空总署共同研制,它被固定在地球与太阳之间的某一轨道上,该位置能保证其捕捉到太阳的影像,图 6-43(a)是它拍摄的 1997—2015 年太阳活动情况,图中颜色最亮的为处于活跃期的太阳,呈暗色的则为处于"休眠期"的太阳,可以看出 2013—2015 年是太阳活动峰年,而美国宇航局 2017 年 8 月从 SOHO 太阳观测卫星发回的最新一批图片显示 2017年为太阳活动最低潮。图 6-43(b)是 Worldview-1 卫星在轨运行 14 年的轨道半长轴控制和变化情况,不同年份半长轴控制的频次差别较大,例如 2012 年 5 月至 2013 年 5 月的一年间控制了 11 次,2017 年 5 月至 2018 年 5 月的一年间只控制了 4 次,控制次数的变化与上述太阳活动严格吻合。

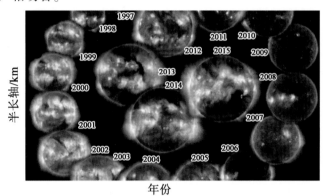

(a) 1997—2015 年太阳活动情况

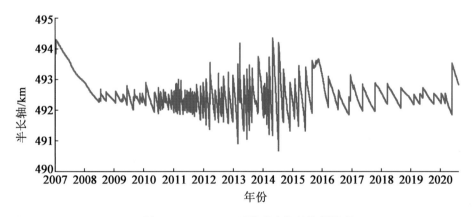

(b) Worldview-1 卫星轨道半长轴控制情况

图 6-43　太阳活动及对轨道控制的影响

3. 太阳引力影响

(1)倾角变化。

太阳引力会对轨道的倾角造成影响,其引起的轨道倾角平年变化率为

$$\frac{\mathrm{d}i}{\mathrm{d}t} = -4.926\ 984\ 2\times10^{-5}\ \frac{\sin i}{n}\sin\left[2\left(a_\mathrm{s}-\Omega\right)\right] \tag{6-119}$$

式中,n 为卫星轨道的平角速度;a_s 为平太阳赤经,对于太阳同步轨道卫星:

$$a_s - \Omega = 180° - (t - 12^h) \times (1-v) \times 15° \qquad (6-120)$$

式中,t 为轨道降交点时刻;$v = 0.002\,73$。表 6-26 给出了轨道高度为 500 km 条件下,不同降交点地方时对应的倾角年变化率,表 6-27 给出了降交点地方时为 10:30:00 时不同轨道高度对应的倾角年变化率。比较表 6-26 和表 6-27 可以看出,降交点地方时的选择对倾角年变化率的影响更大,当降交点地方时为 12:00:00 时,理论上倾角年变化率为 0。例如,日本 Alos-2 Sar 卫星的降交点地方时为 12:00:00,图 6-44 是它的倾角 8 年变化情况,可以看出变化范围在 0.005° 以内,这一数值非常小。

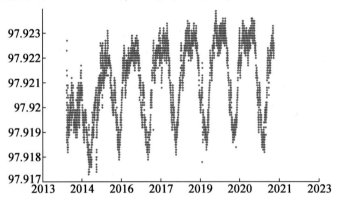

图 6-44　Alos-2 卫星倾角 8 年变化情况

表 6-26　降交点地方时对倾角年变化率的影响

轨道高度/km	降交点时刻/(HH:MM:SS)	倾角年变化率/(°/Y)
500	9:30:00	−0.043
500	10:00:00	−0.038
500	10:30:00	−0.031
500	11:00:00	−0.022
500	11:30:00	−0.011
500	12:00:00	0.000
500	12:30:00	0.011
500	13:00:00	0.022

表 6-27　轨道高度对倾角年变化率的影响

轨道高度/km	降交点时刻/(HH:MM:SS)	倾角年变化率/(°/Y)
450	10:30:00	−0.031
500	10:30:00	−0.031
550	10:30:00	−0.031
600	10:30:00	−0.032

续表 6-27

轨道高度/km	降交点时刻/(HH:MM:SS)	倾角年变化率/(°/Y)
650	10:30:00	-0.032
700	10:30:00	-0.032

Worldview-2 卫星轨道高度为 766 km，图 6-45 是 2009—2019 年 10 年间它的实际倾角与理论太阳同步轨道倾角差的变化情况，可以看出倾角从 2009 年 10 月 0.11°到 2015 年 10 月-0.08°，变化了 0.19°，相当于每年减少-0.032°，这一结果与表 6-27 计算结果一致。

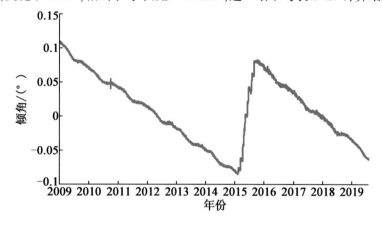

图 6-45　Worldview-2 卫星倾角变化情况

（2）倾角变化引起升交点赤经变化。

倾角 i 的年变化率 $\dfrac{\mathrm{d}i}{\mathrm{d}t}$ 会引起升交点赤经 Ω 的变化，变化量 $\Delta\Omega$ 为

$$\Delta\Omega = -\frac{1}{2}\dot{\Omega}\tan i \frac{\mathrm{d}i}{\mathrm{d}t}\Delta t^2 \tag{6-121}$$

式中，$\dot{\Omega} = -9.964\left(\dfrac{R_{\mathrm{e}}}{a}\right)^{\frac{7}{2}}\cos i$。由式（6-121）可以看出，倾角的变化使升交点赤经随时间平方关系变化。设 $a = 7\,154.44$ km 的太阳同步轨道，$i = 98.498°$，降交点地方时为 10:30，由式（6-119）计算的倾角年变化率为 $\dfrac{\mathrm{d}i}{\mathrm{d}t} = -9.036×10^{-5}$°/d，$\dot{\Omega} = 0.985\,6$°/d，引起的一年升交点赤经 Ω 的变化量 $\Delta\Omega = -0.785\,6°$，引起降交点地方时变化 3.14 min。

实际上卫星倾角由于主动偏置或者入轨偏差较大，带来的升交点赤经的变化更明显，从而引起降交点地方时的变化更大。上例中，如果倾角偏差为 0.1°，则升交点赤经的变化率为

$$\dot{\Omega} = -9.964\left(\frac{R_{\mathrm{e}}}{a}\right)^{\frac{7}{2}}\cos i = -9.964×\left(\frac{6\,378.14}{7\,154.44}\right)×\cos98.398 = 0.973\,5\ °/\mathrm{d} \tag{6-122}$$

由于实际轨道与太阳同步轨道之间的倾角偏差 0.1°引起的与太阳不同步率为

$$\Delta\dot{\Omega}=-\dot{\Omega}\tan i\Delta i=0.011\ 5°/d=4.2°/年 \qquad (6-123)$$

升交点赤经变化率产生的降交点地方时的变化是每年 16.8 min,如果倾角是正的偏差,则降交点地方时每年增加 16.8 min,反之,如果倾角是负的偏差,则降交点地方时每年减少 16.8 min。一些卫星正是利用这一特性,在卫星入轨时引入倾角偏差,控制降交点地方时漂移在合理范围。

(3)倾角偏置和变化对降交点地方时的影响。

同时考虑倾角偏置和倾角变化引起的升交点赤经变化 $\Delta\Omega$ 为

$$\Delta\Omega=-\dot{\Omega}\tan i\left(t\Delta i+\frac{1}{2}\frac{\mathrm{d}i}{\mathrm{d}t}\Delta t^2\right) \qquad (6-124)$$

相应降交点地方时由初始的 T_0 变化为 T:

$$T=T_0+\Delta\Omega\times4(\min) \qquad (6-125)$$

下面给出 Worldview-2 卫星倾角偏置示例。表 6-28 是 Worldview-2 卫星从 2009 年 10 月入轨到 2016 年 12 月的 7 年间降交点地方时的统计值,可以看出降交点地方时基本保持在 10:30 附近,只有在 2012 年和 2013 年达到最大值的 10:50。Worldview-2 入轨时轨道倾角偏置 0.11°,高度为 766 km,降交点地方时为 10:29,由式(6-119)计算的倾角年变化为 $-0.032°$,由式(6-125)计算的 Worldview-2 未进行倾角偏置、由倾角变化引起的降交点地方时变化如图 6-46(a)所示,可以看出,如果不进行倾角偏置,6 年后降交点地方时将变化为 8:43,图 6-46(b)所示是由式(6-125)计算的倾角偏置后和由倾角变化引起的降交点地方时变化情况,其结果与表 6-28 一致,说明了倾角偏置的效果。2015 年 10 月 Worldview-2 卫星进行了第一次倾角控制,将倾角偏置 0.8°,如图 6-45 所示。

表 6-28　Worldview-2 卫星实际降交点地方时变化情况

序号	日期	降交点地方时	序号	日期	降交点地方时
1	2009 年 10 月 28 日	10:29	12	2014 年 4 月 8 日	10:46
2	2009 年 12 月 5 日	10:30	13	2014 年 10 月 27 日	10:41
3	2010 年 1 月 6 日	10:32	14	2015 年 2 月 4 日	10:38
4	2010 年 2 月 3 日	10:33	15	2015 年 4 月 2 日	10:36
5	2010 年 5 月 21 日	10:36	16	2015 年 10 月 16 日	10:28
6	2010 年 7 月 28 日	10:39	17	2015 年 12 月 7 日	10:26
7	2011 年 4 月 13 日	10:45	18	2016 年 3 月 13 日	10:24
8	2011 年 9 月 12 日	10:48	19	2016 年 6 月 6 日	10:25
9	2012 年 3 月 27 日	10:50	20	2016 年 8 月 10 日	10:28
10	2013 年 4 月 27 日	10:50	21	2016 年 10 月 6 日	10:29
11	2013 年 12 月 25 日	10:48	22	2016 年 12 月 1 日	10:31

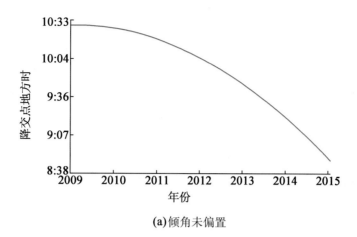

(a)倾角未偏置

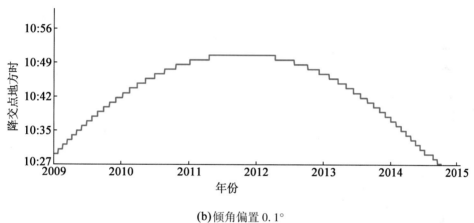

(b)倾角偏置 0.1°

图 6-46　理论计算 Worldview-2 卫星降交点地方时变化情况

6.3.2　控制参数计算

近地卫星通过施加不同方向的速度增量实现轨道半长轴、倾角和升交点赤经的控制,其中切向速度的改变调整轨道半长轴,法向速度的改变高调整轨道倾角和升交点赤经,下面主要考虑近圆卫星轨道控制。

(1)半长轴控制。

对于近圆卫星轨道,根据拉格朗日摄动方程式,由切向速度增量 ΔV 引起的半长轴变化量 Δa 为

$$\Delta a = \frac{2\Delta V}{n} = 2\Delta V \sqrt{\frac{a^3}{\mu}} \tag{6-126}$$

式中,n 为轨道平均角速度,$n = \sqrt{\dfrac{\mu}{a^3}}$,考虑到近圆卫星轨道的运行速度 V 可以表示为

$$V \approx \sqrt{\frac{\mu}{a}} = na \tag{6-127}$$

Δa 还可以表示为

$$\Delta a = \frac{2a\Delta V}{V} \tag{6-128}$$

表 6-29 是由式(6-126)计算的切向速度增量为 1 m/s 时,不同轨道高度对应的半长轴改变量,可以看出,同样的切向速度,轨道高度越高,半长轴改变量越大。

表 6-29 1 m/s 切向速度改变半长轴量

轨道高度/km	半长轴改变量/km
400	1.77
500	1.81
600	1.85
700	1.89
800	1.93

以星下点轨迹保持轨道控制为例,由于大气阻力影响,当轨道半长轴以 $\dot{a}$ 速度下降时,卫星轨道运行周期不断变短,地面轨迹将偏离标称位置,对于地面轨迹有要求的卫星应用,如果不调整卫星的轨道高度,实际轨迹会变得不均匀,影响应用效果,因此必须定期对地面覆盖轨迹进行调整。轨迹调整是通过调整轨道半长轴来实现的,通常采用超调策略,即以卫星标称轨道半长轴对应的卫星轨迹为基准,控制轨迹偏差在一定的范围内。具体策略是:当允许的轨迹偏差不超过 ΔL 时,在 $t=0$ 时,控制半长轴为 $a+\Delta a$,对应的轨迹为 $L+\Delta L$;$t=t_s$ 时,半长轴减少至 a,对应的轨迹为 L;$t=2t_s$ 时,半长轴减少至 $a-\Delta a$,对应的轨迹为 $L-\Delta L$,如图 6-47(a)所示,在 $T=2t_s$ 周期内,轨迹偏差不超过 ΔL,从 $t=2t_s$ 开始下一个控制周期,如图 6-47(b)所示。

卫星轨道半长轴漂移量 $\dot{a}$ 在 T 天内引起的地面轨迹漂移量为

$$\Delta L = \frac{3}{2}\pi R_\varphi \frac{\dot{a}}{a} T^2 \tag{6-129}$$

式中,R_φ 为纬度 φ 处的纬度圈半径;T 的计算公式如下:

$$T = -\frac{2\Delta a}{\dot{a}} \tag{6-130}$$

(a)漂移控制环

288

图 6-47 轨迹保持策略示意图

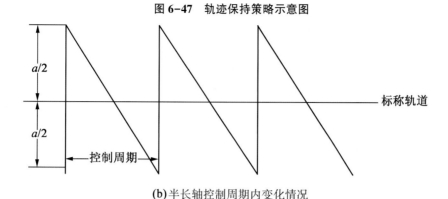

(b) 半长轴控制周期内变化情况

续图 6-47

地面轨迹漂移范围为±ΔL,总漂移为2ΔL,则每次控制需要调整的半长轴2Δa 为

$$2\Delta a = \sqrt{\frac{8a\,\dot{a}\,\Delta L}{3\pi R_\varphi}}$$ (6-131)

需要的速度增量为

$$\Delta V = \frac{1}{a}\sqrt{\frac{2\dot{a}\,\Delta L\mu}{3\pi R_\varphi}}$$ (6-132)

假设一个质量 $M = 2\,000$ kg、迎风面积为 6 m² 、轨道半长轴为 7 154.44 km 的卫星需要进行 20 km 轨迹保持,在这个轨道高度,大气阻力系数 $C_d = 2.5$、$R_\varphi = 0$ 计算出每天卫星轨道高度的衰减量为 $\dot{a} = -\frac{1}{n}\left(\frac{C_D S}{m}\right)\rho v^2 = 0.294$ m/d 和半长轴调整量为 $2\Delta a = 0.074\,8$ km。表 6-30 是该卫星在太阳活动低年和高年,不同轨迹漂移要求条件下计算轨道高度保持需要半长轴控制量、速度增量和控制周期。

表 6-30 卫星轨迹保持控制参数

漂移距离 /km	太阳活动低年			太阳活动高年		
	控制周期 /d	半长轴控制量/km	速度增量 /(m/s)	控制周期 /d	半长轴控制量/km	速度增量 /(m/s)
1	56.92	0.016 7	0.008 7	16.78	0.056 8	0.029 6
5	127.28	0.037 4	0.019 5	37.52	0.126 9	0.066 2
10	180.0	0.052 9	0.027 6	53.06 5	0.179 5	0.093 6
15	220.46	0.064 8	0.033 8	64.99	0.219 9	0.114 7
20	254.57	0.074 8	0.039 0	75.0	0.253 9	0.132 4

（2）倾角控制。

对于近圆卫星轨道，根据拉格朗日摄动方程式，由法向速度增量 ΔV_z 引起的倾角变化量 Δi 和升交点赤经变化量 $\Delta \Omega$ 为

$$\begin{cases} \Delta i = \dfrac{\cos u}{na} \Delta V_z \\[3mm] \Delta \Omega = \dfrac{\sin u}{na \sin i} \Delta V_z \end{cases} \qquad (6\text{-}133)$$

式中，n 为卫星轨道运行角速度；a 为轨道半长轴；$u = f + \omega$。由式（6-133）可以看出，为不改变升交点赤经，轨道倾角控制点应该选择在 $u = 0°$ 或 $u = 180°$ 处，即交点处进行，修正倾角 Δi 需要的速度增量 ΔV_z 为

$$\Delta V_z = V \times \Delta i \qquad (6\text{-}134)$$

式中，V 为卫星运行速度，对于圆轨道，$V \approx \sqrt{\dfrac{\mu}{a}}$。由式（6-134）可知，当卫星轨道高度为 500 km，运行速度为 7.61 km/s，修正倾角 0.1° 需要的速度增量为 13.3 m/s，而如果修正倾角 1 rad 需要的速度增量等于卫星运行的速度增量，因此修正倾角非常消耗燃料。

（3）升交点赤经控制。

由式（6-133）可以看出，为不改变轨道倾角，升交点赤经控制点应该选择在 $u_0 = \pm \dfrac{\pi}{2}$ 处，改变轨道升交点赤经 $\Delta \Omega$ 需要的速度增量 ΔV_z 为

$$\Delta V_z = na \sin i \times \Delta \Omega = V \sin i \times \Delta \Omega \qquad (6\text{-}135)$$

对于太阳同步轨道，倾角 i 在 90° 附近，式（6-135）简化为 $\Delta V_z \approx V \times \Delta \Omega$，与式（6-134）相近，它表明修正轨道升交点赤经与修正倾角需要消耗燃料基本一致。

6.3.3 星座建立和保持

近地卫星的应用需要以一定的数量和星座构型为地面提供需要的覆盖和重访能力，这些卫星通常分布在多个轨道面，每个轨道面分布一定数量的卫星。在实际工程实现上，通常是采用一箭多星的方式，将一个轨道面内卫星发射入轨。星座控制包括轨道面控制和相位控制，一箭多星入轨后，需要建立多个轨道面时，需要完成轨道面和相位控制。

通常情况下，为实现星座建立和保持控制，卫星需要携带推力系统，通过消耗燃料产生推力实现速度的改变，但当卫星轨道高度较低、控制要求不高时，可以利用大气阻力实现卫星速度的改变。

1. 基于推力系统的星间相位建立和控制

2 颗卫星高度不一致时，会产生相对漂移速度，随着时间的积累 2 颗卫星之间会形成越来越大的相位差。基于推力系统的星间相位建立和控制就是根据星座建立的时间要求和卫星间的相位间距，确定每颗卫星的漂移率，通过使用星上推力系统调整各个卫星

的高度,这些推进系统可以是压缩空气推进系统、化学燃料推进系统和电推进系统等,一旦各相位关系建立后,对卫星进行反方向控制,使所有卫星的高度一致,卫星间漂移运动停止,形成需要的星座。

(1)控制速度增量计算。

以 2 颗卫星为例,最初状态 A、B 星在一起、轨道高度相同,半长轴都为 a_0,要在时间 T 内实现 B 星相对 A 星相位间隔 $\Delta\theta$,则它们之间的漂移率 λ' 为

$$\lambda' = \frac{\Delta\theta}{QT} \ ((°)/圈) \qquad (6\text{-}136)$$

式中,Q 为卫星每天运行的圈数,不考虑地球扁率 J_2 项,$Q = \frac{86\ 400.048\ 6}{2\pi a}\sqrt{\frac{\mu}{a}}$。为实现该漂移率,B 星轨道半长轴差应抬高或降低 Δa:

$$\Delta a = a_0\left[1-\left(1+\frac{\lambda'}{2\pi}\right)^{\frac{2}{3}}\right] \qquad (6\text{-}137)$$

如果 B 星抬高 Δa,经过时间 t 后,B 星落后 A 星 $\Delta\theta$,否则超前。B 星改变轨道半长轴 Δa 需要的控制速度增量 ΔV 为

$$\Delta V = \frac{\Delta a}{2a_0}\sqrt{\frac{\mu}{a_0}} \qquad (6\text{-}138)$$

表 6-31 给出了卫星在不同轨道高度,速度增量为 1 m/s 条件下,可以实现的半长轴的变化量和漂移率。

表 6-31　切向速度增量为 1 m/s 引起的相关参数变化

轨道高度/km	半长轴变化量/km	漂移率/(°/圈)	漂移率/(°/d)
500	-1.82	0.143	2.18
600	-1.85	0.143	2.13
700	-1.89	0.144	2.10
800	-1.94	0.146	2.08

以建立 4 颗星均匀分布在 500 km 高度轨道面需求为例,如果需要在 30 天内完成星座建立,假设 4 颗星的星箭分离高度为 500 km,以第一颗星为基准,其他 3 颗卫星分别要对它形成相伴 90°、180° 和 270°,计算出在 30 天内完成漂移,3 颗卫星每天的漂移率分别为 3°/天、6°/天和-3°/天,为实现这些漂移率,每颗卫星需要的切向控制速度增量和轨道半长轴的变化见表 6-32。以一颗采用肼燃料控制系统的卫星抬高轨道 50 km 消耗燃料 13 kg 为例,计算漂移到 180° 的卫星需要消耗燃料大约为 1.58 kg。另外,这只是实现相位漂移需要的速度增量,星座形成后,还要将各个卫星高度提升到与卫星 1 相同的高度,使形成的星座能够持续保持。因此实际的速度增量和燃料的消耗量是表 6-32 的 2 倍。

由表 6-32 可以看出,漂移速度越快,燃料消耗越多。工程应用中,需要考虑为了节省燃料,可以设置较长的漂移时间,同时也把较大速度增量的控制分成多次实施。

表 6-32　30 天实现星座漂移的速度增量

卫星编号	漂移相位要求/(°)	漂移率/((°)/d)	半长轴变化量/km	需要的速度增量/(m/s)
2	90	3	2.52	1.4
3	180	6	5.04	2.79
4	270	−3	−2.52	−1.4

（2）控制时刻的选择。

控制时刻的选择在轨道的节点上进行,如果是提升轨道高度,选择远地点;如果是降低轨道高度,选择近地点。如果速度增量较大,为了避免半长轴控制影响偏心率,需要将一次变轨的速度增量分为 2 次,如图 6-48 所示,初始轨道的远地点(控制点 1)以 $\Delta V/2$ 进行第一次加速控制,经过半个轨道周期,卫星运行到控制点 2,再以 $\Delta V/2$ 进行加速控制,卫星进入目标轨道。

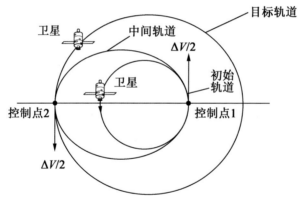

图 6-48　霍曼变轨示意图

（3）控制实例。

从 2019 年 5 月开始,Space 公司多次采用一箭多星的方式将 60 颗星链卫星(Starlink 卫星)分布在 3 个轨道面、每个轨道面 20 颗均匀分布、每颗卫星高度为 550 km。为完成上述任务。由于要形成多个轨道面,与目前很多近地卫星依靠火箭一次入轨不同,SpaceX 采用猎鹰 9 号火箭一次将 60 颗 Starlink 卫星送入约 280 km 高度的中间轨道,剩下的工作就交给地面测控系统,由其完成星座构型建立和维持任务。地面测控系统利用星上轨控装置,进行卫星轨道面控制和相位控制。

①推进装置。

Starlink 卫星的轨控推进装置是 4 台霍尔离子电推器,安装位置如图 6-49(a)所示,图 6-49(b)是工作状态下的推进器喷嘴。Starlink 卫星是世界上第一颗使用氪离子推进器的卫星,尽管其效率低于常用的氙离子推进系统,但其价格仅为氙的十分之一。

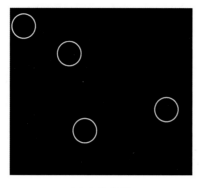
(a)安装位置

(b)工作状态下喷嘴

图 6-49　Starlink 轨控推进器安装位置和喷嘴

②相位控制目标。

将星箭分离时聚集在一起的 20 颗卫星均匀分布在一个轨道面内,卫星间相位间隔为 $360°/20=18°$。

a. 控制策略。

表 6-33 是不同轨道高度、位于同一轨道面的 2 颗卫星之间高度差为 3.2 km 引起的相位差漂移速度的计算结果。可以看出平均漂移速度约为 3.9°/d,那么 2 颗初始在一起的卫星,经过大约 46 d,它们的相位差达到 $46×3.9°=180°$,实现一个轨道面均匀分布目的。

表 6-33　相位漂移计算结果

高度/km	半长轴差/km	漂移率/((°)/d)
350	3.2	−4.0
450	3.2	−3.9
500	3.2	−3.8

b. 控制过程。

Starlink 卫星编号为 44751 和 44758 卫星入轨后,2 颗卫星的轨道高度差为 3.2 km,如图 6-50(a)所示,这期间的相位漂移率约为 3.9°/d,如图 6-50(b)所示。

2 颗卫星维持上述状态 46 d 后,它们之间的相位差达到 180°,如图 6-51 所示,这时地面测控系统调整其中一颗卫星的轨道高度,使双星的轨道高度差为 0,2 颗星的相位不再变化,完成了相位控制任务。

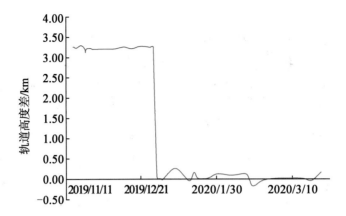

(a)轨道高度差/km

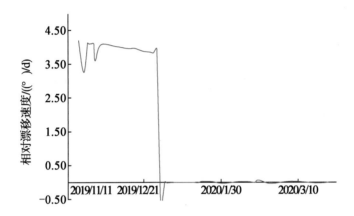

(b)相对漂移速度/((°)/d)

图6-50 两颗卫星的高度差和漂移速度变化过程

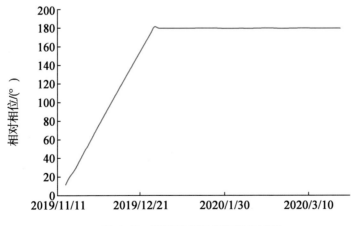

图6-51 两颗星相对相位变化过程

c. 控制效果。

图 6-52 是上述 2 颗 Starlink 卫星入轨初期在一起的真实状态,图 6-52(b)是 46 d 完成相位控制后,它们在轨道上均匀分布的真实状态。

 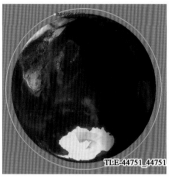

(a)控制前双星靠近　　　　　　　　(b)控制后双星分开

图 6-52　Starlink 卫星相位控制前后对比

2. 无动力星间相位建立和控制

实际上,卫星在低轨运行时,会受到大气阻力的影响,也会改变卫星的运行速度,不同的迎风面积,产生阻力不同,迎风面积越大,阻力越大,减速效果越明显。合理利用这一特点,通过调整一些卫星的速度,以协调与其他卫星的相位关系,可以无须推进系统参与就能实现一个轨道面内星座构型和保持。

(1)控制原理。

如前所述,近地轨道上的大气阻力摄动使得卫星轨道半长轴不断下降,这种变化导致卫星在轨道上加速运动。卫星的纬度角 u 是从轨道升交点量起的角位置,如图 6-53 所示,如果初始纬度角为 u_0,在不考虑大气阻力时,任意时刻纬度角 $u_{(t)}$ 为

$$u_{(t)} = u_{(0)} + nt \tag{6-139}$$

式中,n 为卫星运行角速度,其计算公式为

$$n = \sqrt{\frac{\mu}{a^3}} \tag{6-140}$$

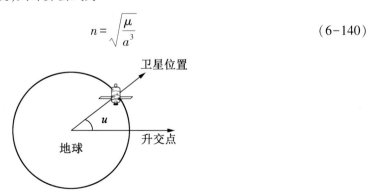

图 6-53　卫星轨道位置示意图

考虑大气阻力产生的加速度后,任意时刻纬度角 $u_{(t)}$ 为

$$u_{(t)} = u_{(0)} + nt + \frac{1}{2}\dot{n}t^2 \tag{6-141}$$

式中,$\dot{n}$ 为大气阻力产生的角加速度,其计算公式为

$$\dot{n} = \frac{3C_{\text{D}}A\mu\rho}{2Ma^2} \tag{6-142}$$

式中,C_{D} 为阻力系数;A 为卫星迎风面积;M 为卫星质量;ρ 为大气密度;μ 为地球引力常数。如果具有不同的迎风面积 A_1 和 A_2、不同轨道半长轴 a_1 和 a_2 的 2 颗星从同一个位置开始运行,由式(6-141)经过时间 T 后,两颗星的相位差 $\Delta u_{(T)}$ 为

$$\Delta u_{(T)} = u_{1(T)} - u_{2(T)} = \Delta n \times T + \frac{1}{2}(\dot{n}_1 - \dot{n}_2)T^2 \tag{6-143}$$

角速度差 $\Delta n_{(T_1)}$ 为

$$\Delta n_{(T)} = (\dot{n}_1 - \dot{n}_2)T \tag{6-144}$$

因此,通过调整不同的迎风面积,可以产生不同的运动加速度,通过时间的积累,实现设计的卫星间相位差 $\Delta u_{(T)}$。

(2)控制策略。

①相同高度圆轨道上 2 颗卫星分离。

利用无动力控制实现 2 颗轨道高度相同的同型卫星从初始相位差 Δu_0 到目标相位差 Δu 并持续保持的策略是:控制第一颗星取最大迎风面的姿态而同时第二颗星取最小迎风面积的姿态,经过时间 T 以后,第一颗星的轨道高度降低了 Δa,紧接着使 2 星都取相反的状态再继续运行同样的时间 T,第二颗星的轨道高度也降低了 Δa,2 颗星轨道高度相同,相位差为 Δu,完成了整个的控制过程。T 的计算公式为

$$T = a\sqrt{\frac{2M\Delta u}{3C_{\text{D}}(A_{\text{H}} - A_{\text{L}})\mu\rho}} \tag{6-145}$$

式中,A_{H} 和 A_{L} 分别为卫星的大迎风面积和小迎风面积。需要指出的是,在每进行一次这样的控制以后,轨道高度将会降低 Δa,其计算公式为

$$\Delta a = C_{\text{D}}\frac{(A_{\text{H}} + A_{\text{L}})}{M}\rho T\sqrt{a\mu} \tag{6-146}$$

以 2 颗 450 km 高度的卫星为例,用式(6-145)计算的 2 颗星角度差 5° 所需的时间约为 $2 \times 4\,270$ min,轨道高度下降 2.2 km,其中 $\mu = 398\,601$ km^3、$a = 6\,828\,140$ km、$M = 10$ kg、$\rho = 1.585 \times 10^{-3}$ kg/km^3、$C_{\text{D}} = 2.2$、$A_{\text{H}} = 0.384\,8$ m^2、$A_{\text{L}} = 0.087\,5$ m^2。

②不同高度圆轨道上 2 颗卫星分离。

目标是实现 2 颗相同型号的卫星从相同位置出发,高度不一致,运行 T 时间后,2 颗星相位间隔 α 并且保持。采用的策略为从初始位置出发,A 星相对 B 星的轨道高度低 Δa,产生初始漂移速度 $\dot{\lambda}$,A 星工作在低阻状态,B 星从开始一直处于在高阻状态,轨道高度衰减量比 A 星大,经过时间 T,B 星的轨道高度与 A 星一致,2 颗星的相对漂移速度降为 0,2 颗星相位间隔为 α,用数学公式描述为

$$\dot{\lambda} - T(\ddot{\lambda}_H - \ddot{\lambda}_L) = 0 \qquad (6\text{-}147)$$

式中, $\ddot{\lambda}_H$ 为高阻状态下产生的加速度; $\ddot{\lambda}_L$ 为低阻状态下产生的加速度。在 T 时间内 A 星相对 B 星的相位差 α 为

$$\alpha = \dot{\lambda}T + \frac{1}{2}(\ddot{\lambda}_L - \ddot{\lambda}_H)T^2 \qquad (6\text{-}148)$$

得到 T

$$T = \sqrt{\frac{2\alpha}{\ddot{\lambda}_H - \ddot{\lambda}_L}} \qquad (6\text{-}149)$$

表 6-34 是利用 planet 的 Flock-3P 卫星参数,利用式(6-146)计算 2 颗 500 km 高度的卫星从星箭分离到形成相位差 180°的参数,从表中可以看出,2 颗星的分离高度相差 2.26 km。星箭分离后,轨道高度高的卫星一直处于高阻状态,经过 66.6 d,高度差为 0,2 颗星在轨道面均匀分布。

表 6-35 仍然是利用 planet 的 Flock-3P 卫星参数,利用式(6-146)计算 4 颗 500 km 高度的卫星从星箭分离到形成相位差为 90°、180°和 270°均匀分布的控制参数,以轨道高度最低的卫星为基准,其他 3 颗星的高度比基准星高 5.01 km、4.04 km 和 2.86 km,星箭分离后,这 3 颗星一直处于高阻状态,经过 51.9 d、73.3 d 和 90.5 d,这 3 颗星的轨道高度与基准星一致,4 颗星在轨道面均匀分布。

(3)应用实例。

Planet 的 Dove 卫星群利用上述不同高度圆轨道上 2 颗卫星分离原理实现了无动力星座保持,它让卫星的太阳能板扮演船帆的角色,借助微量的大气减缓某颗 Dove 卫星的速度,以协调其与其他 Dove 卫星的位置关系,从而实现整个星座的控制。图 6-54(a)是低阻力模式,迎风面积为 200 cm^2,图 6-54(b)是高阻力模式,迎风面积为 1 950 cm^2。高阻力模式和低阻力模式下产生的阻力相差约 7 倍,卫星质量为 5 kg。

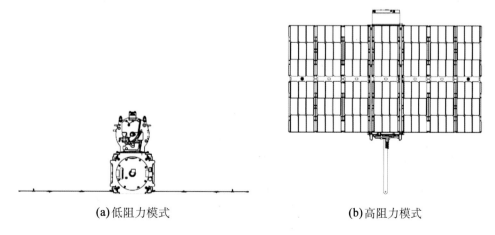

(a)低阻力模式　　　　　　　　　　(b)高阻力模式

图 6-54　Dove 卫星 2 种模式下的迎风截面积

表 6-34 两颗卫星均匀分布控制参数计算示例

a/km	ρ/(kg/km³)	C_D	M/kg	A_H/km²	A_L/km²	低阻力时 加速度 /((°)/d²)	高阻力时 加速度 /((°)/d²)	目标漂移角度 /(°)	漂移时/d	需要的初始漂移速度 /((°)/d)	对应的半长轴降低量 /km
6 878.14	1.95×10⁻⁴	2.2	5	1.95×10⁻⁷	2×10⁻⁸	0.009 3	0.090 4	180	66.60	2.70	-2.26

表 6-35 4 颗卫星均匀分布控制参数计算示例

序号	a/km	ρ/(kg/km³)	C_d	M/kg	A_H/km²	A_L/km²	低阻力时 加速度 /((°)/d²)	高阻力时 加速度 /((°)/d²)	目标漂移角度 /(°)	漂移时间 /d	需要的初始漂移速度 /((°)/d)	对应的半长轴量 /km
2	6 878	1.59×10⁻⁴	2.2	5	1.95×10⁻⁷	2×10⁻⁸	0.007 5	0.073 5	270	90.5	5.97	5.01
3	6 828	1.59×10⁻⁴	2.2	5	1.95×10⁻⁷	2×10⁻⁸	0.007 7	0.074 6	180	73.3	4.91	4.04
4	6 828	1.59×10⁻⁴	2.2	5	1.95×10⁻⁷	2×10⁻⁸	0.007 7	0.074 6	90	51.9	3.47	2.86

图 6-55 是 Planet 采用"差分拖拽"技术实现 Flock-3P 的 88 颗轨道高度为 505 km 卫星星座建立策略和仿真结果,从图中可以看出,大约 120 d 可以实现均匀分布的星座。图 6-56 显示了这 88 颗卫星 2017 年 2 月 15 日入轨后实际控制效果。由图可以看出卫星采用 2 个批次从火箭分离,2 个批次间隔约为 3 min,然后这 2 个批次卫星分别独立控制,用了将近 3 个月的时间,各自将本批次的 180° 空间填满,从而形成所有卫星在一个轨道面基本均匀分布,仅仅利用大气阻力就实现了星座控制的目的。

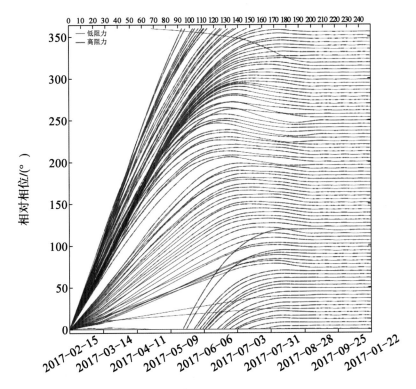

图 6-55　Flock-3P 的 88 颗轨道高度为 505 km 卫星星座建立策略和仿真结果

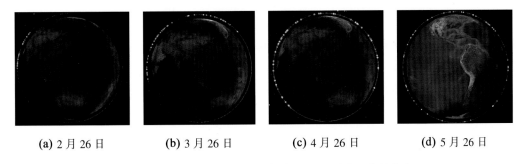

(a) 2 月 26 日　　　(b) 3 月 26 日　　　(c) 4 月 26 日　　　(d) 5 月 26 日

图 6-56　2017 年 2 月 15 日入轨的 88 颗卫星实际空间分布

3. 轨道面建立和控制

不同的卫星轨道面反映在轨道根数的升交点赤经的不同,轨道面控制就是改变轨道的升交点赤经。轨道面控制方法有直接控制法和间接控制法 2 种。

（1）直接控制法。

直接控制法是利用运载或卫星法向轨道控制发动机实现轨道面修正，可以快速形成目标轨道面，使用公式（6-135）计算改变赤经 $\Delta\Omega$ 需要的速度增量 ΔV_z、发动机连续工作时间 Δt 和燃料消耗量 Δm。

（2）相对控制法。

相对控制法是利用轨道升交点赤经变化受轨道高度的影响，调整卫星之间的轨道高度，通过时间积累，实现轨道面的间隔。升交点赤经变化速率 $\dot\Omega$ 与轨道半长轴 a 的关系为

$$\dot\Omega \approx -9.97\left(\frac{r_e}{a}\right)^{\frac{7}{2}}\cos i \quad ((°)/d) \tag{6-150}$$

式中，r_e 为地球半径；i 为轨道倾角。经过时间 Δt 后，升交点赤经变化 $\Delta\Omega$ 为

$$\Delta\Omega = \dot\Omega \cdot \Delta t \tag{6-151}$$

例如 A 星和 B 星起初在一个轨道面内，轨道高度相同，为实现将它们分布在轨道面间隔 θ 的目的，调整 B 星的半长轴 a_B，使它们产生升交点赤经变化速率 $\dot\Omega$ 差

$$\dot\Omega_A - \dot\Omega_B = -9.97\left[\left(\left(\frac{r_e}{a_A}\right)^{\frac{7}{2}} - \left(\frac{r_e}{a_B}\right)^{\frac{7}{2}}\right)\right]\cos i \tag{6-152}$$

经过 T 天后可以实现轨道面差为 θ 的 2 个轨道面，T 的计算公式为

$$T = \frac{\theta}{9.97\left[\left(\frac{r_e}{a_A}\right)^{\frac{7}{2}} - \left(\frac{r_e}{a_B}\right)^{\frac{7}{2}}\right]\cos i} \tag{6-153}$$

最后，调整 B 星半长轴，使其与 A 星相同。

与直接控制法相比，相对控制法只是控制轨道半长轴，比直接控制升交点赤经大大节省燃料，它的代价是消耗时间，通常需要几个月才能完成轨道面分布。

（3）控制实例。

仍然以 Space 公司一箭多星将 60 颗 Starlink 卫星分布在 3 个轨道面、每个轨道面 20 颗卫星均匀分布、每颗卫星高度为 550 km 为例。

①轨道面控制目标。

将星箭分离时聚集在一起的 60 颗卫星分布在间隔 20° 的 3 个轨道面、每个轨道面内 20 颗卫星、高度为 550 km。

②控制策略。

a. 直接控制法。

表 6-36 是以某卫星 490N 轨道控制发动机为例，利用式（6-135）计算的轨道面控制参数，从表中可以看出，要对 20 颗卫星完成 20° 轨道面修正，需要发动机连续工作 6.24 h 或者提供 2 117.3 m/s 的速度增量，而现有条件无法做到，这就是为什么猎鹰 9 号火箭只负责将卫星送入 280 km，不负责后续轨道面修正的主要原因。

表 6-36　轨道控制参数计算结果

高度/km	倾角/(°)	推力/N	卫星质量/kg	升交点变量/(°)	发动机工作时长/h	对应的速度增量/(m/s)
550	53.1	490	5 200	20	6.24	2 117.3

b. 相对控制法。

表 6-37 是根据 Starlink 卫星参数利用式(6-150)和式(6-151)计算的结果,它表明运行在 350 km 的卫星轨道平面和 550 km 的卫星轨道平面之间每天变化 0.485°,经过 41 d,两个轨道面差达到 20°;经过 82 d,两个轨道面差达到 40°,Starlink 卫星就是使用的相对控制法。

表 6-37　轨道面漂移时间计算结果

高度/km	倾角/(°)	两个轨道面进动率差/(°/天)	41 d 轨道面差/(°)	82 d 轨道面差/(°)
350	53.1			
550	53.1	0.485	20	0

③控制过程。

卫星入轨后,SpaceX 将 60 颗卫星分成 3 批、每批 20 颗分别控制,具体控制过程如下。

a. 第一批 20 颗卫星直接从入轨后的 280 km 高度抬高到目标高度 550 km。

第一批卫星从 280 km 开始持续控制,每天轨道高度抬高约 5.9 km,约 45 d 达到 550 km 高度后维持不变,如图 6-57 所示。

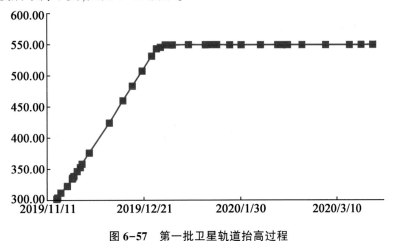

图 6-57　第一批卫星轨道抬高过程

b. 第二批 20 颗卫星维持在 350 km 高度 41 d,形成与第一批轨道面相差 20°。

第二批卫星的轨道高度从约 280 km 开始持续控制,11 天后到达 350 km 高度,如图

6-58(a)所示中的第一段。在 350 km 高度维持近 41 d 后,如图 6-58(a)中所示的第二段平台段,然后继续抬高轨道,34 d 后达到 550 km 高度,如图 6-58(a)中所示的第三段,形成与第一批轨道面相差 20°,如图 6-58(b)所示。

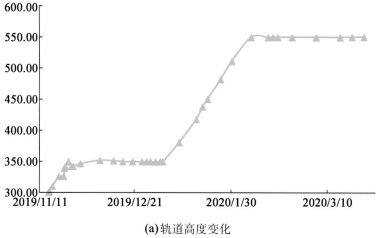

(a)轨道高度变化

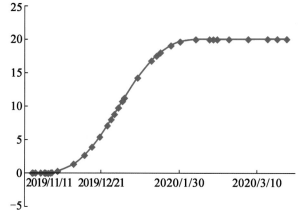

(b)轨道面变化

图 6-58 第二批 44757 卫星轨道变化过程

c.第三批卫星维持在 350 km 高度 82 d,形成与第一批轨道面相差 40°。

第三批卫星的轨道高度从 280 km 开始持续控制,11 d 后到达 350 km 高度,如图 6-59(a)中所示的第一段,维持近 82 d,如图 6-59(a)中所示的第二段平台段,然后继续抬高轨道,34 d 后达到 550 km 高度,如图 6-59(a)中所示的第三段,形成与第一批轨道面相差 40°,如图 6-59(b)所示。

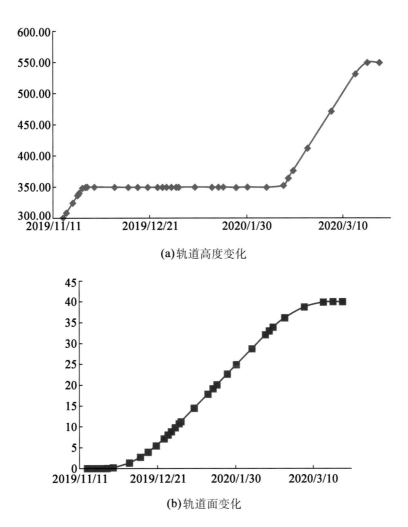

(a)轨道高度变化

(b)轨道面变化

图 6-59　第二批 44733 卫星轨道变化过程

卫星入轨 127 d 后,星座构型完成,所有卫星高度达到 550 km,如图 6-60(a)所示;3 个轨道面间相差 20°,如图 6-60(b)所示。

3 月 20 日后,所有卫星进入 550 km 目标轨道,形成 3 个相差 20°的轨道面。

④控制效果。

图 6-61(a)是 2019 年 11 月 14 第二批 Starlink 卫星入轨时一个轨道面的真实情况,图 6-61(b)是在地面测控系统实施 4 个月控制后,形成了 3 个轨道面的真实情况。

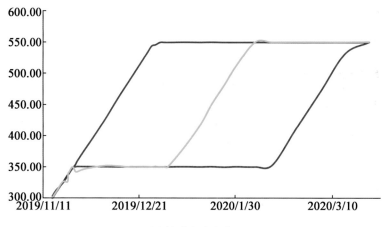

(a)轨道高度变化

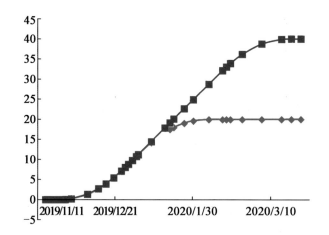

(b)轨道面变化

图6-60 3批卫星轨道抬高过程

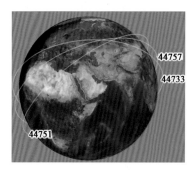

(a)控制前轨道面

(b)控制后轨道面

图6-61 Starlink卫星轨道面控制前后对比

6.4 地球静止轨道自旋卫星姿态计算与控制

自旋卫星是利用卫星绕自旋轴转动产生的动量矩在惯性空间的定轴性,使自旋轴在无外力矩作用时在惯性空间定向,其姿态是指卫星自旋轴在空间中的方向和自旋体相对空间某个基准的旋转相位角。通常,自旋轴的方向定义在赤道惯性坐标系中,用赤经和赤纬表示。装在卫星上的姿态敏感器不能直接测出自旋轴的赤经和赤纬,只能通过扫描,观测到空间中某些参考物体(太阳、地球和恒星等)相对卫星的方向,测量自旋轴与参考物体的方向之间的夹角。不像三轴稳定卫星的姿态的测量和控制由卫星自主完成,自旋稳定卫星的姿态测量、确定和控制通常由地面实施,是自旋稳定卫星在轨测控的主要内容之一。

6.4.1 姿态测量

卫星的姿态与卫星到参考体的距离无关。因此在分析卫星的姿态时,常把卫星姿态坐标系的原点移到卫星的质心上。为了便于描述空间中的几何关系,常以卫星的质心为原点作为一个单位天球,卫星自旋轴的单位矢量端点位于天球某点。同样,参考体方向的单位矢量也可以用天球某一点表示。天球 2 点之间的弧长就是从卫星上看到的 2 个参考天体之间的夹角的量度。

如能测量出卫星自旋轴与某个参考天体 C_1 方向之间的夹角 θ_1,就可以认为自旋轴必定处在围绕此参考体的圆锥面上,此圆锥的主轴在卫星至参考天体的方向上,圆锥的半顶角就是测得的夹角 θ_1。显然,仅借助于一个参考体还不能确定自旋轴与圆锥面上的哪一条锥线一致,如同时测得卫星自旋轴与另一个参考天体 C_2 方向之间的夹角 θ_2,就可以断定卫星自旋轴必在 2 个圆锥面的交线上,如图 6-62 所示。由于这 2 个锥相交有 2 条交线,自旋轴只与两者之一重合,必须判别真伪。这 2 个锥称为天体锥,利用 2 个天体锥相交是确定卫星自旋轴方向最基本的方法,称为双锥相交法,或双矢量几何定姿法。

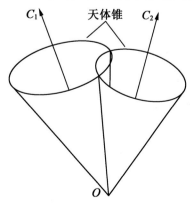

图 6-62 自旋轴与两参考天体的测量关系

在自旋卫星的姿态测定技术中,最常用的参考天体是太阳和地球。为此,卫星上安装了太阳敏感器和地球敏感器,用于测量卫星自旋轴相对于太阳和地球的姿态信息。

1. 太阳方向参考矢量测量

在自旋卫星上常采用 V 形狭缝式太阳敏感器测量自旋轴 A 与太阳方向 S 之间的夹角,简称太阳角 θ_s。V 形狭缝式太阳敏感器由 2 个配置成 V 形结构的狭缝敏感器组成,每条狭缝内装有敏感太阳光的接收元件(硅光电池),狭缝使接收元件的光学视场呈扇形平面,其中一个狭缝敏感器 S_1 的平面视场通过自旋轴的子午面,另一个狭缝敏感器 S_2 相对子午面倾斜 I 角。显然,随着卫星自旋,太阳光将先后落入狭缝 S_1、S_2 平面,敏感器将产生 2 个脉冲太 1、太 2。显然,太 1、太 2 脉冲的时间间隔依赖于太阳角 θ_s。为避免太 1、太 2 脉冲同时出现在实际应用中引起麻烦,通常将 S_2 狭缝平面绕自旋轴方向转过一个角度 β,如图 6-63 所示。卫星自转角速度 ω 可由连续 2 个太 1 或太 2 脉冲的时间间隔求得。这样,在卫星自旋的某一周内,由太 1、太 2 脉冲的时差 Δt 可求得太阳角:

$$\theta_s = \operatorname{arctan}(\operatorname{ctan} I \sin(\omega \Delta t - \beta)) \tag{6-154}$$

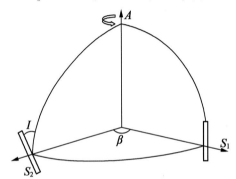

图 6-63 V 形狭缝式太阳敏感器测量原理

2. 地球方向参考矢量测量

卫星自旋轴与地球中心方向之间的夹角称为天底角 θ_e,常用天底矢量 E 表示。θ_e 的姿态信息可以靠安装在卫星上的笔束式红外敏感器获得,该敏感器内有一视场很细(约 1.5°)的红外望远镜,处在此望远镜焦平面上的元件能灵敏地接收地球的红外辐射。敏感器的光轴与星体几何轴的夹角是选定的安装角 γ;卫星自旋一周,光轴在空间扫描出一个圆锥,半锥角就是 γ,如图 6-64 所示。当扫描锥与地球相交时,敏感器光轴将穿越地球,由于地球辐射与宇宙背景辐射的不连续性,敏感器产生 2 个穿越脉冲:穿入脉冲和穿出脉冲,如图 6-65 所示。通过这 2 个脉冲的时间差就可以计算出敏感器测量的地球弦宽。

图 6-64 中虚线大圆表示红外敏感器的光轴在天球上的扫描路径,E_i 为光轴从空间进入地球的穿入点,时间为 t_i;E_0 为穿出点,时间为 t_o,在卫星自旋的某一周内,由 E_i、E_0 的时差 Δt 和卫星自旋角速度 ω,可计算红外地球敏感器穿越地球的弦宽(或扫描弦宽)2μ 为

$$2\mu = \omega\Delta t = \omega(t_o - t_i) \tag{6-155}$$

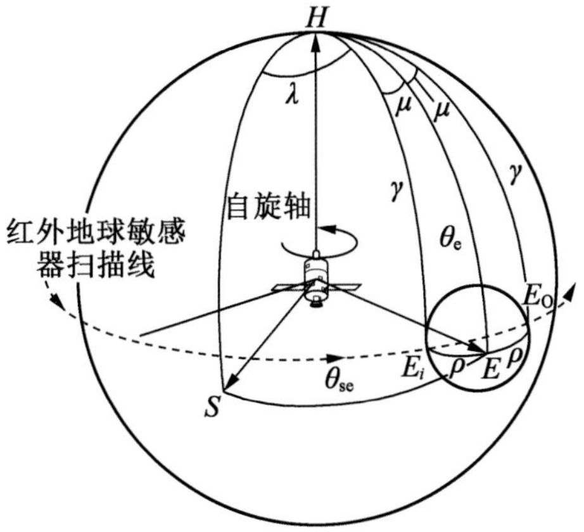

图 6-64　红外地球敏感器扫地球轨迹

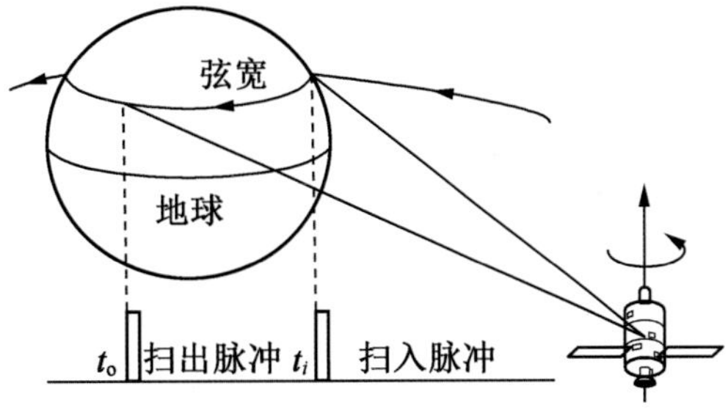

图 6-65　红外地球敏感器扫地球弦宽示意图

从卫星上看到的地球视角为 $\rho = \arcsin\left(\dfrac{R_e}{r}\right)$，其中 r 是卫星的地心距，R_e 是地球半径。

由图 6-64 可列出余弦公式

$$\cos\rho = \cos\gamma\cos\theta_e + \sin\gamma\sin\theta_e\cos\mu \tag{6-156}$$

式中，γ 为红外敏感器光轴与自旋轴的夹角；θ_e 的解可表示为

$$\theta_e = \arccos\frac{\cos\rho\cos\gamma \pm \sin\gamma\cos\mu\sqrt{\sin^2\gamma\cos^2\mu + \cos^2\gamma - \cos^2\rho}}{\cos^2\gamma + \sin^2\gamma\cos^2\mu} \tag{6-157}$$

式(6-157)给出的天底角 θ_e 是双解，它们在几何上都是有意义的，因此还得利用先验姿态估计值或其他附加信息解决真伪判别问题，工程上是利用太阳敏感器的测量数据得到天底角 θ_e 的唯一值。

图 6-64 中卫星自旋轴矢量 **H** 与太阳矢量 **S** 形成的平面和地心矢量 **E** 与 **H** 形成的平面之间的夹角 λ_{se}，可以从太阳敏感器测量得到的太 1 脉冲 t_s 与红外敏感器处理得到的地中脉冲

$$\lambda_{se} = \omega(t_e - t_s) - \beta_{se} \tag{6-158}$$

t_e 计算得到，其中 β_{se} 是卫星红外地球敏感器安装位置相对太阳敏感器安装点的相位角；$t_e = \dfrac{1}{2}(t_i + t_o)$；$t_i$ 和 t_o 同式(6-155)。

由图 6-64 有余弦公式

$$\cos\theta_{se} = \cos\theta_s\cos\theta_e + \sin\theta_s\sin\theta_e\cos\lambda_{se} \tag{6-159}$$

将式(6-156)与式(6-159)联合求解，θ_e 的解可唯一表示为

$$\theta_e = \arccos\frac{\cos\rho\sin\theta_s\cos\lambda_{se} - \cos\theta_{se}\sin\gamma\cos\mu}{\cos\gamma\sin\theta_s\cos\lambda_{se} - \cos\theta_s\sin\gamma\cos\mu} \tag{6-160}$$

由式(6-160)看出，θ_e 有解的充要条件是：$\cos\gamma\sin\theta_s\cos\lambda_{se} - \cos\theta_s\sin\gamma\cos\mu \neq 0$，它是借助太阳敏感器测量 θ_e 的几何限制。

6.4.2 姿态确定

利用上述姿态测量信息,结合卫星的轨道参数,可以计算出卫星自旋轴的方向,即在赤道惯性坐标系中的赤经和赤纬值,常用的姿态确定方法有确定性算法和统计算法。

1. 几何定姿算法

确定卫星自旋轴的最基本方法是双矢量法,也称双锥相交法。定义卫星自旋轴方向的单位矢量为 Z,参考天体方向的单位矢量为 C_1、C_2,卫星自旋轴与天体 C_1 方向的夹角为 θ_1、与天体 C_2 方向的夹角为 θ_2,有姿态方程:

$$\begin{cases} C_1 \cdot Z = \cos \theta_1 \\ C_2 \cdot Z = \cos \theta_2 \\ Z \cdot Z = 1 \end{cases} \tag{6-161}$$

由姿态方程可以得到: $Z = \alpha_1 C_1 + \alpha_2 C_2 + \alpha_3 (C_1 \times C_2)$,系数 α_1、α_2、α_3 完全确定了矢量 Z 的方向,令 C_1 和 C_2 之间的夹角为 θ_{12},可以求出:

$$\begin{cases} \alpha_1 = \dfrac{1}{\sin^2 \theta_{12}} (\cos \theta_1 - \cos \theta_2 \cos \theta_{12}) \\ \alpha_2 = \dfrac{1}{\sin^2 \theta_{12}} (\cos \theta_2 - \cos \theta_1 \cos \theta_{12}) \\ \alpha_3 = \pm \dfrac{1}{\sin \theta_{12}} \left[1 - \alpha_1^2 - \alpha_2^2 - 2\alpha_1 \alpha_2 \cos \theta_{12} \right]^{\frac{1}{2}} \end{cases} \tag{6-162}$$

由 α_1、α_2、α_3 与 $\sin \theta_{12}$ 之间的关系可以看出,姿态 Z 的精度不仅取决于 C_1 和 C_2 的测量精度,还取决于它们之间的夹角 θ_{12},这 2 个矢量越靠近,$\sin \theta_{12}$ 越小,姿态信息的测量误差引起的姿态确定误差就越大,当它们 2 个平行或相差 180° 时,α_1、α_2、α_3 无解,姿态无法确定。在物理意义上就是原来 2 个参考矢量变成了一个矢量,所以姿态无法确定;反之,这两个矢量夹角越大,姿态信息的测量误差引起的姿态确定误差就越小,当 θ_{12} 为 90° 或 270° 时,$\sin \theta_{12}$ 最大,这时姿态信息的测量误差引起的姿态确定误差最小。

实际应用中,C_1 和 C_2 分别选择为卫星到地球方向和卫星到太阳方向,由于地球每日绕太阳运动,C_1 和 C_2 之间的夹角也是变化的,图 6-66 是风二号卫星 2003 年春分 24 h 内 C_1 和 C_2 实测两面角变化情况。可以看出,为了提高姿态测量精度,姿态测量应该选择在当天的 19:30 和 7:30 左右,而应尽量避免 12:30 和 0:30 这 2 个时段。

在地心惯性坐标系下,如果选择卫星到太阳方向矢量为 S、卫星到地球方向矢量为 E,卫星自旋轴矢量为 Z,对应自旋轴与 S 的夹角为太阳角 θ_s,自旋轴与 E 的夹角为天底角 θ_e,太阳–自旋轴平面与地心–自旋轴平面之间的夹角为 λ_{se},姿态方程为

$$\begin{cases} S \cdot Z = \cos \theta_s \\ E \cdot Z = \cos \theta_e \\ (S \times E) \cdot Z = \sin \theta_s \sin \theta_e \sin \lambda \end{cases} \tag{6-163}$$

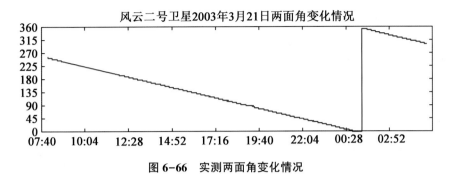

图 6-66　实测两面角变化情况

当知道太阳赤经、赤纬(α_s, δ_s)及地球方向赤经和赤纬(α_e, δ_e)时，S 和 E 可以分别表示为

$$\begin{cases} S = \begin{bmatrix} \cos \delta_s & \cos \alpha_s \\ \cos \delta_s & \sin \alpha_s \\ \sin \delta_s & \end{bmatrix} \\ E = \begin{bmatrix} \cos \delta_e & \cos \alpha_e \\ \cos \delta_e & \sin \alpha_e \\ \sin \delta_e & \end{bmatrix} \end{cases} \tag{6-164}$$

可以求得卫星姿态(α, δ)

$$\begin{cases} \alpha = \alpha_s - \alpha_0 \\ \delta = \arcsin \left[\sin \delta_s \cos \theta_s + \cos \delta_s \sin \theta_s \cos(\varepsilon_1 + \varepsilon_2) \right] \end{cases} \tag{6-165}$$

式中，ε_1、ε_2 和 α_0 的计算公式如下：

$$\varepsilon_1 = \begin{cases} \arctan \left[\dfrac{\sin \theta_e \sin \lambda_{se} \sin \theta_s}{\cos \theta_e - \cos \lambda_{se} \cos \theta_s} \right], & \cos \theta_e - \cos \lambda_{se} \cos \theta_s \geq 0 \\ \arctan \left[\dfrac{\sin \theta_e \sin \lambda_{se} \sin \theta_s}{\cos \theta_e - \cos \lambda_{se} \cos \theta_s} \right] + \pi, & \cos \theta_e - \cos \lambda_{se} \cos \theta_s < 0 \end{cases}$$

$$\varepsilon_2 = \begin{cases} \arctan \left[\dfrac{\cos \delta_e \cos \delta_s \sin(\alpha_s - \alpha_e)}{\sin \delta_e - \sin \delta_s \cos \lambda_{se}} \right], & \sin \delta_e - \sin \delta_s \cos \lambda_{se} \geq 0 \\ \arctan \left[\dfrac{\cos \delta_e \cos \delta_s \sin(\alpha_s - \alpha_e)}{\sin \delta_e - \sin \delta_s \cos \lambda_{se}} \right] + \pi, & \sin \delta_e - \sin \delta_s \cos \lambda_{se} < 0 \end{cases}$$

$$\alpha_0 = \begin{cases} \arctan \left[\dfrac{\sin \theta_e \sin(\varepsilon_1 + \varepsilon_2) \cos \delta_s}{\cos \theta_s - \sin \delta_s \sin \delta} \right], & \cos \theta_s - \sin \delta_s \sin \delta \geq 0 \\ \arctan \left[\dfrac{\sin \theta_e \sin(\varepsilon_1 + \varepsilon_2) \cos \delta_s}{\cos \theta_s - \sin \delta_s \sin \delta} \right] + \pi, & \cos \theta_s - \sin \delta_s \sin \delta < 0 \end{cases}$$

表 6-38 是利用风云二号卫星下传遥测参数和卫星轨道计算卫星姿态的计算示例。

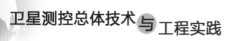

表6-38　风云二号卫星姿态计算示例

卫星	输入量									中间量				结果	
	日期	根数时间	I/(°)	Ω/(°)	ω/(°)	M/(°)	太阳角/(°)	天底角/(°)	两面角/(°)	卫星到地球矢量赤经/(°)	卫星到地球矢量赤纬/(°)	卫星到太阳矢量赤经/(°)	卫星到太阳矢量赤纬/(°)	卫星姿态赤经/(°)	卫星姿态赤纬/(°)
03星	10/19 10:00	10/17 16:00	0.079	23.4	277.2	308.4	79.91	90.1	222.7	160.67	0.053 6	203.43	-9.781	223.3	-89.7
03星	6/26 08:16	6/26 08:15	0.255	302	259.4	180.3	112.4	90.12	250.2	22.152	0.251 1	94.391	23.377	83.73	-89.2
02星	6/26 08:16	6/26 08:15	2.902	86.5	351.1	283.9	112.5	90.17	270.2	1.704 4	-2.89	94.391	23.377	164.9	-87.2

图 6-67 是用双矢量几何定姿法计算出的风云二号自旋卫星 24 h 姿态曲线,可以看出定姿结果误差变化较大,实际上在自旋稳定状态下,其姿态在一天时间内可以认为保持不变,这些误差的产生主要是测量条件造成的,因此这些结果需要进一步处理,以得到卫星姿态真实值,这时可以采用卡尔曼滤波和最小二乘法等方法。

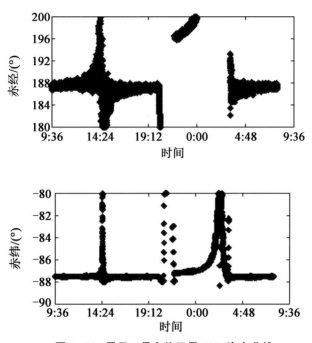

图 6-67　风云二号自旋卫星 24 h 姿态曲线

2.统计估计算法

式(6-165)给出的姿态计算方法是根据姿态敏感器测量值直接计算卫星姿态,对测量误差未进行定量分析,数据处理中也没有采用专门措施来降低测量误差对姿态确定精度的影响。这样的姿态计算统称为确定性方法,适用范围比较苛刻,一般用于卫星姿态的粗计算,或作为精确改进的计算初值。实际工程应用中,安装在卫星上不同姿态敏感器的测量数据以一定采样间隔产生,如果将不同类型姿态敏感器的测量数据组合起来,在大量数据基础上,求得具有统计意义上最优姿态的计算方法,称为姿态确定的统计估计算法。

统计估计算法确定卫星姿态的过程中,通常将姿态参数,以及与姿态确定相关的一些物理量和参数称为系统状态量,由所有状态量组成的矢量称为状态矢量,记为 X,它随时间变化,用下面的微分方程描述:

$$\dot{X}=f(X,t)+W \qquad (6-166)$$

式(6-166)称为系统状态方程,其中 W 为零均值随机矢量,称为系统误差,用于描述系统状态运动模型的不确定性。

姿态敏感器的输出量称为观测量,由它们组成的矢量称为观测矢量,记为 Z。观测矢量的元素可以是姿态敏感器的直接输出,也可以是敏感器的测量量经过处理导出的某个物理量。观测矢量 Z 与状态矢量 X 之间的函数关系由下面的观测方程给出:

$$Z = h(X, t) + V \qquad (6\text{-}167)$$

式中,V 为零均值的随机噪声矢量,称为观测误差。观测方程由姿态敏感器的测量模型决定,与选取的状态矢量元素有关。

考虑在一段时间内基于敏感器测量得到的观测矢量 $Z(t)$,这里的观测矢量可以在连续区间上取值,也可以在一个离散的时间序列上取值。若将某时刻状态矢量的估计值记为 $\hat{X}(t)$,由基于观测方程(6-167)可知,相应的观测矢量的估计值为

$$\hat{Z}(t) = h(\hat{X}, t) \qquad (6\text{-}168)$$

观测矢量 $Z(t)$ 与相应估计值 $\hat{Z}(t)$ 的差称为残差,记为

$$e(t) = Z(t) - \hat{Z}(t) = Z(t) - h(\hat{X}, t) \qquad (6\text{-}169)$$

基于统计估计算法导出的最优状态估计值应使残差在统计意义上最小。而由观测矢量求取状态矢量估计值的数据处理过程称为状态估计器。

利用统计估计算法确定卫星姿态的过程分为 2 个部分:其一,建立统计估计的模型,即选取状态矢量 X 和观测矢量 Z,并确定相应的状态方程(6-166)和观测方程(6-167);其二,选取适当的统计估计算法,设计状态估计器,由观测矢量 Z 计算状态矢量的估计值 $\hat{X}$。

状态估计器通常给定初始时刻 t_0 的状态估计值 $\hat{X}(t_0)$。数据处理的过程可以分为 2 个步骤:基于状态方程(6-166)给出的状态运动规律,由 $\hat{X}(t_0)$ 预报 $t(t>t_0)$ 时刻的状态估计值,将其记为 $\hat{X}_{(-)}(t)$。由于系统误差 W 的影响,预报过程使得状态估计值的误差随时间增长而增大;基于观测方程(6-167)给出的关系,由 t 时刻的观测矢量 $Z(t)$ 对相应的状态估计值 $\hat{X}_{(-)}(t)$ 进行修正,得到新的状态估计值,记为 $\hat{X}_{(+)}(t)$,然后再回到第一步,由 $\hat{X}_{(+)}(t)$ 预报 t 时刻之后的状态估计值,如此循环进行。目前最常用的 2 种估计方法分别是最小二乘法和卡尔曼滤波。

(1)最小二乘法。

自旋卫星姿态单位矢量 P 在地心赤道惯性坐标系中分别表示为 α_p 和 δ_p,系统的状态矢量为

$$X = \begin{vmatrix} \alpha_p \\ \delta_p \end{vmatrix} \qquad (6\text{-}170)$$

一段时间内可认为卫星自旋轴相对惯性空间指向不变,即 α_p 和 δ_p 均为常数,对应的状态方程为

$$\dot{X} = 0 \qquad (6\text{-}171)$$

系统的观测矢量元素有南、北红外敏感器扫描地球弦宽 φ_s 和 φ_n,太阳方向单位矢量 S 与自旋轴矢量 P 的夹角为 θ_s,以自旋轴为轴,太阳矢量 S 和地心方向单位矢量 E 构成的平面之间的夹角为 λ_{se},观测矢量 Z 记为

$$\boldsymbol{Z} = \begin{vmatrix} \varphi_n \\ \varphi_s \\ \theta_s \\ \lambda_{se} \end{vmatrix} \tag{6-172}$$

观测矢量 $\boldsymbol{Z}$ 与状态矢量 $\boldsymbol{X}$ 之间的关系由下面的观测方程给出：

$$\boldsymbol{Z} = h(\boldsymbol{X}, t) + \boldsymbol{V} \tag{6-173}$$

式中

$$h(\boldsymbol{X}, t) = \begin{vmatrix} 2\arccos\left(\dfrac{\cos \rho - \cos \gamma_n (\boldsymbol{E}^{\mathrm{T}} \boldsymbol{P})}{\sin \gamma_n \sqrt{1 - (\boldsymbol{E}^{\mathrm{T}} \boldsymbol{P})^2}}\right) \\ 2\arccos\left(\dfrac{\cos \rho - \cos \gamma_s (\boldsymbol{E}^{\mathrm{T}} \boldsymbol{P})}{\sin \gamma_s \sqrt{1 - (\boldsymbol{E}^{\mathrm{T}} \boldsymbol{P})^2}}\right) \\ 2\arccos(\boldsymbol{S}^{\mathrm{T}} \boldsymbol{P}) \\ \arcsin\left(\dfrac{\boldsymbol{P}^{\mathrm{T}}(\boldsymbol{S} \times \boldsymbol{E})}{\sqrt{1 - (\boldsymbol{E}^{\mathrm{T}} \boldsymbol{P})^2}\sqrt{1 - (\boldsymbol{S}^{\mathrm{T}} \boldsymbol{P})^2}}\right) \end{vmatrix} \tag{6-174}$$

式中, ρ 为从卫星观测到地球圆盘的角半径； γ_s 和 γ_n 分别为南、北红外敏感器光轴与自旋轴的夹角, $\boldsymbol{P}$ 为

$$\boldsymbol{P} = \begin{vmatrix} \cos \delta_p \cos \alpha_p \\ \cos \delta_p \sin \alpha_p \\ \sin \delta_p \end{vmatrix} \tag{6-175}$$

前面已假设状态矢量 $\boldsymbol{X}$ 不随时间改变, 在离散的时间点 $t_k(k=1,\cdots,N)$ 上得到测量序列 $\{z_k\}$,设有如下线性关系(例如可以用泰勒级数展开获得)：

$$z_k = h_k^{\mathrm{T}} \boldsymbol{X} + v_k \tag{6-176}$$

式中, z_k 为 t_k 时刻的测量值； h_k 为已知的数据矢量； v_k 为相应的测量误差。若写为矩阵的形式,令

$$\left. \begin{array}{l} \boldsymbol{Z}_N = \begin{bmatrix} z_1 & z_2 & \cdots & z_N \end{bmatrix}^{\mathrm{T}} \\ \boldsymbol{V}_N = \begin{bmatrix} v_1 & v_2 & \cdots & v_N \end{bmatrix}^{\mathrm{T}} \\ \boldsymbol{H}_N = \begin{bmatrix} h_1 & h_2 & \cdots & h_N \end{bmatrix}^{\mathrm{T}} \end{array} \right\} \tag{6-177}$$

那么式(6-176)可写为下面的形式：

$$\boldsymbol{Z}_N = \boldsymbol{H}_N \boldsymbol{X} + \boldsymbol{V}_N \tag{6-178}$$

选取如下的准则函数

$$J(\boldsymbol{X}) = \sum_{k=1}^{N} (z_k - h_k^{\mathrm{T}} \boldsymbol{X})^2 = (\boldsymbol{Z}_N - \boldsymbol{H}_N \boldsymbol{X})^{\mathrm{T}} (\boldsymbol{Z}_N - \boldsymbol{H}_N \boldsymbol{X}) \tag{6-179}$$

令 $J(\boldsymbol{X})$ 对 $\boldsymbol{X}$ 的导数为零,可以求得函数 $J(\boldsymbol{X})$ 取极值时 $\boldsymbol{X}$ 的值,这就是状态矢量的最小二乘估计值,由下式给出：

$$\hat{X}_N = (H_N^T H_N)^{-1} H_N^T Z_N \qquad (6\text{-}180)$$

式(6-180)给出的算法要求对在某个时间区间得到的测量数据成批地处理,称为批量最小二乘法。该算法对于个别的测量野值不敏感,所给出的状态估计值的稳定性好。

(2)卡尔曼滤波。

姿态敏感器硬件精度标定测试结果表明,敏感器的测量误差对姿态确定精度有较大影响,决定待估计的状态还应包括观测量 φ_s、φ_n、θ_s、λ_{se} 的系统误差 μ_1、μ_2、μ_3、μ_4,因此状态矢量取为

$$X = \begin{bmatrix} \alpha_p & \delta_p & \mu_1 & \mu_2 & \mu_3 & \mu_4 \end{bmatrix}^T \qquad (6\text{-}181)$$

相应的观测方程为

$$Z(t_k) = h(X(t_k), t_k) + V_k \qquad (6\text{-}182)$$

式中

$$h(X,t) = \begin{vmatrix} 2\arccos\left(\dfrac{\cos\rho - \cos\gamma_n(E^T P)}{\sin\gamma_n\sqrt{1-(E^T P)^2}}\right) + \mu_1 \\[3mm] 2\arccos\left(\dfrac{\cos\rho - \cos\gamma_s(E^T P)}{\sin\gamma_s\sqrt{1-(E^T P)^2}}\right) + \mu_2 \\[3mm] 2\arccos(S^T P) + \mu_3 \\[3mm] \arcsin\left(\dfrac{P^T(S\times E)}{\sqrt{1-(E^T P)^2}\sqrt{1-(S^T P)^2}}\right) + \mu_4 \end{vmatrix}$$

上式中的 ρ、γ_s、γ_n、P、E、S 的意义与式(6-174)中定义相同。设式(6-174)中的观测噪声 V_k 为零均值的白噪声,有 $E\{V_k\} = 0$、$E\{V_k V_l^T\} = R_k\delta_{kl}$,$\delta_{kl}$ 为克罗内克函数。如果将系统的状态方程取为

$$\dot{X} = 0 \qquad (6\text{-}183)$$

若以式(6-183)作为系统的状态方程设计卡尔曼滤波器,由于不存在系统噪声,递推计算得到的滤波增益矩阵将逐渐递减最终趋于零,姿态敏感器给出的新观测值对于卫星姿态估计的修正作用逐渐减弱,最终完全消失。经过一段时间后,系统的状态值对于初始值产生了较大的偏差,使得状态估计值丧失跟踪状态真值的能力,状态估计值的误差逐渐增大,最终导致滤波发散。为避免出现上述问题,在系统模型中引入虚拟的系统噪声,即将离散的系统状态方程取为如下形式:

$$X(t_k) = X(t_{k-1}) + W_{k-1} \qquad (6\text{-}184)$$

式中,W_k 为虚拟噪声,它描述系统状态模型中各种不确定因素影响的综合效应。假设 W_k 为高斯白噪声,并且有 $E\{W_k\} = 0$、$E\{W_k W_l^T\} = Q_k\delta_{kl}$。

基于上述系统模型,应用推广的卡尔曼滤波可以推导出下面的状态估计算法:

$$\hat{X}_{(+)}(t_k) = \hat{X}_{(-)}(t_k) + K_k(Z(t_k) - h(\hat{X}_{(-)}(t_k), t_k)) \qquad (6\text{-}185)$$

$$\hat{X}_{(-)}(t_k) = \hat{X}_{(+)}(t_{k-1}) \qquad (6\text{-}186)$$

$$\boldsymbol{K}_k = \boldsymbol{P}_{(-)}(t_k)\boldsymbol{H}_k^{\mathrm{T}}(\boldsymbol{H}_k\boldsymbol{P}_{(-)}(t_k)\boldsymbol{H}_k^{\mathrm{T}}+\boldsymbol{R}_k)^{-1} \tag{6-187}$$

$$\boldsymbol{P}_{(-)}(t_k) = \boldsymbol{P}_{(+)}(t_{k-1})+\boldsymbol{Q}_{k-1} \tag{6-188}$$

$$\boldsymbol{P}_{(+)}(t_k) = \boldsymbol{P}_{(-)}(t_k)-\boldsymbol{K}_k\boldsymbol{H}_k\boldsymbol{P}_{(-)}(t_k) \tag{6-189}$$

式中, $\boldsymbol{H}_k = \dfrac{\partial h(\boldsymbol{X},t)}{\partial \boldsymbol{X}}\bigg|_{t=t_k,\boldsymbol{X}=\hat{\boldsymbol{X}}_{(-)}(t_k)}$。由系统状态模型不确定程度以及观测噪声的强度,给出矩阵序列 $\{\boldsymbol{Q}_k\}$ 和 $\{\boldsymbol{R}_k\}$, ($k = 1, 2, \cdots$)。给定滤波初值 $\hat{\boldsymbol{X}}_{(+)}(t_0)$ 和 $\boldsymbol{P}_{(+)}(t_0)$, 代入式 (6-185) 和式 (6-189) 递推计算,便给出与观测时刻相适应的卫星自旋姿态的滤波估计值。由于引入虚拟噪声,随着时间推移,由式 (6-188) 和式 (6-189) 递推计算出的方差矩阵 $\boldsymbol{P}_{(-)}$ 和 $\boldsymbol{P}_{(+)}$ 不趋于零,式 (6-187) 给出的增益矩阵也不趋于零,从而保证在滤波的稳态过程中新的观测值对于状态估计值的修正作用。

3. 单红外定姿算法

除了上述传统自旋卫星姿态确定算法,我们在长期的卫星在轨测控过程中,研究出一种基于单红外、长时间数据累积的高精度定姿算法,该方法具有实用、稳定和高精度的特点,在风云二号卫星日常的姿态确定和控制中得到了充分验证。

(1)自旋轴指向与地球测量弦宽关系。

地球静止卫星轨道是近圆轨道,轨道的偏心率近似为 0,卫星上红外敏感器测得的弦宽值直接受卫星自旋轴空间指向的影响。如果卫星姿态为 0°,表明自旋轴空间指向严格垂直于轨道平面,红外地平仪 24 h 测得的弦宽画出的曲线将是一条直线;当卫星自旋轴矢量和轨道法向存在夹角时,红外地平仪测得的弦宽是具有一定振幅,周期为 24 h 的曲线,如图 6-68(a) 所示,它是风云二号卫星红外敏感器 24 h 测量的地球弦宽值。图 6-68(b) 画出了图 6-68(a) 中 4 个特征点对应自旋卫星在轨道运行中的 4 个特征点,图中 $\boldsymbol{H}$ 是卫星自旋轴的指向,它与轨道的法向夹角为 θ,在图 6-68(b) 的 A 点或 C 点, $\boldsymbol{H}$ 与轨道坐标系 (X_0, Y_0, Z_0) 的 (Y_0OZ_0) 平面的夹角等于 θ,测量得到的弦宽值如图 6-68(a) 中 A 点和 C 点;在图 6-68(b) 的 B 或 D 点, $\boldsymbol{H}$ 与 (Y_0OZ_0) 平面平行,测量得到的弦宽值如图 6-68(a) 中 B 点和 D 点。弦宽曲线的振幅由卫星自旋轴矢量和轨道法向的夹角决定,夹角越大,振幅越大。

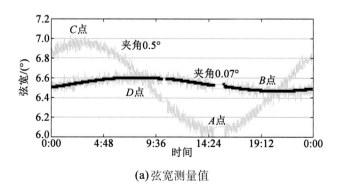

(a)弦宽测量值

图 6-68　自旋卫星测量地球弦宽

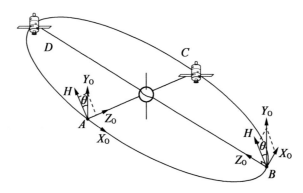

(b)卫星在轨运行位置

图6-68 自旋卫星测量地球弦宽

由测量弦宽计算自旋轴与轨道法向夹角 θ 的公式为

$$\theta=\frac{-\cos\rho\sin\omega}{\sqrt{\cos^2\omega-\cos^2\rho}}d\mu \tag{6-190}$$

式(6-190)中 ρ 为定点卫星看地球的视角, $\rho=\arcsin\dfrac{r_e}{r_S}$; ω 为卫星轨道运行角速度; γ 为红外地球敏感器安装角; $d\mu$ 为弦宽曲线振幅。

（2）弦宽计算。

由式(6-190)计算自旋轴与轨道法向夹角的关键是获取红外弦宽曲线的振幅。实际的红外弦宽测量数据由于存在测量误差和随机噪声,不能直接确定弦宽的峰值和峰值对应的具体时间。利用弦宽变化类似正弦曲线的特点,用正弦曲线进行拟合处理,从而达到对实际数据的统计处理。设拟合形式为

$$y=A\sin(\omega(t-t_0)+\phi)+B \tag{6-191}$$

式中, A 为振幅; t_0 为拟合开始的时刻(取数据首时刻); ϕ 为 t_0 对应的相位; ω 为同步卫星轨道角速度,取为地球自转角速度。 A、 B 和 ϕ 为未知量。将(6-191)式展开,有

$$y=A\sin(w(t-t_0))\cos\phi+A\cos(w(t-t_0))\sin\phi+B \tag{6-192}$$

设 $a_1=A\cos\phi,a_2=A\sin\phi,a_0=B,x_1=\sin(w(t-t_0)),x_2=\cos(w(t-t_0))$,则(6-192)式可以表示为

$$y=a_0+a_1x_1+a_2x_2 \tag{6-193}$$

也就是式(6-191)成为如式(6-193)所表示的线性表达式,可以采用最小二乘法进行拟合处理得到 a_0、 a_1、 a_2,则对应式(6-191)中,有

$$\begin{cases}A=\sqrt{a_1^2+a_2^2}\\B=a_0\end{cases} \tag{6-194}$$

$$\varphi=\begin{cases}\arccos\dfrac{a_1}{A},a_2>0\\[2mm]2\pi-\arccos\dfrac{a_1}{A},a_2\leqslant0\end{cases} \tag{6-195}$$

图 6-69 是风云二号卫星 24 h 实测弦宽测量原始数据曲线和用上述方法拟合处理后的效果,得到了弦宽振幅和对应的时间点。

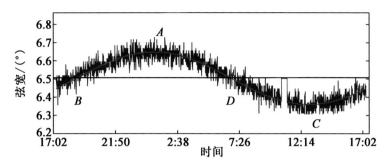

图 6-69　24 h 弦宽测量原始数据曲线和拟合效果

(3)姿态计算。

将图 6-68(b)重画如图 6-70 所示,在图 6-70 中 A 点位置,卫星轨道法向矢量为 $\boldsymbol{i}$,卫星自旋轴矢量为 $\boldsymbol{H}$(与轨道法向方向一致),地心到卫星的径向矢量为 $\boldsymbol{r}$,在图 6-70 中 A 点的位置,下列关系式成立:

$$\begin{cases} \boldsymbol{i}\times\boldsymbol{H}=\cos\theta \\ \boldsymbol{r}\times\boldsymbol{H}=\sin\theta \end{cases} \tag{6-196}$$

式中,θ 为自旋轴与轨道法向夹角,卫星位置矢量 $\boldsymbol{r}$ 和轨道法向矢量 $\boldsymbol{i}$ 为

$$\boldsymbol{r}=\begin{bmatrix} \cos\Omega\cos(\omega+f)-\sin\Omega\sin(\omega+f)\cos i \\ \sin\Omega\cos(\omega+f)+\cos\Omega\sin(\omega+f)\cos i \\ \sin(\omega+f)\sin i \end{bmatrix},\boldsymbol{i}=\begin{bmatrix} \sin i\sin\Omega \\ -\sin i\cos\Omega \\ \cos i \end{bmatrix}$$

式中,Ω 和 i 分别为轨道升交点赤经和倾角;f 为任意时刻真近地点角,而

$$\boldsymbol{H}=x\boldsymbol{i}+y\boldsymbol{j}+z\boldsymbol{k} \tag{6-197}$$

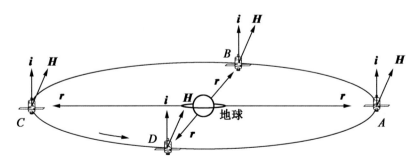

图 6-70　自旋卫星 24 h 轨道平面内运行位置示意图

代入式(6-196)可以得:

$$\begin{cases} x=\sin\theta\cdot[\cos\Omega\cos(\omega+f)-\sin\Omega\cos i\sin(\omega+f)]+\cos\theta\sin\Omega\sin i \\ y=\sin\theta\cdot[\sin\Omega\cos(\omega+f)+\cos\Omega\cos i\sin(\omega+f)]-\cos\theta\cos\Omega\sin i \\ z=\sin\theta\cdot\sin i\sin(\omega+f)+\cos\theta\cos i \end{cases} \tag{6-198}$$

对于正法向姿态,即自旋轴方向与轨道法向一致时,卫星姿态(α,δ)为

$$\begin{cases} \alpha = \begin{cases} \arccos\dfrac{x}{\sqrt{x^2+y^2}}, & y>0 \\[3mm] 2\pi-\arccos\dfrac{x}{\sqrt{x^2+y^2}}, & y\leq 0 \end{cases} \\[6mm] \delta = \arcsin(z) \end{cases} \qquad (6\text{-}199)$$

对于负法向姿态,即自旋轴方向与轨道法向相反时,卫星姿态(α,δ)为

$$\begin{cases} \alpha = \begin{cases} \arccos\dfrac{-x}{\sqrt{x^2+y^2}}, & y>0 \\[3mm] 2\pi-\arccos\dfrac{-x}{\sqrt{x^2+y^2}}, & y\leq 0 \end{cases} \\[6mm] \delta = \arcsin-z \end{cases} \qquad (6\text{-}200)$$

式(6-199)和式(6-200)为地球静止轨道自旋卫星提供了一种利用红外地平仪测量地球弦宽计算卫星姿态的方法,它不需要借助太阳敏感器,仅仅通过24 h的红外测量数据,就可以得到精确的卫星姿态。表6-39是FY-2卫星1个月的定姿结果,可以看出计算结果稳定,相邻时间的姿态值一致性好,反映了定姿精度高,同时姿态值的变化规律符合自旋稳定卫星在空间姿态稳定且变化规律的特性。

表6-39　FY-2卫星1个月姿态计算结果

日期	轨道法向与自旋轴夹角/(°)	姿态赤径/(°)	姿态赤纬/(°)
2005-4-5	0.23	202.75	-89.28
2005-4-18	0.23	201.81	-89.28
2005-4-20	0.23	190.62	-89.31
2005-4-21	0.21	189.48	-89.32
2005-4-22	0.21	188.95	-89.32
2005-4-25	0.19	187.63	-89.32
2005-4-26	0.19	187.47	-89.32
2005-4-27	0.18	187.00	-89.32
2005-4-28	0.18	186.58	-89.33
2005-5-3	0.18	187.14	-89.34
2005-5-7	0.18	186.64	-89.36
2005-5-8	0.15	182.59	-89.31
2005-5-9	0.14	182.50	-89.31
2005-5-10	0.14	182.16	-89.32

续表 6-39

日期	轨道法向与自旋轴夹角/(°)	姿态赤径/(°)	姿态赤纬/(°)
2005-5-11	0.14	181.80	−89.31
2005-5-12	0.13	181.74	−89.31
2005-5-13	0.13	181.17	−89.31
2005-5-14	0.12	180.41	−89.31
2005-5-15	0.12	180.35	−89.30

　　基于单红外的自旋卫星姿态确定算法,具有计算结果稳定性好、精度高的特点,但在实用中有 2 个限制:自旋轴与轨道法向夹角不能太大,同时还需要数据积累至少半个轨道周期,因此该方法主要适于静止轨道的自旋卫星定点后的高精度姿态确定的应用。

6.4.3　姿态控制

　　1. 自旋稳定气象卫星对姿态的要求

　　自旋稳定气象卫星利用星体自旋实现扫描辐射计对地球自西向东扫描,当卫星自旋一周后,扫描辐射计步进一步,实现扫描辐射计沿地球由北向南扫描,经过一段时间后,得到一张 $a° \times a°$ 的正方形全景图,如图 6-71 所示。

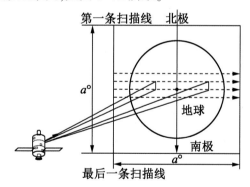

图 6-71　自旋稳定气象卫星云图扫描示意图

　　在卫星设计上,扫描辐射计的主光轴垂直于卫星自旋轴,在理想地球静止轨道情况下,卫星轨道倾角为 0°,自旋轴垂直于轨道平面,这时主光轴平行于地球赤道平面,星下点指向赤道,全天得到的多张沿赤道的 $a° \times a°$ 全景图,如图 6-71 所示。由于卫星受各种外力作用,在太空中始终处于运动状态,轨道倾角每年增加 0.75°~0.95°。如果轨道倾角不为 0 时,卫星自旋轴仍垂直于赤道平面,会造成主光轴星下点偏离赤道平面,以赤道平面为中心、一天为周期的振荡,振幅为自旋轴与轨道法线的夹角。图 6-72 画出了自旋轴与轨道法线的夹角大小与连续云图获取效果的关系,当夹角为零时,获得连续稳定的云图,当夹角不为 0 时,云图位置产生波动,当夹角大到一定程度时,会出现扫描的云图丢失地球的南北极。

(a)夹角为0时取图示意图

(b)夹角不为0时取图示意图

图6-72　自旋轴与轨道法线的夹角大小与连续云图获取效果的关系

因此,地球静止轨道自旋稳定气象卫星姿态目标的选取,不是以空间的绝对姿态为准,而是要求卫星自旋轴与轨道法线的夹角为0°,具体要求如下:

(1)卫星自旋轴指向北时,目标赤经:$\alpha = \Omega - 90°$、目标赤纬 $\delta = 90° - i$;

(2)卫星自旋轴指向南时,目标赤经:$\alpha = \Omega + 90°$、目标赤纬 $\delta = 90° - i$。

其中,i 是轨道倾角;Ω 是轨道升交点赤经。

2. 控制原理

自旋卫星姿态控制一般采用的是脉冲控制方法,即卫星每自旋一周,喷气一次,卫星角动量进动一次,将卫星指向从初始方向控制到目标方向。按照姿态机动过程中自旋轴在天球上描绘的轨迹,有2种控制方法:大圆法和等倾角法。

(1)大圆法。

大圆法控制时,自旋轴在天球上描绘的是大圆,自旋轴在同一平面从初始方向 Z_0 机动到目标 Z_F,如图6-73(a)所示,此平面在空间中是固定的,每次喷气产生的横向控制力矩必在此平面上,因此要求控制过程中喷气的相位在空中是固定的。大圆法的优点是自旋轴机动的路径最短,燃料消耗最省。由于要求星上执行角在控制过程中不断修改来保证喷气的相位不变,这在工程上无法实现,所以实际应用中很少采用这种方法。

(2)等倾角法。

如图6-73(b)所示,在以太阳为北极的天球上,同步脉冲控制力矩始终与自旋轴所在的经度面保持相同夹角,控制过程中自旋轴在天球上描绘的轨迹与各经度线始终是同等角度,自旋轴沿等倾角线从初始方向 Z_0 机动到目标方向 Z_F,故称其为等倾角法。采用等倾角法控制过程中,执行角保持固定不变,这有利于工程实现,因此,实际工程应用都采用此法。

3. 控制参数计算

(1)目标姿态选取。

当知道卫星轨道倾角 i 及升交点赤经 Ω,可以根据自旋轴与不同平面关系和指向要求,确定相应目标姿态,见表6-40。

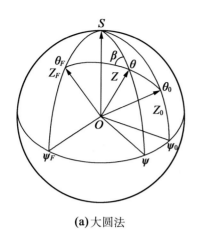
(a) 大圆法

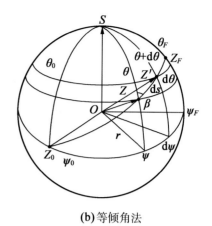
(b) 等倾角法

图 6-73　自旋卫星姿态控制轨线

表 6-40　目标姿态选取值

自旋轴与下列平面垂直	指向北	指向南
轨道平面	$\alpha = \Omega - 90°$	$\alpha = \Omega + 90°$
	$\delta = 90° - i$	$\delta = 90° - i$
赤道平面	α 任意	α 任意
	$\delta = +90°$	$\delta = -90°$
黄道平面	$\alpha = +270°$	$\alpha = +90°$
	$\delta = +66.558°$	$\delta = -66.558°$

例如风云二号卫星的业务要求自旋轴指向南、垂直于轨道平面,如果初始赤经为 39.053°、赤纬为 $-89.53°$,轨道根数 $\Omega = 288.5°$、$i = 0.44°$,则目标姿态赤经为 288.5° + 90° $-$ 360° = 18.5°,目标赤纬 90° $-$ 0.44° = 89.56°。

(2)参数计算。

自旋卫星的姿态控制参数主要有执行角和执行次数。

①控制用到的坐标系。

a. 太阳坐标系。

假设在时刻 T_0,地心惯性系中太阳视线由赤经 α_{s0} 和 δ_{s0} 表示,则太阳坐标系三轴在地心惯性系中定义为

$$\boldsymbol{Z}_s = \begin{bmatrix} \cos\delta_{s0}\cos\alpha_{s0} \\ \cos\delta_{s0}\sin\alpha_{s0} \\ \sin\delta_{s0} \end{bmatrix}, \boldsymbol{Y}_s = \begin{bmatrix} -\sin\alpha_{s0} \\ \cos\alpha_{s0} \\ 0 \end{bmatrix}, \boldsymbol{X}_s = \begin{bmatrix} \sin\delta_{s0}\cos\alpha_{s0} \\ \sin\delta_{s0}\sin\alpha_{s0} \\ -\cos\delta_{s0} \end{bmatrix}$$

b. 自旋轴指向坐标系

定义卫星质心为原点,假定在太阳坐标系中,自旋轴指向由余纬角 θ 和经角 ψ 度量,

则自旋轴坐标系三轴在太阳坐标系中定义(图 6-74)为

$$\boldsymbol{Z}_{\text{p}} = \begin{bmatrix} \sin\theta\cos\psi \\ \sin\theta\sin\psi \\ \cos\theta \end{bmatrix}, \quad \boldsymbol{Y}_{\text{p}} = \begin{bmatrix} \sin\psi \\ -\cos\psi \\ 0 \end{bmatrix}, \quad \boldsymbol{X}_{\text{p}} = \begin{bmatrix} -\cos\theta\cos\psi \\ -\cos\theta\sin\psi \\ \sin\theta \end{bmatrix}$$

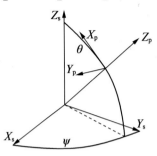

图 6-74　在太阳坐标系中定义自旋轴指向坐标系

②执行角计算。

姿态控制采用太阳作基准,在太阳坐标系下,一个矢量是用经度角 ψ 和余纬角 θ 来表示,太阳参考系($i_{\text{s}}, j_{\text{s}}, k_{\text{s}}$)和地心惯性坐标系($i_{\text{I}}, j_{\text{i}}, k_{\text{I}}$)的关系为

$$\begin{pmatrix} i_{\text{s}} \\ j_{\text{s}} \\ k_{\text{s}} \end{pmatrix} = R_2\left(\frac{\pi}{2} - \delta_{\text{s}}\right) R_3(\alpha_{\text{s}}) \begin{pmatrix} i_{\text{i}} \\ j_{\text{i}} \\ k_{\text{i}} \end{pmatrix} = A_{\text{si}} \begin{pmatrix} i_{\text{i}} \\ j_{\text{i}} \\ k_{\text{i}} \end{pmatrix} \tag{6-201}$$

其中,坐标转换为 $R_2(\boldsymbol{X}) = \begin{pmatrix} \cos x & 0 & -\sin x \\ 0 & 1 & 0 \\ \sin x & 0 & \cos x \end{pmatrix}$, $R_3(\boldsymbol{X}) = \begin{pmatrix} \cos x & \sin x & 0 \\ -\sin x & \cos x & 0 \\ 0 & 0 & 1 \end{pmatrix}$, $A_{\text{si}} =$

$$R_2\left(\frac{\pi}{2} - \delta_{\text{s}}\right) R_3(\alpha_{\text{s}}) = \begin{pmatrix} \cos\alpha\sin\delta & \sin\delta\sin\alpha & -\cos\delta \\ -\sin\alpha & \cos\alpha & 0 \\ \cos\alpha\cos\delta & \sin\alpha\cos\delta & \sin\delta \end{pmatrix}。$$

在以太阳为基准进行姿控时,要将赤道惯性坐标系下的赤经、赤纬转换到以太阳为北极的天球坐标系中。已知任意控制时刻太阳的赤经、赤纬为($\alpha_{\text{s}}, \delta_{\text{s}}$),卫星的姿态为($\alpha_{\text{e}}, \delta_{\text{e}}$),将其转换到以太阳为北极的天球坐标系下的经度角 ψ 和余纬角 θ 的公式如下

$$\begin{cases} \psi = \begin{cases} \arccos\left(\dfrac{P_X^{\text{s}}}{\sqrt{P_X^{S2} + P_Y^{S2}}}\right) \cdots P_Y^{\text{s}} \geq 0 \\[4mm] 2\pi - \arccos\left(\dfrac{P_X^{\text{s}}}{\sqrt{P_X^{\text{s2}} + P_Y^{\text{s2}}}}\right) \cdots P_Y^{\text{s}} < 0 \end{cases} \\[8mm] \theta = \arccos(P_Z^{\text{s}}) \cdots 0 \leq \theta \leq \pi \end{cases} \tag{6-202}$$

式中

$$\begin{cases} P_X^s = \sin\delta_s\cos\alpha_s\cos\alpha_e\cos\delta_e + \sin\delta_s\sin\alpha_s\sin\alpha_e\cos\delta_e - \sin\delta_e\cos\delta_s \\ P_Y^s = -\sin\alpha_s\cos\alpha_e\cos\delta_e + \cos\alpha_s\sin\alpha_e\cos\delta_e \\ P_Z^s = -\cos\alpha_s\cos\delta_e\cos\alpha_e\cos\delta_e + \sin\alpha_s\sin\alpha_e\cos\delta_s + \sin\delta_s\sin\delta_e \end{cases}$$

当确定出卫星的初始姿态 α_i、δ_i 和目标姿态后 α_f、δ_f，经上述公式转换成太阳坐标系下的初始姿态 ψ_i、θ_i 和目标姿态 ψ_f、θ_f 后，求得星上相位执行角 β_L 为

$$\beta_L = \begin{cases} 2\pi - \beta \cdots (\psi_f - \psi_i) \geqslant 0 \\ \beta \cdots (\psi_f - \psi_i) < 0 \end{cases} \qquad 0 \leqslant \beta_L \leqslant 2\pi \qquad (6-203)$$

式中，$\beta = \arctan \dfrac{\ln\left(\tan\dfrac{\theta_i}{2} \middle/ \tan\dfrac{\theta_f}{2}\right)}{|\Delta\psi|}$，$\Delta\psi = \begin{cases} \psi_\theta \cdots (-\pi \leqslant \psi_f - \psi_i \leqslant \pi) \\ \psi_\theta - 2\pi \cdots (\pi < \psi_f - \psi_i \leqslant 2\pi) \\ \psi_\theta + 2\pi \cdots (-2\pi < \psi_f - \psi_i \leqslant -\pi) \end{cases}$。

地面相位执行角为

$$\beta_G = \beta_L - \left(\frac{3}{2}\pi - \beta_{ji}\right) + \frac{\Delta\theta}{180}\pi - 0.005\omega_0 \qquad (6-204)$$

式中，i 和 j 分别代表星上 a 和 b 两个轴向喷管；ω_0 为卫星转速（为 100 r/min，取 $\dfrac{10\pi}{3}$ rad/s 为单位）；β_{ji} 和 β_{jj} 分别为星上 a 和 b 两轴向喷管和太一基准之间的相位角（弧度）；$\Delta\theta$ 为太 1 脉冲超前角（度）。

③控制次数计算。

$$控制弧长\ S = \begin{cases} \left|\dfrac{\theta_i - \theta_f}{\cos\beta}\right|, \cdots\cdots\cdots\cdot\ |\theta_i - \theta_f| > 0.0035\ \text{rad} \\ |(\psi_f - \psi_i)\sin\theta_i| \cdots\cdots\cdots |\theta_i - \theta_f| \leqslant 0.0035\ \text{rad} \end{cases} \qquad (6-205)$$

控制次数 n 为

$$n = \frac{S}{\Delta S} \qquad (6-206)$$

式中，ΔS 为一个脉冲理论上移动弧长，单位为 rad/脉冲。

表 6-41 给出了一次姿态控制计算示例，卫星的初始姿态为赤经 225.18°、赤纬 -89.677°，由表 6-40 计算的目标赤经为 113.37°、赤纬为 -89.92°，由式（6-205）计算的控制弧长为 0.360 458°，发动机为 75 ms 脉冲宽度，控制次数为 21 次、执行角为 92.6°。

表 6-41　一次姿态控制计算示例

输入量									
姿态	日期	倾角/ (°)	升交点 赤经/(°)	姿态赤经 /(°)	姿态赤纬 /(°)	太阳赤经 /(°)	太阳赤纬 /(°)	发动机	脉宽 /ms
初始	10/20 16:00	0.079	23.37	225.18	−89.677	204.604	−10.2321	轴 A	75
目标	10/20 16:00	0.079	23.37	113.37	−89.92	204.604	−10.2321		

中间量								计算结果	
经度 ψ /(°)	余纬 θ /(°)	弧长 /(°)	$\Delta\psi$ /(°)	β/(°)	计算 执行角 β_L/(°)	安装差值 /(°)	效率 /(°) /脉冲	执行角 /(°)	执行 次数
0.002 015 6.281 767	1.386 934 2 1.392 241	0.360 458	−0.003 43	2.574 8	147.53	54.94	0.017	92.59	21

4. 控制实施

图 6-75 给出了一个典型自旋卫星的姿态敏感器和控制发动机的安装位置,其中,2个地球敏感器在赤道平面相差 180°安装,北地敏法线滞后太一法线 144°,南、北地敏与赤道平面呈−5°和+5°安装角,地敏视场为 1.5°×1.5°。太阳保护视场为 8°×8°。径、切发动机在圆周方向,分别以 180°对装。太一法线超前切向发动机喷管中心 104°,切向发动机向使星体加旋方向偏 30°,径向发动机向使星体减旋方向偏 2°,轴向发动机装在星体上部,喷口向上,向使星体减旋方向偏 2°。两发动机在圆周上呈 90°。

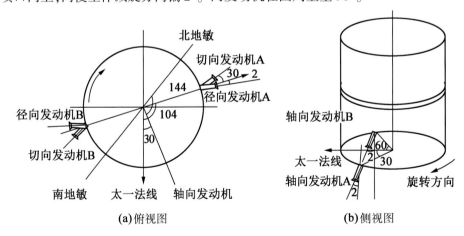

(a)俯视图　　　　　　　　　(b)侧视图

图 6-75　姿态敏感器和控制发动机安装位置

图 6-76 给出了一个典型的自旋卫星控制流程,当卫星姿态超差需要控制时,计算的控制参数被发往测控站,由测控站具体负责实施,为保证控制矢量方向的正确性,地面站

必须安装同步控制器,通过地面发出的执行脉冲在执行时刻,能确保卫星正好旋转到需要的执行角度,发动机脉冲式工作。卫星每转一圈,发动机工作一次,调整卫星姿态。

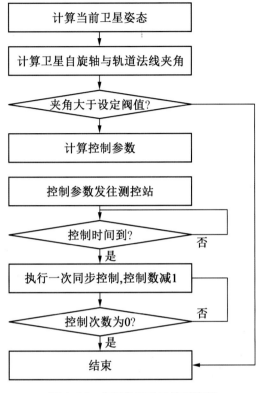

图 6-76　典型自旋卫星控制流程

图 6-77 是利用表 6-41 的控制参数对风云二号卫星进行姿态控制前后,星上红外测量地球弦宽值变化情况,可以看出控制后弦宽振幅明显减小。计算结果表明,卫星自旋轴与轨道法向的夹角由控前的 0.3° 减小到 0.03°,图中波形的散点主要是由于红外地平仪测量噪声造成的。

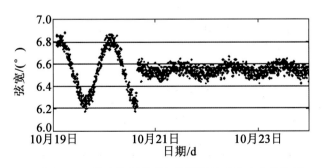

图 6-77　姿态控制前后红外测量地球弦宽变化情况

6.5 卫星末期管理

这里说的卫星末期是指卫星用户已经决定终止卫星的使用,将卫星从现有的工作轨道移除并完成相应处置阶段。普遍的做法是将近地卫星坠入大气层烧毁,将地球静止轨道卫星移入"坟墓轨道"。

6.5.1 废弃卫星轨道特性

1. 近地卫星

如果不对卫星进行轨道维持,不同高度的卫星坠入大气层需要的大概时间如下:

(1)轨道高度>2 000 km,需要几百到上千年才会降落到大气层烧毁;

(2)轨道高度2 000~1 000 km,会停留在轨道数百年或更长时间;

(3)轨道高度1 000~800 km,在轨寿命为数十年到百年;

(4)轨道高度800~600 km,在轨寿命为数十几年。

具体寿命取决于卫星所处轨道高度的大气密度和卫星的面积质量比等因素,随着轨道高度的增加,高层大气密度越来越稀薄,轨道衰减效果越来越差。例如,同样体积和质量的卫星,如果运行在500 km 轨道高度,其在轨寿命是5~20 年,如果运行在1 000 km 高度以上,其在轨寿命将达到数百年。表6-42 是计算一颗质量为3 kg、平均迎风面积为0.06 m²,面积质量比为0.02 的3U 立方星在不同轨道高度的卫星陨落时间。

表6-42 3U 立方星在不同轨道高度的卫星陨落时间

轨道高度/km	300	400	500	550	600
陨落时间/d	17	184	1 560(5 年)	4 096(11 年)	10 154(28 年)

另外,同样轨道高度,卫星的面积质量比决定了高度降低的效果,表6-43 是在500 km 高度条件下,计算不同面积质量比卫星陨落时间结果,面积比越小,需要的陨落时间越长。

表6-43 不同面积质量比卫星的陨落时间

面积质量比	0.010	0.015	0.020	0.025	0.030	0.050	0.060
陨落时间/d	3 129	2 079	1 560	1 248	1 040	611	114

2. 地球静止轨道卫星

地球同步卫星轨道是指距离地球表面约36 000 km 的一个宽50 km、高30 km 的360°环形区域,在该区域卫星受到地球非球形引力、日月引力和太阳光压的影响,会引起卫星轨道面和形状发生变化,反映在轨道倾角和半长轴的变化上,废弃卫星无法进行轨道控制,它将在静止轨道上自由漂移,其漂移轨道主要特性如下。

(1)轨道倾角。

太阳、月球摄动和地球引力势的带谐项引起卫星轨道倾角的漂移为

$$\begin{cases} i_x = i_x(0)\cos \omega_i t - 0.973 i_y(0)\sin \omega_i t + 0.128\sin \omega_i t \\ i_y = 1.028 i_x(0)\sin \omega_i t + i_y(0)\cos \omega_i t + 0.131(1-\cos \omega_i t) \end{cases} \tag{6-207}$$

式中,$i_x(0)$ 和 $i_y(0)$ 为轨道倾角初始值;ω_i 为轨道平面周期性进动的角频率;n_e 为地球自转速度。式(6-207)表明如果初始轨道倾角为零,在地球、日、月摄动作用下,地球同步轨道的法线在一个近似圆锥面上进动,圆锥中心线的倾角为 7.5°,并倒向黄极方向,进动周期为 54 年,最大倾角接近 15°,其变化规律如图 6-78(a)所示。

(2)轨道半长轴。

失去控制的废弃卫星会在同步轨道上绕稳定点像摆锤一样前后对称地摆动,其周期超过 2 年,如图 6-78(b)所示,周期值 T 为

$$T = \frac{4}{k} \int_0^{\gamma_{\max}} \frac{\mathrm{d}r}{\sqrt{\sin^2\gamma_{\max} - \,^2\sin \gamma}} \tag{6-208}$$

式中,k 为常数;$\gamma_{\max}$ 为最大漂移幅度,对应半长轴变化的最大值 $|\Delta a|_{\max}$ 为

$$|\Delta a|_{\max} = 4R_e\sqrt{J_{22}} \approx 34 \ (\mathrm{km}) \tag{6-209}$$

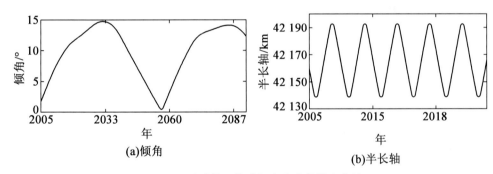

图 6-78　地球静止轨道倾角和半长轴变化情况

6.5.2　卫星离轨策略

寿命末期的卫星离轨策略分为自主离轨策略和非自主离轨策略,自主离轨是指卫星利用自身的能力来离轨,非自主离轨是指卫星通过外部帮助实现离轨。无论哪种离轨装置,都能使近地卫星降低飞行速度并离开运行轨道,逐渐坠入大气层,使地球静止轨道卫星来抬高轨道至"卫星墓地"。

1.自主离轨

自主离轨是指依靠卫星本身具备的能力来脱离轨道,主要有推力离轨、电动系绳离轨、气动阻力离轨和制动帆离轨。

（1）推力离轨。

采用推力器工作产生的推力迫使卫星离轨，这种方法的特点是作用效果直接、迅速。推力器可以采用单组元、双组元和电推等，为卫星提供所需的速度增量。下面介绍利用助推器实现卫星离轨控制的策略。

①近地卫星离轨控制策略。

卫星在近地点受阻力大，所以减小轨道寿命就是降低近地点高度，通常认为当卫星的近地点高度降低至 $90 \sim 100$ km 时，卫星就落入了稠密的大气层。因此，在具体的实施上采用在远地点发动机工作，使卫星减速，以此来降低近地点高度。如果卫星轨道半长轴为 a，在远地点控制的速度增量为 $-\Delta V$，半长轴改变量为 Δa，近地点高度将下降 $2\Delta a$，其中

$$\Delta a = 2a\sqrt{\frac{a}{\mu}}\Delta V \tag{6-210}$$

②地球静止轨道卫星离轨控制策略。

以卫星寿命末期抬高高度 300 km 为例，离轨需要消耗卫星大致 3 个月的位置保持燃料。为了提高效率，采用 2 次脉冲离轨，2 次脉冲机动变轨后的墓地轨道是圆轨道。第一次离轨机动的点火在地球静止轨道的远地点进行第一次抬高的高度 ΔH_1 选择为

$$\Delta H_1 = 300 + a \times e \tag{6-211}$$

式中，a 为地球静止轨道半长轴；e 为轨道偏心率。由式（6-211），当 $e = 4.0 \times 10^{-4}$ 时，第一次抬高的高度为 316.9 km。

第二次点火同样在经过第一次机动后的轨道远地点进行对应的抬高的高度 ΔH_2 为

$$\Delta H_2 = 300 - a \times e \quad (\text{km}) \tag{6-212}$$

由式（6-212）计算的第二次抬高高度为 283.1 km。

（2）电动系绳离轨。

电动系绳离轨终端器结构原理图如图 6-79 所示，图中下端有一个小盒，存放导电带，长度根据需求来决定，一般为几十米到几千米。卫星工作时导电带储存在小盒里，卫星寿命终止后，小盒自动（或地面站指令）打开，伸出的导电带有电流产生，与地磁力相互作用产生电动阻力，导电带与卫星形成重力梯度稳定姿态结构，同时也产生气动阻力，迫使卫星提早离轨，最终进入大气层烧毁。

（3）气动阻力离轨。

使用充气装置形成气球或抛物面形状，提高气动阻力，迫使卫星提前离轨。图 6-80 是美国贝尔公司在 2004 年研制的"充气加固拖曳结构"。图 6-80 中有 3 条支架连接一个大面积的抛物面天线，平时收缩在小盒里。当卫星工作寿命终止后，打开伸展支架，充气成为抛物面。离轨装置一般占卫星总质量的 $1\% \sim 1.5\%$。一颗质量为 500 kg、轨道高度为 $500 \sim 600$ km 的圆轨道卫星的抛物面直径为 10 m 时，其离轨时间在 $0.5 \sim 1$ 年之间。

另一种气动阻力离轨装置的结构为充气气球，如图 6-81（a）所示。卫星工作寿命终止后，释放出压缩氦气形成气球。如果一颗卫星质量为 1 200 kg、轨道高度为 830 km，充气成气球的

直径为 37 m,需要大约 1 年时间离轨,进入大气层烧毁。若没有此装置,卫星将在轨道上停留
30~40 年。气动阻力离轨装置还有一种四方形结构,如图 6-81(b)所示。

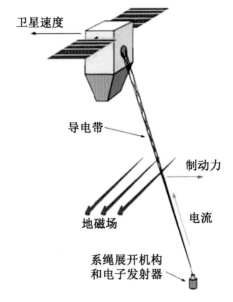

图 6-79　电动系绳离轨终端器结构原理图

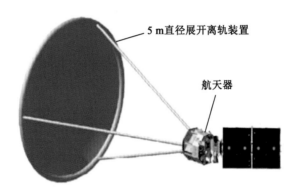

图 6-80　充气加固拖曳结构

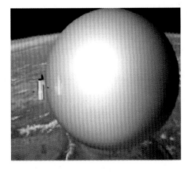

(a)气球结构　　　　　　　　　(b)四方形结构

图 6-81　气动阻力离轨装置示意图

（4）制动帆离轨。

制动帆离轨是指在卫星上通过支架伸展薄膜形成各种形状的帆，从而产生制动阻力，迫使卫星提早离轨。可为各种卫星研制大小不同的制动帆，帆面积为几平方米到几十平方米，如图6-82所示。这种装置质量轻、结构简单、成本低，特别适用于近地轨道的微小卫星，是目前小卫星考虑使用最多的手段。

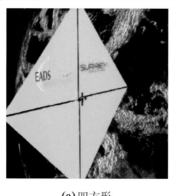

(a)四方形　　　　　　　　　　(b)三角形

图6-82　轻型制动帆离轨装置

图6-83给出了一颗携带4 m² 的制动帆卫星在不同轨道高度和卫星质量条件下，卫星的离轨寿命。从图中可以看出，采用4 m² 的制动帆、质量为15 kg和初始轨道高度为800 km的微纳卫星在25年内能够陨落。

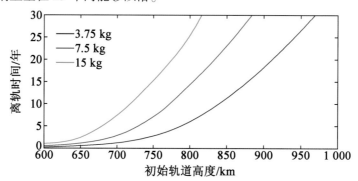

图6-83　卫星的离轨寿命

2. 非自主离轨

非自主离轨是通过外力帮助卫星离轨，主要有捕获离轨、激光推移离轨和离子束推移离轨等几种方式。

（1）捕获离轨。

捕获离轨是利用捕获卫星帮助需要离轨的卫星实现离轨，捕获卫星的组成包括捕获系统、轨道转移系统，以及其他辅助系统。非自主离轨的关键是如何捕获离轨卫星，可以采用机械臂、飞网、充气式结构、标枪绳、套索和静电吸附毯，其中机械臂在高转矩或刚性结构点捕获时性能最好，其技术成熟，且具有多个自由度，便于推力调整；飞网具有质量轻、成本低的优点,适合抓捕不规则形状的空间碎片,但不能控制离轨卫星的角自由度;充气式结构具有质量轻、成本低的优点,适合部署锥形伞,但容易发生泄漏;标枪绳具有高脉冲功率、低平均功率的特点,适合牵引推力器,但同样缺乏对离轨卫星的角自由度控制;套索利用相对于单根绳索来讲,可以套住离轨卫星,抑制旋转角速度;静电吸附毯质量非常轻,适合初始接触和捕获。图 6-84 给出了捕获卫星采用机械臂和飞网离轨卫星捕获示意图。

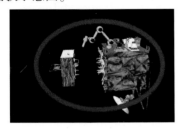 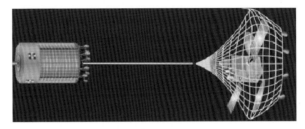

(a)机械臂捕获　　　　　　　　　　(b)飞网捕获

图 6-84　离轨卫星捕获示意图

(2)激光推移离轨。

利用高能脉冲激光束照射离轨卫星表面,产生类似于火箭推进的"热物质射流",为离轨卫星提供一定的速度增量,使其近地点高度降低,进入大气层烧毁。

(3)离子束推移离轨。

与激光推移离轨清除空间碎片的原理类似,向离轨卫星发射高能离子束,通过产生足够的推力使其离轨。

6.5.3　钝化处理

近地卫星陨落后在大气层中烧毁,而地球静止轨道卫星到了"卫星墓地"后,只是停留在那里。为防止进入"卫星墓地"的卫星对其他卫星产生影响,通常还需要对其进行钝化处理,避免造成无线电信号干扰或因过压、化学反应造成星体意外解体等,主要钝化处理方法如下。

1. 推进剂钝化

打开卫星燃料储箱阀门使燃料自行排出,在排出过程中为了防止推进系统堵塞必须对相关管路系统进行主动控温,对于双组元推进剂,应采取分别排放措施,首先将氧化剂排放干净,然后再将燃料排放干净。当储箱内的压力下降至几乎为零时,可以认为剩余燃料已经排放干净,但为了保险起见应继续保持燃料储箱阀门的开启状态。

2. 活动部件钝化

活动部件是指星上动能较高的一些部件,如高速旋转的动量轮和一些载荷转动装置等,需要关闭这些高速活动部件。

3. 蓄电池组钝化

首先切断蓄电池的充电线路,其次断开太阳能电池阵的供电线路,最后断开蓄电池的供电线路。

4. 下行信号纯化

关闭卫星测控和载荷分系统的下行无线电发射设备。

6.5.4 一颗地球静止轨道卫星非自主离轨示例

基于当前通用的地球同步卫星平台,本书编写组设计一颗清理卫星,用于捕获同步轨道的废弃卫星,然后利用清理卫星的自身动力,通过轨道控制,携带被捕获的废弃卫星到卫星墓地。示例给出了清理卫星从轨道靠近、目标捕获、离轨控制和返回的过程、控制参数计算和燃料消耗的估计。

出于发挥最大性能考虑,清理卫星由一颗母卫星和一颗子卫星组成,子卫星质量小,负责靠近、捕获同步轨道上的废弃卫星并携带其离轨;母卫星携带足够多的燃料,负责为子卫星加注燃料,清理卫星从地面发射到进入同步轨道之前,母卫星和子卫星连在一起,卫星定点后,母卫星和子卫星分离,母卫星定点在地球同步轨道的固定位置,等待子卫星靠近、对接和对其加注燃料;子卫星利用自身的燃料和控制系统,独立完成靠近、捕获和辅助废弃卫星离轨任务,当子卫星剩余燃料不多时,它靠近母卫星,与其对接,补充燃料。卫星可以循环完成多次任务,直到母卫星燃料耗尽或载荷异常。

1. 轨道靠近和目标捕获策略

轨道靠近是实现清理卫星捕获废弃卫星的关键,由远距离追踪和近距离接近2个过程组成,由于控制量大小和精度要求不同,远距离追踪和近距离接近的控制方法和策略是不一样的,前者将清理卫星逐渐引导到距离废弃卫星的一定范围内,允许较大的控制误差,后者通过高精度轨道控制,进一步缩小2颗卫星间的距离,引导清理卫星到达捕获废弃卫星所需要的位置,如图6-85、图6-86所示,其中清理卫星完成远距离追踪后,到达接近点,接近区控制完成后清理卫星到达捕获点,然后沿以废弃卫星为中心的圆形轨迹绕飞,圆的半径是清理卫星的机械臂可以抓捕废弃卫星的长度。选择绕飞抓捕的原因是考虑到通常情况下废弃卫星是失控卫星,空间姿态不确定,甚至处于旋转状态,对这类非合作目标,如果像通常空间交会对接一样,只固定一个位置抓捕废弃卫星,就可能造成清理卫星即使接触到废弃卫星,也可能无法抓获,清理卫星在绕飞过程中,由于两者相对距离固定,清理卫星可以选择最佳相对位置对废弃卫星进行捕获。

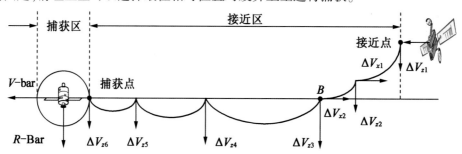

图6-85 清理卫星靠近废弃卫星过程示意图

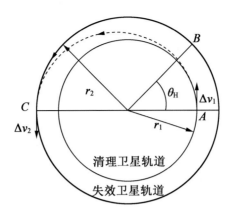

图 6-86　轨道转移示意图

2. 远距离追踪

在地面控制下,远距离追踪将完成清理卫星的轨道面修正和对废弃卫星追赶,使清理卫星在给定误差范围内尽量靠近废弃卫星,到达接近点,远距离追踪轨道控制由轨道平面修正、调相控制和轨道漂移 3 个部分组成。

(1)轨道平面修正。

轨道平面修正是使清理卫星与废弃卫星轨道面重合,需要的速度增量 ΔV_i 为

$$\Delta V_i = 2v_1 \sin \frac{i_2 - i_1}{2} \tag{6-213}$$

式中 i_1、V_1 分别为清理卫星的轨道倾角和运行速度; i_2 为废弃卫星的轨道倾角,结合后面的分析,可以看出,清理卫星靠近废弃卫星过程中轨道平面修正消耗燃料最多,因此,为了节省清理卫星的燃料,应该在卫星失效后、倾角不大时,尽快对其进行捕获;如果失效时间很长了,其倾角已经相当大了,最好充分利用倾角周期变化特性,等待它的轨道平面接近清理卫星轨道平面时,再进行清理卫星对其靠近控制。例如一颗 1966 年发射的地球同步通信卫星,到 2010 年 4 月,倾角已经回到 7.4°,大约再过 7 年,倾角就到 0°附近。

(2)调相控制。

调相控制是减小清理卫星和废弃卫星之间的距离和相位差,通常同步轨道漂移的废弃卫星轨道高度大于清理卫星,如图 6-86 所示,清理卫星的轨道速度比废弃卫星快,因此清理卫星需要对废弃卫星进行追赶。图 6-86 中清理卫星位于 A 点、废弃卫星位于 B 点,二者相位差为 θ_H,在 A 点对清理卫星施加冲量 ΔV_1,使之通过椭圆转移轨道在 C 点和废弃卫星交会,再在 C 点施加冲量 ΔV_2,就可实现清理卫星轨道与废弃卫星轨道相同,清理卫星轨道转移所需的速度增量 ΔV_{a1} 为

$$\Delta V_{a1} = \Delta V_1 + \Delta V_2 = \left[\sqrt{\frac{2r_2}{r_1 + r_2}} - 1 + \sqrt{\frac{r_1}{r_2}} \left(1 - \sqrt{\frac{2r_1}{r_1 + r_2}} \right) \right] \sqrt{\frac{\mu}{r_1}} \tag{6-214}$$

式中,r_1 和 r_2 分别为清理卫星和废弃卫星的轨道半径,清理卫星通过椭圆转移轨道的时间 t_{tr} 等于半个椭圆转移轨道的周期,即

$$t_{tr} = \frac{\pi}{\sqrt{\mu}}\left(\frac{r_1+r_2}{2}\right)^{3/2} \qquad (6-215)$$

失效卫星由 B 点运行至 C 点所需时间 t_{tp} 为

$$t_{tp} = \frac{\pi-\theta_H}{\sqrt{\mu}}r_2^{3/2} \qquad (6-216)$$

要使清理卫星和废弃卫星在 C 点交会的条件是二者时间相等，即 $t_{tr} = t_{tp}$，由此可得初始相位差 θ_H 为

$$\theta_H = \pi\left[1-\left(\frac{r_1+r_2}{2r_2}\right)^{3/2}\right] \qquad (6-217)$$

（3）轨道漂移。

式（6-217）是清理卫星和废弃卫星完成调相任务需要满足的前提条件，实际在同步轨道上，清理卫星和废弃卫星位置可能相差较远，例如 $\theta_H + \Delta\theta$，则清理卫星须在轨道上追赶一段时间 Δt，消除 $\Delta\theta$ 后才能开始调相控制等待时间 Δt

$$\Delta t = \frac{\Delta\theta}{\sqrt{\mu}\,(r_1^{-3/2}-r_2^{-3/2})} \qquad (6-218)$$

通常情况下 r_1 和 r_2 相差很小，如果 $\Delta\theta$ 值较大，由式（6-218）计算的 Δt 时间将较大，通常这种等待时间是无法接受的，因此在调相前需进行漂移控制，减小等待时间。若给定漂移时间 Δt，改变清理卫星轨道半长轴可以实现漂移速度控制，这时清理卫星半长轴改变量 Δr 为

$$\Delta r = \left|r_1-\left(r_1^{-3/2}-\frac{\Delta\theta}{\Delta t\sqrt{\mu}}\right)^{-2/3}\right| \qquad (6-219)$$

需要的速度增量为 ΔV_{a2}：

$$\Delta V_{a2} = \sqrt{\frac{\mu}{r_1}}\left(\sqrt{\frac{2r_3}{r_1+r_3}}-1\right) \qquad (6-220)$$

式中，$r_3 = r_1 + \Delta r$。式（6-219）和式（6-220）表明合适的 Δt 可以降低速度增量的需求。结合式（6-213）、式（6-214）和式（6-220），完成轨道平面修正、轨道漂移和调相控制需要的速度增量 ΔV_1 为

$$\Delta V_1 = \Delta V_i + \Delta V_{a1} + \Delta V_{a2} \qquad (6-221)$$

3. 接近控制

远距离追踪结果会存在较大的误差，在高度方向上通常为百米量级，在轨道方向上通常为千米量级，需要进行接近控制，直至引导清理卫星到达捕获点。考虑到清理卫星和废弃卫星的偏心率都很小，可将它们的轨道视为圆轨道，有相对运动方程：

$$\left.\begin{array}{l}\ddot{x}-2\omega\dot{z}=\gamma_x \\ \ddot{y}-\omega^2 y=\gamma_y \\ \ddot{z}-2\omega\dot{x}-3\omega^2 z=\gamma_z\end{array}\right\} \qquad (6-222)$$

采用以废弃卫星质心为圆点的本体轨道坐标系,式中轨道速度矢量方向为 $V-Bar$ 方向,从圆点指向地球中心方向为 $R-Bar$ 方向。γ_x、γ_y 和 γ_z 是在 x、y 和 z 方向施加的力,ω 是废弃卫星的轨道角速度。采用不同的轨道接近控制策略,式(6-222)得出不同的解。

(1)接近区轨道控制。

采用脉冲径向($R-Bar$)机动,如图 6-87(a)所示,它仅仅影响轨道偏心率而不影响轨道周期,所以不会产生相对废弃卫星轨道的漂移。这里选择脉冲径向机动的另一个重要原因是它具有很好的安全性和可操作性,因为脉冲径向机动形成的轨迹是一个椭圆,它具有一个轨道周期后卫星回到起始控制点位置的特点,这一特点在因故无法实施下一个控制时,可以重新进行,而不用担心轨迹发散。设初始条件为 $x_0 = y_0 = z_0 = 0$,$\dot{x}_0 = \dot{y}_0 = 0$ 和 $\dot{z}_0 = \Delta V_z$,代入式(6-222)解得:

$$\left. \begin{aligned} x(t) &= \frac{2}{\omega}\Delta V_z (1-\cos(\omega t)) \\ y(t) &= 0 \\ z(t) &= \frac{2}{\omega}\Delta V_z \sin(\omega t) \end{aligned} \right\} \qquad (6\text{-}223)$$

由式(6-223)计算一个周期内不同时刻清理星运行的位置,得到下列结论。

① $T/4$ 控制。

图 6-87(a)中,在起始点卫星 $R-Bar$ 方向施加脉冲 ΔV_z,经过 $T/4$ 时间,清理卫星在 $V-Bar$ 方向运动的距离 $\Delta x = \frac{2}{\omega}\Delta V_z$,在 $R-Bar$ 方向运动的距离 $\Delta z = \frac{1}{\omega}\Delta V_z$,卫星如果要在 $T/4$ 处停止,需要在 x 方向施加的速度增量为 $|\Delta V_x| = 2|\Delta V_z|$,因此速度增量为 $3\omega\Delta z$。

② $T/2$ 控制。

图 6-87(a)中,在起始点卫星 $R-Bar$ 方向施加脉冲 ΔV_{z1},经过 $T/2$,清理卫星在 $V-Bar$ 方向运动 $\Delta x = \frac{4}{\omega}\Delta V_{z1}$,在 $R-Bar$ 方向运动 $\Delta z = 0$,卫星如果要在 $T/2$ 处停止,需要在 Z 方向施加的速度增量为 $\Delta V_{z2} = \Delta V_{z1}$,因此速度增量为 $\omega\Delta x/2$。

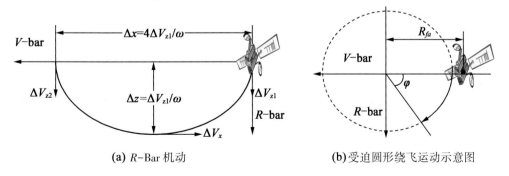

(a) $R-Bar$ 机动 (b)受迫圆形绕飞运动示意图

图 6-87 清理星对废弃卫星机动示意图

上述结论①用到图 6-85 中清理卫星相对废弃卫星在 V-Bar 和 R-Bar 方向都需要控制的情况,即从接近点到 B 点;结论②用到图 6-85 中清理卫星相对废弃卫星只在 V-Bar 方向需要控制的情况,即从 B 点到捕获点。因此,如果清理卫星从接近点开始,相对废弃卫星运动到捕获点,需要在 V-Bar 方向运动 X_r,在 R-Bar 方向运动 Z_r,则需要的速度增量 ΔV_{r1} 为

$$\Delta V_{r1} = 3\omega Z_r + \frac{\omega}{2}(X_r - 2Z_r) = 2\omega Z_r + \frac{\omega}{2}X_r \qquad (6\text{-}224)$$

(2)捕获点轨道控制。

当清理卫星到达捕获点后,采用连续推力机动实现清理卫星对废弃卫星的绕飞,如图 6-87(b)所示。设初始条件为

$$\begin{cases} x_0 = -R_{fa}, y_0, z_0 = 0 \\ \dot{x}_0, \dot{y}_0 = 0, \dot{z}_0 = \Delta V_{zi} \\ \gamma_y = 0 \end{cases} \qquad (6\text{-}225)$$

式中,R_{fa} 为绕飞半径,清理卫星的运动方程为

$$\left. \begin{array}{l} x(t) = -R_{fa}\cos(\omega_r t) \\ y(t) = 0 \\ z(t) = R_{fa}\cos(\omega_r t) \end{array} \right\} \qquad (6\text{-}226)$$

式中,ω_r 为绕飞的角速度,施加的初始速度增量 ΔV_{zi} 为

$$\Delta V_{zi} = R_{fa}\omega_r \qquad (6\text{-}227)$$

由初始条件和式(6-226)解式(6-222)得到在绕飞轨迹上清理卫星必须施加的力 γ_x 和 γ_z 为

$$\left. \begin{array}{l} \gamma_x = -R_{fa}\omega_r(2\omega - \omega_r)\cos(\omega_r t) \\ \gamma_z = -R_{fa}(\omega_r^2 - 2\omega\omega_r + 3\omega^2)\sin(\omega_r t) \end{array} \right\} \qquad (6\text{-}228)$$

式中,ω 为轨道角速度。如果从时间 t_s 开始绕飞,时间 t_e 结束,清理卫星旋转了 φ 角,它需要施加的力为

$$\left. \begin{array}{l} \Delta V_{x\varphi} = \int_{t_s}^{t_e}\gamma_x(t)\,\mathrm{d}t \\ \Delta V_{z\varphi} = \int_{t_s}^{t_e}\gamma_z(t)\,\mathrm{d}t \end{array} \right\} \qquad (6\text{-}229)$$

如果清理卫星绕废弃卫星一周完成捕获废弃卫星任务,由式(6-227)和式(6-229)得到需要的速度增量 ΔV_{r2} 为

$$\Delta V_{r2} = |\Delta V_{zi}| + |\Delta V_{x\varphi}| + |\Delta V_{zq}| = R_{fa}\omega_r + 4R_{fa}|(\omega_r - 2\omega)| + 4R_{fa}\left|\left(2\omega - \omega_r - 3\frac{\omega^2}{\omega_r}\right)\right|$$

$$(6\text{-}230)$$

结合式(6-224)和式(6-230),完成清理卫星接近和捕获废弃卫星需要的速度增量

ΔV_2 为

$$\Delta V_2 = \Delta V_{r1} + \Delta V_{r2} \tag{6-231}$$

4.离轨

待清理卫星捕捉到废弃卫星后,就可以对其实施辅助离轨,采用霍曼转移将其送入静止轨道上方 Δr km 的垃圾轨道,所需要的速度增量为

$$\Delta V_3 = \sqrt{\frac{\mu}{r_1}}\left(\sqrt{1 + \frac{\Delta r}{2r_1 + \Delta r}} - 1\right) \tag{6-232}$$

式中, r_2 为废弃卫星的轨道半径。

5.燃料消耗

由速度增量可以计算需要消耗的燃料。结合式(6-221)、式(6-231)和式(6-232),完成轨道平面修正、转移、调相、靠近、目标捕获,离轨和返回地球同步轨道需要的总速度增量 ΔV 为

$$\Delta V = \Delta V_1 + \Delta V_2 + 2\Delta V_3 \tag{6-233}$$

对应的燃料消耗量 ΔM 为

$$\Delta M = M\left[e^{\frac{\Delta V}{I_{sp}g}} - 1\right] = Mf(\Delta V) \tag{6-234}$$

式中, $f(\Delta V) = e^{\frac{\Delta V}{I_{sp}g}} - 1$; I_{sp} 为推力和推进剂燃烧后质量速度比; M 为清理卫星质量。由式(6-233)计算出总燃料消耗 ΔM 为

$$\Delta M = M_1 f(\Delta V_1) + M_1 f(\Delta V_2) + 2(M_1 + M_2)f(\Delta V_3) \tag{6-235}$$

式中, M_1 为清理卫星质量; M_2 为废弃卫星质量,由于废弃卫星质量固定,由式(6-235)可以看出,清理卫星质量越小,就越能节省燃料。

如果方案中子卫星和母卫星质量分别为 M_1、M_m ,与直接使用一颗质量为 $M_1 + M_m$ 作为清理卫星相比,一次捕获、离轨能够节省燃料的系数 R 为

$$R = \frac{(M_m + M_1)f(\Delta V_1) + (M_m + M_1)f(\Delta V_2) + (2M_m + 2M_1 + M_2)f(\Delta V_3)}{M_1 f(\Delta V_1) + M_1 f(\Delta V_2) + 2(M_1 + M_2)f(\Delta V_3)} \tag{6-236}$$

通常情况下 $\Delta V_1 \gg \Delta V_2$ 和 $\Delta V_1 \gg \Delta V_3$,式(6-236)可以简化为

$$R \approx \frac{(M_m + M_1)f(\Delta V_1)}{M_1 f(\Delta V_1)} = \frac{M_m + M_1}{M_1} \tag{6-237}$$

式(6-237)表明,采用子卫星加母卫星组成清理卫星方案,燃料节省效果约等于它们之间的质量比,在子卫星质量满足自身运行和捕获要求的条件下,质量比相差越大节省燃料越多。

6.计算示例

假设清理卫星位于 75 °E、轨道倾角为 0°、质量 $M_1 = 200$ kg, I_{sp} 为 290 s;废弃卫星位于 105 °E、轨道倾角为 1°、质量 $M_2 = 1\,500$ kg,计算清理卫星捕获废弃卫星、辅助其离轨并回到同步轨道的燃料消耗量。

（1）轨道面修正。

卫星轨道运行速度为 3.07 km/s，清理卫星倾角修正为 1°，需要速度增量为 53.5 m/s，消耗燃料为 3.8 kg。

（2）轨道漂移。

用 30 d 时间完成清理卫星从 75 °E 向西漂移到 105 °E 附近并停止，需要改变清理卫星的轨道半长轴为 78 km，速度增量为 2×2.85 m/s，消耗燃料为 0.4 kg。

（3）调相控制。

清理卫星和废弃卫星的轨道半长轴分别为 42 164.78 km 和 42 195.78 km，需要速度增量为 2×1.1 m/s，消耗燃料为 0.15 kg。

（4）接近控制。

假设接近点在 Z_r 方向 500 m，X_r 方向 2 000 m，控制清理卫星从接近点到捕获点需要速度增量为 0.15 m/s；绕飞半径为 5 m，角速度为 0.1°/s，绕飞一圈需要的速度增量为 0.07 m/s。因此接近控制需要的速度增量为 0.22 m/s，消耗燃料为 0.03 kg。

（5）离轨。

清理星捕获废弃卫星后，抬高轨道 300 km，需要的速度增量为 11 m/s。携带废弃卫星机动到垃圾轨道，消耗燃料为 6.6 kg；清理卫星回到地球同步轨道消耗燃料为 0.8 kg。上述轨道机动控制总共消耗清理卫星燃料 11.7 kg。如果清理卫星（子卫星+母卫星）携带燃料 2 000 kg，理论上它可以处理约 160 颗这类废弃卫星。

第7章　国外卫星测控工程实践

7.1　美　国

美国卫星测控可以分为军用卫星测控、民用卫星测控和商用卫星测控,军用卫星测控完成美国国防部的战略/战术通信、侦察、预警、导航和军事气象卫星等卫星的控制管理,主要由美国太空军相关控制中心负责;民用卫星测控主要完成科学试验、空间探索和研究类航天器的控制管理,主要由美国国家航空航天局负责;商用卫星测控是各商业卫星公司对各自拥有的卫星进行测控。

7.1.1　军用卫星测控

美国军用卫星测控主要由卫星控制网络(SCN)负责,最早成立于 1959 年,原隶属于美国空军太空司令部第 50 网络作战大队,称为空军卫星控制网(AFSCN)。2019 年美国太空部队成立后,卫星控制网的管理权由美空军转隶至美国太空部队,由美国太空部队太空作战司令部第 6 德尔塔部队负责卫星控制网的运营。卫星控制网还负责为美军宽带卫星通信系统(DSCS、WGS)、窄带卫星通信系统(UFO、MUOS)、受保护通信系统(Milstar、AEHF)、全球定位系统(GPS)提供测控支持。

AFSCN 主要由 2 部分组成:卫星操控中心和测控站,其中卫星操控中心提供卫星从发射准备到在轨运行的测控服务;测控站提供在轨卫星到 AFSCN 之间的空间段链路及多种测试验证设备。AFSCN 有 2 个操控中心,主中心位于科罗拉多州施里弗太空军基地,备份中心位于加利福尼亚州的范登堡太空军基地。地面站分别位于夏威夷、范登堡、迪戈加西亚、图勒、关岛、奥坎格和新罕布什尔等。美军卫星控制网结构示意图如图 7-1 所示。

1.卫星操控中心(SOC)

主中心由第 6 德尔塔第 22 太空作战中队负责,备份中心由第 6 德尔塔第 21 太空操作中队负责,主要开展卫星控制系统的操作和运维。具体为开展对所属卫星如先进技术风险降低卫星(advanced technology risk reduction,ATRR)、战术卫星 3(tactical satellite 3)、快响卫星 1(operationally responsive space-1)、AEHF、WGS 等进行管控与应用;管理 GPS卫星星座,为军方和民间用户提供精确的三维位置、速度和时间信息;负责美军在轨天基空间目标监视系统,发布空间环境评估和碰撞预警。

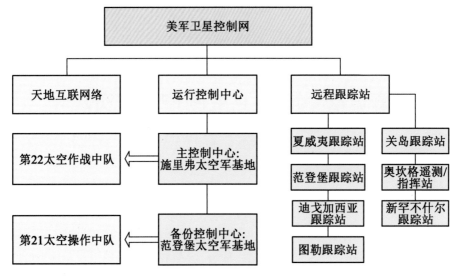

图 7-1 美军卫星控制网结构示意图

2. 测控站与测试设备

AFSCN 的地面测控站主要功能如下。

(1)跟踪测量。

用于跟踪、建立测控通道和确定卫星的位置。

(2)遥测遥控。

接收来自卫星的反映卫星健康状态的信息;向卫星发令,对卫星进行控制。

(3)辅助测试。

对卫星指标性能进行测试验证。

AFSCN 的测控网分为 2 类:共享测控网和专用测控网,服务于不同对象,具体如下。

(1)共享测控网。

共享测控网可以支持不同的卫星系统,它的天线和软件系统可以共用,主要用于支持对连续测控要求不高的卫星测控,不用考虑卫星的载荷特性,共享测控网还支持早期卫星发射测控和异常处置。

(2)专用测控网。

除了共享测控网,美国空军还有许多专用控制网,这些专用控制网只管理单一种类的卫星,是专门为其管理设计的,通常不与其他卫星系统共用。而且不同于共享测控网,专用控制网用相同的天线同时完成平台和载荷的管理,例如导弹预警空基红外系统(space based infrared system,SBIRS)和 GPS 系统。这些专用测控网有 23 幅天线,分布在全球 10 个地方,如 GPS 测控系统由 2 个控制中心和 4 个地面站组成,SBIRS 有 3 个控制中心和 4 个地面站(每个站最多有 5 副天线)。

7.1.2　民用卫星测控

美国民用卫星测控由美国国家航空航天局(NASA)负责管理,由近空网(near space network,NSN)、深空网(deep space network,DSN)和控制中心组成。

(1)近空网。

NSN 由直接对地近空网 NSN-DTE(direct-to-earth,DTE)和中继近空网 NSN-SR (space relay,SR)组成,为 NASA 和合作伙伴的卫星、火箭、飞船和登月等任务提供地面设施和服务,它的空间服务范围为 2 000 000 km,包含了 L1 和 L2 拉格朗日点,截至 2003 的近空网(NSN-DTE+NSN-SR)组成和分布如图 7-2 所示。

图 7-2　近空网(NSN-DTE+NSN-SR)组成和分布

①直接对地近空网。

NSN-DTE 由众多地面站组成,它接收来自航天器的信号或向近航天器发送信号,地面站按归属分为 3 类:政府站、合作站和商业站,其中 7 个政府站的工作频段和天线口径见表 7-1,天线的口径 6 m 以上,合作站来自美国内外其他航天伙伴,商业站主要由瑞典空间公司(SSC)和挪威康斯伯格卫星服务公司(KSAT)提供。

表 7-1　政府站的工作频段和天线口径

序号	站址	频段	口径/m
1	费尔班克斯	S/X	11.3 /11/9.1
2	肯尼迪上行链路站	S	6.1
3	庞塞德莱昂站	S	6.1
4	弗吉尼亚州瓦洛普斯	VHF、S/X	11m/5

续表 7-1

序号	站址	频段	口径/m
5	新墨西哥州白沙	VHF、S/Ka	18.3
6	新墨西哥州的白沙综合体	VHF、S/Ka	11
7	南极洲麦克默多	S/X	10

表 7-2 和表 7-3 分别列出了 NSN-DTE 网的上行信道和下行信道的频率、速率、调制、编码和极化方式等传输特性。

表 7-2　NSN 上行信道传输特性

项目	星地信道	星间(中继)信道
频段 (近地使用)	S 波段:2 025~2 110 MHz X 波段:7 190~7 235 MHz	S 波段:2 025~2 110 MHz Ku 波段:13.775 GHz Ka 波段:22.55~23.55 GHz
最大带宽	S 波段:5 MHz X 波段:10 MHz	S 波段:6 MHz Ku 波段:50 MHz Ka 波段:50 MHz
最大传输数据速率(编码前)	S 波段:5 Mb/s X 波段:5 Mb/s	S 波段(多址/单址):300 kb/s/4.2 Mb/s Ku 波段:50 Mb/s Ka 波段(单址):50 Mb/s
天线系统EIRP/dBW	S 波段:51~81(典型值 56) X 波段:85~86	S 波段(多址/单址):42/48.5 Ku 波段(单址):48.5 Ka 波段(单址):63
调制方式	PM、FM、PCM、PCM/PM、PCM/PSK/PM、BPSK、QPSK、OQPSK、UQPSK	扩频:BPSK 或 UQPSK 非扩频:BPSK、QPSK、OQPSK、PCM/PM 或 PCM/PSK/PM
编码方式	未编码或 LDPC1/2 或 7/8	未编码,速率 1/2 卷积,Reed-Solomon,级联(1/2 卷积+RS),LDPC 1/2 或 7/8
极化方式	圆极化(LHC/RHC)	圆极化(LHC/RHC) 多址仅用 LHC

表 7-3　NSN 下行信道传输特性

项目	星地信道	星间(中继)信道
频段 (近地使用)	S 波段:2 200~2 290 MHz X 波段:8 025~8 400 MHz X 波段(SRS):8 450~500 MHz Ka 波段:25.5~7 GHz	S 波段:2 200~2 290 MHz Ku 波段:15.003 4 GHz Ka 波段:25.25~27.5 GHz
最大带宽	S 波段:5 MHz X 波段:375 MHz X 波段(SRS):10 MHz Ka 波段:1 500 MHz	S 波段(多地/单址返向):6 MHz Ku/Ka 波段:225 MHz Ka 波段(宽):650 MHz
返回最大数据速率 (编码前)	S 波段:2.2 Mb/s(PACE 卫星) X 波段:220 Mb/s(ICESat-卫星 2) X 波段(SRS):13.1 Mb/s(IRIS 卫星) Ka 波段:3.5 Gb/s(NISAR 卫星)	S 波段(多址):1 Mb/s S 波段(单址):14.1 Mb/s Ku/Ka 波段:600 Mb/s Ka 波段(宽):1200 Mb/s
天线系统 G/T 值(dBW)	S 波段:19.1~9.6(典型值 21) X 波段:30.5~7.8(典型值 32) Ka 波段:38~45(典型值 41.3)	S 波段(多址):3.2 S 波段(单址):9.5 Ku 波段:24.4 Ka-band: 26.5
解调方式	PM、FM、PCM、PCM/PM、PCM/PSK/PM、BPSK、QPSK、OQPSK、AQPSK、SQPN、8PSK	扩频:BPSK 或 UQPSK 非扩频:BPSK、QPSK、OQPSK、PCM/PM、PCM/PSK/PM
解码方式	未编码,1/2 卷积、Reed-Solomon,LDPC 1/2 、7/8,Turbo 1/2	未编码,1/2 卷积、Reed-Solomon,LDPC 1/2、7/8,TPC 7/8
极化方式	圆极化(LHC/RHC)	圆极化(LHC/RHC) 多址仅用 LHC

②中继近空网。

NSN-SR 由中继卫星系统(TDRSS)组成,目前有 9 颗 TDRS 卫星在轨运行,它们在赤道上空的分布如图 7-3 所示,对近地卫星和火箭发射实现 100%覆盖,工作在 S、Ku 和 Ka 波段,返向接收数据速率为 6 Mb/s(S 波段)、300 Mb/s(Ku 波段)和 800 Mb/s(Ka 波段);前向遥控数据速率为 300 kb/s,图中退役的 TDRS-1、TDRS-4 和 TDRS-9 卫星运行在墓地轨道,到 2024 年初,他们的轨道高度分别比标准地球同步轨道高 435 km、511 km 和 368 km。

美国中继卫星系统组成和工作流程如图 7-4 所示。

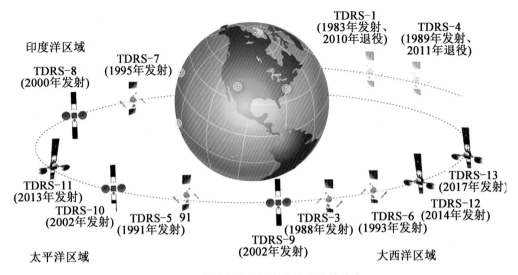

图 7-3　美国中继卫星在赤道上空的分布

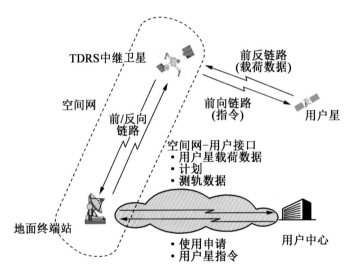

图 7-4　美国中继卫星系统组成和工作流程

TDRSS 的地面终端站位于新墨西哥州白沙和关岛,负责跟踪中继卫星,接收和转发用户卫星和地面用户中心之间数据,图 7-5(a)是白沙站外景。

NSN-SR 的中继卫星控制中心位于马里兰州格林贝尔特的戈达德太空飞行中心,完成中继卫星的平台管理、控制 TDRS 卫星的天线跟踪用户卫星和建立中继传输链路等,图 7-5(b)是该控制中心外景。

③NSN 使用示例。

根据 NASA 2020 年实际跟踪数据,对美国 Aura、Aqua、Cygnus、Terra、GPM、HST、SORCE 和 ISS,共 7 个卫星和国际空间站使用 NSN 网络跟踪情况进行分析,结果表明。

| (a)白沙站 | (b)戈达德太空飞行中心 |

图 7-5　TDRS 地面终端站和控制中心

a. Terra、GPM、HST、SORCE 和 ISS 这 5 个航天器主要依靠中继卫星跟踪,实现了每圈 36% 以上的跟踪覆盖。

b. Aura、Aqua 和 Cygnus 这 3 个卫星既使用地面站,也使用中继卫星跟踪,实现了每圈 15% 以上的跟踪覆盖;

c. 国际空间站基本上使用中继卫星跟踪,偶尔使用地面站,实现了 91.8% 的覆盖。

(2)深空网。

DSN 创建于 1963 年 11 月,由分布在全球的戈德斯通(美国)、马德里(西班牙)和堪培拉(澳大利亚)3 个站点组成,每个站有 1 个 70 m 口径天线、数量不等的 34 m 口径天线和 1 个信号处理中心,如图 7-6 所示,为地球同步轨道卫星和探月等深空任务提供持续的通信和导航支持,返向接收速率为 10 b/s ~ 600 Mb/s,前向发送速率为 7.8 b/s ~ 25 Mb/s。这 3 个站点地理经度相距约为 120°,可以为 35 786 km 地球同步轨道以上的航天任务提供几乎连续的跟踪覆盖,工作频率为 S、X 和 Ka 频段,它与 NSN 用频的比较见表 7-4。

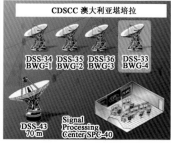
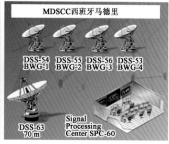

图 7-6　DSN 三个站配置

表 7-4　DSN 和 NSN 使用的频段(GHz)

	S 上行	S 下行	X 上行	X 下行	Ka 上行	Ka 下行
NSN	2.11~2.12	2.29~2.3	7.145~7.19	8.4~8.45	34.2~34.7	31.8~32.3
DSN	2.025~2.11	2.2~2.29	7.19~7.235	8.45~8.5	25.5~27.0	22.55~23.15

（3）控制中心。

NASA 主要有 3 个控制中心，分别是约翰逊航天中心、戈达德飞行中心和艾姆斯多任务控制中心，每个中心的任务分工不同。

①约翰逊航天中心（Johnson Space Center）。

位于休斯敦的约翰逊航天中心负责飞船类航天器的飞行控制，主要由空间站飞行控制室、飞行训练控制室、生命科学控制室、航天飞机控制室和阿波罗飞行控制室等组成。1965 年以来，该中心完成了双子星座Ⅳ、阿波罗登月、国际空间站和百余次航天飞机飞行任务，是美国中继卫星 TDRS 系统的主要用户。

②戈达德太空飞行中心（Goddard Space Flight Center）。

位于马里兰州格林贝尔特的戈达德太空飞行中心创立于 1959 年，主要负责管理美国航天局全部测控网以及航天飞行器的发展工作，并管理哈勃太空望远镜，设置有小型探测（small explorer，SMEX）、地球观测（earth observing system，EOS）、哈勃望远镜（Hubble space telescope，HST）等任务中心。该中心还负责美国 TDRS 系统的控制和管理，并通过地面测控系统和中继卫星系统共同管理地球观测卫星的日常测控和遥感数据传输。

③艾姆斯多任务控制中心（Multi-Mission Operations Center，MMOC）。

艾姆斯多任务控制中心主要负责小卫星的测控管理，并可支持国际空间站的有效载荷和科学仪器操作，由开普勒科学操作中心和索非亚科学中心 2 个异地中心组成。

7.1.3 商用卫星测控

与军用卫星和民用卫星分别由 AFSCN 和 NASA 集中管理不同，商用卫星通常由卫星所有者独自管理，每个商用卫星的所有者通常建立自己的卫星测控中心、自建或租用其他公司的地面测控站，建立自己的卫星管理队伍或者委托他人完成日常的卫星工程测控和业务测控任务。商用卫星测控系统的显著特点是卫星种类单一、操作自动化程度高、工程测控和业务测控高度结合。

1. 地面测控系统

商用卫星地面测控系统由测控中心和测控站组成，负责完成卫星的跟踪、遥测、遥控和轨道测量等任务。通常商用卫星测控系统与卫星的业务中心或接收站建在一起，实现高度自动化运行和全球布站。例如 Planet 地面运控系统由 2 个控制中心和 11 个地面站组成，一个控制中心位于美国旧金山总部，另一个位于德国柏林，图 7-7 是美国旧金山总部的控制大厅，地面站分别位于美国肯塔基州的 Morehead、加利福尼亚的 Half moon bay 和 Palo alto、华盛顿布鲁斯特、冰岛凯夫拉维克、英国的 Chilboton 以及德国、新西兰和澳大利亚等地。图 7-8 是 Planet 的 8 个 X 波段地面站在全球的分布和其中之一的冰岛凯夫拉维克地面站 4.5 m 天线。

2. 测控频率

与军用卫星和民用卫星测控主要使用 S 测控频段不同，商用卫星测控的频段使用了不同频段，主要有 UHF/VHF、S 频段、C、Ku、X 和 Ka 频段，上、下行测控频段选择既可以相同,也可以不同,工程测控既可以单独选择频段,又可以结合业务频段,具体如下。

(1)上、下行使用同一频段,如 O3B 卫星使用 Ka 频段:上行 29.088 5 GHz,下行 19.2 996 GHz;Starlink 卫星使用 Ku 频段:上行 13.85~14.00 GHz,下行 12.15~12.25 GHz。

(2)上、下行使用不同频段,如 Dove-1 和 Dove-2 卫星:上行使用 VHF 频段 145.825 MHz,下行使用 S 频段 2 420.0 MHz;Skybox 卫星:上行使用 S 频段(2 081 MHz、2 083 MHz),下行使用 X 频段(8 375 MHz、8 380 MHz)。

(3)工程测控和业务数传使用相同的频率,如 Orbcomm 卫星,它的业务数据和工程测控都使用相同的 VHF 频段,上行 148 MHz,下行 137 MHz。

(a)控制大厅   (b)地面站远程监控大屏

图 7-7 （美国）旧金山总部的控制大厅

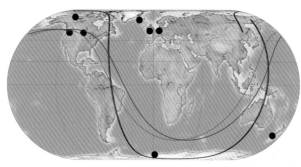

图 7-8 X 波段地面站分布和冰岛凯夫拉维克地面站天线

7.2 欧洲卫星测控

欧洲空间局(European Space Agency,ESA)是欧洲航天活动的计划制订者和项目执行者,是欧洲航天测控的主要力量,成立于 1975 年,由欧洲空间研究和技术中心(ES-TEC)、欧洲空间操作中心(ESOC)、地球观测中心(ESRIN)、圭亚那空间中心(CSG)、鲁多中心、欧洲空间应用和通信中心(ECSAT)组成,负责载人航天、卫星通信、对地观测,以及深空探测等任务。

欧洲空间研究和技术中心位于荷兰的诺德惠克,是 ESA 的最大机构,负责技术预研、项目管理、卫星、空间探测和载人技术支持;欧洲空间操作中心位于德国的达姆施塔特,負责近地卫星、太阳轨道和深空卫星在轨日常管理;地球观测中心位于意大利的弗拉斯卡蒂,负责管理 ESA 的地面站和部分对地观测卫星,存储有欧洲最多的环境观测数据;圭亚那空间中心在法属圭亚那,负责卫星发射业务;鲁多中心位于比利时,作为 ESA 地面系统的一部分,负责卫星的控制和测试,同时也是 ESA 的空间天气数据中心;欧洲空间应用和通信中心在英国的哈韦尔,负责与通信、综合应用、天气变化和科学技术相关的任务,主要开展商务和对外空间活动。

7.2.1 测控网

1. 地面测控站

欧洲跟踪站网(ESA's tracking station network,ESTRACK)是一个全球跟踪地面测控网,建立于 1975 年,负责航天器从发射、日常管理到离轨各个阶段的跟踪、测控和数据接收任务,数据速率从 256 kb/s 到 8 Mb/s。地面测控站主要部署在法国的库鲁、西班牙的马斯帕洛刀斯和威拉弗兰卡、比利时的鲁多、葡萄牙的圣玛丽亚和瑞典的基律纳,配备有 5.5 m、13 m、13.5 m 和 15 m 口径的天线,工作在 S、L、C 、UHF、X、Ku 和 Ka 频段,所有的设备都由 ESOC 远端控制。

2. 中继卫星(EDRS)

欧洲数据中继系统目前已经发展了 2 代,第一代 Artemis 中继卫星于 2001 年入轨,2016 年退役。第二代欧洲数据中继卫星 EDRS 的首发星 EDRS-A 于 2016 年 1 月发射入轨,第二颗星 EDRS-C 于 2019 年 8 月发射入轨,EDRS 提供了星间 Ka 频段和激光链路服务。

EDRS 地面系统由分别位于空中客车防御与太空公司的任务运营中心(MOC)、位于德国 DLR 的太空运行中心(GSOC)、位于巴黎 Eutelsat 的卫星控制中心和位于 Harwell、Weilheim 和 Redu 的 4 个地面终端站组成,太空公司的任务运营中心(MOC)负责接收中继申请和协调规划中继任务,并将规划结果发送到 EDRS 卫星控制中心(SCC),由 SCC 具体负责实施。EDRS 中继系统的主要用户是 Sentinel 系列卫星,其任务系统组成如图 7-9 所示。

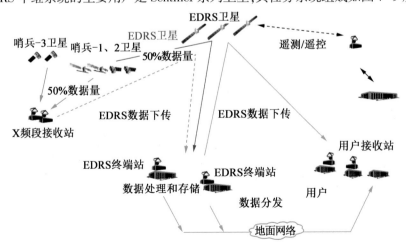

图 7-9 EDRS 数据中继任务系统组成

7.2.2　控制中心

ESOC 是 ESA 任务操作控制中心,位于德国的达姆施塔特,包括专业控制室和地面设备控制中心(Estrack),通过分布在欧洲的主用和备用地面站网络管理卫星通信、导航、空间碎片和其他专业功能的相关设施,进行卫星测控和接收数据,实现航天器实时控制。其主要控制中心如图 7-10 所示。

　　　　　　　(a)　　　　　　　　　　　　　　　　　　(b)

图 7-10　ESOC 控制中心

ESOC 下面有很多操作中心,比如气象卫星的任务控制中心(EUMETSAT Mission Control Centres,MCC),如图 7-11 所示,它由 2 个主要控制室组成,一个用于地球静止轨道任务,另一个用于低轨任务。地球同步卫星控制室完成 1 颗一代欧洲气象卫星(Metosat -7)和 3 颗二代欧洲气象卫星(Metosat-8、9、10),测控主站使用意大利富奇诺站和罗马尼亚恰亚站;近地卫星控制室负责 Metop-A、B 星的管理,同时还协助 NOAA-19 等其他卫星的管理,测控主站使用斯瓦尔巴特群岛的斯匹次卑尔根 Metop 站和德国乌辛根的 Tason 地面站。每个卫星都有一个任务规划系统,自动生成周计划,操作人员通过遥测数据监视航天器控制效果和健康状态。同时也接收卫星载荷下传的业务数据,进行分析和处理后,将其传输到 EUMETSAT 总部。

图 7-11　EUMETSAT 任务控制中心

7.2.3 伽利略卫星测运控

伽利略卫星测运控系统由位于意大利富奇诺和德国奥伯法芬霍芬伽利略的 2 个控制中心以及部署在法属圭亚那库鲁测控站、瑞典基律纳测控站、南太平洋的新喀里多尼亚数据接收/上行站、挪威斯瓦尔巴特群岛数据接收站及比利时鲁多在轨测试站等远程站组成,测控站工作在 S 频段,采用扩频测控体制。系统使用各数据接收站监测所有卫星的导航信号,制订任务计划,定时对卫星的观测结果进行批处理,完成轨道测定和时间同步,计算每颗卫星的精轨和钟差,预测空间精度变化的有效性。伽利略卫星运控系统组成如图 7-12 所示。

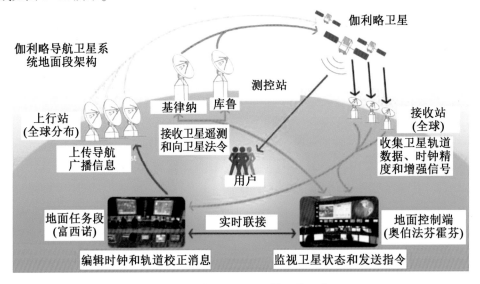

图 7-12 伽利略卫星运控系统组成

7.3 印度卫星测控

印度卫星测控是由印度空间研究组织(ISRO)负责,它是印度政府的太空组织机构,成立于 1969 年,总部位于班加罗尔,负责国家空间科学研究和行星探索。1975 年以来先后完成了"阿里亚哈塔"科学试验卫星、"罗希尼"卫星、"月船"月球轨道器、火星轨道器等百余颗航天器测运控任务。其主要测控机构如下。

7.3.1 班加罗尔遥测、跟踪和指挥网(ISTRAC)

位于班加罗尔,它负责低轨卫星跟踪、遥测数据接收、遥控发令、卫星健康状态分析、卫星轨道和姿态确定与控制等任务,还负责管理印度的区域导航卫星地面系统。印度国内的测控站主要分布在海得拉巴、班加罗尔、拉克瑙、布莱尔港、斯里哈里科塔和特里凡得琅等地。图 7-13 为 ISTRAC 控制大厅和测控站。

(a)　　　　　　　　　　　　　　　　(b)

图 7-13　ISTRAC 控制大厅和测控站

7.3.2　海得拉巴国家遥感中心(NRSC)

海得拉巴遥感中心承担自然资源和学术研究普查任务,负责接收遥感卫星下传的观测数据、处理和分发,并支持灾害管理决策。

7.3.3　主控设施(MCF)

主控设施由位于卡纳塔克邦哈桑的 1 个卫星控制中心和 9 个地面站组成,用于地球同步卫星的入轨控制、在轨测试和在轨管理等卫星任务所有阶段的操作,管理 INSAT(IN-SAT-3C,3A,4A,4B,4CR,INSAT-3D)、GSAT(GSAT-7,GSAT-8,GSAT-10,GSAT-12,GSAT-14,GSAT-16)、Kalpana(Kalpana-1)和 IRNSS(IRNSS-1A,1B and 1C)等系列卫星,主控设施的备份站位于中央邦的博帕尔。

7.4　日本卫星测控

日本宇宙航空研究开发机构(Japan Aerospace Exploration Agency,JAXA)是日本太空航天事业的主要研究管理机构,主要负责卫星的制造及在轨管理、小行星探测及未来可能的登月工程等任务,其下属的筑波航天中心(Tsukuba Space Center,TKSC)负责火箭和卫星的研发、发射和卫星运行控制。

7.4.1　测控系统

日本筑波航天中心的跟踪控制中心负责 JAXA 地面测控网,以及日本中继卫星(DRTS)的调度和控制,筑波跟踪控制中心场景如图 7-14 所示。地面测控网 2002 年开始启用,使用 S 频段测控,地面站主要分布在日本国内的筑波、胜浦、增田和冲绳,以及海外的基律纳、圣地亚哥珀斯和马斯帕洛马斯等地,主要天线口径为 10 m。日本中继卫星于 2002 发射,先后为"先进陆地观测卫星"、国际空间站及日本希望号实验舱等任务提供了数据中继服务。

(a)

(b)

图7-14 筑波跟踪控制中心场景

图7-15是日本先进陆地观测卫星(ALOS)测控系统组成图,为完成该任务,筑波跟踪控制中心使用了7个USB测控站、2个X波段业务接收站和日本中继卫星(DRTS)完成了卫星的工程测控和观测数据的传输。

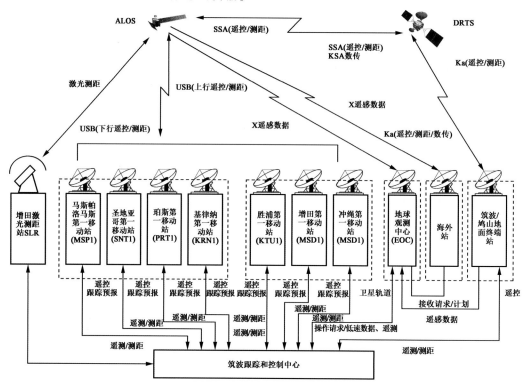

图7-15 日本先进陆地观测卫星(ALOS)测控系统组成图

7.4.2 ASNARO卫星测运控

ASNARO卫星是日本对地观测卫星,由日本电气(NEC)公司和日本航天局联合研制,ASNARO系统组成框图如图7-16所示,包括固定测控站和移动测控站,具体如下。

1. ASNARO 卫星

ASNARO 卫星是运行在高度为 504 km 太阳同步轨道的遥感卫星,图像分辨率小于 0.5 m/2 m(全色/多光谱)、幅宽为 10 km,最大侧摆角为 45°,降交点地方时为 11 点,寿命为 5 年,载荷下传数据速率为 800 Mb/s,采用 16QAM 调制方式。

2. 地面固定测控站和移动测控站

地面固定测控站位于冲绳和北海道,天线口径为 7.3 m,G/T 值为 18.3 dB/K(S 频段)和 32 dB/K(X 频段),另外,还租用了位于极区和日本国外的测控站用于支持卫星发射阶段和早期轨道阶段测控。移动测控站天线口径为 4.6 m,S 频段上、下行和 X 频段下行,G/T 值分别为 13.7 dB/K(S 频段)和 28 dB/K(X 频段)。

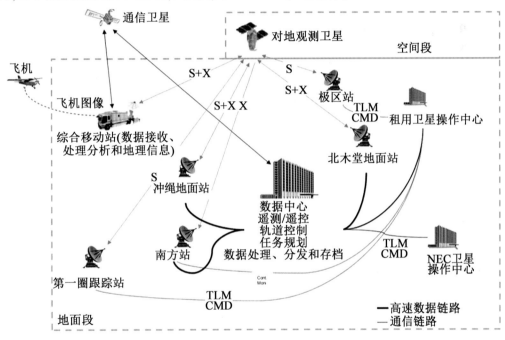

图 7-16　ASNARO 系统组成框图

3. 控制中心

控制中心采用全自动测控操作模式,其系统组成及信息流程如图 7-17 所示。

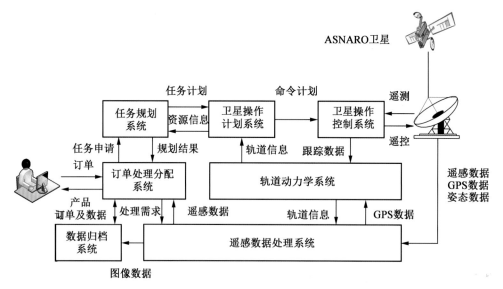

图7-17 ASNARO地面系统数据中心系统组成及信息流程

参 考 文 献

［1］ PIRRONE T. Integrating a global TT&C network［C］//SpaceOps 2012 Conference. Stock-holm, Sweden. Reston, Virigina：AIAA, 2012：AIAA2012-1275262.［LinkOut］

［2］ CHAPLAIN C, GALLEGOS A, AHEARN M L, et al. Satellite control：Long-term planning and adoption of commercial practices could improve DOD's operations［R］. United States Government Accountability Office, April 2013：5-7.

［3］ Near earth network（MEN） users' guide. NASA Facilities［R/OL］, http：//www. nasa. gov/centers/johnson/spaceshuttle/

［4］ Goddard Space Flight Center［PB/OL］, http：//www.nasa. gov/centers/goddard/home/

［5］ O3B Non-geostationary Satellite System［R/OL］, https：//www. ses. com/our-cover-age/o3b-meo

［6］ NASA Expands Contract with Planet Labs Inc. for Satellite Imagery ［PB/OL］, ht-tps：//www. earthdata. nasa. gov/learn/articles/planet-contract-expansion

［7］ ORBCOMM launches first commercial LoRa WAN～（TM）onboard vessel IoT solution ［J］. Satellite evolution Asia, 2020（6）：18.

［8］ YARBROUGH P G, 潘科炎. 全球第一个商用近地轨道移动通信卫星系统的测控方案［J］. 控制工程（北京）, 2002, 28（4）：43-51.

［9］ LEHMAN E , LONGANBACH M . The skybox satellite operator intern program benefits and lessons learned ［R/OL］. https：//digitalcommons. usu. edu/smallsat/2015/all2015/60/.

［10］ RIEBEEK H . Flying steady：Mission control tunes up aqua's orbit ［PB/OL］. https：//earth-observatory. nasa. gov/images/39863/flying-steady-mission-control-tunes-up-aquas-orbit.

［11］ 魏晨曦. 欧空局地面操作软件系统体系结构研究［J］. 空间电子技术, 2013, 10（2）：100-104.

［12］ Indian Space Research Organisation ［PB/OL］, www. isro. gov. in.

［13］ SHIMIZU J , HAMASAKI T . Research and development activities of the Tsukuba Space Center［C］//Research & Development Activities of the Tsukuba Space Center. Research and Development Activities of the Tsukuba Space Center, 1992.

［14］ HIKOSAKA S, FUKUNAGA T, OGAWA T, et al. Advanced EO system for the japanese small satellite[R/OL] https://digitalcommons. usu. edu/smallsat/2011/all2011/32/.

[15] 金莲嘉,秦朝晖.扩谱技术在卫星测控领域的应用[C]//上海航天时代电子有限公司.中国宇航学会第一届学术年会,2005:570-575.

[16] European Telecommunications Standards Institute. Earth station equipment for satellite communications; Telemetry, command and ranging (TCR) radio frequency and modulation standards:2023: ETSI EN 301 210[S/OL]. https://www.etsi. org.

[17] 朱雪萍,刘锐梅,金野,等.卫星扩频测控体制研究[J].无线电工程,2006,36(3):39-41.

[18] 张玉虎.非相干扩频测控体制的多址干扰效应研究[J].上海航天,2014,31(5):31-36.

[19] 洪宇,王轶,杨开忠.扩频测控设备对星座测控支持方案初探[C]//西安卫星测控中心技部.2006年中国宇航学会飞行器总体专业委员会学术研讨会,2006:307-311.

[20] 吴有杏,房新兵,丛波,等.航天扩频测控系统中非相干伪码测距跳值问题分析及对策[J].电讯技术,2008,48(11):56-59.

[21] 杜冬梅,仵丁丑.CCSDS遥测数据包结构分析和处理系统设计方案[C]//2003年航天测控技术研讨会.中国宇航学会,2003:277-283.

[22] 孙靖,胡松杰,平劲松.低轨道空间目标TLE及SGP4轨道计算精度分析[C]//测绘出版社.《测绘通报》测绘科学前沿技术论坛摘要集.中国科学院上海天文台;北京航天飞行控制中心,2008:5.

[23] 刘云飞,章锐,刘彬,等.卫星扩频测控相干与非相干测量机制研究[J].无线电工程,2007,37(7):28-29.

[24] 刘嘉兴.发展Ka频段测控通信系统的思考[J].宇航学报,2008,29(6):1685-1688.

[25] 柴霖.基于MATLAB的扩频码设计[J].全球定位系统,2007,32(1):20-25.

[26] 李强,徐川,曹旭,等.基于多站测距的卫星定位GDOP仿真[C]//西安卫星测控中心.第25届飞行器测控学术年会.中国宇航学会,2010:1082-1061.

[27] 李英良,王家松.VENESAT-1卫星轨道确定及精度评估[C]//西安卫星测控中心.第25届飞行器测控学术年会.中国宇航学会,2010:1082-1087.

[28] 向夏芸,王密,齐建伟,等.ZY-3卫星轨道拟合与预报精度分析[J].测绘通报,2015(1):8-14.

[29] 张轲,祝开建,郭海,等.返回型卫星和飞船定轨与预报精度分析[C]//中国空间科学学会空间探测专业委员会.中国空间科学学会空间探测专业委员会第十九次学术会议论文集(上册).西安卫星测控中心;西安卫星测控中心;西安卫星测控中心;西安卫星测控中心;,2006:6.

[30] 张秀玲,马鹏斌.资源卫星跟踪圈次安排对定轨精度的影响[J].导弹试验技术,

2002(2):8-11.

[31] 蒋虎,朱振才,尹增山. GPS 数据采样率对定轨误差的影响[J]. 全球定位系统, 2007,32(6):31-32.

[32] 赖顺香,杨会钦. 卫星测控点频设计分析[J]. 航天器工程,2005,14(1):18-22.

[33] 卜斌龙,易念学,李荣军. DJS-1 卫星平台测控天线[J]. 遥测遥控,1998,19 (5):42-46.

[34] 唐军,谢澍霖. 测控通信系统综合基带设备的发展和应用[J]. 电讯技术,2001, 41(4):6-9.

[35] 唐亮,王敏琪,杜英霞,等. 航天器多种遥控体制组合设计方案研究[J]. 航天器 工程,2016,25(6):69-74.

[36] 赵黎平. 近地卫星自主轨道确定和控制系统研究[D]. 西安:西北工业大 学,2002.

[37] 杜兰. GEO 卫星精密定轨技术研究[D]. 郑州:解放军信息工程大学,2006.

[38] 王焕强. 临界轨道倾角卫星编队构型研究[D]. 沈阳:沈阳航空航天大学,2012.

[39] 罗春艳,王星宇,张爱玲,等. IGSO 卫星退役轨道参数设置研究[C]//中国卫星导 航系统管理办公室学术交流中心. 第六届中国卫星导航学术年会论文集—S05 卫 星导航增强与完好性监测. 宇航动力学国家重点实验室;西安卫星测控中心;, 2015:5.

[40] 杨洋,范丽,董绪荣. IGSO 星座分析与优化设计[J]. 兵工自动化,2008,27(11): 53-55.

[41] 王树拥. 测定轨数据服务系统及其数据预处理方法研究[D]. 北京:中国科学院 大学,2014.

[42] 谢金华. 遥感卫星轨道设计[D]. 郑州:中国人民解放军信息工程大学,2005.

[43] 石善斌,韩秋龙,吕斌涛. 静止轨道共位卫星东西位置保持优化控制[J]. 上海航 天,2011,28(2):43-49.

[44] 尹泉,高益军. 静止轨道卫星东西位置保持控制参数的优化方法[J]. 空间控制 技术与应用,2014,40(5):48-51.

[45] 陈洁. 冻结轨道卫星轨道设计与控制方法研究[D]. 长沙:国防科学技术大 学,2004.

[46] 崔鹏. LEO 卫星轨道控制方法研究及仿真[D]. 合肥:中国科学技术大学,2013.

[47] 杨维廉. 利用大气阻力对卫星星座的控制[J]. 航天器工程,1999,8(1):16-20.

[48] DU-TOIT D, PLESSIS J D, STEYN W H. Using atmospheric drag for constellation control of low earth orbit micro-satellite[C]//The 10th AIAA/USU Conference on Small Satellites,1996.

[49] 廖炳瑜. 太阳同步回归轨道的设计、仿真研究[D]. 北京:中国科学院研究生院 (空间科学与应用研究中心),2003.

[50] 杨永安,余培军,陈建平,等. 基于 SCL 的航天器遥控操作平台设计与实现[J]. 宇航学报, 2006, 27(3): 438-441.

[51] 李建成,杨开忠,任登高,等. 基于航天器控制语言的东三平台卫星遥控作业设计与实现[J]. 飞行器测控学报, 2006, 25(1): 86-89.

[52] 王宝华,王恒,方东. 中心遥控作业的设计研究[J]. 飞行器测控学报, 2003, 22(1): 68-71.

[53] 杨永安,余培军,冯祖仁,等. 一种基于航天器控制语言的遥控作业操作模式设计[J]. 飞行器测控学报, 2007, 26(6): 14-17.

[54] 张国云,樊恒海,蔡立锋,等. 基于升轨方式的低轨卫星主动离轨处置策略[J]. 航天器工程, 2018, 27(2): 19-25.

[55] INAMORI T, KAWASHIMA R, SAISUTJARIT P, et al. Magnetic plasma deorbit system for nano- and micro-satellites using magnetic torquer interference with space plasma in low Earth orbit[J]. Acta astronautica, 2015, 112: 192-199.

[56] HARKNESS P, MCROBB M, LÜTZKENDORF P, et al. Development status of AEOLDOS - A deorbit module for small satellites[J]. Advances in space research, 2014, 54(1): 82-91.

[57] MAY S L, GEHLY S, CARTER B A, et al. Space debris collision probability analysis for proposed global broadband constellations[J]. Acta astronautica, 2018, 151: 445-455. [LinkOut]

[58] 朱鲁青,孙琳,范崴娜. 国外微纳卫星无推进离轨技术研究[J]. 空间碎片研究, 2017(3): 35-39.

[59] 罗刚桥. 地球静止轨道卫星寿命末期离轨方案研究[J]. 航天器环境工程, 2005, 22(2): 73-76.

[60] 肖业伦,李晨光,陈绍龙. 近地卫星和星座离轨机动研究[J]. 空间科学学报, 2006, 26(2): 155-160.

[61] 周静,杨慧,王俐云. 中高轨道卫星离轨参数研究[J]. 航天器工程, 2013, 22(2): 11-16.

[62] 陈险峰,任维佳,刘惟芳,等. 小卫星增阻主动离轨技术的设计与实践[J]. 空间碎片研究, 2020(1): 17-24.

[63] 潘科炎,王旭东,李果. 星座与星座轨道控制技术[J]. 航天控制, 2002, 20(3): 51-57.

[64] 韦栋,赵长印. SGP4/SDP4 模型精度分析[J]. 天文学报, 2009, 50(3): 332-339.

[65] 韩蕾,陈磊,周伯昭. SGP4/SDP4 模型用于空间碎片轨道预测的精度分析[J]. 中国空间科学技术, 2004, 24(4): 65-71.

[66] 杨维廉. 两行根数的精度评估[J]. 航天器工程, 2009, 18(3): 8-13.

[67] FOSTER C, HALLAM H, MASON J. Orbit determination and differential-drag control

of planet labs cubesat constellations［J］. Physics，2015. DOI：10. 48550/arXiv. 1509. 03270v1.

［68］ LI A S, MASON J. Optimal utility of satellite constellation separation with differential drag［C］//AIAA/AAS Astrodynamics Specialist Conference. 4－7 August 2014, San Diego, CA. Reston, Virginia：AIAA, 2014：4112.

［69］ LEONARD C L, HOLLISTER W M, BERGMANN E V. Orbital formationkeeping with differential drag［J］. Journal of guidance, control, and dynamics, 1989, 12(1)：108－113.

［70］ GANGESTAD J,B HARDY B,HINKLEY D. Operations, orbit determination, and formation control of the AeroCube－4 CubeSats［C］//SSC13－X－4 small spacecraft conference,2013.

［71］ FOSTER C, MASON J, VITTALDEV V, et al. Differential drag control scheme for large constellation of planet satellites and on－orbit results［EB/OL］. 2018：1806. 01218. https：//arxiv. org/abs/1806. 01218v1

［72］ 方奇. 通信信号调制识别算法研究［D］. 长沙：国防科学技术大学，2011.

［73］ 何江. 数字信号调制方式的识别［D］. 南京：南京邮电大学，2013.

［74］ 徐夏炎. GEO/IGSO/MEO 卫星轨道综合方法研究［D］. 武汉：武汉大学，2017.

［75］ 张浩. 卫星测控综合基带处理设备设计［D］. 西安：西安电子科技大学，2011.

［76］ 李广庆. 扩频测距在航天测控领域的应用研究［C］.//2004 年航天测控技术研讨会论文集，2004；212－218.

［77］ 任松，李改芹，陈剑红. 伪码扩频航天测控体制设计［J］. 信息与电子工程，2007, 5(3)：165－169.

［78］ 陈星. 统一扩频测控体制捕获技术的研究［D］. 长沙：国防科学技术大学，2010.

［79］ 王雪银. 微小卫星测控应答机数字基带设计与实现［D］. 哈尔滨：哈尔滨工业大学，2015.

［80］ 康小录，张岩，刘佳，等. 大功率霍尔电推进研究现状与关键技术［J］. 推进技术，2019, 40(1)：1－11.

［81］ 朱智春，林庆国，杭观荣，等. 我国空间推进技术研究现状及发展［J］. 上海航天（中英文），2021(3)：178－188.

［82］ 杨大林. 全电推进卫星轨道设计与控制若干关键技术研究［D］. 南京：南京航空航天大学，2016.

［83］ 刘宇鑫，尚海滨，王帅. 地球静止轨道卫星电推进位保策略研究［J］. 深空探测学报，2015, 2(1)：80-87.

［84］ 鲍大志，邢斯瑞，孙伟，等. 卫星扩频测控基带系统设计［J］. 电子技术应用，2022, 48(9)：81-85.

［85］ 李超，焦义文，傅诗媛，等. 软件定义测控系统体系架构与关键技术［J］. 中国空

间科学技术，2023，43(3)：14-24.

[86] 王进，张国亭，刘广凯，等. 基于方向调制的多目标卫星物理层安全测控技术[J]. 中国空间科学技术，2023，43(3)：144-152.

[87] 孙方，朱庆林，刘琨，等. 大气折射引起的卫星测控系统速度误差分析[J]. 电波科学学报，2022，37(5)：810-816.

[88] 邱芳，徐阳，于丹. 深空探测航天器控制系统自主管理软件架构研究[J]. 测控技术，2022，41(1)：16-20.

[89] 袁田. 全空域多目标测控天线波束合成的频响特性[J]. 电讯技术，2019，59(8)：901-905.

[90] 王涛，李泽西，陈学军，等. 全空域多目标测控系统研究综述[J]. 电讯技术，2023，63(10)：1631-1641.

[91] 于志坚，李海涛. 月球与行星探测测控系统建设与发展[J]. 深空探测学报(中英文)，2021，8(6)：543-554.

[92] HIKOSAKA S，FUKUNAGA T，OGAWA T，et al. Advanced EO system for the Japanese small satellite ASNARO[C]//25th Annual AIAA/USU Conference on Small Satellites，2011.

[93] ZALESKI R. Three Generations of Tracking and Data Relay Satellite (TDRS) Spacecraft[C]// 2016 Boeing Customer Satellite Conference. 2016.

[94] LABELLE-DERASPE R，HAYES D，et al. K-band uplink system for the NASA deep space network lunar exploration upgrade (DLEU)[C]// Proceedings of the International Astronautical Congress，IAC，Volume 2022-September，2022.

[95] YOST B D，BAKER C E，NORTON C D，et al. NASA′s Small Spacecraft Systems Virtual Institute and Small Spacecraft Enterprise[C]//International Astronautical Congress. 2019.

[96] BHASIN K. Commercial communication services for NASA space Missions：capability assessment，opportunities and Challenges[C]// Ka and Broadband Communications Conference，Volume 2019-October，2019.

[97] 周晓青，胡志刚，张新远. 低轨卫星星载 GNSS 精密定轨的精度检核方法[J]. 武汉大学学报(信息科学版)，2010，35(11)：1342-1345.

[98] 武子谦，张京奎. 基于星载 GNSS 数据的低轨卫星精密定轨[J]. 电子技术与软件工程，2022(13)：126-129.

[99] 王立武，鲁媛媛，房冠辉，等. 航天器增阻离轨技术发展概述及前景展望[J]. 航天器工程，2020，29(1)：61-69.

[100] 石善斌. 静止轨道多星共位技术研究[D]. 郑州：解放军信息工程大学，2009.

[101] 杨大林. 全电推进卫星轨道设计与控制若干关键技术研究[D]. 南京：南京航空航天大学，2016.

[102] 易亮,寇明鑫,吴广志.非相干扩频伪码测距实现方法及测距精度研究与分析 [C]//遥控与遥测技术,第十四届全国遥感遥控遥测学术年会,2014:227-230.

[103] VPECCIA N. EGOS-The European space agency（ESA）ground operations software system（article submitted for presentation only）[C]// Space OPS 2004 Conference,2004.5.17 - 2004.5.21,Montreal, Quebec, Canada. 2008.

[104] 朱向鹏,党超,刘涛,等.基于北斗报文通信系统的低轨航天器天基测控设计 [J].航天器工程,2020,29(5):19-25.

[105] 陈林,高帅和,刘武广,等.基于北斗导航系统的全球天基测控技术[J].电子信息 对抗技术,2018,33(04):44-48.

[106] 何雨帆,王家松,李远平,等.基于北斗一号的近地卫星天基测控技术及应用[J]. 武汉大学学报(信息科学版),2012,37(04):441-444.

[107] 黄福铭,郝和年,航天器飞行控制与仿真[M].北京:国防工业出版社,2002.

[108] 马煦,孙海燕,黄显安,等.采用偏心率和倾角矢量联合隔离法实现双星共位 [J].电讯技术,2010,50(7):11-15.

[109] 李恒年,高益军,余培军,等.地球静止轨道共位控制策略研究[J].宇航学报, 2009,30(3):967-973.

[110] 石善斌,罗强,董光亮.基于倾角、偏心率隔离的静止轨道多星共位保持策略研 究[J].飞行器测控学报,2009,28(1):12-16.

[111] 张岩奇.扩频测距技术的研究[D].哈尔滨:哈尔滨理工大学,2008.

[112] 黄凌.多模测控基带实现方法研究[D].成都:电子科技大学,2009.

[113] 王雪银.微小卫星测控应答机数字基带设计与实现[D].哈尔滨工业大学,2015.

[114] 刘广军,沈怀荣.卫星测控分系统星地链路分析与建模[J].装备指挥技术学院学 报,2004,(02):51-54.